UTB **3640**

Eine Arbeitsgemeinschaft der Verlage

Böhlau Verlag · Wien · Köln · Weimar
Verlag Barbara Budrich · Opladen · Toronto
facultas.wuv · Wien
Wilhelm Fink · München
A. Francke Verlag · Tübingen und Basel
Haupt Verlag · Bern · Stuttgart · Wien
Julius Klinkhardt Verlagsbuchhandlung · Bad Heilbrunn
Mohr Siebeck · Tübingen
Nomos Verlagsgesellschaft · Baden-Baden
Ernst Reinhardt Verlag · München · Basel
Ferdinand Schöningh · Paderborn · München · Wien · Zürich
Eugen Ulmer Verlag · Stuttgart
UVK Verlagsgesellschaft · Konstanz, mit UVK / Lucius · München
Vandenhoeck & Ruprecht · Göttingen · Bristol
vdf Hochschulverlag AG an der ETH Zürich

Wilfried Endlicher

Einführung in die Stadtökologie

Grundzüge des urbanen Mensch-Umwelt-Systems

96 Abbildungen
30 Tabellen

Verlag Eugen Ulmer Stuttgart

Wilfried Endlicher, geb. 1947 in Heidenheim/Brenz. Studium der Geographie, Meteorologie und Romanistik in Freiburg und Grenoble, Promotion 1979 zum Weinbauklima des Kaiserstuhls. Längere Auslandsaufenthalte in Chile, Argentinien und den USA. Habilitation 1985 über die Landschaftsdegradation in Südamerika. 1988 Professur für Geoökologie in Marburg, seit 1998 Professor für Klimageographie und klimatologische Umweltforschung am Geographischen Institut der Humboldt-Universität zu Berlin. Mitglied der Deutschen Akademie der Wissenschaften und der Naturforscher Leopoldina, des Fachkollegiums 317 Geographie der Deutschen Forschungsgemeinschaft und des Klimaschutzrates des Senats von Berlin.

Bibliografische Information der deutschen Nationalbibliothek
Die Deutsche Nationalbibliothek verzeichnet diese Publikation in der Deutschen Nationalbibliografie; detaillierte bibliografische Daten sind im Internet über http://dnb.d-nb.de abrufbar.

ISBN 978-3-8252-3640-3 (UTB)
ISBN 978-3-8001-2935-5 (Ulmer)

2012 Eugen Ulmer KG
Wollgrasweg 41, 70599 Stuttgart (Hohenheim)
E-Mail: info@ulmer.de
Internet: www.ulmer.de
Lektorat: Sabine Mann, Sabine Bartsch
Herstellung: Jürgen Sprenzel
Umschlagentwurf: Atelier Reichert, Stuttgart
Satz: r&p digitale medien, Echterdingen
Druck und Bindung: Graphischer Großbetrieb Friedr. Pustet, Regensburg
Printed in Germany

ISBN 978-3-8252-3640-3 (UTB-Bestellnummer)

Inhaltsverzeichnis

Vorwort

Dieses Studienbuch entstand im Rahmen des Graduiertenkollegs 780 „Stadtökologische Perspektiven einer europäischen Metropole – das Beispiel Berlin", das von der Deutschen Forschungsgemeinschaft zwischen 2002 und 2012 gefördert wurde. Es war mir ein besonderes Anliegen, die hierbei gewonnenen Erkenntnisse auch für die Lehre nutzbar zu machen. Viele in diesem Buch genannten Beispiele stammen deshalb aus Berlin, sind aber von allgemeiner Gültigkeit. Die vorliegende Zusammenstellung wendet sich an Studierende in den Studiengängen der Geographie, der Planungs- und Umweltwissenschaften sowie der Geo- und Biowissenschaften.

Allen am Kolleg beteiligten Personen bin ich zu großem Dank verpflichtet. Ohne ihre engagierte Mitarbeit, ihre innovativen Ideen und ihre konstruktive Kritik wäre dieses Buch nicht entstanden. Auch in Diskussionen mit Diplom- und Masterstudierenden habe ich viel gelernt. Hier bin ich insbesondere Thomas Schierbaum und Andrea Schneider sehr dankbar. Weiterhin habe ich von meinen Mitarbeiterinnen und Mitarbeitern am Lehrstuhl für Klimageographie und klimatologische Umweltforschung des Geographischen Instituts der Humboldt-Universität zu Berlin zuverlässige Unterstützung erfahren. Meiner Büroleiterin, Frau Sylvia Zinke-Friedrich, und dem Kartographen des Institutes, Herrn Gerd Schilling, habe ich für tatkräftige technische Hilfe zu danken. Dem Ulmer Verlag und insbesondere seinen Lektorinnen, Frau Sabine Mann und Frau Sabine Bartsch, danke ich für die Aufnahme des Buches in die UTB-Reihe und die damit verbundene kompetente Betreuung.

Ich würde mich freuen, wenn der vorliegende Band das Interesse an Umwelt und Natur in städtischen Räumen wecken und die Beschäftigung mit dem urbanen Mensch-Umwelt-System fördern würde.

Berlin, im Frühjahr 2012
Wilfried Endlicher

1 Einführung und Grundlagen

Die vielleicht größten Herausforderungen des 21. Jahrhunderts sind das Wachstum der Weltbevölkerung, die nunmehr überwiegend eine städtische Bevölkerung ist, der Klimawandel und der Verlust an Artenvielfalt. Alle drei Probleme sind eng miteinander verknüpft. Nach Angaben der Vereinten Nationen (UN 2009) lebten im Jahr 1950 weltweit nur 28,8 % der Menschen in Städten, 1975 waren es bereits 37,2 % und bei der Jahrtausendwende 46,4 %. 2007 lebten schon genau so viel Menschen in Städten wie auf dem Lande. Aktuell wachsen die Städte pro Jahr um ca. 60 Millionen Einwohner. Damit wird sich der Anteil der in Städten lebenden Menschen bis zum Jahr 2030 auf ca. 61 % erhöhen und bis zum Jahr 2050 soll er sogar auf 68,7 % steigen. (Abb. 1.1). Zurzeit nehmen die Städte 2 % der Erdoberfläche ein, verbrauchen aber 75 % der globalen Ressourcen. Im Jahre 2030

Abb. 1.1
*Entwicklung der Stadt-
und Landbevölkerung
der Erde zwischen 1950
und 2050 (Quelle: Uni-
ted Nations Department
of Economic and Social
Affairs/Population Divi-
sion. World Urbanizati-
on Prospects: The 2009
Revision)*

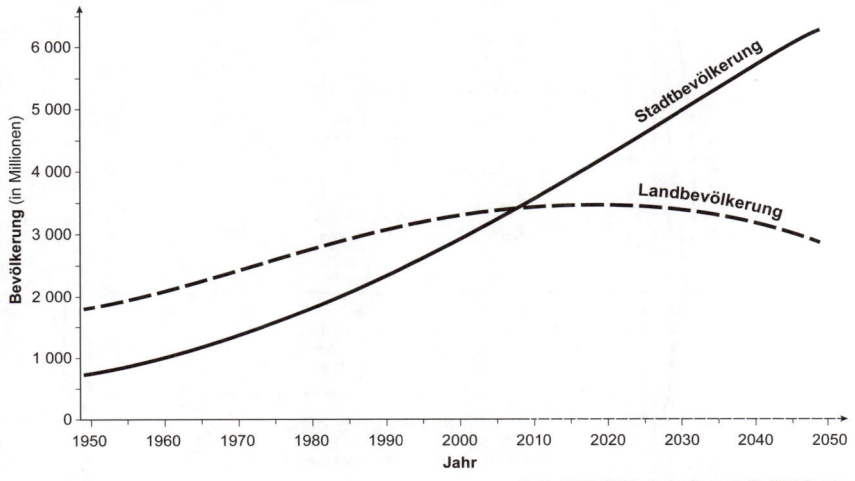

Quelle: UN, World Urbanization Prospects: The 2009 Revision

soll sich die eingenommene Fläche auf 3,5 % erhöht haben und wir haben noch keine Vorstellung über den Verbrauch der globalen Ressourcen und des dann produzierten Kohlendioxids.

Dies zeigt die Bedeutung, die den Städten in einem ständig wachsenden Maße zukommt. Städte werden von Menschen gestaltet. Der Mensch ist aber nicht nur gestaltender Akteur, sondern unterliegt wie alle Organismen als Teil der Biosphäre auch den Auswirkungen, die sein Gestalterwille gewollt oder ungewollt auslöst. Die **Untersuchung der Wechselwirkungen innerhalb der belebten und unbelebten Stadtnatur**, also in der natürlichen Umwelt der Stadtbewohner, ist die eine große Aufgabe der Stadtökologie. Stadtökologische Untersuchungen liefern somit Erkenntnisse über urbane Ökosysteme. Menschen greifen aber zum Beispiel durch Stadtplanung in die städtischen Ökosysteme ein und schaffen diese zum Teil erst selbst, etwa städtische Parks, künstlich aufgetragene Stadtböden oder ein spezifisches Stadtklima. Die umgebende Stadtnatur beeinflusst aber auch die Wahrnehmung, die die Stadtmenschen von Natur überhaupt haben. Die Untersuchung dieser vielfältigen **Wechselbeziehungen zwischen**

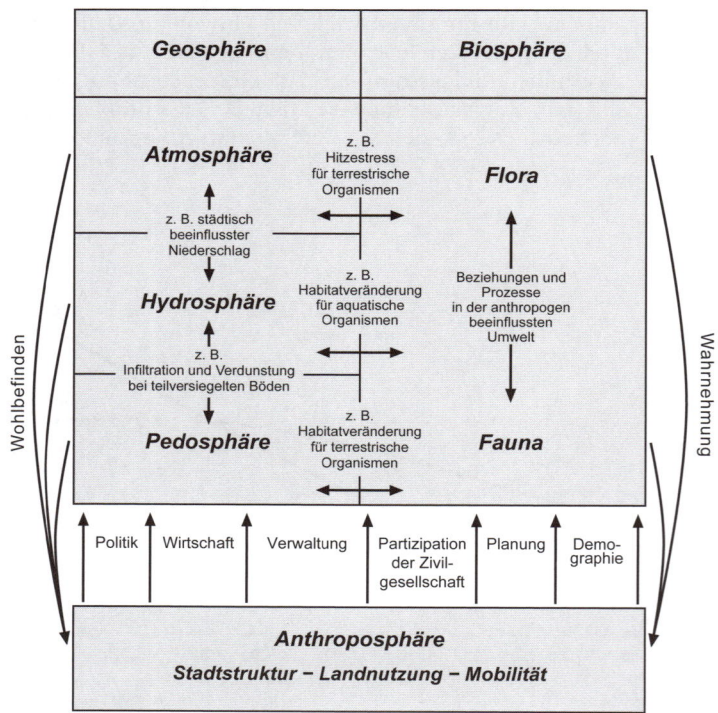

Abb. 1.2
Das städtische Öko-system (Quelle: Endlicher et al. 2007)

Stadtnatur und Stadtmenschen ist die andere große Aufgabe stadtökologischer Forschung. Stadtökologie hat so verstanden sowohl eine naturwissenschaftliche als auch eine sozioökonomische Dimension.

Es gibt zahlreiche internationale Anstrengungen, Stadtbewohner mit der Ökologie ihres Lebensraumes in engeren Kontakt zu bringen. Die größere Naturferne des städtischen Lebens erfordert besondere Forschungsanstrengungen, damit die Menschen nicht noch mehr den Kontakt zu ihrer natürlichen Umwelt verlieren. Marina Alberti (2005) vom nordamerikanischen Forschungsprojekt Urban Ecology in Seattle definiert deshalb Urban Ecology als „study of ecosystems that includes humans living in cities and urbanizing landscapes. It investigates ecosystem services which are closely linked to patterns of urban development".

Das Graduiertenkolleg 780 „Stadtökologische Perspektiven" in Berlin ging in seiner Definition sogar noch einen Schritt weiter, indem es zusätzlich zur Bearbeitung der naturwissenschaftlichen Teilbereiche das menschliche Handeln als unabdingbaren Teil jeglicher stadtökologischer Forschung postuliert (Endlicher et al. 2007, 2011; Abb. 1.2). Im nachfolgenden Einführungsteil werden die Traditionslinien dieses Forschungs-, Lehr- und Handlungsfeldes mit seinen Methoden dargelegt.

1.1 Zur Entstehung des Begriffs Stadtökologie: Traditionslinien und Definitionen

Der Begriff **Ökologie** wurde 1866 von Ernst Haeckel eingeführt, der darunter „die gesamte Wissenschaft von den Beziehungen des Organismus zur umgebenden Außenwelt" verstand. Die Autökologie untersucht dabei die Abhängigkeiten des einzelnen Organismus von der Umwelt, die Populationsökologie erforscht die Wechselwirkungen zwischen den Angehörigen einer Art und die Beziehungen zwischen Populationen und Umweltfaktoren und die Synökologie befasst sich mit den Beziehungen der einzelnen Arten einer Lebensgemeinschaft (Biozönose) untereinander sowie den Abhängigkeiten und Einwirkungen dieser Biozönose auf den Lebensraum. In dieser ursprünglichen Definition ist Ökologie ein Teilgebiet der Biologie. Man unterscheidet deshalb bei dieser Bioökologie eine der Botanik zugeordnete **Pflanzenökologie** von der **Tierökologie**, der Zoologie.

Mit dem Forschungsgebiet der Stadtökologie werden sehr unterschiedliche Konzeptionen in Verbindung gebracht, je nachdem, von welchem Blickwinkel einer wissenschaftlichen Disziplin ausgegangen wird. Im Mittelpunkt der stadtökologischen Forschung stehen **urbane Ökosysteme und Stadtlandschaften** mit ihren wechselseitigen Beziehungen sowie den Beziehungen dieser Systeme zu den Stadtbewohnern, ihrem Handeln und Planen. Stadtökologische Forschung

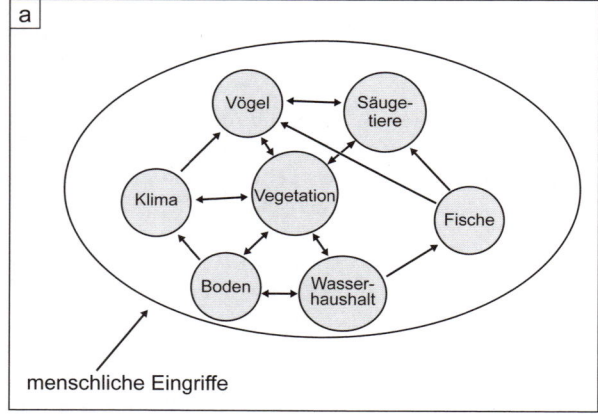

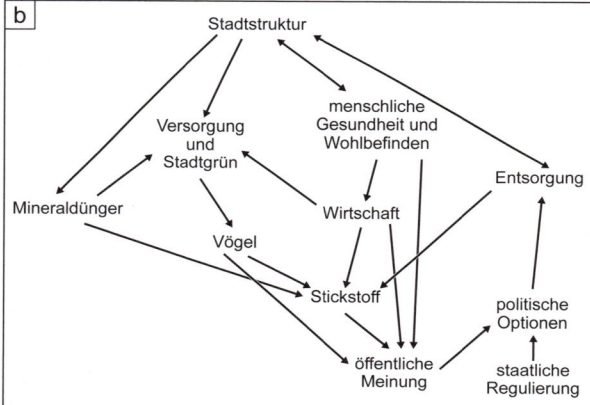

kann dabei sowohl über eine Stadt als auch in einer Stadt betrieben werden (Abb. 1.3).

Eine eigenständige Entwicklung entstand durch das Wissenschaftsgebiet der **Social Ecology**. Die Wurzeln dieses Forschungsansatzes reichen bis in die 1920er-Jahre der USA zurück. Der Begriff der Ökologie wurde seinerzeit in Chicago von der amerikanischen Soziologie aufgegriffen. **E. W. Burgess** entwarf 1925 in der Einleitung zu einem Forschungsprojekt über die Gliederung der amerikanischen Stadt ein **Modell in konzentrischen Ringen**. In der Mitte befindet sich der Central Business District (CBD), ein erster Ring mit Verfallserscheinungen umgibt ihn, ein zweiter wird aus Arbeiterwohnsiedlungen gebildet und ein dritter aus gehobenen Wohngebieten. Umgeben sind die Ringe von einer weitläufigen Pendlerzone (Abb. 1.4).

Neben diesem ersten wichtigen Stadtmodell ist weiter von Bedeutung, dass Burgess die in diesen Ringen ablaufenden sozialen Prozes-

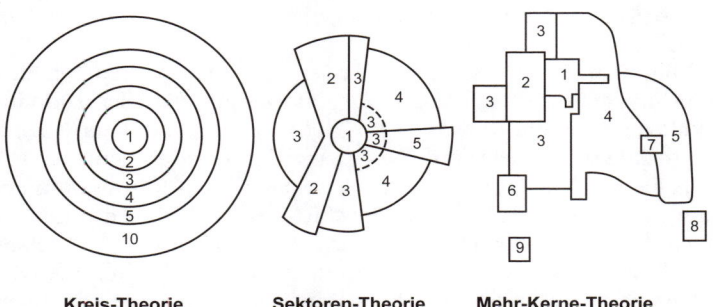

Abb. 1.4
Drei Modelle des städtischen Gefüges: das Kreis-Modell von Burgess (1925), das Sektoren-Modell von Hoyt (1939) und das Mehr-Kerne-Modell von Harris und Ullmann (1945) (Quelle: Hofmeister 1999, verändert)

Kreis-Theorie	Sektoren-Theorie	Mehr-Kerne-Theorie
1925	1939	1945
Burgess	Hoyt	Harris und Ullmann

1 Hauptgeschäftszentrum	5 gehobeneres Wohnviertel	9 Industrievorort
2 Großhandel/Leichtindustrie	6 Schwerindustrie	10 Pendlereinzugsbereich
3 Wohnviertel von niederem Status	7 regionales Geschäftszentrum	
4 Wohnviertel des Mittelstandes	8 Wohnvorort	

se mit aus der Bioökologie entlehnten Begriffen wie Sukzession, Invasion, Dominanz oder Metabolismus zu erklären versuchte. Ein weiterer Vertreter dieser sogenannten Chicagoer Schule, Robert Ezra Park, verfasste zusammen mit Burgess und McKenzie im gleichen Jahr das einschlägige Lehrbuch zur soziologischen Stadtforschung (Park et al. 1925); er hielt außerdem 1926 an der Universität von Chicago eine Vorlesung mit dem Titel „Urban Ecology". Die so verstandene soziologische **Urban Ecology** (oder auch weiter gefasst als Sozialökologie) behandelt seitdem die vielfältigen Beziehungen zwischen Stadt und Gesellschaft. Sie ist als ein Teilgebiet der soziologischen Humanökologie zu verstehen. Weiterentwicklungen in dieser urbanen Sozialökologie sind das städtische **Sektoren-Modell von Hoyt** (1939) und das **Mehr-Kerne-Modell von Harris und Ullmann** (1945). Das Hoytsche Stadtmodell basiert auf „strip development" entlang von Eisenbahnlinien und Straßen sowie der Veränderung der Lage von Oberschichtquartieren. Das Mehr-Kerne-Modell berücksichtigt, dass die vielfältigen städtischen Nutzungen zu einer Viertelsbildung mit Subzentren (z.B. Hafenviertel, Industrieviertel, Bahnhofsviertel, Wohnviertel, Civic Center oder Business Center) führen, die weder konzentrisch noch sektoral angelegt sind. Die sozialökologische Forschungsrichtung hat somit die Aufgabe, die natürlichen und die kulturellen Elemente der urbanen menschlichen Gesellschaft zusammenhängend zu untersuchen. In dieser Art von Urban Ecology zählen zu den materiellen natürlichen Grundlagen auch die Bevölkerung und die Ressourcen ihrer Lebensumwelt. Die immateriellen, kulturellen Grundlagen stellen für ihn Brauchtum und Sitte, Weltbild und Organisation dar. Die Dimension der Natur bleibt in der Chicagoer Schule ausgeklammert. In Deutschland werden aktuelle Fragen zur „sozialen Stadt" von der **Stadtsoziologie** bearbeitet (Häußermann 2001).

Die Urban Ecology der Chicagoer Schule wird in der neueren Entwicklung dieses sozialökologischen Ansatzes zur aktuellen **Humanökologie** erweitert. Duncan (1959, 1964) definiert als deren Thema die **soziale Differenzierung** und den **sozialen Wandel**, zieht aber bereits die Stoffkreisläufe und Energieströme in sein Konzept mit ein und ergänzt es durch Informationsflüsse sowohl für die Natur als auch den Menschen (Lichtenberger 1998; Mackensen 1998). Hard (1997, 2001) hat in Deutschland erfolgreich auf die sozialwissenschaftliche Erweiterung der bis dahin stark naturwissenschaftlich geprägten Ausrichtung der Stadtökologie gedrängt. Moderne humanökologische Ansätze haben genau diese Schnittpunkte zwischen Mensch und Natur im Visier und nähern sich ihnen aus der sozialwissenschaftlichen Richtung (Fischer-Kowalski 2004, Serbser 2004). Die Humanökologie versucht eine Auflösung der Dichotomie „Natur" und „Kultur" in dem Sinne, dass **Mensch** (mit Gesellschaft und Kultur) **und Natur als Aspekte eines ganzheitlichen Zusammenhanges** zu verstehen sind (Weichhart 2004, 2007). Dieser Autor versteht die Humanökologie auch nicht als eigenständiges universitäres Fach, sondern als eine Forschungsperspektive, die in den verschiedenen Humanwissenschaften verankert ist. Diese transdisziplinären Aspekte sind mit den Planungsoptionen der Stadtökologie eng verwandt. Es ist allerdings umstritten, ob die Humanökologie als ein Teilgebiet der Humangeographie, als „dritte Säule" zwischen den natur- und humangeographischen Teilgebieten oder als ein eigenständiges Forschungsgebiet mit interdisziplinärer Ausrichtung anzusehen ist (Glaeser 1986, 2002, 2004; Steiner 2003; Herzele et al. 2005).

Einen ähnlichen Ansatz stellt die **Politische Ökologie** dar, die in den 1980er-Jahren entstanden ist. Ziel ihrer Untersuchungen sind problematische Mensch-Umwelt-Beziehungen. Eine wichtige Rolle spielt die Frage nach den umweltrelevanten Akteuren, wobei es sich sowohl um handelnde Individuen als auch um Akteursgruppen handeln kann. Die Politische Ökologie stellt die Frage nach der Macht im Verhältnis von Natur und Gesellschaft. Sie weist darauf hin, dass Umweltfragen in einem konfliktreichen Zusammenwirken politischer, gesellschaftlicher und ökonomischer Handlungen und Interessen auf verschiedenen individuellen, lokalen bis hin zu nationalstaatlichen und globalen Ebenen gesehen werden müssen (Krings 2007). Sowohl die Humanökologie als auch die Politische Ökologie sind zwei Forschungsrichtungen des Teilsystems **Anthroposphäre**, die beide den Schnittpunkt der Teilsphären im Fokus haben, jedoch nicht allein auf die lokale Dimension der Stadt beschränkt bleiben und somit über die Stadtökologie hinausreichen.

Während die sozioökonomischen Aspekte **urbaner (Kultur-)Landschaften** traditionell stark von der humangeographischen Kulturlandschaftsforschung untersucht werden, stehen die naturwissenschaftlichen Aspekte im Fokus der Stadt(landschafts)ökologie. Carl Troll hat die Landschafts- oder Geoökologie als „synoptische Naturbetrachtung" definiert (1973). Er unterscheidet dabei eine „horizontale" und eine „vertikale" Arbeitsrichtung (Troll 1970). Während sich die horizontale Arbeitsrichtung mit der regionalen Differenzierung der Erdräume beschäftigt, ist die Aufgabe der vertikalen Betrachtungsweise das „Zusammenspiel der Erscheinungen an einem Standort (Ökotop)" (Troll 1970). Es geht also darum, in einer „komplexen Standortanalyse das Funktionieren der Bauelemente" zu erfassen (Leser 1976). Diese am „Landschaftshaushalt interessierte Arbeitsweise verdankt auch den Arbeiten von Neef (1962) und Haase (1967, 1968) viele Anregungen. Leser hat die Stadtökologie als ein Teilgebiet der Landschaftsökologie par excellence bezeichnet (Leser 1976).

Als Begründer der **Stadtökologie** im engeren Sinne eines bioökologischen Ansatzes, also als einer Teildisziplin der Ökologie, gilt in Deutschland **Herbert Sukopp** (1973, 1990, 1995, 1997). Er machte aus der Not der politischen Insellage Westberlins in den 1970er-Jahren eine Tugend und beobachtete die Rückeroberung der in Trümmern liegenden Stadt durch die Natur (Sukopp et al. 1979). Aus dieser beobachtenden Betrachtungsweise heraus entwickelten sich neue Methoden wie etwa die Biotopkartierung. Sein erstmals 1973 entwickeltes und seitdem mehrfach verbessertes **Ökosphärenmodell einer Großstadt** ist für das Verständnis der ökologischen Stadtforschung grundlegend (Abb. 1.5). Herbert Sukopp verstand es, Gleichgesinnte in seinem Institut für Ökologie um sich zu scharen und zusammen mit ihnen im wissenschaftlichen Diskurs der Berliner Schule neue stadtökologische Konzepte zu entwickeln.

Der Frankfurter Botaniker Rüdiger Wittig und Herbert Sukopp definieren als „Stadtökologie in einem engeren Sinne diejenige Teildisziplin der Ökologie, die sich mit den städtischen Biozönosen, Biotopen und Ökosystemen, ihren Organismen und Standortbedingungen sowie mit Struktur, Funktion und Geschichte urbaner Ökosysteme beschäftigt" (Wittig und Sukopp 1998, Sukopp und Wittig 1998; Rebele 1994). Beide arbeiteten auch die Besonderheiten und allgemeinen **Charakteristika urbaner Ökosysteme** heraus, die eben die Notwendigkeit einer eigenen Teildisziplin bedingen:

- Klima, Böden, Wasserhaushalt und Biodiversität sind gestört bzw. verändert.
- Biodiversität ändert sich auf einem Transekt Stadtmitte – Umland, wie dies von Sukopp und anderen Stadtökologen dargelegt wurde (Sukopp 1973, McKinney 2008, McDonnell und Pickett 1990, McDonnell et al. 1997).
- Städte sind Orte der Einwanderung und Adaption von Pflanzen und Tieren. Ehemalige Felsenbrüter, wie der Turmfalke, werden

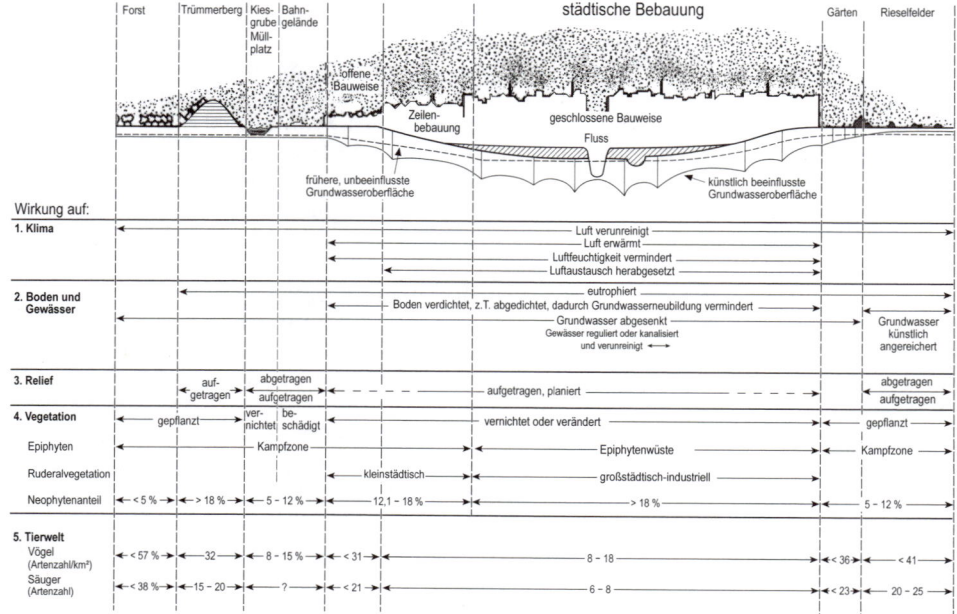

Abb. 1.5
Ökologisches Großstadt-modell von Sukopp mit den Veränderungen in 5 Teilsphären des natürli-chen Sytems (Quelle: Sukopp 1973, 1990)

zu Hochhausbrütern, Tauben werden zu Stadtvögeln (Kübler und Zeller 2005).

- Städte sind Zentren der Einwanderung und Naturalisation nicht einheimischer Pflanzen- und Tierarten, die z. B. in den Gärten be-wusst angepflanzt oder durch Verkehr und Handel unbewusst ein-geschleppt werden. Diesen Zusammenhang zwischen dem Wachs-tum der Stadtbevölkerung, dem Klimawandel und der Zunahme naturalisierter Pflanzen haben Sukopp und Wurzel (2003) am Bei-spiel von Berlin aufgezeigt.
- Städte sind Zentren des Exports nicht einheimischer Arten wie z. B. des Götterbaums (*Ailanthus altissima*) und der Robinie (*Robinia pseudoacacia*). Beides sind invasive Arten auf der Nordhemisphäre (Kowarik 2011).
- Städte sind Zentren der Evolution. Es entstehen neue Taxa, neue Biozönosen und neue Habitate, wie etwa Bahngelände und Haus-gärten (Gilbert 1989, Clergeau 1997, Wittig 2002).
- Städte sind komplexe Hotspots und Schmelztiegel für die regiona-le Biodiversität. So zeigen Gefäßpflanzen in Großstädten eine hohe Biodiversität, in Deutschland sind Berlin, Hamburg, München, das Rhein-Main-Gebiet oder das Ruhrgebiet entsprechende Beispiele. Die urbane Biodiversität stellt deswegen eine Schlüsselgröße für den Erhalt der globalen Biodiversität dar (Dunn et al. 2006).

- Urbane Biodiversität reflektiert auch die menschliche Kultur; in Städten gibt es die Koexistenz von Kultur und Biodiversität, wie etwa die Schlossgärten in Potsdam oder Weimar (Welterbe) demonstrieren.
- Urbane Biodiversität trägt zur Lebensqualität in einer zunehmend globalisierten Welt bei. Die Bedeutung von Biergärten unter Schatten spendenden Baumbeständen ist ein beredtes Beispiel.
- Die urbane Biodiversität ist die einzige, die von sehr vielen Menschen erfahren werden kann.

Stadtnatur kann in diesem bioökologischen Sinne auch als „neue Heimat für Pflanzen und Tiere" aufgefasst werden (Reichholf 2007). Eine sektorale stadtökologische Forschung bearbeitet dabei jeweils nur ein Teilgebiet, wie etwa die urbane Fauna. Eine **integrative Stadtökologie** hat dagegen die natürlichen und sozioökonomischen Systeme im Blickfeld. Von der Landschaftsökologie unterscheidet sich die integrative Stadtökologie dabei durch ihren noch höheren Vernetzungsgrad mit anderen Fachgebieten. Da Stadtökologie zum überwiegenden Teil als angewandte Wissenschaft entstanden ist und nach neuen Wegen sucht, das urbane Ökosystem menschenfreundlicher zu gestalten, schlagen Wittig und Sukopp (1998) noch eine **erweiterte Definition von Stadtökologie** vor: „Stadtökologie im weiteren Sinn ist ein integriertes Arbeitsfeld mehrerer Wissenschaften aus unterschiedlichen Bereichen und von Planung mit dem Ziel einer Verbesserung der Lebensbedingungen und einer dauerhaften umweltverträglichen Stadtentwicklung." Wittig (2007) hat auch klargestellt, dass nur solche Flächen Gegenstand der Stadtökologie sein können, die außerhalb oder unabhängig von Städten nicht existieren.

Die stadtökologische Forschung wurde auch durch das 1970 ins Leben gerufene UNESCO-Schutzprogramm „Man and the Biosphere" (MAB) beflügelt. Zu den zwischenzeitlich weltweit ausgewiesenen über 500 Biosphären-Schutzgebieten zählen auch stadtnahe Gebiete wie etwa die Golden Gate National Biosphere Recreation Area, die entlang der Bucht von San Francisco einen der weltweit längsten Stadtparks umfasst. In der Regel sind freilich Biosphärenreservate eher fernab von Stadtgebieten zu finden. Weitere Förderung erfuhren stadtökologische Sachverhalte 1972 auf der United Nations Conference on the Human Environment, auch Stockholm-Konferenz, auf der das Umweltprogramm der Vereinten Nationen ins Leben gerufen wurde (United Nations Environment Program UNEP). Diese Gedanken wurden zwei Jahrzehnte später auf der Weltkonferenz zu Umwelt und Entwicklung in Rio de Janeiro (1992) weiter verfolgt und führten dort zur Formulierung der lokalen Agenda 21. Auf ihrer Basis haben sich zwischenzeitlich weltweit Hunderte von Städten zur Förderung von Umwelt und Natur zusammengeschlossen. Zu den **Traditionslinien der Stadtökologie** zählen demnach:
- aus biologischer Sicht die Einführung des Begriffs der Ökologie von

Merksatz
Im Mittelpunkt der stadtökologischen Forschung stehen urbane Ökosysteme mit ihren wechselseitigen Beziehungen untereinander sowie zu den Stadtbewohnern, ihrem Handeln und Planen.

Ernst Haeckel (1866) und der Stadtökologie als Teilgebiet der Ökologie im Sinne von Sukopp (1973);

- die Gartenstadt- (Howard 1902) und Klein-/Schrebergartenbewegungen (Hartmann 1976), die als Reaktion auf die Industrialisierung der Städte der Gründerzeit und der damit verbundenen Belastungen entstanden;

- die Chicagoer Schule von Park und Burgess um 1925 mit der Schöpfung des Begriffs Urban Ecology, unter dem allerdings ausschließlich soziologische Gesichtspunkte behandelt und Stadtgesellschaften mit Begriffen aus der Biologie beschrieben wurden, sowie die aktuellen Weiterentwicklungen dieser Denkrichtung in den Fachgebieten der Sozialökologie und der Humanökologie (Glaeser 2002, Hammer 2007, Weichhardt 2004, 2007, Graumann und Kruse 2003);

- die von Carl Troll (1970) begründete geographische Wissenschaftsdisziplin der Landschaftsökologie, in der die **Stadtlandschaften** ein Forschungsgebiet par excellence darstellen (Breuste 1989, 2001; Breuste, Endlicher, Meurer 2007, Leser und Conradin 2008) und die sich daraus entwickelnde Ökosystemforschung;

- immer schon verschiedene lokale Naturschutzvereine und -verbände in der Stadt (etwa die Vogelschutzbewegung, die das Aufhängen von Nistkästen propagierte) bzw. die seit den 1970er-Jahren verstärkt entstehenden Umweltschutzbewegungen (Haber 1993);

- eine internationale Dimension mit den Konferenzen von Stockholm 1972 und Rio de Janeiro 1992, die zu den UN-Konventionen zum Schutz des Klimas und der Arten führten, wobei die regelmäßig abgehaltenen Conferences of Parties (COP) der Unterzeichnerstaaten an einer die Weltgemeinschaft bindenden Weiterentwicklung der Beschlüsse zur Nachhaltigkeit arbeiten (z.B. Protokoll von Kyoto zum Klimaschutz). Forschungsmäßig ist dieser Ansatz von den Vereinten Nationen sowohl in das Intergovernmental Panel on Climate Change (IPCC) als auch in das Man and Biosphere Projekt (MAB) überführt worden, wobei dessen Teilprojekt 11 explizit der Stadtökologie gewidmet wurde.

Ausführliche Erläuterungen zur „Familie der Ökologien" und den Entwicklungssträngen der Stadtökologie finden sich bei Gilbert (1989, 1994), Meurer (1997), Bernhardt (2001), Sukopp (2002), Breuste et al. (2002), Leser und Conradin (2008), Weiland und Richter (2009) sowie Henninger (2011). Eine zusammenfassende Übersicht bietet Tab. 1.1.

Tab. 1.1 Entwicklung der Stadtökologie
(Quelle: Weiland und Richter 2009, modifiziert)

stadtökologische Forschungsrichtung	Inhalt	Ansatz	Forschungsmotivation
Naturgeschichte (seit dem 16. Jahrhundert)	tierische und pflanzliche Organismen	deskriptive Habitatbeschreibung	Interesse an Natur- und Geisteswissenschaft, Naturbeschreibung und Nutzbarmachung der Natur
Sozial-Ökologie (seit ca. 1920)	Menschen und soziale Gruppen sowie ihre Abhängigkeit von der gebauten und sozialen städtischen Umwelt	Anwendung ökologischer Konzepte und Methoden zur Beschreibung und Analyse menschlicher Lebensbedingungen in Städten	Nutzung sozial-ökologischen Wissens für die Verbesserung der menschlichen Gesundheit in Städten
Bio-Ökologie (seit ca. 1965)	tierische und pflanzliche Organismen sowie die abiotische Umwelt (Wasser, Boden und Klima)	komplexe ökologische Standortanalyse aus in erster Linie disziplinärer Sicht	Entwicklung grundlegender Prinzipen eines urbanen Naturschutzes für ökologische Funktionserhaltung und menschliche Erholung
Ökosystemforschung (seit ca. 1970)	urbane Ökosysteme, Stoffflüsse, Energieflüsse, tierische und pflanzliche Organismen	Systemansatz und multifaktorielle biotisch-abiotische Analyseform	Ökosystemschutz und Artenschutz
Angewandte Stadtökologie als Beitrag für eine nachhaltige Entwicklung (seit ca. 1990)	abiotische Umwelt (Energie- und Stoffflüsse), biotische Umwelt und alle Arten von Organismen (Menschen, Tiere und Pflanzen), soziale Belange, Planung und Governance-Aspekte	inter- und transdisziplinäre Analyse komplexer sozial-human-ökologischer Zusammenhänge im urbanen System	urbaner Umweltschutz und Verbesserung menschlicher Lebensqualität jetziger und kommender Generationen; Biodiversitätsschutz und Sicherung nicht erneuerbarer Ressourcen

1.2 Die Stadt als ökologisches und sozioökonomisches System

Am Beispiel des sich aktuell vollziehenden Klimawandels wird deutlich, dass sich unser gesamter Planet in einem ständigen Wandel befindet. Deshalb hat sich die Erkenntnis durchgesetzt, dass wir die Erde als hoch komplexen Lebensraum nur verstehen können, wenn wir sie als System, also das **Zusammenwirken ihrer Teilsysteme oder Sphären** betrachten. Das Gesamtsystem Erde setzt sich aus Atmosphäre, Hydrosphäre, Kryosphäre, Biosphäre, Reliefsphäre, Pedosphäre und Lithosphäre zusammen. Alle diese Teilsysteme sind auch mehr oder weniger in der urbanen Raumdimension relevant. In zunehmendem Maße greift dabei der Mensch in die natürlichen Gleichgewichte und Kreisläufe der Sphären ein, was in Städten besonders evident ist. Als Teil der Biosphäre ist er dabei einerseits selbst passiv den Einwirkungen der Teilsysteme ausgesetzt, andererseits greift er aktiv in Prozesse ein, etwa indem er die Zusammensetzung der Atmosphäre ändert oder die Bodenoberfläche mit Gebäuden und Straßen versiegelt. Diese systemische Betrachtungsweise kann in verschiedenen Maßstäben erfolgen, in einer globalen, hemisphärischen, kontinentweiten, regionalen oder lokalen Dimension (Abb. 1.6).

Da es bei der Stadtökologie um das **System- und Prozessverständnis** im urbanen Raum geht, stehen Konzepte und Strategien für die gesellschaftliche Daseinsfürsorge in einer mesoskalaren, lokalen Raumdimension im Mittelpunkt des Interesses. Dabei müssen erstens die Wechselwirkungen der Teilsysteme der unbelebten Natur, also der Geosphäre, untersucht werden. In der Stadt zählen dazu die Pedosphäre, also das Untersystem der Bodenhülle, die Hydrosphäre mit Oberflächen- und Grundwasser sowie die Atmosphäre mit dem Stadtklima und der Luftqualität. Diese Teilsphären bilden aus anthropozentrischer Sicht die „Umwelt", sodass folgerichtig daraus der Umweltschutz als wichtige

Abb. 1.6
Die globale, regionale und lokale Raumdimension am Beispiel des Makro-, Meso- und Mikro- bzw. Lokalklimas (Quelle: Hupfer 1991, verändert)

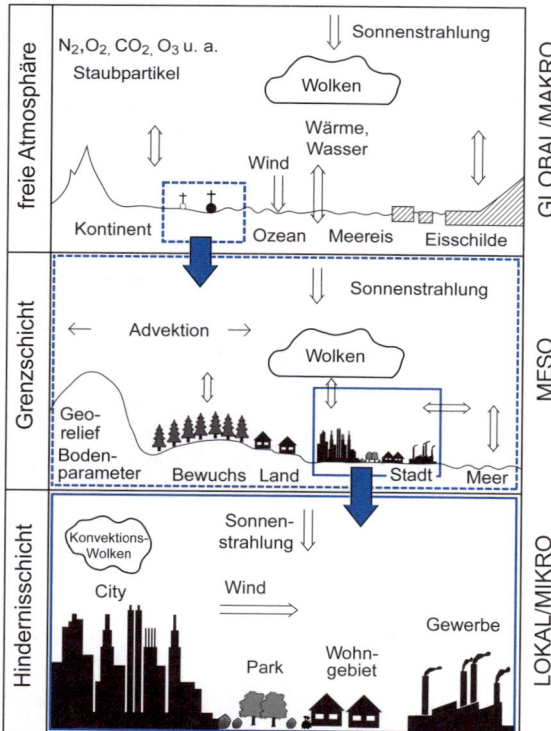

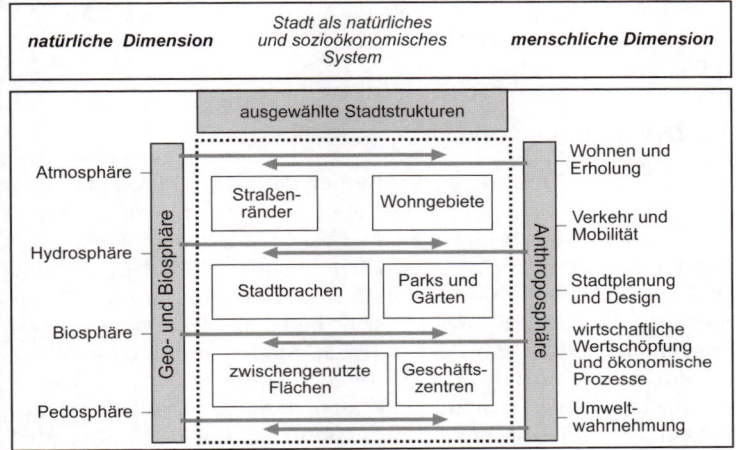

Abb. 1.7
Die Stadt als natürliches und sozioökonomisches System mit Geo-, Bio- und Anthroposphäre (Quelle: Endlicher et al. 2007)

Aufgabe einer Politischen Ökologie resultiert. Zweitens treten die Teilsysteme der belebten Natur, die Biosphäre mit den Organismen (städtische Tier- und Pflanzenwelt) hinzu (Kowarik 2011). Ist der Mensch besonderen Einwirkungen aus seiner Umwelt ausgesetzt, wie das etwa bei Hitzewellen, Straßenlärm oder Feinstaubbelastung der Fall ist, kann gegebenenfalls sein Wohlbefinden oder gar seine Gesundheit beeinträchtigt werden, sodass auch er in diesem Sinne dem Kompartiment der Biosphäre zuzurechnen ist.

Drittens rechtfertigen die vielfältigen individuellen, gruppenspezifischen, administrativen oder politischen Einflüsse, die der handelnde Mensch in der lokalen Dimension der Stadt auf die anderen Teilsysteme in positiver oder negativer Weise ausübt, die Ausgliederung einer ihm eigenen sozioökonomischen Sphäre, der Anthroposphäre (Abb. 1.7). Als **Anthroposphäre** versteht man den vom Menschen geschaffenen Lebensraum mit seiner Bausubstanz (Häuser, Straßen usw.), also die Kulturlandschaft im geographischen Sinne, und die technischen Prozesse (z. B. Transportnetze), in denen die menschlichen Aktivitäten stattfinden. Diese können den sieben Daseinsgrundfunktionen (Grundbedürfnisse, Grunddaseinsfunktionen) „wohnen", „arbeiten", „sich versorgen", „sich bilden", „sich erholen", „Verkehrsteilnahme" und „in Gemeinschaft leben" zugeordnet werden (Partzsch 1970).

Stadtökologie kann aus dieser Sicht als ein Teilgebiet der **Erdsystemforschung** angesehen werden, wobei sich der betreffende, lokale bis subregionale Raum durch ein besonders hohes Maß an anthropogen induzierten Störungen der natürlichen Ursache-Wirkung-Ketten auszeichnet. Stadtökologie ist also explizit der **urbane**n **Mensch-Umwelt-Forschung** zuzurechnen (vgl. auch Bradley 1995, Breuste et al. 1998, Alberti et al. 2003, Alberti 2008). Im Zeitalter des „Anthropo-

Merksatz
Die Stadtökologie konzentriert sich auf Dynamiken verschiedener Sphären und Dimensionen, in denen die menschlichen Grunddaseinsfunktionen fest verankert sind und komplexe Optimierungskonzepte erstellt werden.

zäns" kommt diesem Denkansatz im Allgemeinen und dem Mensch im Erdsystem im Besonderen entscheidende Bedeutung zu (Crutzen 2006, Ehlers 2008, Kraas und Borg 2010).

1.3 Definitionen von Natur

In westlichen Kulturkreisen wird unter Natur im Allgemeinen „die Gesamtheit der nicht vom Menschen geschaffenen oder durch ihn nicht beeinflussten belebten und unbelebten Erscheinungen" verstanden (Lexikon der Geowissenschaften 2001). Freilich gibt es eine vom Menschen unberührte Naturlandschaft mit ihrer Tier- und Pflanzenwelt praktisch nicht mehr. „Natur" bildet mit der vom Menschen gemachten „Kultur" ein Gegensatzpaar. **Städte sind** in diesem Verständnis **als Kulturleistung kein Teil der Natur.** In einer umfassenderen, ökosystemaren Definition kann man Natur aber als ein offenes System betrachten, an dem auch der Mensch mit seiner Kultur Anteil hat. Dies wird etwa dadurch deutlich, dass Städte einen Lebensraum (Habitat) für Pflanzen und Tiere und nicht zuletzt für den Menschen als Teil der Natur (englisch: human habitat) darstellen. Dabei können auch früher unberührte, zwischenzeitlich vom Menschen aber stark überprägte Naturräume wertvolle, schützenswerte Natur beinhalten (Trepl 1992, Jessel 1998, 2005). Die Akademie für Umweltschutz und Landschaftspflege verfasste 1991 folgende Definition: „Natur umfasst die Gesamtheit der nicht vom Menschen geschaffenen belebten und unbelebten Erscheinungen, einschließlich der vom Menschen gestalteten Naturräume."

Aus philosophischer Sicht gilt Hans Jonas (1903–1993) mit seinem Hauptwerk „Das Prinzip Verantwortung: Versuch einer Ethik für die technologische Zivilisation" als Vordenker einer Ethik der Natur (Jonas 1979, Epple 2009).

Für die Differenzierung einer spezifischen, **„wahren" Stadtnatur** schlägt Kowarik (1992) die Unterscheidung von vier Gruppen vor, die ihre Entstehungsgeschichte mit berücksichtigt:

- Die Natur der ersten Art (Reste der ursprünglichen Naturlandschaft) bezieht sich auf Regionen, die immer noch eine starke Gemeinsamkeit mit dem ursprünglichen Zustand des Ökosystems aufweisen. In der Stadt sind dies meist nur noch inselhafte Relikte, die oftmals unter Natur- oder Landschaftsschutz stehen.
- Die Natur der zweiten Art (landwirtschaftliche Kulturlandschaft) beinhaltet Elemente der Landschaft, die durch traditionelle und moderne Land- und Forstwirtschaft entstanden sind, zum Beispiel Weiden, Wiesen und Äcker. Innerhalb von Stadtgebieten sind diese Grünlandflächen durch Siedlungserweiterungen oftmals bedroht.
- Die Natur der dritten Art (symbolische Natur gärtnerischer Anlagen) umfasst alle Grünflächen, die künstlich durch Gartenbau,

Tab. 1.2 Vegetationskundliche Klassifizierung des Natürlichkeitsgrades städtischer Biotope mit quantitativen Beispielen von Gehölzarten aus Berlin (Quelle: nach Kowarik 1995)

Art der Natur	Ökotoptyp	Arten-zahl von Holz-pflanzen	einhei-mische Arten (%)	fremde Arten (%)
Natur der I. Art	ursprüngliche Naturlandschaft (Relikte von historischen Wäldern; Feuchtgebiete)	40	88	12
Natur der II. Art	vorindustrielle Kulturlandschaft (anthropogen geprägte, reich strukturierte Standorte; meist Selbstregulation)	141	43	57
Natur der III. Art	künstlich angelegte symbolische Natur (gärtnerisch angelegte und gepflegte Grünflächen und Parkanlagen)	171	30	70
Natur der IV. Art	spezifisch städtische Ruderalvegetation an Straßenrändern, in Baulücken und Brachflächen	173	33	66

nicht als Nebenprodukt von Landwirtschaft, sondern um ihrer selbst willen geschaffen wurden. Dazu zählen Gärten, Grünflächen und Parkanlagen in Städten, die durch gärtnerische Pflege stabil gehalten werden.

- Die Natur der vierten Art (die spezifisch urban-industrielle Ruderalvegetation) bezieht sich auf Natur, die sich spontan ohne planerischen Einfluss auf urban-industriellen Flächen entwickelt. Dabei schließt sie sowohl die Mauervegetation mit ein, als auch Wälder aus Robinien, Birken und Pappeln, die auf Brachflächen vorkommen.

Kowarik hat diese Klassifikation auf der Basis einer vegetationskundlichen Klassifikation des Natürlichkeitsgrades entwickelt (Tab. 1.2). Sie bezieht sich deshalb ausschließlich auf die Vegetation und blendet Aspekte von Fauna, Boden, Wasser und Luft aus. Freilich ist Vegetation längerfristig vorhanden als Tierarten, deren Erscheinen von den verschiedensten Einflussfaktoren abhängt. Aber auch wenn Stadtnatur auf diese Weise vereinfacht mit öffentlichem Stadtgrün gleichgesetzt wird, so erschließt sich doch die Absicht, den in den Städten eher unbeachteten Ruderalstandorten die gebührende Aufmerksamkeit zukommen zu lassen.

1.4 Städtebauliche Leitbilder im 20. und 21. Jahrhundert

Seit es Städte gibt haben sich die Menschen Gedanken über ihre ideale Struktur gemacht. Unter einem städtebaulichen Leitbild bzw. einem **Stadtstrukturtyp** in einem gesamtstädtischen Sinn versteht man dabei ein **theoretisches Konstrukt zur Beschreibung der inneren Gliederung und Differenzierung einer Stadt in ihrer baulichen Struktur**, mit Grundriss, Aufriss und Bausubstanz, aber auch mit Nutzungs-, Wirtschafts- und Sozialstruktur (Albers 1974, 1996). Unter städtebaulichen Leitbildern werden in der raumplanerischen Terminologie seit Mitte des 20. Jahrhunderts Sichtweisen und Vorstellungen verstanden, die in den Planungs- und Gestaltungsprozess der baulich-räumlichen Umwelt eingebracht werden. Sie sind freilich nicht nur architektonische und städtebauliche, sondern auch gesellschaftliche Bilder und schließen somit Wertehaltungen sowie Entwicklungen in Wirtschaft, Gesellschaft und Politik mit ein (Schäfers und Köhler 1989, Zhu 2008). Im Folgenden sollen einige dieser Stadtmodelle bzw. städtischen Leitbilder, die bis heute von Bedeutung sind, beschrieben werden.

1.4.1 Ausgangspunkt: Die gründerzeitliche Stadt am Ende des 19. Jahrhunderts

Merksatz
Gründerzeitliche Städte waren von einer extrem hohen Bevölkerungsdichte und engen Wohnverhältnissen geprägt.

Gegen Ende des 19. Jahrhunderts waren die negativen Folgen der Industrialisierung in den Großstädten Mittel- und Westeuropas nicht mehr zu übersehen. Damals standen die großen Städte aufgrund der Überbevölkerung am Rand eines Kollapses. Die deutsche Reichsgründung, die Bevölkerungszunahme und die Zuwanderung der Landbevölkerung hatten eine extreme Bevölkerungsdichte von bis zu 130 000 Einwohner pro Quadratkilometer zur Folge. Im Wilhelminischen Ring von Berlin belief sich beispielsweise die Zahl der Einwohner auf bis zu 76 pro Gebäude. Die gründerzeitliche Stadt war durch räumliche Enge, Mietskasernen mit in Dunkelheit getauchten Hinterhöfen und Etagenklosetts gekennzeichnet. Niedrige Arbeitsproduktivität aufgrund schlechter Gesundheits- und Wohnverhältnisse der Arbeiter, unverträgliche Nutzungen und Unruhe in den Arbeitervierteln brachten zwischen 1890 und 1925 einzelne Unternehmer dazu, aus Eigeninteresse ganze Fabriken mit Arbeiterwohnsiedlungen außerhalb der alten Siedlung zu errichten. Die Wohnhäuser umgaben dabei praktisch die Arbeitsstätte (Fürst et al. 1999).

1.4.2 Die Gartenstadt (ab 1900)

In England entstand als Reaktion auf die negativen Erscheinungen der gründerzeitlichen Mietskasernenstadt die Gartenstadtbewegung. Das **Modell der Gartenstadt** ist dabei nicht nur ein städtebauliches Konzept, sondern auch ein sozial reformerisches Programm. Die „Garden City" ist ein vom Briten Ebenezer Howard 1898 entworfenes

Abb. 1.8
Die Gartenstadt Berlin-
Staaken: a) Straßenseite,
b) Gartenansicht (Fotos:
Endlicher 2011)

Modell einer planmäßigen Stadtentwicklung (Albers 1974, Heineberg 2006). Es entstand als Gegenentwurf zu den gewachsenen Großstädten mit ihren zur damaligen Zeit schlechten Wohn- und Lebensverhältnissen. Howard schlug eine Neugründung von Städten auf kostengünstigem Agrarland im Umland solcher großen Industriestädte vor. Im Gartenstadtkonzept von Howard umgeben sechs mittelgroße,

durchgrünte Städte mit je 32 000 Einwohnern in einem polyzentri-
schen System eine Zentralstadt mit 58 000 Einwohnern. Die Städte
sind durch breite Streifen von Agrarland voneinander getrennt. Die
Gewerbegebiete sind durch eine Ringbahn miteinander verbunden.
In der Mitte des konzentrischen Gartenstadtentwurfs befindet sich
ein zentraler, gartenartig gestalteter Platz, der von öffentlichen Gebäuden umgeben ist. Ein erster Parkring schließt sich an diesen inneren Kern an, es folgt ein zweiter, etwa 600 m breiter Ring von
Wohngebäuden. In der Mitte des Wohnrings verläuft eine alleeartige
Grand Avenue, in deren Grünzone Spielplätze, Kirchen und Schulen
eingepasst werden. Im Außenring befinden sich die gewerblichen
und industriellen Arbeitsplätze.

Das Leitbild der Gartenstadt ist sicher das erfolgreichste überhaupt.
Die englische Gartenstadtbewegung verwirklichte 1903 mit **Letch-
worth** ein erstes, viel beachtetes Beispiel. Bereits 1902 wurde die
deutsche Gartenstadtgesellschaft gegründet. Sie propagierte das Wohnen im Grünen und die Selbstversorgung aus dem Hausgarten. Die
Bauweise war weiträumig, bei den Häusern handelte es sich um niedrige Einfamilienhäuser, meist geplant als Reihenhäuser mit eigenem
Garten. Die Häuser blieben dabei nach dem genossenschaftlichen
Prinzip Eigentum der Gartenstadtgesellschaft, sodass eine Bodenspe-
kulation ausgeschlossen war. In Deutschland entstanden die ersten
Gartenstädte bereits zu Beginn des 20. Jahrhunderts, die meisten
wurden nach dem Ersten Weltkrieg gebaut, die letzten entstanden
noch in den 1950er-Jahren. Vielleicht am besten verwirklicht ist diese Idee in der inzwischen von Dresden eingemeindeten **Gartenstadt
Hellerau**, als frühe Beispiele gelten auch das Thelott-Viertel in Augs-
burg und die Krupp-Siedlung Margarethenhöhe in Essen. In Berlin
finden sich Beispiele in Staaken, Mariendorf und Falkenberg, in Hamburg in Wandsbek und in Freiburg in Haslach (Abb. 1.8). Im Gegensatz zum Einfamilienhaus in England stellte in Deutschland häufig
das Doppelhaus die zur Gartenstadt passende Wohnform dar. Auslö-
ser für die Gartenstadtbewegung war die fortschreitende Industrialisierung mit ihrer einhergehenden starken Umweltbelastung etwa
durch Smog und Lärm.

Ein wesentlicher Aspekt der Gartenstadtkonzeption ist die Nut-
zungstrennung. Die Wohngebiete sind smogfrei, eine verständliche
Planungsidee in den zur Zeit Howards schwer durch Smog belasteten
britischen Industriestädten. Bemerkenswerterweise sollten die Gartenstädte durch öffentliche Verkehrsmittel, zur Zeit Howards natürlich die Eisenbahn, miteinander verbunden werden. Allerdings ist die
sehr lockere Bauweise ein Nachteil für eine verkehrsmäßige Erschließung durch öffentliche Verkehrsmittel. Freilich bilden ihre großen
Grünzonen und ausgedehnten Gartenflächen wertvolle urbane Ökotope.

1.4.3 Die moderne und funktionale Stadt (1918 bis 1933)

Nach dem Ersten Weltkrieg schlossen sich in den 1920er-Jahren die Architekten der Moderne, unter anderem des Bauhauses, zum 1928 gegründeten Congrès Internationaux d'Architecture Moderne (CIAM) unter dem dominierenden Einfluss des Schweizer Architekten Le Corbusier (1887 bis 1965) zusammen. Auf dem vierten CIAM-Kongress wurde 1933 die Charta von Athen verabschiedet (veröffentlicht 1943). In 95 Thesen werden dabei die **vier Schlüsselfunktionen des Städtebaus** – Wohnen, Arbeiten, Erholen, Fortbewegen – hervorgehoben und ihre funktionale Trennung propagiert (Hilpert 1978, 1984). Durch den entstehenden Autoverkehr konnte die Distanz zwischen Wohngebieten und Arbeitszonen reduziert werden. Gleichzeitig erweiterten neue Bautechniken und -materialien, wie Stahlbeton- und Stahlskelettbau, die Möglichkeiten des Städtebaus. In Le Corbusiers Plänen zur „Ville Contemporaine" (1922), dem Plan „Voisin" (1925) zum Zentrum von Paris und der „Ville Radieuse" (1930) wurde die Trennung von Arbeiten und Wohnen zum Hauptprinzip erhoben. Auch der Entwurf von Le Corbusier für Paris zeichnet sich durch eine Trennung der Nutzungsarten aus (Albers 1974, Heineberg 2006). Das Verkehrssystem ist geometrisch-formalistisch, die Verkehrsarten verlaufen auf getrennten Ebenen. Allerdings sieht Le Corbusier im Kernbereich seiner Stadt eine hohe Einwohnerdichte von bis zu 3 000 Einwohnern pro Hektar vor. Im Geschäftszentrum stehen Bürohochhäuser. Die Wohnungen sind in Hochhäusern mit Gemeinschaftseinrichtungen, Dachterrassen und Etagengärten („vertikale Gartenstadt") zusammengefasst. Das 1958 gebaute Le Corbusier-Haus in

Merksatz

Das Städtebauprinzip nach dem Ersten Weltkrieg wurde von einer Funktionstrennung und Verdichtung dominiert, die zu hohem Verkehrsaufkommen und Flächenverbrauch führten.

Abb. 1.9
Le Corbusiers Großwohneinheit „unité d'habitation" in Berlin aus dem Jahr 1958 (Foto: Endlicher 2011)

Berlin ist mit 530 Wohneinheiten so groß wie eine Kleinstadt (Abb. 1.9). Zwar sind diese Entwürfe von „Luft, Licht und Sonne durchflutet", jedoch führen die Dominanz des Kraftfahrzeugs und die aufgelockerte Bauweise zu erhöhtem Verkehr und Flächenverbrauch. Ihrem Hauptziel, einer rationelleren räumlich-zeitlichen Organisation, wird dieses Leitbild deshalb nicht gerecht (trotz einer Einwohnerkonzentration von 300 bis 3 000 Einwohner pro Hektar).

1.4.4. Die gegliederte und aufgelockerte Stadt (1940 bis 1960)

Merksatz
Nach dem Zweiten Weltkrieg führte das Streben nach Eigentumshäusern im Grünen zu deutlichen Suburbanisierungstendenzen.

Der wirtschaftliche Aufschwung nach dem Zweiten Weltkrieg in Westdeutschland („Wirtschaftswunder") führte zu einer zunehmenden Motorisierung, wodurch auch neue, weit von der Arbeitsstätte entfernt liegende Standorte erreichbar wurden. Nach Reichows „autogerechter Stadt" (1959) hatten sich die Städte dem zunehmenden Autoverkehr anzupassen. Das Ein- bis Zweifamilienhaus für junge Familien im Grünen, die „Stadt in der Landschaft" wurde propagiert, die Verkehrsarten durch kreuzungsfreie Hochstraßen und Stadtautobahnen getrennt. Diese Planvorstellungen wurden in den stark kriegszerstörten Städten Kassel, Hannover und Darmstadt umgesetzt. Verbunden mit dem Verkehrswachstum war eine Zersiedelung der Landschaft die Folge. Diese Suburbanisierung führte zu einer immer weiteren „Auflösung" der Städte.

1.4.5 Die sozialistische Stadt in Ostdeutschland (1960 bis 1989)

Merksatz
Sozialistische Stadtgrundrisse waren geprägt von zentralen, kompakten Strukturen mit Großwohnsiedlungen und Hochhäusern.

In der DDR wurde nach dem Zweiten Weltkrieg das Aufbaugesetz mit seinen 16 Grundsätzen verabschiedet. „Nach dem Vorbild der Sowjetunion wird … die kompakte zentral strukturierte und vertikal akzentuierte Stadt als wirtschaftlichste und kulturreichste Siedlungsform zum bevorzugten Stadttypus …" (Hain 1993: 47). Es lassen sich eine Reihe von Übereinstimmungen mit der Charta von Athen feststellen, etwa die Ablehnung des Gartenstadtprinzips und die Bevorzugung einer vielgeschossigen Bauweise (verdichteter Geschosswohnbau als sozialistische Wohnform par exellence und Ablehnung des Einfamilienhauses als kapitalistisches Relikt; Zhu 2008). Die relativ hohe Verdichtung und gute Durchgrünung trat dabei einer Zersiedelung entgegen (Abb. 1.10).

1.4.6 Urbanität durch Dichte (1960 bis 1975)

Merksatz
Den Suburbanisierungstendenzen wurde ab 1960 mit Großwohnanalgen und Trabantenstädten begegnet, die durch eine hohe Einwohnerdichte und Nutzungsmischung gekennzeichnet waren.

Die zunehmende Monotonie und Anonymität der Schlafstädte im suburbanen Raum aber auch die mangelnde Auslastung der ÖPNV-Systeme verbunden mit einer Zersiedelung der Landschaft und einer Verödung der Innenstädte führte ab 1960 zum Leitbild „Urbanität durch Dichte". Durch eine Steigerung der Wohndichte in Großwohnanlagen bzw. Trabantenstädten am Stadtrand, ergänzt durch Freizeit- und Versorgungseinrichtungen, sollte eine Rückgewinnung urbanen Lebens und städtischer Lebensformen gelingen. Derartige Groß-

Abb. 1.10
*Die sozialistische Stadt:
Großwohnsiedlung Ber-
lin-Lichtenberg mit
weiträumiger Durch-
grünung und Ver-
kehrserschließung mit
Straßenbahn und vier-
spurigen Straßen (Foto:
Endlicher 2011)*

wohnsiedlungen wurden zuerst für wenige Tausend Einwohner konzipiert, später für einige zehntausend Einwohner geplant (Märkisches Viertel und Gropiusstadt in Berlin, Neu-Perlach in München). Die Einwohnerdichte ist dabei extrem hoch. Die Funktionstrennung als wichtiges Prinzip des modernen Städtebaus wurde nunmehr durchbrochen, wobei es zur räumlichen Überschneidung von Nutzungsarten kam.

1.4.7 Die kompakte Stadt und die Stadterneuerung (seit 1980)

Die tief greifende Wirtschaftskrise der 1970er-Jahre, die zunehmende Umweltbelastung und das wachsende Umweltbewusstsein – die Publikation „Die Grenzen des Wachstums" des Club of Rome wurde 1972 veröffentlicht – verdeutlichten die Notwendigkeit eines Umdenkens und Umsteuerns. Es mussten Antworten auf den Bevölkerungsrückgang, die Verknappung der finanziellen Mittel und den Unwillen der Bürger gegen die gängige Planungspraxis gefunden werden (Fürst et al. 1999). Im Zuge des Denkmalschutzjahres 1975 wurden die Wiederentdeckung der historischen Stadt und die Revitalisierung der Innenstädte propagiert. Historische Bauformen kamen zu neuer Wertschätzung, eine Flächensanierung (Abriss) wurde zugunsten einer behutsamen Objektsanierung im Bestand aufgegeben.

Im Leitbild der **kompakten Stadt** wird die Verbesserung des Bestandes dem Neubau von Quartieren vorgezogen. Dazu werden innerstädtische Flächen entsiegelt und begrünt, Spielstraßen eingerichtet und Plätze mit höherer Aufenthaltsqualität geschaffen. Baulücken werden geschlossen, der neuen Nutzung von Stadtbrachen wird der Vorzug vor einem weiteren Flächenverbrauch im Umland gegeben.

Merksatz
Sanierungsmaßnahmen, Verdichtung und eine Revitalisierung der Innenstädte stehen seit 1980 im Mittelpunkt, was zu einer Verringerung des Kfz-Verkehrs und damit der Kohlendioxidemissionen beitragen soll, jedoch auch die städtischen Wärmeinseln verstärkt.

Ähnlich wie im Leitbild „Urbanität durch Dichte" wird die räumliche Überschneidung verschiedener Nutzungsarten als wesentliches Kriterium von Urbanität definiert (Fürst et al.1999). Die Flächenversiegelung ist auf ein Mindestmaß zu reduzieren, Grün- und Naherholungskonzepte sollen erstellt werden. Durch hohe Bebauungsdichte und Nutzungsmischung soll eine „Stadt der kurzen Wege" entstehen (Wegener 1999, Brunsing und Frehn 1999). Durch Verkehrsberuhigung und Rückbaumaßnahmen können Fußgänger und Radfahrer neue Flächen belegen. Eine Abkehr von der autogerechten Innenstadt ist das Ziel. Allerdings bringt das Ziel der Innenverdichtung Probleme für das Stadtklima durch Überwärmung mit sich.

1.4.8 Die Europäische Stadt – kompakt und durchmischt (aktuell)

Merksatz
Europäische Städte vereinen historisches Wachstum und planerische Aspekte. Sie sind von Kompaktheit, öffentlicher Infrastruktur und Nutzungsmischung geprägt, was den Flächenverbrauch und die Verkehrsbelastung minimieren soll.

Das Leitbild der Europäischen Stadt wird von vielen Strömungen und Institutionen getragen. Der Stadtsoziologe Siebel (2004) beschreibt sie mit folgenden **fünf Charakteristika**:

- Die Europäische Stadt ist der Ort der Emanzipationsgeschichte der europäischen Gesellschaft; die Geschichte der Stadt ist im Stadtbild präsent.
- Die Europäische Stadt ist Differenz: klimatisch, geographisch, geschichtlich, nach Größe und Gestalt sowie einem engen Mit- und Nebeneinander von Arbeiten, Wohnen, Handel, Freizeit, Verkehr, von Arm und Reich, Alt und Jung, Eingesessenen und Fremden.
- Die Europäische Stadt ist als kompakte, gemischte Stadt Ort der urbanen Lebensweise, gekennzeichnet durch Öffentlichkeit und marktförmige soziale Beziehungen.
- Die Europäische Stadt ist Produkt bewusster Planung; sie plant und kontrolliert als politisches Subjekt ihre räumliche Struktur.
- Die Europäische Stadt ist ein selbst verwaltetes Gemeinwesen, das für seine Bürgerinnen und Bürger die Leistungen der kommunalen Daseinsfürsorge organisiert bzw. erbringt und sich hierzu auch wirtschaftlich betätigt; ihre technische, soziale und kulturelle Infrastruktur ist für alle öffentlich zugänglich.

Nach dem Deutschen Institut für Urbanistik ist das **Leitbild der Europäischen Stadt** auch eine Voraussetzung für eine nachhaltige Stadtentwicklung (Hesse 1998, Jessen 2000, Beckmann 2008). Es stellt die Gestaltung des öffentlichen Raumes einschließlich der landschaftlichen Bezüge sowie die Nutzungsverflechtung in den Mittelpunkt. Seine Ziele sind im Wesentlichen:

- Verkehrsvermeidung zur allgemeinen Entspannung der städtischen Verkehrssituation
- Konzentration auf die Innenentwicklung zur Einschränkung des Flächenverbrauchs und zur Energieeinsparung
- kompakte Siedlungsstruktur zur besseren Auslastung von Infrastruktureinrichtungen

- vielfältige Nutzungsüberlagerungen zur Förderung urbaner Qualitäten und innovativer Stadtmilieus
- sozialer Ausgleich zur Schaffung von Vorteilen und Erleichterungen für weniger mobile Bevölkerungsgruppen („Soziale Stadt").

Dieses Leitbild ist eng mit dem Diskurs zur „Nachhaltigen Stadt" verknüpft (Fürst et al. 1999; siehe Kapitel 3.1).

1.5 Kulturgenetische Stadttypen

Die kulturgenetische Stadtanalyse betrachtet die physische Struktur und die innere Differenzierung von Städten im Lichte ihrer historischen Entwicklung und ihres kulturellen Kontextes. Fünf ausgewählte kulturgenetische Stadttypen unter besonderer Berücksichtigung von stadtökologischen Gesichtspunkten werden im Folgenden vorgestellt (Heineberg 2006, Ehlers 2011).

1.5.1 Die mittel- und westeuropäische Stadt

In deutschen Städten sind nur wenige Zeugen aus **römischer Zeit** vorhanden, hierzu zählen zum Beispiel Trier oder Regensburg. Die Stadtgründungen des Mittelalters waren häufig an Burgen gebunden und zeichneten sich durch ihre Markt- und Handelsfunktionen sowie eine Befestigung aus („Mauer, Markt, Münze"). Besonders die Grundrisse der dicht verbauten Stadtkerne mit den Zunftgassen, dem Rathaus am Marktplatz und dem Judenviertel, zum Teil auch noch in einzelnen Aufrissen von Häusern sichtbar, legen aus dieser Zeit Zeugnis ab.

Mit dem **Absolutismus** erhielten viele Barockstädte eine Neuausrichtung auf das außerhalb der alten Stadtmauern gelegene landesherrliche Schloss mit seinen Gartenanlagen. Heute sind diese, wie zum Beispiel in Würzburg, Karlsruhe oder Mannheim, in öffentliche Parks umgewandelt worden. Der Stadtgrundriss aus dieser Zeit ist quadratisch (Mannheim) oder fächerartig (Karlsruhe). Nach der Entfestigung und dem Schleifen der Stadtmauern im 19. Jahrhundert konnten auf dem ehemaligen Schussfeld vor der Stadtmauer, dem Glacis, neue Grünflächen angelegt werden. Allerdings wurde das Glacis auch bebaut oder es diente zur Anlage von Gleisen und Bahnhöfen für die Eisenbahn.

Das rasche **gründerzeitliche Städtewachstum** führte im Zuge der Industrialisierung außerhalb des alten Mauerrings zu Wohnringen aus kompakter, im Wilhelminischen Ring Berlins etwa vierstöckiger, Mietshausbebauung mit Querflügeln und Hinterhöfen. Zur Auflockerung dieser schachbrettartigen Mietskasernenviertel wurden auch Plätze mit Grünanlagen und größere Volksparks ausgewiesen. Gleichzeitig setzte eine Viertelsbildung ein und es entstanden etwa die City mit ihren Randbereichen, ein Bahnhofsviertel mit Beherbergungsgewerbe, Arbeiterwohnviertel für niedrige und Villenviertel für höhere

Merksatz
Mittel- und westeuropäische Städte weisen sowohl mittelalterliche als auch herrschaftliche Strukturen und Spuren des Städtewachstums während der Industrialisierung auf.

Einkommensschichten. Die großen, privaten Villengärten mit ihren heute teilweise über einhundert Jahre alten Baumbeständen, die öffentlichen Alleen sowie die alten Friedhöfe stellen heute ganz besonders wertvolle Ökotope dar.

Das starke Bevölkerungswachstum einerseits und die auf fossiler Energie basierende Massenverbreitung des Autos andererseits führten nach dem Zweiten Weltkrieg zur Suburbanisierung und der Entstehung von **Satelliten- und Trabantenstädte**n, die durch Bahn- und Buslinien, vor allem aber durch Straßen, an das Zentrum angeschlossen wurden. Verbunden damit war die Idee eines familienfreundlichen „Wohnens im Grünen" und die Entflechtung von Wohn- und Arbeitsplatz (Hofmeister 1980, 1999, Heineberg 2006). Die Kehrseite der gesteigerten Mobilität waren eine verringerte Luftqualität (Smog) und die durch den Verkehr immer weiter zunehmende Emission von Treibhausgasen. Ihre Konzentration stieg seit Beginn der Industrialisierung, verstärkt aber seit Mitte des 20. Jahrhunderts.

1.5.2 Die angloamerikanische Stadt

Merksatz
Angloamerikanische Städte sind durch geplante Grundrisse, intensive Suburbanisierung, innerstädtische Hochhausbebauung und durch ein dichtes Verkehrsnetz gekennzeichnet.

Die angloamerikanische Stadt ist insbesondere durch ihre junge Entstehungsgeschichte (ab dem 17. Jahrhundert) charakterisiert. Sie zeichnet sich durch ein **schachbrettartiges Straßennetz** aus, das auf das quadratische Landvermessungssystem von 1785 zurückgeht. Ein weiteres Merkmal ist die **Hochhaus- und Wolkenkratzerbebauung** (Skyline) des Central Business Districts in Downtown, die oft von einem ausgedehnten Ring aus Minderheitengettos, Slums und Stadtbrachen umgeben ist (Holzner 1990). Den angloamerikanischen Städten fehlen der mittelalterliche Kern, die Befestigungsanlagen und die Schlösser und Gärten des Absolutismus. Eine wichtige Rolle spielt in den Ostküstenstädten der sogenannte Common in der Innenstadt, zum Beispiel der Bostoner Common, der als ältester Stadtpark der USA gilt und 1634 als öffentliche Almendweide ausgewiesen wurde. Durch seine Übernutzung degradierte er allerdings rasch. 1830 wurde die Beweidung untersagt und der Common in einen Park in englischem Stil eines Landschaftsparks umgewandelt. Er bildet mit dem angrenzenden 97 Hektar großen Boston Public Garden, 1937 als erster Botanischer Garten der USA angelegt, das grüne Herz Bostons. Eine ähnliche Funktion kommt dem 1859 eröffneten Central Park von Manhattan in New York zu. Der von Frederick Law Olmsted und Calvert Vaux gestaltete Landschaftspark nach Pariser und Londoner Vorbildern umfasst neben Grünanlagen, Teichen und Sportanlagen auch einen Zoo sowie ein Museum (Abb. 1.11).

Jenseits von Downtown und einem Übergangsring führte die bereits um 1940 einsetzende **Suburbanisierung** in den USA zu einer Vielzahl von Außenstadtvierteln mit Shoppingcentern auf der „grünen Wiese", meist an Autobahnen gelegen, neuen Handels- und Industriekomplexen sowie Wohnvierteln. Diese Wohnviertel zeichnen

Abb. 1.11
*Der Central Park in
New York: Sommerli-
ches Sonntagspicknick
entlang der Erschlie-
ßungsstraße (Foto: End-
licher 2009)*

sich dabei durch große Grundstücke mit gepflegten Rasenflächen aus.
Vielfach werden zwischen den neu entwickelten Wohngebieten auch
Waldinseln belassen. Infrastrukturell sind diese Wohngebiete durch
ein dichtes Straßen- und Autobahnnetz erschlossen. Die Weiträumig-
keit der Außenbezirke hat zwar einerseits eine gute Durchgrünung
zur Folge, andererseits bewirkt die ausschließliche Orientierung auf
den privaten Pkw-Verkehr einen hohen Verbrauch fossiler Energie,
extreme Treibhausgasemissionen und hohe Kosten bei der infrastrukturellen Entwicklung.

1.5.3 Die lateinamerikanische Stadt

Teile der süd- und mittelamerikanischen Länder weisen hoch ver-
dichtete Regionen mit einem **extremen Verstädterungsgrad** auf. Der
spanische König Philipp II. hat in seinen „Ordonanzas" 1573 genaue
Vorschriften für die Anlage von Städten in der Neuen Welt erlassen.
Darauf basierend gibt es bis heute die folgenden Merkmale (Bähr und
Mertins 1995, Borsdorf et al. 2002):

- die Anlage in Form eines Schachbrettgrundrisses als prägende räumliche Strukturkomponente, die auch bei kleinen Landgemeinden und
  selbst informellen Siedlungen angewendet wird, mit den „Cuadras"
  oder „Manzanas", den Baublöcken von 100 Meter Kantenlänge
- ein als zentraler Platz nicht bebautes Quadrat in der Stadtmitte,
  das anfangs als Plaza de Armas, also als Exerzier- und Versamm-
  lungsplatz diente, heute aber vielfach begrünt und zur Naherholung im Wohnumfeld genutzt wird (Abb. 1.12)

Merksatz
Lateinamerikanische
Städte sind hoch
verdichtet, weisen
einen Schachbrett-
grundriss mit zentra-
lem Platz und an-
schließende, nach
Einkommensschich-
ten gestufte Wohn-
viertel auf.

Abb. 1.12
Beispiel für eine zentrale Plaza de Armas in der Hauptstadt von Ecuador Quito (Foto: Endlicher 2009)

- eine Einrahmung der Plaza mit öffentlichen Repräsentationsbauten wie Regierungspalast, Rathaus, Gerichtsgebäude, Kathedrale und Stadtverwaltung
- früher ein Ring von prunkvollen Wohnbauten der Oberschichtfamilien mit dem Typ des mediterranen Hofhauses (Patiohaus), die aktuell zum Teil degradiert, zum Teil im Zuge der Gentrification aber auch restauriert sind
- Subzentren mit weiteren kleineren Plazas, allerdings mit einer geringeren Qualität der Grünausstattung
- große Stadtparks, die im Zuge der Stadterweiterungen im 19. und 20. Jahrhundert nach europäischem Vorbild angelegt wurden und die nicht nur von großer ökologischer, sondern insbesondere für die Stadtbewohner aus verdichteten Wohnquartieren bzw. informellen Siedlungen auch von sozialer Bedeutung sind
- neuere Fragmentierungen in Form von abgeschlossenen, ummauerten oder umzäunten und ständig bewachten Wohnvierteln, sogenannte gated communities, die meist eine gehobene Wohnqualität und aufgrund der geringeren Wohndichte eine gute Durchgrünung und geringere Versiegelung aufweisen
- manchmal direkt anschließende, hoch verdichtete informelle Marginalviertel mit sozialen und ökologischen Problemen, wie zum Beispiel mangelnde Wasserver- und Abwasserentsorgung und geringe bis fehlende Grünausstattung sowohl im öffentlichen wie im privaten Raum

1.5.4 Die orientalische Stadt

Die Stadtgeschichte des Orients ist jahrtausendealt und viel älter als diejenige Europas. Die traditionelle orientalisch-islamische Stadt umfasst nach Wirth (1982; 2001) und Ehlers (1993) folgende Elemente:

- die Moschee mit einem großen Innenhof als geistlichem und intellektuellem Kern
- den Suq oder Bazar als traditioneller Wirtschaftsmittelpunkt
- die durch Religion, Nationalität, Sprache und Sippen abgegrenzten Wohnquartiere mit Innenhofhäusern und Sackgassenstrukturen
- weitere kleine Subzentren, eventuell auch mit kleineren Moscheen
- die oft an der Stadtmauer gelegene und so abgegrenzte Zitadelle
- sowie außerhalb der Stadtummauerung die Friedhöfe der verschiedenen Religionen

Merksatz
Orientalische Städte sind durch ihre Ummauerung, je ein geistliches und wirtschaftliches Zentrum, abgegrenzte Wohnviertel mit klimatisch angepasster Architektur, Gartenanlagen und ausgeklügelter Bewässerungstechnik gekennzeichnet.

Diese klassische Struktur ist durch Modernisierung und „Verwestlichung" vielfach aufgebrochen. Diagonalstraßen mit eigener Entwicklung queren das Zentrum, neben dem traditionellen Basar hat sich mit dem Central Business District (CBD), dem Hotel- und Managementdistrict, ein zweiter Pol entwickelt. Die Wohnsegregation nach Sozial- und Einkommensschichten hat zugenommen. Neben einem abgewerteten Zentrum und einem aufgewerteten Rand mit Villenvororten erstreckt sich eine breite Zone mit mehrgeschossigen Miethäusern.

Die Natur spielt in den Städten des Orients eine wichtige Rolle. Vielfach werden Gärten genutzt und auch die Naturelemente **Wasser und** vor allem **Wind** sind wichtige Faktoren für die Menschen in der orientalischen Stadt. Die Tatsache, dass der Orient größtenteils durch starke Sonneneinstrahlung und geringe Niederschlagsmengen geprägt ist, hat signifikante Auswirkungen auf die Architektur und die baulichen Anordnungen. Die vorherrschende kompakte Bauweise führt zu optimaler Verschattung, gleichmäßiger Kühlung und stetiger Frischluftzufuhr durch die Düsenwirkung, die in den engen Gassen entsteht. Unter den klimatischen Bedingungen der trocken-heißen Zone sorgt auch das Innenhofkonzept mit angeschlossenen Brunnenanlagen und Bepflanzungen für einen Ausgleich der Temperatur und der Luftfeuchtigkeit zwischen Tag und Nacht. Badgirs (Windfangtürme) gelten als Elemente, die die Silhouette der traditionellen Städte im Zentraliran dominieren. Sie dienen der Belüftung der Häuser, indem sie den in ca. 20 m Höhe wehenden Wind auffangen und in das Wohnhaus umleiten.

Im Vergleich zu europäischen Städten haben bewässerte **Ziergärten und Grünanlagen** im Zusammenhang mit den trockenen Sommern in der orientalischen Stadt eine Sonderstellung. Städte, die in der Trockensteppe oder Halbwüste liegen, müssen erfrischende, Schatten spendende Ziergärten mit kühlenden Wasserläufen künstlich innerhalb der Stadtmauern erschaffen. Schon 1500 vor Christus wurden deshalb in assyrischen Städten des alten Orients Gartenanlagen angelegt, die die Funktion von bewässerten Palastanlagen mit Schatten spendenden Bäumen als „höfisches Grün" hatten. Außerdem bauten die Assyrer überhöhte Palastterrassen. Der nach außen gerichtete Teil der Terrasse blieb frei, um einen weiten Blick in die Landschaft zu erhalten. Die geheimnisumwitterten „Hängenden Gärten der Semiramis" in Babylon etwa 600 vor Chr. gelten als eines der sieben Weltwunder der Antike. Möglicherweise handelt es sich dabei um einen Dachgarten im Palast von Nebukadnezar II. Im altpersischen Reich wurden 500 vor Chr. ummauerte Gartenanlagen mit streng geometrischer Raumaufteilung entworfen, in denen Zierbäume, Ziersträucher und Blumen angepflanzt wurden. Zwischen den Pavillons verliefen miteinander verbundene, offene Kanäle. Durch das Anstauen des Wassers entstand im Hochland des Iran neben Palastanlagen, Gartenpavillons und geometrisch angelegten Gärten auch ein künstlicher See (Wirth 2001). Ab dem 7. Jahrhundert nach Christus wurde die Bauweise dieser Gartenanlagen durch die Muslime weitergegeben. Danach haben abbasidische Kalifen, darunter Harun al Raschid als Zeitgenosse Karls des Großen, diesen Typus des Persischen Gartens übernommen. Noch bis zum Ende des 19. Jahrhunderts stand dieser für eine typisch orientalische Landschafts- und Palastarchitektur. Für die islamzeitlichen Städte gehören als Erbe des alten Orients bewässerte Gärten mit Schatten spendender Bepflanzung schon sehr früh zum selbstverständlichen Inventar, vor allem als wesentliches Element von Palastanlagen. In allen drei monotheistischen Weltreligionen ist auch der Garten Eden, das Paradies, von transzendentaler Bedeutung.

Grundsätzlich kann man im Orient zwei verschiedene Erscheinungsformen des städtischen Gartens unterscheiden. Zum einen gibt es die **Pfeilergalerie**, in welcher Säulen kunstvolle, abgeschlossene Gärten umgeben, und zum anderen die weitläufigen **Parklandschaften**, die um die größeren Städte angeordnet sind und in denen Architektur eine untergeordnete Rolle spielt. Beim ersten Typ spricht man vom **Ryad** (begrenzter Garten), beim zweiten vom **Aqdal** (weitläufiger Garten). Der Ryad ist immer in die Architektur des Hauses oder des Palastes eingeschlossen. In größeren Häusern ist er manchmal getrennt vom Innenhof, aber oft verschmilzt er mit ihm zum Zentrum des Hauses. In der Mitte hat er ein Wasserbecken und dazu schmale geradlinige Kanäle. Der Boden ist manchmal vollständig gekachelt, die Vegetation reduziert sich auf Pflanzentöpfe mit Zitrusgewächsen, Rosen, Lorbeer und Jasmin. In größeren Ryads schneiden sich zwei überhöhte, gekachelte Alleen im rechten Winkel und begrenzen so vier tief liegende Beete, auf die der Besucher hinabschaut. Hinzu kommen in achsialer Stellung frei stehende Pavillons, die eine prächtige Sicht auf die Marmorsäulen, die farbigen Fayencen (Keramik) und die flachen Marmorbecken gewähren. Während die persi-

Abb. 1.13
*Orientalischer Palast-
garten am Beispiel der
Alhambra in Granada
(Foto: Endlicher 2009)*

schen und maurisch-andalusischen Gärten achsensymmetrisch und
nach streng geometrischem Muster angelegt sind, ist die Gestaltung
der türkisch-osmanischen Gärten und Freiflächen naturnäher, be-
wusst unregelmäßig und eher zufällig gewachsen (Wirth 2001).

Bewässerte, vor fremden Blicken geschützte, Ziergärten sind ein
wesentliches Element im architektonischen Gefüge islamischer Paläste. Beispiele für solche Palastgärten sind das Topkapi Serail in Istanbul oder die Alhambra in Granada. Untrennbar mit der orientalischen Stadt sind die Gartenpaläste und Sommerresidenzen als zeit-
weiliger Wohnsitz des damaligen Herrschers verbunden (Abb. 1.13).
In jeder orientalisch-islamischen Kultur findet man solche Garten-
vorstädte und Sommerresidenzen mit ihren Bewässerungsanlagen,
Baumhainen, Blumenrabatten, Springbrunnen, Sommerhäusern und
Pavillons. In diesen Vorstädten herrschte außerhalb der innerstädtischen Wärmeinseln ein angenehmeres Klima, es gab besseres Trinkwasser in den heißen Sommermonaten sowie gutes Weideland. Im
Zuge der Stadtentwicklung der letzten Jahrzehnte wurden aber durch
Folgenutzungen mit Großbauten westlich-moderner und technisch-
industrieller Kultur (z. B. Bahnhöfe, Rathäuser, Universitätsgebäude,
Kliniken, Schulgebäude) große Anteile der innerhalb des Mauerrings
gelegenen Gärten, Felder und Baumhaine städtisch überbaut.

1.5.5 Die japanische Stadt

Aus stadtökologischer Sicht spielen insbesondere zwei Typen der japanischen Stadt eine wichtige Rolle, die japanische Schlossstadt und die Tempelstadt. Die **Schloss- oder Burgstadt (Joka-Machi)** war der Sitz eines Landesherren (Dimyo), dessen Burgbezirk durch Wassergräben geschützt war. Heute sind die Burgen das Zentrum großer öffentlicher Parkanlagen. Ganz besonders deutlich zeigt sich dies etwa in der alten Kaiserstadt Kyoto, hier liegt der Kaiserpalast inmitten eines großen Parks im Zentrum der Stadt. Ringförmig um den Burgbezirk wohnte die Oberschicht der Krieger (Samurai), um die sich die bürgerliche Unterschicht der Handwerker und Kaufleute ansiedelte. Zur Abgrenzung der Stadt und ihrer Sicherung nach außen dienten die Tempelareale und Schreine. Je nach sozialem Status sind Grundstücksgröße und Bausubstanz unterschiedlich – vom Palast des Dimyo über das Samurai- zum Bürgerhaus. Mit der Meiji-Revolution (1868), das heißt der Öffnung des Landes nach außen, wurde diese Feudalordnung aufgelöst und eine Durchmischung begann. Die Joka-Machi hatte schon zur Zeit des Feudalfürsten zentrale Funktionen, aus denen sich etwa die Großstädte Tokyo, Osaka oder Nagoya zu Metropolen der Industriezentren weiterentwickelt haben.

Bei den **Tempelstädten (Monzen-Machi)**, wie etwa Nagano, war eine weniger dynamische Entwicklung festzustellen. Die Tempel- und Schreinbezirke beider Stadttypen zeichnen sich dabei durch große Landschaftsgärten aus. Berühmt sind etwa die Parks von Kyoto als Ausdruck sowohl feudal-ritterlicher Vorstellungen als auch der buddhistischen Religion (Schöller 1962).

Abb. 1.14
Japanischer Schrein-Park am Beispiel des Goldenen Schreins in Kyoto (Foto: Endlicher 2010)

Die japanische Kultur sieht traditionell die kulturelle und natürliche Umwelt als ein geschlossenes Ganzes. Pflanzen werden in die anthropogen geschaffene Kulisse einer Stadt integriert, während die Stadt so angelegt sein sollte, dass sie die Natur widerspiegelt. Ein Garten steht dabei für einen geordneten, geschlossenen, geborgenen und eingefriedeten Ort als Kultur im Sinne von gezähmter Wildheit. So kann man auch eine ganze Stadt als riesigen Garten ansehen (Nobuyuki 2007). Kult- und Tempelanlagen verfügten seit jeher über Grünflächen. In Mythologie und Religion des ostasiatischen Kulturkreises stellen Gärten **ideale Welten** dar. Die japanische Gartenbaukunst hat sich dabei darauf spezialisiert, die Natur verkleinert darzustellen. Dies ist auch eine Reaktion auf die relative Beengtheit der gebirgigen Japanischen Inseln. Dabei wird unter anderem auch die zeitliche Dynamik der Jahreszeiten abgebildet. Dazu werden landschaftliche Naturerzeugnisse wie Pflanzen, Wasser und Steine so angeordnet, dass der Besucher durch symbolisierte Jahreszeiten gehen kann. Ein japanischer Garten stellt auch Japan in idealer Verkleinerung dar. So gibt es das „Hochgebirge", eine „Flusslandschaft" sowie schließlich die „Meeresküste" und die „Japansee", ein Teich mit Inseln, Halbinseln und Landzungen (Abb. 1.14).

Anders sind die Trockenlandschaftsgärten, auch als **Zen-Gärten** bekannt. Sie sind von naturhaften und zeitlichen Momenten abgeschnitten und entstanden erstmals im 14. Jahrhundert (Nobuyuki 2007). Auf eine kiesbedeckte Fläche werden eine ungerade Anzahl größerer Steine verteilt, ohne einem Muster zu folgen. Wasser fehlt in diesen Gärten ganz bewusst. Mit einem Rechen werden Linien durch den Kies gezogen, die für das Wasser stehen. Die Linien haben dabei meist keinen erkennbaren Anfangs- und Endpunkt und gehen ineinander über. Mit Ausnahme von Moos wird jedes Pflanzenwachstum unterbunden. Durch ihre Trockenheit sind diese Gärten zeitlos. Die Darstellung eines Paradiesgartens im westlich-orientalischen Sinn als verlorene oder zukünftige Utopie ist nicht intendiert. Der Betrachter soll in den klaren und einfachen Formen der Steine das Abbild der Welt erkennen. Der Garten soll also einen symbolisierten Ort des Weltgeschehens darstellen. Derartige Steingärten sind heute auf der ganzen Welt zu finden (Abb. 1.15).

Zusammenfassend ist festzustellen, dass es in japanischen Städten wesentlich weniger Grünflächen gibt als in europäischen Städten. Die Gründe dafür liegen in der Entwicklungsgeschichte der Städte. Die Paläste der Burgstädte waren zwar von viel Grün umgeben, ebenso die Tempelanlagen der Priester. Nach der Abschaffung des Feudalismus und dem Beginn der Industrialisierung im 19. Jahrhundert wuchsen die Städte aber rapide und bei hohen Bodenpreisen wurden selbst kleine Flächen bebaut, ohne dass eine gezielte Stadtplanung ausreichend Grünflächen, Parkanlagen und Naherholungsgebiete auswies. Vor allem die historischen Grünflächen, die in den Tempel- und Palastanlagen erhalten geblieben sind, sorgen heute dafür, dass die Innenstädte oftmals mehr Grünflächen aufweisen als die jünger entwickelten Randzonen (Burkhard 1996).

1.6 Methoden der Stadtökologie Beobachtung, Kartierung, Messung, Befragung, Fernerkundung, Modellierung

1.6.1 Stadtökologische Transekte

Merksatz
Transekte ermöglichen die gezielte Analyse von Stadt-Umland-Gradienten.

In allen Städten gibt es eine Vielzahl mosaikartig angeordneter Physio- und Biotope, die meist scharf abgegrenzt und relativ homogen sind. Neben den naturräumlichen Unterschieden innerhalb einer Stadt existieren aber auch architektonische und sozioökonomische Unterschiede, die sich in typischen Stadtgürteln oder Funktionsräumen, wie Wohn- und Gewerbegebieten, äußern. Sie überlagern die naturräumliche Struktur und sind in den meisten europäischen Großstädten konzentrisch gegliedert. Stadtökologische Forschung kann deshalb besonders gut in Form von **Transekten** quer zu dieser ringförmigen ökologischen Zonierung erfolgen (Haase und Nuissl 2010). Diese Gradientanalyse Innenstadt-Stadtrand-Umland ergibt sich logisch aus der theoretischen Fundierung stadtökologischer Forschung wie sie Herbert Sukopp entworfen hat (Abb. 1.16). Dieser klassische Berliner Ansatz stadtökologischer Forschung, in dem verschiedene Einzeldisziplinen auf einem Transekt spezifische Probleme bearbeiten und ihre Befunde diskutieren, kann mit anderen Forschungsmodellen kombiniert, erweitert und ergänzt werden.

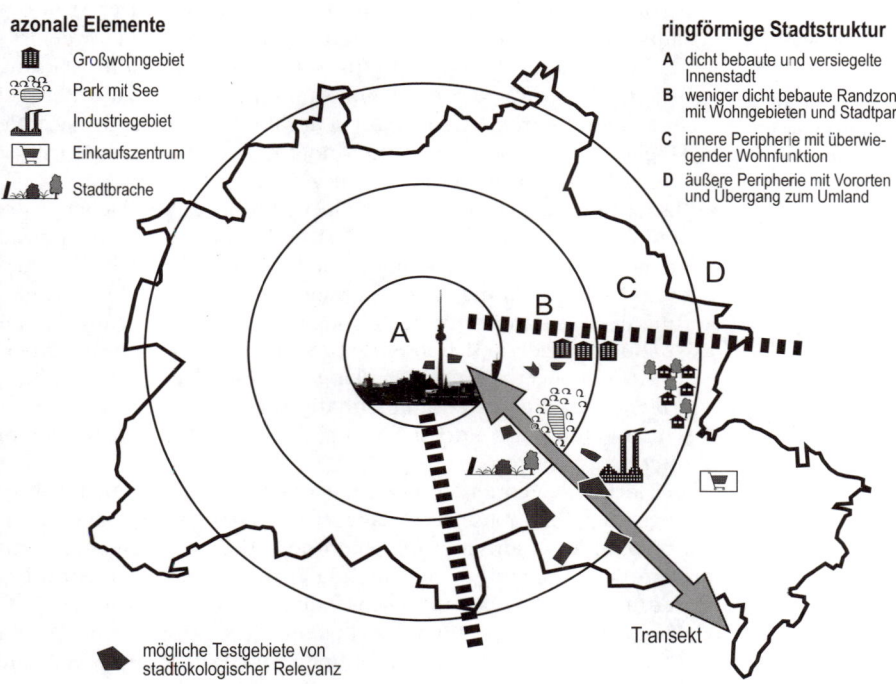

azonale Elemente

- 🏢 Großwohngebiet
- Park mit See
- ⚒ Industriegebiet
- 🛒 Einkaufszentrum
- Stadtbrache

ringförmige Stadtstruktur

A dicht bebaute und versiegelte Innenstadt
B weniger dicht bebaute Randzone mit Wohngebieten und Stadtparks
C innere Peripherie mit überwiegender Wohnfunktion
D äußere Peripherie mit Vororten und Übergang zum Umland

Transekt

mögliche Testgebiete von stadtökologischer Relevanz

1.6.2 Kartierung und Untersuchung von Flächenkategorien

Die Funktionsweise einer Stadt wird ganz wesentlich durch ihre räumliche Struktur und die verschiedenen Flächennutzungen geprägt. Für viele städtische Fragestellungen ist die Kenntnis dieser inneren Struktur wichtig. Wesentlich für eine Typisierung sind dabei zum einen die Flächennutzung und zum anderen die bauliche Struktur. Flächen, die eine homogene bauliche Struktur bzw. eine gleiche Flächennutzung aufweisen, können zu einer Struktureinheit zusammengefasst werden. Solche **Struktureinheiten** zeichnen sich durch weitere Merkmale wie Einwohnerzahl und Versiegelungsgrad aus. Neben der groben Zonierung werden Klassifizierungen benötigt, welche die ökologischen Leistungen und Belastungen des Stadtsystems mit seinen Teilräumen erfassen und bewerten. Dabei hat sich die Kartierung von sogenannten **Stadtstrukturtypen** bewährt, die sich sowohl hinsichtlich ihrer Nutzung als auch ihrer ökologischen Charakteristika unterscheiden (Breuste 1996). Folgende Flächenkategorien können dabei ausgegliedert werden:

- Bebaute Flächen (z.B. verdichtete Innenstädte, Industrie- und Gewerbeflächen sowie Verkehrsflächen), die nur eingeschränkt Funktionen des Naturhaushaltes übernehmen können oder als

Abb. 1.16
Konzentrisches Ringmodell und Gradientanalyse entlang eines Transekts Innenstadt – Randzone (Quelle: mod. nach Wittig et al. 1998, S. 318)

besonders belastende Lebensräume gelten müssen. Der Straßenraum stellt auch in dicht bebauten Gebieten fast den einzigen öffentlichen Entwicklungsraum für Natur dar. Mit der Entwicklung bzw. Optimierung von Natur im Straßenraum, wie zum Beispiel an den Straßenrändern oder auf dem Mittelstreifen, ergibt sich die Möglichkeit, im Bestand – ohne Änderung der Bebauungsstruktur – gewisse Naturfunktionen zu entwickeln.

- Dispositionsflächen (z.B. Brachflächen und Abrissflächen), die aufgrund des Strukturwandels frei werden und nun ein Potenzial für urbane Naturentwicklung darstellen. Auf Dispositionsflächen wird die Entwicklung bzw. Optimierung von Natur durch Änderung der Bebauungsstruktur ermöglicht. Abriss und Aufgabe der Nutzung vollziehen sich in Berlin und anderen ostdeutschen Städten in einem erheblichen Umfang, insbesondere in Plattenbaugebieten. In diesem Zusammenhang sind auch Fragen der Zwischennutzung, also eine Art „Natur auf Zeit", von ganz besonderem Interesse.

Beide Flächenkategorien unterscheiden sich erheblich bezüglich ihrer ökologischen Charakteristika, haben jedoch gemeinsam, dass sie in Schwerpunkten städtischer Bevölkerung vorkommen und aufgrund ihrer großen Ausdehnung bedeutende Entwicklungsräume für urbane Natur darstellen. Naturwissenschaftliche Ansätze können Entwicklungsperspektiven für diese beiden Flächentypen entwickeln und die damit verbundenen Funktionen bzw. Entlastungspotenziale für den urbanen Naturhaushalt aufzeigen (z.B. klimatischer Ausgleich, Luftqualität, Wasserhaushalt, Lebensraumfunktionen; speziell bezüglich der Bodenversiegelung Haag et al. 2008). Dazu können Laborexperimente, Versuche im Bestand sowie Modellierungen auf der Grundlage von Szenarien (siehe Kapitel 1.6.7) dienen. Gesellschaftswissenschaftliche Ansätze sind darauf ausgerichtet, die verschiedenen Entwicklungsperspektiven für die beiden Modell-Flächentypen in ihrer Funktion als Teil der urbanen Lebensumwelt zu analysieren (z.B. Wohnumfeld, Wirtschaftsstandorte, Umweltwahrnehmung). In der Zusammenführung beider Ansätze werden Chancen und Risiken verschiedener Entwicklungsperspektiven abgeglichen, Synergien für eine Optimierung des Naturhaushaltes und des Wohnumfeldes herausgearbeitet und zusammenfassend weitergehende Verbesserungsvorschläge abgeleitet. So sind beispielsweise Strategien für die Gestaltung von Straßenräumen gefragt, die sowohl die sich wandelnden Klimabedingungen, die urbane Biodiversität und die sich mit dem Lebensalter ändernden Ansprüche der Bewohner mit ihrem kulturellen Hintergrund berücksichtigen.

1.6.3 Definition von Stadtstrukturtypen

Eine weitere Untergliederung dieser Flächenkategorien kann dabei in mehrere, in vielen Ballungsräumen und Großstädten vorhandene Stadtstrukturtypen im Sinne einer inneren Differenzierung von Städten erfolgen. Ein **Stadt- oder Baustrukturtyp** kann dabei auch als (Land/Flächen)-Nutzungstyp oder, im Zusammenhang mit der Biosphäre, als Biotoptyp angesehen werden. Grundlegend sind dabei die folgenden **vier Makrotypen**:

- verdichtete, innenstadtnahe Bereiche (z. B. gründerzeitliche Blockareale)

Abb. 1.17
Fünf grundlegende Stadtstrukturtypen differenziert nach Landnutzung und Versiegelungsgrad (Quelle: Haase und Nuissl 2007 aus Haase 2011)

Landnutzung	Beispiel	Struktur	mittlerer Versiegelungsgrad (%)
kompaktes mehrstöckiges Wohngebiet		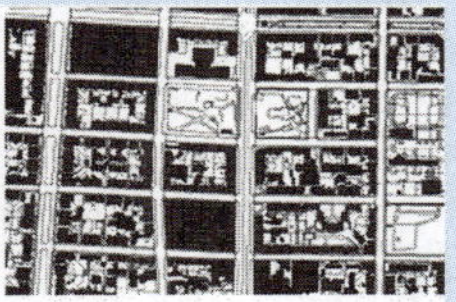	60 – 80
randstädtisches Ein- und Mehrfamilien-hausgebiet			60 – 80
Großwohn-siedlung		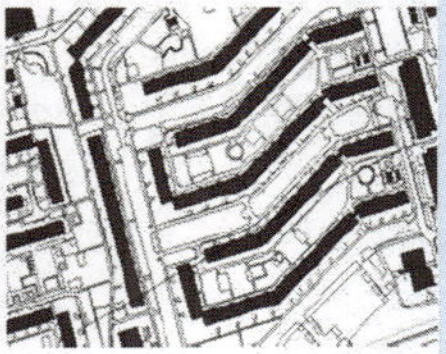	40 – 60
Straßen- und Bahngelände		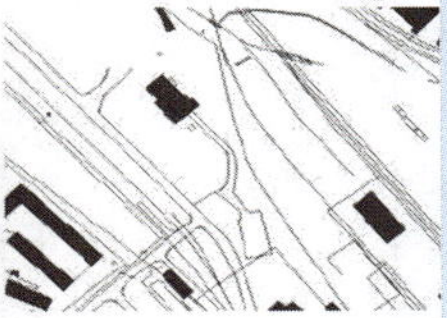	Bahn 20 – 40 Straße 80 – 100
Industrie- und Gewerbegebiet		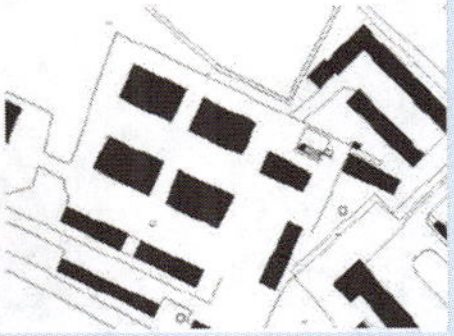	80 – 100

Merksatz

Eine interne ökologische Differenzierung von Ballungsräumen lässt sich mithilfe von Stadtstrukturtypen erzielen, die auf baulichen Merkmalen und Nutzungsarten beruhen.

- aufgelockerte, gut durchgrünte Villen- bzw. Einfamilienhausviertel
- Großwohnsiedlungen, eventuell auch mit Abrissflächen
- aufgegebene Gewerbeflächen (Stadtbrachen)

Einen ähnlichen Ansatz vertreten auch Duhme und Pauleit (1999: 33). Ihnen zufolge „kann eine Stadt als ein Gefüge von Siedlungsstrukturen aufgefasst werden, die aufgrund ihrer spezifischen physischen Ausprägung und der vorherrschenden Flächennutzung jeweils auch charakteristische ökologische Eigenschaften aufweisen. Sie können somit als Basiseinheiten für eine ökologische Gliederung der Stadt herangezogen werden und lassen sich Grundtypen wie Einzelhausbebauung, Zeilenbebauung, Hochhausbebauung oder Parkanlagen zuordnen, sind also zugleich auch Kategorien der Flächennutzungs- und Bebauungsplanung". Ausgehend von den vier genannten Grundtypen unterscheiden diese beiden Autoren weitere 24 Stadtstrukturtypen in Anlehnung an die Kategorien der Flächennutzungsplanung und der Bauleitplanung. Wittig et al. (1998) gliedern sechs Grundtypen mit elf Untergruppen aus. Haase (2011) schlägt fünf Grundtypen vor (Abb. 1.17). Der Berliner Umweltatlas (Senatsverwaltung für Stadtentwicklung in Berlin, www.stadtentwicklung.berlin.de, 8.2.2012) gliedert die Stadtstruktur auf der Basis von 62 verschiedenen Flächentypen aus, die zu sechs übergeordneten Stadtstrukturtypen zusammengefasst werden.

Duhme und Pauleit (1999) haben diese Kategorisierung an den Teilsystemen Stadtklima, Stadthydrologie und Heizenergiebedarf bzw. Luftbelastung geprüft. Wittig et al. (1998) gehen mehr auf Aspekte der Pedo- und Biosphäre ein.

Die Kartierung von Stadtstrukturtypen ist ein relativ leicht durchzuführender Arbeitsansatz. Die Erhebung von physischen Merkmalen, wie Flächenversiegelung oder Vegetationsanteil, ist dabei eine

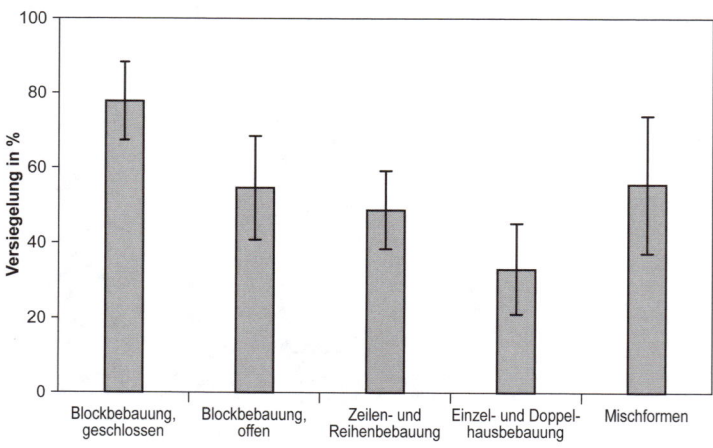

Abb. 1.18

Durchschnittliche Versiegelung (%) bei fünf verschiedenen Stadtstrukturtypen mit Standardabweichung am Beispiel von Dresden (Quelle: Duhme und Pauleit 1999)

Tab. 1.3 Differenzierung von Stadtstrukturtypen (Hauptstrukturtypen mit * gekennzeichnet) (Quelle: in Anlehnung an Breuste et al. 2001)

Wohnflächen und Flächen mit gemischter Nutzung*	Freizeit- und Erholungs-flächen*	Industrie- und Gewerbe-flächen*
Kerngebiete offene Blockbebauung geschlossene Blockbebauung offene Blockrandbebauung geschlossene Blockrandbebauung Zeilenbebauung Großwohnsiedlung Ein- und Zweifamilienhausbebauung Villen ehemalige Dorfkerne	Park- und Grünanlagen Kleingartenanlagen Friedhöfe Sport-/Freizeitanlagen	gering versiegelt stark versiegelt
	Landwirtschaftsflächen* Wald* Gewässer* Brachflächen* Aufschüttungs- und Entsorgungsflächen*	Sonderflächen* öffentliche Einrichtungen Einkaufszentren technische Ver- und Entsorgungsanlagen
		Hauptverkehrsstraßen* Eisenbahnanlagen*

wichtige Voraussetzung für die Analyse der Umweltbedingungen in den Stadtquartieren (Abb. 1.18). Darauf aufbauend können dann Umweltzielvorgaben formuliert werden. Wickop et al. (1998), Breuste und Wächter (1999) und Breuste et al. (2009) haben in Leipzig elf Haupt- und weitere 19 Stadtstrukturtypen ausgegliedert (Tab. 1.3).

1.6.4 Raumdimensionen und Maßstabsebenen

Insbesondere bei großen Städten ergibt sich zwangsläufig die Notwendigkeit, stadtökologische Forschung auf verschiedenen Maßstabsebenen durchzuführen, da sich urbane Probleme in Metropolen in sehr unterschiedlicher Weise manifestieren. Dies zeigte sich bereits beim Transektansatz deutlich. Hierbei handelt es sich zum einen um die Mikroebene oder die lokale Dimension von Experimentierflächen, wie sie bei der empirischen Forschung in der Stadt jeweils notwendig sind. Darüber hinaus sind aber auch Untersuchungen auf einer **Mesoebene** oder in einer mittleren Raumdimension sinnvoll, da auf dieser Ebene die ökologischen und sozioökonomischen Verflechtungen und Wechselbeziehungen sehr deutlich werden. Solche mittleren Raumdimensionen werden häufig durch die administrative Ebene eines Stadtbezirks oder eines Stadtviertels vorgegeben. Schließlich bleibt die **Makroebene** im Maßstab des gesamten Stadtgebiets mit

Merksatz
Das Berücksichtigen verschiedener Raum- und Maßstabsdimensionen ermöglicht sowohl hoch auflösende als auch abstrahierende Untersuchungen, um den Fokus auf bestimmte Phänomene zu richten.

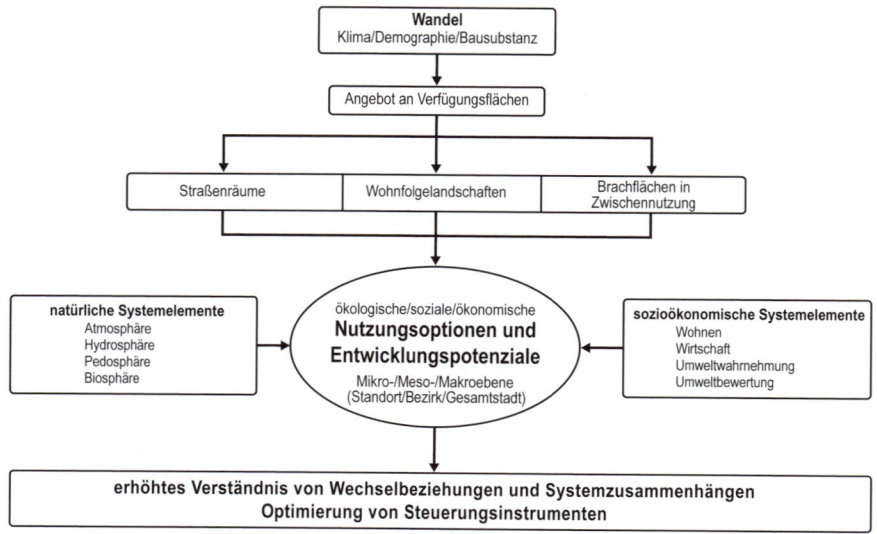

Abb. 1.19
Konzeptionelle Vorgehensweise bei der Bearbeitung der Wechselbeziehungen und Systemzusammenhänge zwischen den natürlichen und sozioökonomischen Systemelementen unter Berücksichtigung verschiedener Raumdimensionen (Quelle: Endlicher et al. 2007)

seinem näheren Umland bzw. dem städtischen Verflechtungsraum. Das Ziel dieses Ansatzes sollte es auch sein, in der mittleren und oberen Ebene jeweils eine Generalisierung hin zu beispielhaften Prototypen bzw. eine Abstrahierung zur virtuellen Stadt zu erreichen, um allgemeingültige, stadtökologisch relevante Handlungsperspektiven zu entwickeln bzw. vorhandene zu modifizieren (Abb. 1.19).

1.6.5 Empirische Sozialforschung

Untersuchungen mit Schwerpunkt auf sozioökonomischen Aspekten in Städten beginnen generell mit einer systematischen Literatur- und Dokumentenrecherche in Datenbanken, Bibliotheken und Archiven. Anschließend wird eine qualitative Inhaltsanalyse durchgeführt. Bei der Erhebung der Daten werden quantitative und qualitative Methoden der empirischen Sozialforschung angewendet, ein Beispiel dafür ist die Befragung mit Fragebögen oder Leitfaden-Experteninterviews. So werden in einer Befragung von Nutzern und Nutzungsgruppen zum Aufenthalt in einem städtischen Naherholungsgebiet Motivation und Zweck des Aufenthalts, Aufenthaltsdauer und -häufigkeit und soziodemographische Angaben, wie Alter, Geschlecht, Herkunft und Beruf, mittels Fragebogen erhoben. Die Auswertung quantitativer Daten geschieht mithilfe von Statistikprogrammen.

Merksatz
Das Methodenspektrum der Empirischen Sozialforschung umfasst Rechercheaufgaben, quantitative und qualitative Datenerhebungen sowie ihre Auswertung mit Statistikprogrammen.

1.6.6 Fernerkundung und Geographische Informationssysteme

Fernerkundliche Verfahren, ob analog oder digital, ob flugzeug- oder satellitengestützt, bedienen sich der spektralen Eigenschaften von Objekten an der Erdoberfläche zur Unterscheidung verschiedener Charakteristika. Viele städtische Fragestellungen weisen in den Wellenlängenbereichen vom sichtbaren Licht bis zum mittleren oder fernen Infrarot deutliche Reflexionsunterschiede auf. Bis vor wenigen Jahren war im städtischen Kontext ausschließlich das Luftbild weitverbreitet. Inzwischen reichen geometrisch hoch auflösende Systeme auf digitaler Basis flugzeuggestützt an die Auflösung des klassischen Luftbilds heran und lösen dieses mehr und mehr ab (Hostert 2004).

Nachdem 1972 mit LANDSAT-1 der erste Erderkundungssatellit gestartet worden war und 1983 mit LANDSAT-TM eine geometrische Auflösung von 30 m erreicht wurde, war die Bedeutung der Erderkundung mit Satelliten, auch für den urbanen Raum, rasch klar (Endlicher 1980,1982; Endlicher und Gossmann 1986 a, b). Nunmehr können auch multitemporale Analysen von Stadtstrukturen über einen Zeitraum von drei bis vier Jahrzehnten durchgeführt werden (z.B. Pijanowski et al. 2006, Griffiths et al. 2010, Gruebner et al. 2011; Abb. 1.20).

Panchromatische Satellitendaten haben zwischenzeitlich eine geometrische Auflösung von wenigen Dezimetern. Daneben sind spektral hoch auflösende Fernerkundungsdaten, sogenannte **Hyperspektraldaten**, in der Forschung im Einsatz (Haag et al. 2008). Über die quantitative Beurteilung der städtischen Ausdehnung hinaus, liefern Fernerkundungsdaten aber auch Erkenntnisse über die qualitative Entwicklung der Bebauung. Der Grad der Versiegelung, Stadtstrukturtypen und urbane Flächennutzungen können definiert werden

Merksatz
Die digitale Aufbereitung stadtökologischer Fragestellungen durch fernerkundliche Verfahren ermöglicht die Darstellung und komplexe Analyse von Stadtstrukturen in verschiedenen räumlichen und zeitlichen Dimensionen.

Abb. 1.20
Wachstum der Megastadt Dhaka (Bangladesch) zwischen 1990 und 2006 abgeleitet aus Fernerkundungsdaten (Quelle: Grübner et al. 2011, Griffiths et al. 2010)

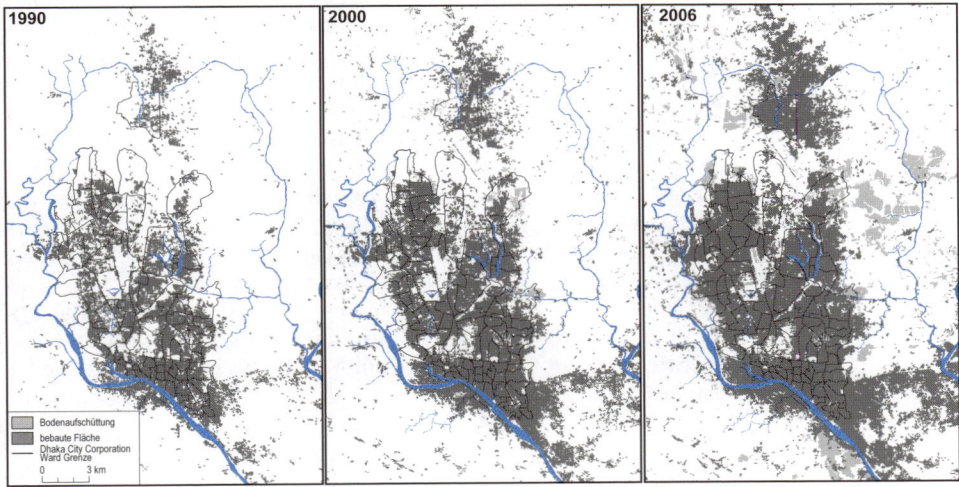

(Hostert 2007, van der Linden und Hostert 2009). Insbesondere liefern Fernerkundungsdaten viele Erkenntnisse über die städtische
Vegetation (Vegetationstypen, Gesundheitszustand; Lakes 2006,
2011; Lakes et al. 2011; Lakes und Kim 2011). Aus LIDAR-Daten
können auch dreidimensionale Modelle der Stadtmorphologie erstellt
werden. Eine Kombination von speziellen Fernerkundungsmetho-
den, wie zum Beispiel der spektralen Entmischung, und Geographischen Informationssystemen ist inzwischen zu einer zentralen Methodik in der stadtökologischen Forschung herangereift (Hostert und
Hill 1997).

Häufig werden Fernerkundungsdaten in Geographischen Informationssystemen (GIS) verwendet. Unter einem GIS versteht man ein
Informationssystem zur Erfassung, Bearbeitung, Analyse und Präsen-
tation von Raumdaten (Saurer und Behr 1997, Bill 2010, Kleinschmit
2010, Hostert und Gruebner 2010). Hierzu benötigt man spezielle
Hard- und Software zur Speicherung und Bearbeitung dieser Geoda-
ten, insbesondere auch zur digitalen Satelliten- und Luftbildverarbei-
tung. Räumliche Objektdaten (z. B. Flüsse, Straßen, Flächenstücke)
werden durch Attribute (z. B. Nummern, Eigenschaften) beschrieben.
Diese thematischen Daten oder Attributdaten werden von den Objektdaten getrennt behandelt und in Datenbanken gespeichert. Man
kann dabei Rasterdaten von Vektordaten unterscheiden. **Rasterdaten**
beschreiben die Objektgeometrie von digitalen Bildern (Pixel = Pic-
ture Element = Bildpunkt). Die geometrische Auflösung eines Pixels
gibt den Bezug zur Größe in der Natur wieder, die radiometrische
Auflösung bezeichnet den Grauwert eines Bildelements (z. B. je nach
der Stärke seiner Reflexion oder Eigenemission). **Vektordaten** beschreiben die Objektgeometrie mit Punkten, Linien und Kreisbögen
(z. B. von Flüssen oder Straßen). Mit einem GIS lassen sich sachlogi-
sche (z. B. Zugehörigkeit von Pixeln zu einer bestimmten Landnutzungsklasse) und raumbezogene Beziehungen (z. B. Heraussuchen
aller benachbarten Pixel einer Landnutzungsklasse) herstellen. Geo-
daten können sowohl in einer Dimension (entlang einer Linie), als
auch in zwei (Flächendaten), drei (3D-Modell z. B. einer Stadt oder
einer Landschaft) oder vier Dimensionen (inklusive der zeitlichen
Entwicklung) bearbeitet und dargestellt werden. Geographische Informationssysteme sind heute an die Stelle der klassischen Kartogra-
phie getreten und auf kommunaler Ebene unverzichtbar geworden
(Bill et al. 2002). Gleiches gilt für ihren Einsatz in Hydrologie und
Wasserwirtschaft (Fürst 2004). Umweltinformationssysteme sind GIS
zur Bereitstellung von Umweltinformationen in raum-zeitlicher Differenzierung und ebenfalls auf kommunaler bis regionaler Ebene im
Gebrauch.

1.6.7 Szenarien und Modelle

Neben den experimentellen Arbeiten auf der Mikroebene in Straßen- und Freiräumen sowie den übergreifenden Themen der Mesoebene sind **Szenarien** zur Erarbeitung von Zielgrößen hilfreich. Die erstrebte Optimierung in den Stadtsphären ist unter den Rahmenbedingungen des aktuellen und künftigen Wandels zu betrachten. Der Klimawandel hat u. a. Konsequenzen für Wasserhaushalt, Biodiversität, Luftbelastung und die menschliche Gesundheit. Deshalb werden auf der Makroebene Szenarien für die subregionale bis lokale Entwicklung des Klimas in den nächsten Jahrzehnten benötigt, damit sowohl von der öffentlichen Hand als auch von Privatpersonen und Unternehmen die richtigen Zukunftsinvestitionen in den Klimaschutz und in die Anpassungsmaßnahmen an den Klimawandel getroffen werden. Der demographische Wandel führt in einer alternden Gesellschaft zu neuen Bedürfnissen, der soziale und kulturelle Wandel in einer globalisierten Welt hat Auswirkungen auf alle Teilsphären. So sind beispielsweise Szenarien für die Gestaltung neu entstehender Freiflächen zwischen den Plattenbauten einer Großwohnsiedlung zu entwerfen (Programm „Stadtumbau Ost") oder es werden Szenarien für die Nutzung der öffentlichen Räume durch Menschen verschiedener Altersstruktur und Herkunft benötigt.

Unter einem **Modell** versteht man ein verkürztes, vereinfachtes Abbild der Wirklichkeit. Numerische Modelle sind heutzutage als Computermodelle ein unverzichtbares Instrument der Raumwissenschaft. Dabei gibt es sowohl für die natürlichen als auch die anthropogenen Teilsysteme Modelle. Sie müssen Aussagen in einem gewünschten Raummaßstab liefern, Rückkoppelungsmechanismen integrieren und mit künftigen Unsicherheiten umzugehen wissen. Die Raumdimensionen reichen dabei vom globalen bis zum lokalen Maßstab. Agentenbasierte Modellierung ist eine individuelle bzw. nutzerorientierte Methode. Ein **Agent** ist dabei ein Computerprogramm, das eine gewisse Autonomie besitzt. In Abhängigkeit von verschiedenen Ausgangszuständen können so unterschiedliche Prozesse simuliert werden. **Zelluläre Automaten** sind dynamische, räumlich diskrete Modelle. Sie berücksichtigen bei Prozessen den zeitlichen Verlauf. Virtuelle 3D-Stadtmodelle sind für die Stadt- und Freiraumplanung äußerst hilfreich (Ross und Kleinschmit 2007).

In der Öffentlichkeit sind besonders die Klimamodelle als Beispiel für Modelle in der globalen Dimension der Erde bekannt, die bei vorgegebenen Szenarien der sozioökonomischen Entwicklung eine Projektion der künftigen Temperatur- und Niederschlagsentwicklung berechnen (Melillo 1994). Modelle für ein natürliches Teilsystem im lokalen Maßstab sind die Stadtklimamodelle, die das thermische und auch das ventilatorische Stadtklima simulieren. Zu ihnen zählen etwa die Modelle UBIKLIM (Friedrich et al. 2001), FITNAH (Gross 1991) oder ENVI-MET (Environmental Modelling Group am Institut

Merksatz
Szenarien und Modelle simulieren Entwicklungen sowie ihre möglichen Konsequenzen und spielen als Planungsinstrument eine wichtige Rolle.

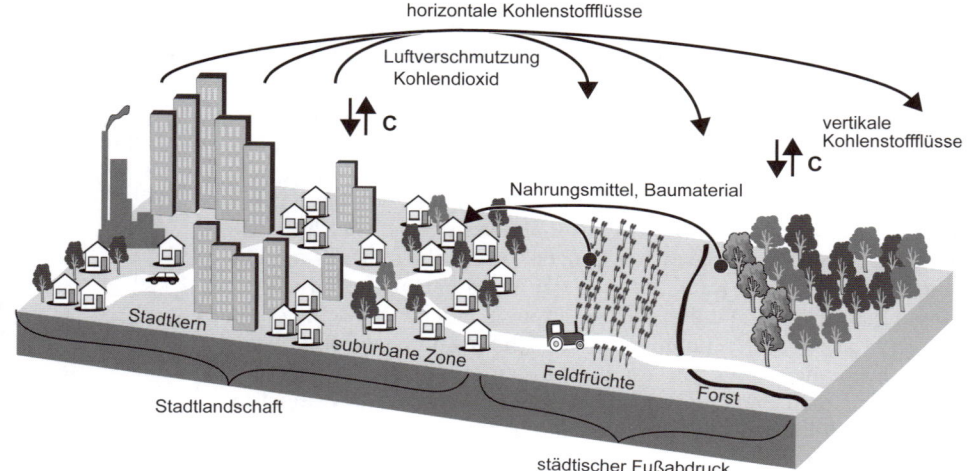

horizontale Kohlenstoffflüsse

Luftverschmutzung
Kohlendioxid

C

vertikale
Kohlenstoffflüsse

C

Nahrungsmittel, Baumaterial

Stadtkern

suburbane Zone

Feldfrüchte

Forst

Stadtlandschaft

städtischer Fußabdruck

Abb. 1.21
*Konzept-Modell der
horizontalen und verti-
kalen Kohlenstoffflüsse
zwischen einer Stadt
und ihrem Umland zur
Vorbereitung einer
numerischen Modellie-
rung (Quelle: Churkina
2008)*

für Geographie, Universität Mainz, www.envi-met.com, 8.2.2012).
So hat zum Beispiel die Berliner Senatsverwaltung für Stadtentwicklung Projektionen der künftig zu erwartenden humanbioklimatolo-
gischen Auswirkungen des Klimawandels in den Berliner Stadtquartieren berechnen lassen (www.stadtentwicklung.berlin.de/umwelt/
umweltatlas, 8.2.2012). In ähnlicher Weise werden beim hydrologischen Teilsystem Modelle eingesetzt, etwa um die Auswirkungen der
Urbanisierung auf den Wasserhaushalt zu bestimmen (Haase 2009)
oder Grundwasserströme zu berechnen (Kinzelbach und Rausch
1995).

Auch für das sozioökonomische Teilsystem gibt es Modelle. Lowry
(1964) war einer der ersten Wissenschaftler, der mit neun Gleichun-
gen in seinem Model of Metropolis die räumliche Verteilung der Bevölkerung, Arbeitsplätze, Dienstleistungen und Landnutzungen zu
beschreiben versuchte. Input-Output-Modelle beschäftigen sich etwa
mit Flüssen von Material, Energie und Dienstleistungen sowie dem
Transportprozess; hierbei ist nur die Ein- und Ausgabe von Interesse,
während die Stadt selbst eine Black Box bleibt. Als Treiber des Hu-
mansystems können zum Beispiel Demographie, sozioökonomische
Organisation, politische Struktur und Technologie identifiziert werden. Neuere Modelle beschäftigen sich meist mit Urbanisations- und
Planungsproblemen, wie Landnutzung, Wohnen und Verkehr, sowie
mit Fragen der Nachhaltigkeit (Pijanowski et al. 2006, Wegener
2009). So ist etwa das in Dortmund entwickelte **RASTER-Modell** ein
kleinräumiges Modell der Umweltauswirkungen der städtischen Flächennutzung und des Stadtverkehrs (Spiekermann und Wegener
2003, 2004). Es berechnet Energieverbrauch, Treibhausgasemission

und Freiraumverbrauch. Spezifisch ökonomische Modelle beschäftigen sich mit Marktorientierungen und Bodenpreisen.

Die eigentliche Herausforderung ist jedoch die Integration von Modellen der natürlichen und anthropogenen Teilsysteme. So sind zum Beispiel **Erdsystemmodelle** erweiterte Klimamodelle, die nicht nur das dynamische Zusammenspiel von Atmosphäre, Ozean, Land- und Eisoberfläche beschreiben, sondern auch die marine und terrestrische Biosphäre mit einbeziehen und vor allem mit sozioökonomischen Modellen gekoppelt sind (von Storch et al. 1999, Müller und von Storch 2004). In der lokalen Dimension der Stadt wäre es absurd, ein städtisches Ökosystem ohne das humane Subsystem zu modellieren. Das menschliche Verhalten beeinflusst die Landnutzung und die Nachfrage nach Stoffen, Energie und Dienstleistungen. Außerdem können natürliche Extremereignisse bzw. Naturrisiken, wie Hochwasser, Sturmfluten, Sturmböen, Hitzewellen oder Hangrutsche, erhebliche Folgen für die humanen Teilsysteme haben. Deshalb werden in der Stadtökologie integrative Modelle benötigt, die nicht nur die natürlichen Teilsysteme (z. B. Klima im Wandel) simulieren können, sondern auch die menschlichen Aktivitäten unter Berücksichtigung demographischer, ökonomischer, politischer und ökologischer Aspekte abbilden. Sie müssen in der Lage sein, vom Menschen verursachte Umweltprobleme, wie z. B. Landnutzungsänderungen oder Schadstoffeinleitungen, zu quantifizieren und raum-zeitlich abzubilden (Alberti 1999, Waddell und Alberti 1998; Abb. 1.21).

1.7 Literatur

Monographien

Albers, G. (1996): Stadtplanung. Eine praxisorientierte Einführung. 1. Aufl., Wiss. Buchgesellschaft, Darmstadt.

Alberti, M. (2008): Advances in urban ecology. Integrating humans and ecological processes in urban ecosystems. 1st ed., Springer, New York.

Bähr, J. und Mertins, G. (1995): Die lateinamerikanische Großstadt. Verstädterungsprozesse und Stadtstrukturen. 1. Aufl., Wiss. Buchgesellschaft, Darmstadt.

Beckmann, K. J. (Hrsg.) (2008): Die Europäische Stadt – Auslaufmodell oder Kulturgut und Kernelement der Europäischen Union? Dokumentation des Symposiums des Deutschen Städtetages am 7. Mai 2007 in Köln. Difu-Impulse 2, 1. Aufl., Berlin.

Bill, R., Seuß, R. und Schilcher, M. (2002): Kommunale Geo-Informationssysteme, Basiswissen, Praxisberichte und Trends. 1. Aufl., Wichmann Verlag, Heidelberg.

Bill, R. (2010): Grundlagen der Geo-Informationssysteme. 5. Aufl., Wichmann Verlag, Heidelberg.

Bradley, G. A. (Hrsg.) (1995): Urban Forests and Landscapes. Integrating Multidisciplinary Perspectives. 1st ed., University of Washington Press, Seattle/London.

Breuste, J., Feldmann, H. und Uhlmann, O. (Hrsg.) (1998): Urban Ecology. 1st ed., Springer, Berlin/Heidelberg.

Breuste, J. und Wächter, M. (1999): Konzepte zur umwelt- und sozialverträglichen Entwicklung von Stadtregionen auf der Basis von urbanen Raumstrukturen und deren ökologischer, umweltepidemiologischer und sozialer Indikation. UFZ-Bericht 34/1999. Stadtökologische Forschungen 43. Leipzig.

Brunsing, J. und Frehn, M. (Hrsg.) (1999): Stadt der kurzen Wege: Zukunftsfähiges Leitbild oder planerische Utopie? Dortmunder Beiträge zur Raumplanung: Blaue Reihe 95. Dortmund.

Burkhard, H. (1996): Die Stadtstruktur. Ihre Ausprägung in den verschiedenen Kulturräumen der Erde. 3. Aufl., Wiss. Buchgesellschaft, Darmstadt.

Clergeau, P. (1997): Oiseaux à risques en ville et en campagne. 1ière éd., INRA Editions, Paris/Versailles.

Duhme, F. und Pauleit, S. (1992): Strukturtypenkartierung als Instrument der räumlich-integrativen Analyse und Bewertung der Umweltbedingungen in München. Freising.

Ehlers, E. (2008): Das Anthropozän – Die Erde im Zeitalter des Menschen. 1. Aufl., Wiss. Buchgesellschaft, Darmstadt.

Endlicher, W. und Gossmann, H. (Hrsg.) (1986 a): Fernerkundung und Raumanalyse. 1. Aufl., Herbert Wichmann, Karlsruhe.

Endlicher, W., Hostert, P., Kowarik, I., Kulke, E., Lossau, J., Marzluff, J., van der Meer, E., Mieg, H., Nützmann, G., Schulz, M. und Wessolek, G. (Hrsg.) (2011): Perspectives in Urban Ecology. Studies of ecosystems and interactions between humans and nature in the metropolis of Berlin. 1st ed., Springer, Berlin/Heidelberg.

Fürst, F., Himmelbach, U. und Potz, P. (1999): Leitbilder der räumlichen Stadtentwicklung im 20. Jahrhundert – Wege zur Nachhaltigkeit? Berichte aus dem Institut für Raumplanung 41. Universität Dortmund.

Fürst, J. (2004): GIS in Hydrologie und Wasserwirtschaft. 1. Aufl., Herbert Wichmann, Karlsruhe.

Gilbert, O. L. (1989): The ecology of urban habitats. 1st ed., Wiley, London/New York.

Gilbert, O. L. (1994): Städtische Ökosysteme. 1. Aufl., Neumann Verlag, Radebeul.

Haber, W. (1993): Ökologische Grundlagen des Umweltschutzes. 1. Aufl., Economica-Verlag, Bonn.

Hartmann, K. (1976): Deutsche Gartenstadtbewegung. Kulturpolitik und Gesellschaftsreform. 1. Aufl., Heinz Moos, München.

Heineberg, H. (2006): Stadtgeographie. 3. Aufl., Schöningh Verlag, Paderborn.

Henninger, S. (Hrsg.) (2011): Stadtökologie. Bausteine des Ökosystems Stadt. 1. Aufl., Schöningh Verlag, Paderborn.

Hilpert, T. (1978): Die funktionelle Stadt. Le Corbusiers Stadtvision – Bedingungen, Motive, Hintergründe. Bauwelt Fundamente 48. Vieweg & Sohn, Braunschweig.

Hilpert, T. (1984): Le Corbusiers „Charta von Athen". Texte und Dokumente. Kritische Neuausgabe. Bauwelt Fundamente 56. Vieweg & Sohn, Braunschweig.

Hofmeister, B. (1980): Die Stadtstruktur. Ihre Ausprägung in den verschiedenen Kulturräumen der Erde. 1. Aufl., Erträge der Forschung 132, Darmstadt.

Hofmeister, B. (1999): Stadtgeographie: Das Geographische Seminar. 7. Aufl., Westermann, Braunschweig.

Howard, E. (1902): Garden Cities of Tomorrow. 1st ed., Swan Sonnenschein & Co., London.

Hoyt, H. (1939): The Structure and the Growth of Residential Neighbourhoods in American Cities. Federal Housing Association, 1st ed., Washington, U.S. Govt. Print, Washington D.C.

Hupfer, P. (1996): Unsere Umwelt: das Klima – globale und lokale Aspekte. 1. Aufl., B. G. Teubner Verlagsgesellschaft, Stuttgart/Leipzig.

Jonas, H. (1979): Das Prinzip Verantwortung – Versuch einer Ethik für die technologische Zivilisation. 1. Aufl., Suhrkamp, Frankfurt am Main.

Kinzelbach, W. und Rausch, R. (1995): Grundwassermodellierung. Eine Einführung mit Übungen. 1. Aufl., Gebrüder Borntraeger, Berlin.

Langner, M. und Endlicher, W. (Hrsg.) (2007): Shrinking cities: Effects on urban ecology and challenges for urban development. 1st ed., Suhrkamp, Frankfurt am Main.

Le Corbusier (1962): An die Studenten. Die Charte d'Athènes. 1. Aufl., rororo Verlag, Hamburg.

Leser, H. (1976): Landschaftsökologie. 1. Aufl., Springer, Stuttgart.

Leser, H. und Conradin, K. (2008): Stadtökologie. 2. Aufl., Hirts Stichwortbücher, Berlin/Stuttgart.

Lexikon der Geowissenschaften (2001). Spektrum Akademischer Verlag, Berlin/Heidelberg.

Lowry, I. S. (1964): A Model of Metropolis. Publication RM-4035-RC, 1st ed., The Rand Corporation, Santa Monica.

Marzluff, J. M., Shulenberger, E., Endlicher, W., Alberti, M., Bradley, G., Ryan, C., ZumBrunnen, C. und Simon, U. (2008): Urban Ecology. An International Perspective on the Interaction Between Humans and Nature. 1st ed., Springer, New York.

Müller, P. und Storch, H. von (2004): Computer modelling in atmospheric and oceanic sciences: building knowledge. 1st ed., Springer, Berlin/Heidelberg/New York.

Park, R. E., Burgess, E. W. und McKenzie, R. D. (1925): The City. Suggestions for the Study of Human Nature in the Urban Environment. 1. Aufl., University of Chicago Press, Chicago.

Reichholf, J. (2007): Stadtnatur. Eine neue Heimat für Tiere und Pflanzen. 1. Aufl., oekom, München.

Reichow, H. B. (1959): Die autogerechte Stadt. Ein Weg aus dem Verkehrs-Chaos. 1. Aufl., Otto Maier, Ravensburg.

Saurer, H. und Behr, F.-J. (1997): Geographische Informationssysteme. Eine Einführung. 1. Aufl., Wiss. Buchgesellschaft, Darmstadt.

Schäfers, B. und Köhler, G. (1989): Leitbilder der Stadtentwicklung. Wandel und jetzige Bedeutung im Expertenurteil. 1. Aufl., Centaurus-Verlagsgesellschaft, Pfaffenweiler.

Serbser, W. (Hrsg.) (2004): Humanökologie. Ursprünge – Trends – Zukünfte. 1. Aufl., LIT Verlag, München.

Siebel, W. (Hrsg.) (2004): Die europäische Stadt. 1. Aufl., Suhrkamp, Frankfurt am Main.

Storch, H. von, Güss, S. und Heimann, M. (1999): Das Klimasystem und seine Modellierung: eine Einführung. 1. Aufl., Springer, Berlin/Heidelberg/New York.

Sukopp, H., (Hrsg.) (1990): Stadtökologie, das Beispiel Berlin. 1. Aufl., Reimer, Berlin.

Sukopp, H. und Wittig, R. (Hrsg.) (1998): Stadtökologie. 2. Aufl., Gustav Fischer, Stuttgart.

United Nations Department of Economic and Social Affairs/Population Division (2009): World Urbanization Prospects: The 2009 Revision. 1st ed., Nausner & Nausner, New York.

Wegener, M. (1999): Die Stadt der kurzen Wege: Müssen wir unsere Städte umbauen? Berichte aus dem Institut für Raumplanung, 43, Universität Dortmund.

Wickop, E., Böhm, P., Eitner, K. und Breuste, J. (1998): Qualitätszielkonzept für Stadtstrukturtypen am Beispiel der Stadt Leipzig: Entwicklung einer Methodik zur Operationalisierung einer nachhaltigen Stadtentwicklung auf der Ebene von Stadtstrukturen. Umweltforschungszentrum Leipzig-Halle, UFZ/Bericht 14/98, Leipzig.

Wirth, E. (2001): Die orientalische Stadt im islamischen Vorderasien und Nordafrika. 2 Bände, 1. Aufl., Zabern, Mainz.

Wittig, R. (2002): Siedlungsvegetation. 1. Aufl., Eugen Ulmer, Stuttgart.

Zhu Miaomiao (2008): Kontinuität und Wandel städtebaulicher Leitbilder. Von der Moderne zur Nachhaltigkeit. Aufgezeigt am Beispiel Freiburg und Shanghai. Diss. FB Gesellschafts- und Geschichtswissenschaften. TU Darmstadt.

Aufsätze

Albers, G. (1974): Modellvorstellungen zur Siedlungsstruktur in ihrer geschichtlichen Entwicklung. In: Akademie für Raumforschung und Landesplanung (Hrsg.): Zur Ordnung der Siedlungsstruktur. Veröffentlichungen der ARL, Forschungs- und Sitzungsberichte 85, Stadtplanung 1. Hannover, 1–34.

Alberti, M. (1999): Modeling the Urban Ecosystem: A Conceptual Framework. Environment and Planning B: Planning and Design 26, 605–630.

Alberti, M. (2005): The effects of urban patterns on ecosystem function. International Regional Science Review 28 (2), 168–192.

Alberti, M., Marzluff, J. M., Shulenberger, E., Bradley, G., Ryan, C. und ZumBrunnen, C. (2003): Integrating humans into ecology: Opportunities and challenges for studying urban ecosystems. Bioscience 53 (12), 1–11.

Bernhardt, C. (2001): Umweltprobleme in der neueren europäischen Stadtgeschichte. In: Bernhardt, C. (Hrsg.): Environmental Problems in European Cities in the 19th and 20th Century. Cottbusser Studien zur Geschichte von Technik, Arbeit und Umwelt, Band 14. Münster/New York/München/Berlin, 5–23.

Borsdorf, A., Bähr, J. und Janoschka, M. (2002): Die Dynamik stadtstrukturellen Wandels in Lateinamerika im Modell der lateinamerikanischen Stadt. Geographica Helvetica 57, H. 4, 300–310.

Breuste, J. (1989): Landschaftsökologische Struktur und Bewertung von Stadtgebieten. Geographische Berichte, Gotha/Leipzig, 131, H. 2, 105–116.

Breuste, J. (1996): Nutzungstypenkartierung zur Dokumentation und landschaftsökologischen Bewertung der Nutzungssituation am Beispiel der Stadt Greifswald. Gleditschia 24 (1), 199–216.

Breuste, J. (2001): Stadtlandschaft – ökologische Aspekte ihrer Entwicklung. In: Berichte zur deutschen Landeskunde, Flensburg, Bd. 75, H. 2/3, 283–292.

Breuste, J., Meurer, M. und Vogt, J. (2002): Stadtökologie – mehr als nur Natur in der Stadt. In: Leser, H. und Ehlers, E. (Hrsg.): Geographie heute – für die Welt von morgen. Gotha/Stuttgart, 36–45.

Breuste, J., Endlicher, W. und Meurer, M. (2007): Stadtökologie. In: Gebhardt, H., Glaser, R., Radtke, U. und Reuber, P. (Hrsg.): Geographie – Physische Geographie und Humangeographie. 1. Aufl., München, 507–513.

Breuste, J. (2009): Structural analysis of urban landscape for landscape management in German cities. In: McDonnell, M., Hahs, A., Breuste, J. (Hrsg.): Ecology of cities and towns: A comparative approach. Cambridge, 355–379.

Burgess, E. W. (1925): The Growth of the City: An Introduction to a Research Project. In: The trend of population. Publications of the American Sociological Society, Vol. XVIII, 85–97.

Churkina, G. (2008): Modelling the carbon cycle of urban systems. Ecological Modelling 216, 107–113.

Crutzen, P. (2006): The "Anthropocene". In: Ehlers, E. und Krafft, T. (Hrsg.): Earth system science in the anthropocene. Berlin/Heidelberg/New York, 13–18.

Duncan, O. D. (1959): Human Ecology and Population Studies. In: Hauser, Ph. M. und Duncan, O. D. (Hrsg.): The Study of Population. Chicago, 678–716.

Duncan, O. D. (1964): Social Organization and the Ecosystem. In: Faris, R. E. L. (Hrsg.): Handbook of Modern Sociology. Chicago, 36–82.

Dunn, R. R., Gavin, M. C., Sanchez, M. C. und Solomon, J. N. (2006): The pigeon paradox: Dependence of global conservation on urban nature. Conservation Biology 20 (6), 1814–1816.

Ehlers, E. (1993): Die Stadt des Islamischen Orients. Modell und Wirklichkeit. Geographische Rundschau 45 (1), 32–39.

Ehlers, E. (2011): City models in theory and practice: a cross-cultural perspective. Urban Morphology 15 (2), 97–119.

Endlicher, W. (1980): Thermalbilder – Möglichkeiten und Probleme ihres Einsatzes in Landschaftsökologie und Stadtklimatologie. Vermessungswesen und Raumordnung 42, 58–73.

Endlicher, W. (1982): Radarbilder in den Geowissenschaften. Grundlagen und Aussagemöglichkeiten eines neuen Fernerkundungssystems. Geographische Rundschau 34, 316 und 325–327.

Endlicher, W. und Gossmann, H. (1986 b): Zur Bedeutung der Fernerkundung in der geographischen Forschung und Lehre. In: Endlicher, W. und Gossmann, H. (Hrsg.) (1986): Fernerkundung und Raumanalyse. Karlsruhe, 1–18.

Endlicher, W., Langner, M., Hesse, M., Mieg, H. A., Kowarik, I., Hostert, P., Kulke, E., Nützmann, G., Schulz, M., van der Meer, E., Wessolek, G. und Wiegand, C. (2007): Urban ecology – Definitions and concepts. In: Langner, M. und Endlicher, W. (Hrsg.): Shrinking cities: Effects on urban ecology and challenges for urban development. Frankfurt am Main, 1–15.

Endlicher, W. (2011): Introduction: From Urban Nature Studies to Ecosystem Services. In: Endlicher, W., Hostert, P., Kowarik, I., Kulke, E., Lossau, J., Marzluff, J., van der Meer, E., Mieg, H., Nützmann, G., Schulz, M. und Wessolek, G. (Hrsg.): Perspectives in Urban Ecology. Studies of ecosystems and interactions between humans and nature in the metropolis of Berlin. Berlin/Heidelberg, 1–14.

Epple, W. (2009): 30 Jahre Hans Jonas „Das Prinzip Verantwortung": Zur ethischen Begründung des Naturschutzes. Osnabrücker Naturwissenschaftliche Mitteilungen 35, 121–150.

Fischer-Kowalski, M. (2004): Gesellschaftliche Kolonisierung natürlicher Systeme. Arbeiten an einem Theorieversuch. In: Serbser, W. (Hrsg.): Humanökologie, Bd. 1, München: Oekom Verlag, 308–325.

Friedrich, M., Grätz, A. und Jendritzky, G. (2001): Further development of the urban bioclimate model UBIKLIM, taking local wind systems into account. Meteorologische Zeitschrift 10 (4), 267–272.

Glaeser, B. (1986): Entwurf einer Humanökologie aus philosophischer und sozialwissenschaftlicher Sicht. In: Steiner, D. und Wisner, B. (Hrsg.): Humanökologie und Geographie. Vortragsreihe in Zürich 1984, Zürich: Geographisches Inst. ETH, Zürcher geographische Schriften, H. 28, 41–50.

Glaeser, B. (2002): Der humanökologische Baustein zur interdisziplinären Theoriebildung. In: Winiwarter, V. und Wilfing, H. (Hrsg.): Historische Humanökologie. Interdisziplinäre Zugänge zu Menschen und ihrer Umwelt. Wien, 59–86.

Glaeser, B. (2004): Humanökologie im internationalen Kontext: Geschichte – Institutionen – Themen. In: Serbser, W. (Hrsg.): Humanökologie. Ursprünge – Trends – Zukünfte. Edition Humanökologie, Bd. 1. München, 25–44.

Graumann, C. F. und Kruse, L. (2003): Räumliche Umwelt. Die Perspektive der humanökologisch orientierten Umweltpsychologie. In: Meusburger, P. und Schwann, T. (Hrsg.): Humanökologie. Ansätze zur Überwindung der Natur-Kultur-Dichotomie. Stuttgart/Wiesbaden, Erdkundliches Wissen, Bd. 35, 239–256.

Griffiths, P., Hostert, P., Gruebner, O. und van der Linden, S. (2010): Mapping megacity growth with multi-sensor data. Remote Sensing of Environment 114, 426–439.

Gross, G. (1991): Anwendungsmöglichkeiten mesoskaliger Simulationsmodelle dargestellt am Beispiel Darmstadt. Teil I: Wind- und Temperaturfelder. Meteorologische Rundschau 43, 97–112.

Gruebner, O., Staffeld, R., Khan, M. M. H., Burkart, K., Krämer, A. und Hostert, P. (2011): Urban health in megacities: extending the framework for developing countries. IHDP update (Magazine of the International Human Dimensions Programme on Global Environmental Change), 40–49.

Grübner, O., Khan, M. M. H. und Hostert, P. (2011): Spatial epidemiologic applications in public health research Examples from the megacity Dhaka. In: Krämer, A., Khan, M. M. H. und Kraas, F. (Hrsg.): Health in megacities and urban areas. Berlin/Heidelberg/New York, 243–261.

Haag, L., Coenradie, B., Kleinschmit, B., Hostert, P., Damm, A., Goedecke, M. und Schneider, T. (2008): Hybrides Kartierungsverfahren der Bodenversiegelung im urbanen Raum – das Ergebnis für Berlin. Zeitschrift Bodenschutz 13 (3), 82–87.

Haase, D. und Nuissl, H. (2007): Does urban sprawl drive changes in the water balance and policy? The case of Leipzig (Germany) 1870–2003. Landscape and Urban Planning 80 (1), 1–13.

Haase, D. (2009): Effects of urbanisation on the water balance – a long term trajectory. Environment Impact Assessment Review 29, 211–219.

Haase, D. und Nuissl, H. (2010): The urban-to-rural gradient of land use change and impervious cover: a long term trajectory for the city of Leipzig. Land Use Science 5(2), 123–142.

Haase, D. (2011): Urbane Ökosysteme. In: Schröder, W., Fränzle, O. und Müller, F. (Hrsg.): Handbuch der Umweltwissenschaften. Band 21. 1. Aufl., VCH Wiley, Weinheim.

Haase, G. (1967): Zur Methodik landschaftsökologischer und Naturräumlicher Erkundung. Wiss. Abh. Geogr. Gesellsch. der DDR 5, 35–128.

Haase, G. (1968): Inhalt und Methodik einer umfassenden Standortkartierung auf der Grundlage landschaftsökologischer Erkundung. Wiss. Veröff. des deutschen Instituts f. Länderkunde Leipzig, N.F. 25/26, 309–349.

Hain, S. (1993): Die andere Charta. Städtebau auf dem Prüfstand der Politik. In: Kursbuch 112, Städte bauen. Berlin, 47–62.

Hammer, T. (2007): Geographie und Allgemeine Ökologie: Eine Beziehung mit Zukunftspotenzial? In: Di Giulio, A., Defila, R., Hammer, T. und Bruppacher, S. (Hrsg.): Allgemeine Ökologie. Innovationen in Wissenschaft und Gesellschaft. Festschrift für Ruth Kaufmann-Hayoz. Bern/Stuttgart/Wien, 127–139.

Hard, G. (1997): Was ist Stadtökologie? Argumente für eine Erweiterung des Aufmerksamkeitshorizontes ökologischer Forschung. Erdkunde 51, 100–113.

Hard, G. (2001): Natur in der Stadt? Berichte zur deutschen Landeskunde Bd. 75, H. 2/3, 257–270.

Harris, C. D. und Ullmann, E. L. (1945): The Nature of Cities. Annals of the American Academy for Political Science 242, 7–17.

Häußermann, H. (2001): Die „soziale Stadt" in der Krise. Berichte zur deutschen Landeskunde Bd. 75, H. 2/3, 147–159.

Herzele, A. van, Clercq, E. M. de und Wiedemann, T. (2005): Strategy planning for new woodlands in the urban periphery: through the lens of social inclusiveness. Urban Forestry and Urban Greening 3, 177–188.

Hesse, M. und Schmitz, S. (1998): Stadtentwicklung im Zeichen von „Auflösung" und Nachhaltigkeit. Informationen zur Raumentwicklung 4, 718, 435–453.

Holzner, L. (1990): Stadtland USA. Die Kulturlandschaft des Amerikanischen Way of Life. Geographische Rundschau 42 (9), 468–475.

Hostert, P. und Hill, J. (1997): Die kombinierte Anwendung von spektraler Entmischung und GIS als Ansatz zum Monitoring mediterranen Städtewachstums. Regensburger Geographische Schriften 28, 111–121.

Hostert, P. (2004): Eine Großstadt von ganz oben – Fernerkundung urbaner Räume. In: Endlicher, W., Lehmann, D. und Kleßen, R. (Hrsg.): Tagungsband 29. Deutscher Schulgeographentag: Zwischen Kiez und Metropole – Zukunftsfähiges Berlin im neuen Europa. Berliner Geographische Arbeiten 97, 41–46.

Hostert, P. (2007). Advanced approaches in urban remote sensing – examples from Berlin. In: Stefanov, W., Netzband, M. und Redman, C. (Hrsg.): Applied Remote Sensing for Urban Planning, Governance and Sustainability. Springer Academic. Berlin, 37–51.

Hostert, P. und Gruebner, O. (2010): Geographic Information Systems. In: Krämer, A., Kretzschmar, M. und Krickeberg, K. (Hrsg.): Modern infectious disease epidemiology – Concepts, methods, mathematical models, public health. Berlin, 177–192.

Jessel, B. (1998): Ökologie – Naturschutz – Naturschutzforschung: Wissenschaftstheoretische Einordnung, Wertebezüge und Handlungsrelevanz. Berichte Bayerische Akademie für Naturschutz und Landschaftspflege (ANL), Nr. 22, 21–35.

Jessel, B. (2005): Bilder der Natur – Was motiviert Naturschützer? In: Stiftung Natur und Umwelt Rheinland-Pfalz (Hrsg.), Reihe Denkanstöße, Bd. 3: Die Erfindung von Natur und Landschaft, 35–45.

Jessen, J. (2000): Leitbild kompakte und durchmischte Stadt. Geographische Rundschau 52, 48–50.

Kleinschmit, B. (2010): Geographische Informationssysteme. In: Henckel, D. et al. (Hrsg.): Planen – Bauen – Umwelt. Ein Handbuch. Wiesbaden, 188–190.

Kowarik, I. (1990): Some responses of flora and vegetation to urbanization in Central Europe. In: Sukopp, H., Hejny, S. und Kowarik, I. (Hrsg.): Plants and plant communities in the urban environment. The Hague, 45–74.

Kowarik, I. (1992): Stadtnatur – Annäherung an die „wahre" Natur der Stadt. In: Stadt Mainz und BUND Kreisgruppe Mainz (Hrsg.): Symposium „Ansprüche an Freiflächen im urbanen Raum". Mainz, 63–80.

Kowarik, I. (1995): Zur Gliederung anthropogener Gehölzbestände unter Beachtung urban-industrieller Standorte. Verhandl. Ges. Ökol. 24, 411–421.

Kowarik, I. (2011): Novel urban ecosystems, biodiversity, and conservation. Environmental Pollution 159, 1974–1983.

Kraas, F. und Bork, T. (2010): Der Mensch im Erdsystem: Herausforderungen für die Zukunft. In: Wefer, G. (Hrsg.): Expedition Erde. Bremen, 410–415.

Kübler, S. und Zeller, U. (2005): The Kestrel (Flaco tinnunculus L.) in Berlin: Feeding Ecology along an Urban Gradient. Die Erde 136, 153–164.

Lakes, T. (2006): Einsatz von Strukturmaßen in der städtischen Planung am Beispiel des Versiegelungsgrads und Biotopflächenfaktors in Berlin. In: Kleinschmit, B. und Walz, U. (Hrsg.): Landschaftsstrukturmaße in der Umweltplanung. TU Berlin, 96–107 S.

Lakes, T. (2011): Neue Entwicklungen in der Fernerkundung – neues Wissen über die Umwelt in der Stadt? Geoinformationssysteme. Beiträge zum 16. Münchner Fortbildungsseminar, Schilcher, M. (Hrsg.) ABC-Verlag. Heidelberg, 1–13.

Lakes, T. und Kim, H.-O. (2012): Biotope Area Ratio – an enhanced approach to assess and manage the urban ecosystem services using high resolution remote-sensing. Ecological Indicators 13 (1), 93–103.

Lakes, T., Hostert, H., Kleinschmit, B., Lauff, S. und Tigges, J. (2011): Remote Sensing and Spatial Modelling of the Urban Environment. In: In: Endlicher, W., Hostert, P., Kowarik, I., Kulke, E., Lossau, J., Marzluff, J., van der Meer, E., Mieg, H., Nützmann, G., Schulz, M. und Wessolek, G. (Hrsg.): Perspectives in Urban Ecology. Studies of ecosystems and interactions between humans and nature in the metropolis of Berlin. Berlin, Heidelberg, 231–260.

Lichtenberger, E. (1998): Stadtökologie und Sozialgeographie. In: Sukopp, H. und Wittig, R. (Hrsg.): Stadtökologie. 2. Aufl., Stuttgart, 13–48.

Linden, S. v. d. und Hostert, P. (2009): The influence of urban surface structures on the accuracy of impervious area maps from airborne hyperspectral data. Remote Sensing of Environment 113, 2298–2305.

Mackensen, R. (1998): Bevölkerungsdynamik und Stadtentwicklung in ökologischer Perspektive. In: Sukopp, H. und Wittig, R. (Hrsg.): Stadtökologie. 2. Aufl., Stuttgart, 49–79.

McDonnell, M. J. und Pickett S. T. A. (1990): Ecosystem structure and function along urban – rural gradients: an unexploited opportunity for ecology. Ecology 71, 1231–1237.

McDonnell, M. J., Pickett, S. T. A., Pouyat, R. V., Parmelee, R. W., Carreiro, M., Groffmann, P. M., Bohlen, P., Zipperer, W. C. und Medley, K. (1997): Ecology of an urban-to-rural gradient. Urban Ecosystem 1, 21–36.

McKinney, M. L. (2008): Effects of urbanization on species richness: A review of plants and animals. Urban Ecosystems 11, 161–176.

Melillo, J. M. (1994): Modeling land – atmosphere interactions: a short review. In: Meyer, W. B. und Turner II, B. L. (Hrsg.): Changes in Land Use and Land Cover: A Global Perspective. Cambridge, 38–409.

Meurer, M. (1997): Stadtökologie – eine historische, aktuelle und zukünftige Perspektive. Geographische Rundschau 49 (10), 548–555.

Neef, E. (1962): Die Stellung der Landschaftsökologie in der physischen Geographie. Geogr. Ber. H. 25, 349–356.

Nobuyuki, K. (2007): Der „Ort" (basho) und seine räumliche Artikulation in der japanischen Kultur am Beispiel der Gartenkunst. In: Krusche, J. (Hrsg.): Der Raum der Stadt. Raumtheorien zwischen Architektur, Soziologie, Kunst und Philosophie in Japan und im Westen. Marburg, 45–55.

Nuissl, H., Haase, D., Lanzendorf, M. und Wittmer, H. (2009): Environmental impact assessment of urban land use transitions – A context-sensitive approach. Land Use Policy 26, 414–424.

Partzsch, D. (1970): Daseinsgrundfunktionen. In: Akademie für Raumforschung und Landesplanung (Hrsg.): Handwörterbuch der Raumforschung und Raumordnung. 2. Aufl., Hannover, 423–430.

Pauleit, S. und Duhme, F. (1999): Stadtstrukturtypen. Bestimmung der Umweltleistungen von Stadtstrukturtypen für die Stadtplanung. RaumPlanung 84, 33–44.

Pijanowski, B. C., Alexandridis, K. T. und Müller, D. (2006): Modelling urbanization patterns in two diverse regions of the world. Journal of Land Use Science 1 (2–4), 83–108.

Rebele, F. (1994): Stadtökologie und Besonderheiten städtischer Ökosysteme. Geobot. Kolloq. 11, 33–48.

Ross, L. und Kleinschmit, B. (2007): Virtuelle 3D-Stadtmodelle in der Stadt- und Freiraumplanung. Stadt + Grün 2007 (1), 7–11.

Schöller, P. (1962): Wachstum und Wandlungen japanischer Stadtregionen. Die Erde 92, 202–234.

Spiekermann, K. und Wegener, M. (2003): Modelling urban sustainability. International Journal of Urban Sciences 7 (1), 47–64.

Spiekermann, K. und Wegener, M. (2004): Evaluating urban sustainability using land-use transport interaction models. European Journal of Transport and Infrastructure Research 4 (3), 251–272.

Steiner, D. (2003): Humanökologie und nachhaltige Entwicklung. Vierteljahresschrift Naturforsch. Gesellsch. Zürich 148/2, 55–64.

Sukopp, H. (1973): Die Großstadt als Gegenstand ökologischer Forschung. Schriften des Vereins zur Verbreitung naturwiss. Kenntnisse Wien 113, 90–140.

Sukopp, H., Blume, H. und Kunick, W. (1979): The soil, flora and vegetation of Berlins waste lands. In: Laurie, I. E. (Hrsg.): Nature in the cities. Chichester, 115–131.

Sukopp, H. und Trepl, L. (1995): Stadtökologie. In: Kuttler, W. (Hrsg.) (1995): Handbuch für Ökologie. Berlin, 391–396.

Sukopp, H. (1997): Ökologische Charakteristik von Großstädten. Berichte und Abhandlungen der Berlin-Brandenburgischen Akademie der Wissenschaften 3, 105–128.

Sukopp, H., (2002): On the early history of urban ecology in Europe. Preslia 74, 373–393.

Sukopp, H. und Wurzel, A. (2003): The Effects of Climate Change on the Vegetation of Central Euopean Cities. Urban Habitat 1 (1), 66–86.

Trepl, L. (1992): Natur in der Stadt. Schriftenreihe des Deutschen Rates für Landespflege 61, 30–47.

Troll, C. (1970): Landschaftsökologie (Geoecology) und Biogeocoenologie. Eine terminologische Studie. Revue roumaine de géol., géophys. et géogr., Serie de géogr. (Bukarest) 14, 9–18.

Troll, C. (1973): Landschaftsökologie als geographisch-synoptische Naturbetrachtung. In: Paffen, K.-H. (Hrsg.): Das Wesen der Landschaft. Darmstadt, 252–267.

Van Herzele, A., De Clercq, E. und Wiedemann, T. (2005): Strategic planning for new woodlands in the urban periphery through the lens of social inclusiveness. Urban forestry & urban greenery 3 (3–4), 177–188.

Waddell, P. A. und Alberti, M. (1998): Integration of an urban simulation model and an urban ecosystem model. Proceedings of the International Conference on Modeling Geographical and Environmental Systems with Geographical Information Systems.

Wegener, M. (2009): Modelle der räumlichen Stadtentwicklung – alte und neue Herausforderungen. Stadt Region Land 87, 73–81.

Weichhart, P. (2004): Gibt es ein humanökologisches Paradigma in der Geographie des 21. Jahrhunderts? In: Serbser, W. (Hrsg.): Humanökologie. Ursprünge – Trends – Zukünfte. Edition Humanökologie, Bd. 1, München, 294–307.

Weichhart, P. (2007): Humanökologie. In: Gebhardt, H., Glaser, R., Radtke, U. und Reuber, P. (Hrsg.): Geographie. Physische Geographie und Humangeographie, München, 941–949.

Weiland, U. und Richter, M. (2009): Lines of Tradition and Recent Approaches of Urban Ecology, Focussing on Germany and the USA. GAIA 18 (1), 49–57.

Wirth, E. (1982): Die orientalische Stadt. Spezifische Besonderheiten der Städte Nordafrikas und Vorderasiens aus der Sicht der Geographie. Forsch. in Erlangen. Vortragsreihe d. Collegium Alexandrium d. Univ. Erlangen-Nürnberg (Hrsg.), Fördergemeinsch. d. Collegium Alexandrium Erlangen, 74–79.

Wittig, R. und Sukopp, H. (1998): Was ist Stadtökologie? In: Sukopp, H. und Wittig, R. (Hrsg.): Stadtökologie. 2. Aufl., Stuttgart, 1–12.

Wittig, R., Sukopp, H., Klausnitzer, B. und Brande, A. (1998): Die ökologische Gliederung der Stadt. In: Sukopp, H. und Wittig, R. (Hrsg.): Stadtökologie. 2. Aufl., Stuttgart, 316–372.

Wittig, R. (2007): Welche Flächen sind Forschungsobjekt der Stadtökologie? Conturec 2, 43–46.

2 Die natürlichen Teilsysteme der Stadt: Geosphäre und Biosphäre

In Großstädten und Ballungsgebieten sind die ökologisch komplexen Verknüpfungen zwischen den Kompartimenten der Geosphäre und Biosphäre einerseits, zwischen diesen und der Anthroposphäre andererseits besonders relevant. Der Schutz der natürlichen Güter Luft, Wasser und Boden sowie die Förderung der pflanzlichen und tierischen Vielfalt in der Stadt sind wichtige Aufgaben für Politik und Verwaltung. Anwendungsbezogene Fragen, wie die Beeinträchtigung der menschlichen Gesundheit durch eine erhöhte Luftbelastung, die lokale städtische Wärmeinsel oder gar die globale Erwärmung, stehen auf der Agenda jeder Behörde. Besonders wichtig ist auch das Ver-

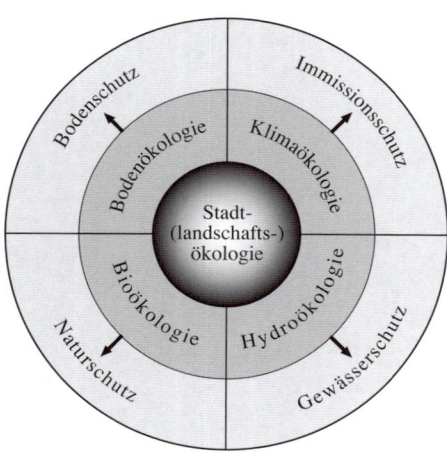

Abb. 2.1
Das natürliche urbane System mit Geo- und Biosphäre – von der komplexen Grundlagenforschung zur konkreten Anwendung im Umwelt- und Naturschutz

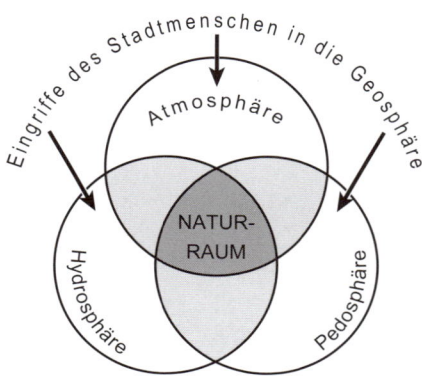

Abb. 2.2
Die Untersuchung der menschlichen Eingriffe in die Geosphäre ist eine grundlegende Aufgabe der Stadtökologie

ständnis für die Zusammenhänge und Wechselwirkungen zwischen Klima, Boden, Wasserhaushalt sowie Pflanzen- und Tierwelt. Dies ist insbesondere für den Schutz der Umweltmedien und der Biosphäre relevant (Abb. 2.1). Durch die stadtökologischen Forschungsanstrengungen der vergangenen Jahrzehnte versteht man nunmehr viele Prozesse, etwa die des Energie- oder Materieaustausches, besser, wenn auch durch den globalen Wandel neue hinzukommen. In allen Maßstabsebenen sind jedoch die Eingriffe des Stadtmenschen sowohl in die Geo- wie auch die Biosphäre von entscheidender Bedeutung (Abb. 2.2).

2.1 Atmosphäre: Stadtklima und Luftqualität

2.1.1 Stadtklima

In der mesoklimatischen Raumdimension lassen sich mehrere, für eine Stadt relevante Klimafaktoren ausgliedern. Hierzu zählen etwa die Orographie, das Georelief und die Unterlage, also insbesondere die Bebauung (Kratzer 1956, Wanner und Filliger 1989, Kuttler 1998, Hupfer 1991; Tab. 2.1).

Der wichtigste Grund für die Ausbildung eines eigenen Stadtklimas ist dabei die Veränderung des gesamten Strahlungshaushaltes durch die dreidimensionale urbane Baukörperstruktur. In der Folge verzeichnen Städte häufig, aber keineswegs immer und überall, eine erhöhte Lufttemperatur, aber auch eine etwas geringere Luftfeuchtigkeit und eine reduzierte Windgeschwindigkeit. Die Bebauung ver-

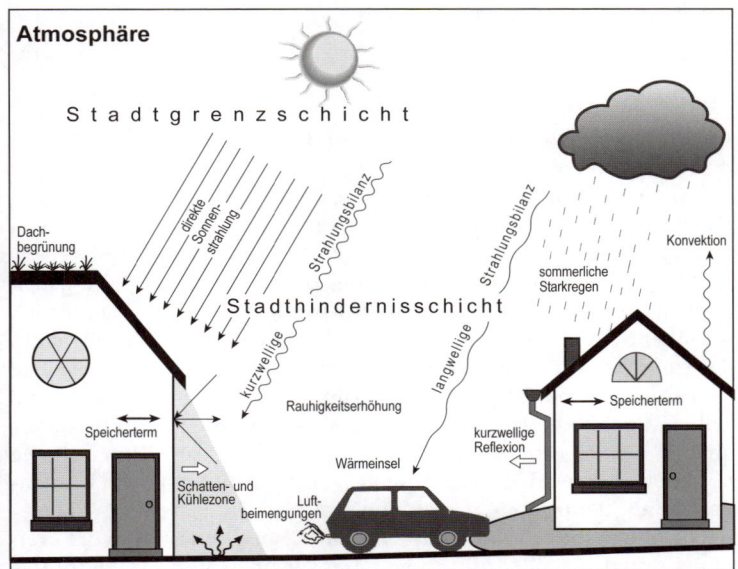

Abb. 2.3
Prozesse und Phänomene im Teilsystem der urbanen Atmosphäre

Tab. 2.1 Klimafaktoren im mesoklimatischen Bereich
(Quelle: Hupfer 1996, verändert)

Faktor	Einflussgröße	Klimafolgen	Klimaerscheinungen
allgemeine Orographie	Höhe über Normalnull, Ausdehnung und Struktur von Gebirgen	Höhenabhängigkeit der Klimaelemente, Besonderheiten von Wind, Wolken und Niederschlag	Gebirgsklima, Berg- und Talwind, Föhn
Georelief	Höhe über Normalnull, Hangneigung, Hangexposition, Hangausrichtung, Wölbung	Veränderung von Strahlungs- und Temperaturfeld, Einstellung Druck /Windfeld	Geländeklimate, Stau- und Düseneffekte, Hang- und Bergwinde, Kaltluftflüsse
Unterlage	Boden- und Vegetationsart, Albedo, Rauhigkeit, Bebauung, Bodenparameter	Wärmehaushalt, Konvektion, Temperatur, interne Grenzschichten	Land- und Seewind, Küsten- und Inselklima, Geländeklima
Emission von Luftbeimengungen	Konzentration verschiedener Beimengungen, Aerosole	Dunst, Smogneigung, bioklimatische Effekte	Klima von Hohlformen (Täler, Becken) sowie urbanen und industriellen Ballungsgebieten
Bebauung, Bevölkerungsdichte	Energiezufuhr, Kühlturmschwaden Bodenversiegelung	Wärme- und Wasserhaushalt, Konvektion und Bewölkung, Niederschlag	Wärmeinsel, Flurwindsystem, Stadtklima

ursacht durch ihre Horizonteinschränkung einen Schattenwurf, wodurch manche Straßenschluchten nicht mehr von der direkten und nur von der diffusen Sonnenstrahlung erreicht werden und der Energieumsatz damit teilweise ins Dachniveau verlegt wird (Abb. 2.3).

Die Albedowerte, definiert als der Prozentsatz zwischen absorbierter und reflektierter Globalstrahlung, sind in Städten im Vergleich zum agrarisch genutzten Umland nur wenig anders, außer natürlich bei einer Schneedecke im Winter oder einem dunklen Nadelwald in der Umgebung (Parlow 1998; 2003). Die nicht sichtbare langwellige Emission der Stadt ist im Vergleich zum Umland um etwa ein Viertel höher anzusetzen (Kuttler 1985). Insgesamt ist die Strahlungsbilanz aber nur wenig anders als die des Umlandes. Große Unterschiede bestehen aber beim Speicher(Boden)wärmestrom und beim **Bowenverhältnis**, dem Quotient zwischen sensiblem und latentem Wärmestrom. Durch die erhöhte Wärmeleit- und -speicherfähigkeit der dreidimensionalen Stadtstruktur, von Hauswänden und Straßenunter-

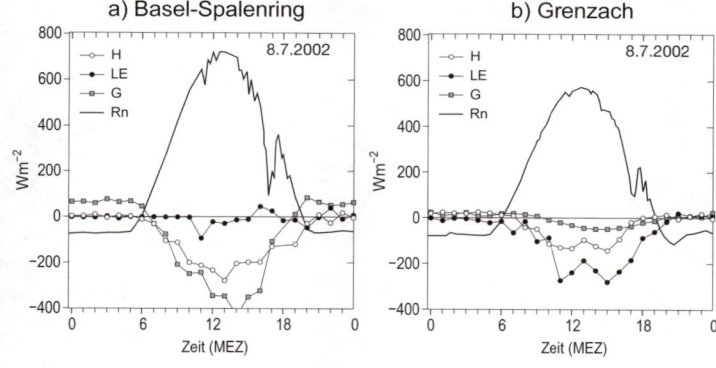

Abb. 2.4
Tagesgang der Energieflüsse im Vergleich einer Stadt (Station Basel-Spalenring) zu ihrem Umland (Station Grenzach); Fallbeispiel vom 8. Juli 2002;
H = *fühlbarer Wärmefluss*
LE = *latenter Wärmefluss*
G = *Speicherterm (Boden-Wärmefluss)*
R_n = *Strahlungsbilanz (Quelle: Parlow 2003, verändert)*

bau, wird tagsüber zwei- bis dreimal mehr Energie in den Untergrund abgeführt als im Freiland und kann nachts wieder zum Ausgleich der dann negativen Strahlungsbilanz der Stadtoberfläche zugeführt werden (Rigo und Parlow 2007). Hinzu kommt schließlich vor allem im Winter noch ein zusätzlicher Energiestrom, die anthropogene Wärmeproduktion. Sie stammt von schlecht isolierten Hauswänden, Kfz-Motoren, dem Hausbrand und Industrieanlagen. Sie kann in Ausnahmefällen bis zu einem Drittel der Strahlungsbilanz in Städten ausmachen, ist im Allgemeinen aber vernachlässigbar klein. Einen Vergleich der Energieflüsse an zwei benachbarten Messstandorten in der Stadt und im Umland von Basel zeigt Abb. 2.4. Daraus geht nicht nur der deutliche Unterschied zwischen fühlbarem und latentem Energiefluss und die Bedeutung des Speicherterms hervor; bemerkenswert ist auch, dass der fühlbare Wärmefluss ganztägig (und ganzjährig) negativ, das heißt von der Stadtoberfläche weg gerichtet, ist. Die bodennahe Stadtluft wird also grundsätzlich immer von der Unterlage her erwärmt. Dieser „Akku" wird am Tage durch die stark positive Strahlungsbilanz aufgeladen.

Das Resultat dieser Zusammenhänge ist das wichtigste Phänomen des Stadtklimas: die **städtische Wärmeinsel** (Arnfield 2003). Von vielen Städten liegen inzwischen weltweit Informationen über Form und Genese von urbanen Wärmeinseln vor. Die physikalischen Grundlagen hierfür haben u. a. Oke (1982) und Parlow (2007) gelegt. Für die Ausbildung einer städtischen Wärmeinsel ist neben dem veränderten Strahlungs- und Wärmehaushalt der hohe Versiegelungsgrad von Städten ausschlaggebend. Niederschlagswasser kann nicht versickern, fließt rasch ab und ist der Verdunstung entzogen. Das hat Konsequenzen für den Wärmehaushalt. Die Energie, die nun nicht wie im Umland für den **latenten Wärmestrom**, also zur Evapotranspiration, verbraucht wird, steht in Städten für den **fühlbaren Wärmestrom**, das heißt die Erwärmung der Luft, zur Verfügung. Außer-

Abb. 2.5
Differenzierung der Lufttemperatur bei Strahlungswetter in drei Sommernächten je nach Stadtstruktur und Landnutzung in einem Transekt vom suburbanen Raum Adlershof zum innenstadtnahen Kreuzberg in Berlin

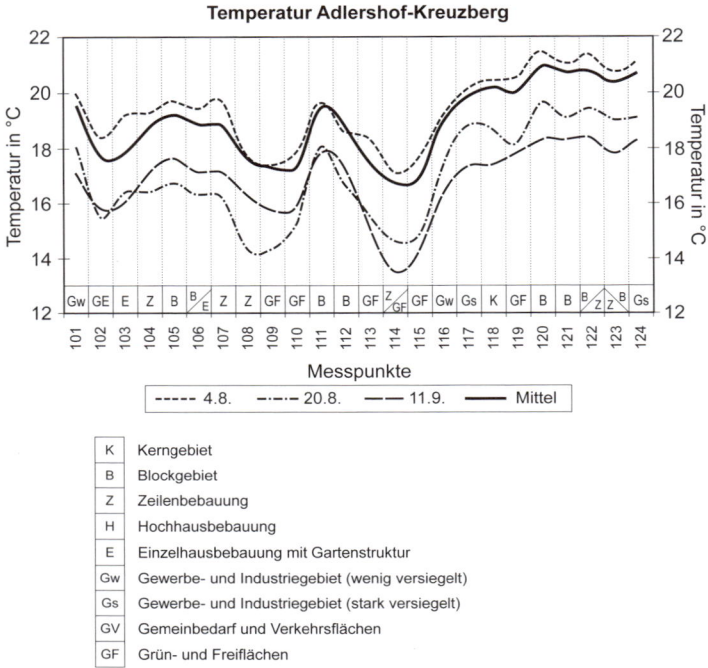

Temperatur Adlershof-Kreuzberg

Messpunkte

- - - - - 4.8.   — · — · 20.8.   ———— 11.9.   ▬▬▬▬ Mittel

K	Kerngebiet
B	Blockgebiet
Z	Zeilenbebauung
H	Hochhausbebauung
E	Einzelhausbebauung mit Gartenstruktur
Gw	Gewerbe- und Industriegebiet (wenig versiegelt)
Gs	Gewerbe- und Industriegebiet (stark versiegelt)
GV	Gemeinbedarf und Verkehrsflächen
GF	Grün- und Freiflächen

dem wirken die städtischen Kunstbauten als Wärmespeicher, indem sie im Sommerhalbjahr die solare Energie speichern oder im Winterhalbjahr geheizt werden. So wird beispielsweise im Sommer die am Tage gespeicherte Sonnenenergie durch langwellige Ausstrahlung am Abend und in der Nacht verzögert freigesetzt. Städtische Wärmeinseln sind deshalb überwiegend ein nächtliches und sommerliches Phänomen (Abb. 2.5).

Nach Oke (1973) ist die maximale Wärmeinselintensität von der Größe einer Stadt abhängig und in Nordamerika und Nordeuropa unterschiedlich ausgeprägt (Abb. 2.6). An extremen Sommerabenden kann der maximale Unterschied zwischen der Lufttemperatur in Berlin Mitte oder im dicht verbauten Wilhelminischen Ring und dem Umland, etwa repräsentiert durch die Flughafenstation Schönefeld, 10 K (= Kelvin oder °C) und mehr betragen. Dem stehen am Tage viele Stunden gegenüber, an denen Berlin nicht unbedingt wärmer, in schattigen Straßenschluchten sogar eher etwas kühler, als das Umland sein kann. Der raum-zeitlichen Veränderung solcher Kühlzonen wird bisher aber viel weniger Aufmerksamkeit zuteil als dem Phänomen der Wärmeinsel. Im langjährigen Mittel beträgt die städtische Wärmeinsel von Berlin etwa 3 bis 4 °C (Helbig 2003 und Umweltatlas

Abb. 2.6

Zunahme der maximalen städtischen Wärmeinsel (Δ(max)T$urban$ − T$rural$) mit der Größe einer Stadt, repräsentiert durch den Logarithmus ihrer Einwohnerzahl, mit Beispielen aus Nordamerika und Europa; a) Nordamerika: 1 neun Siedlungen in Quebec, 2 Corvallis, 3 Palo Alto, 4 San Jose, 5 Hamilton, 6 Edmonton, 7 Winnipeg, 8 San Francisco, 9 Vancouver, 10 Montreal; b) Europa: 1 Lund, 2 Uppsala, 3 Reading, 4 Karlsruhe, 5 Utrecht, 6 Malmö, 7 Sheffield, 8 München, 9 Wien, 10 Berlin, 11 London (Daten der zwischen 1929 und 1972 publizierten Literatur entnommen) (Quelle: Oke 1973)

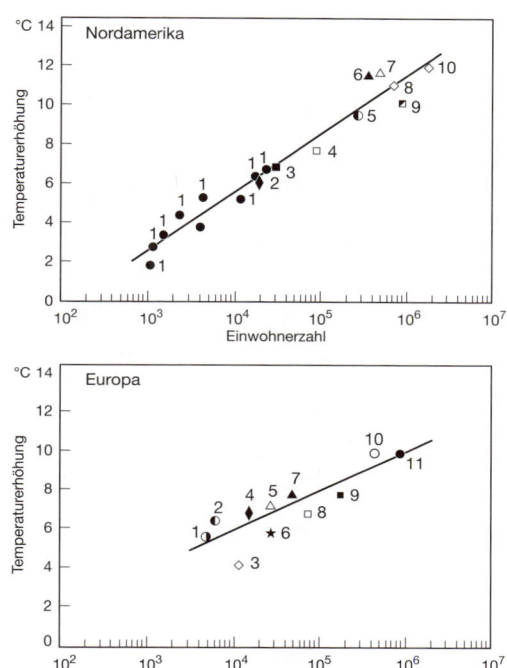

der Berliner Senatsverwaltung für Stadtentwicklung; Fezer 1995, Endlicher und Lanfer 2003).

Für Freiburg ergab sich im Mittel für Morgen- und Abendtermine nach 100 Messfahrten eine mittlere Abweichung zwischen Stadtmitte und Freiland von ca. 5 K. Die maximale Differenz betrug 10 K, und auch bei starker Luftbewegung wurde immer eine Überwärmung von mindestens 0,5 K festgestellt. Zur Mittagszeit traten hingegen bei den Bodenmessungen regelmäßig negative Werte auf (Nübler 1979, Vogt und Parlow 2011). Tagsüber sind Städte aufgrund des Schattenwurfs und der teilweise ins Dachniveau verlegten Energieumsatzfläche in der Hindernisschicht fast immer um ca. 0,5 bis 1 K kühler als das Umland, besitzen also schwache „Kühlezonen". Abb. 2.7 zeigt die Ausbildung der städtischen Wärmeinsel von Freiburg an einem Märzmorgen vor Sonnenaufgang. Der Stadtbereich war im Vergleich zum Umland in dieser klaren Frühjahrsnacht um 2 bis 4 K wärmer. Städtische Wärmeinseln sind in ihrer Struktur also nicht einheitlich. Sie können ein- oder mehrkernig ausgebildet, je nach Witterung besonders kräftig oder ganz unterdrückt und im Boden- oder Dachniveau unterschiedlich stark ausgeprägt sein. Besonders große Städte können auch eigene Lokalwindsysteme, die sogenannten Flurwinde, induzieren.

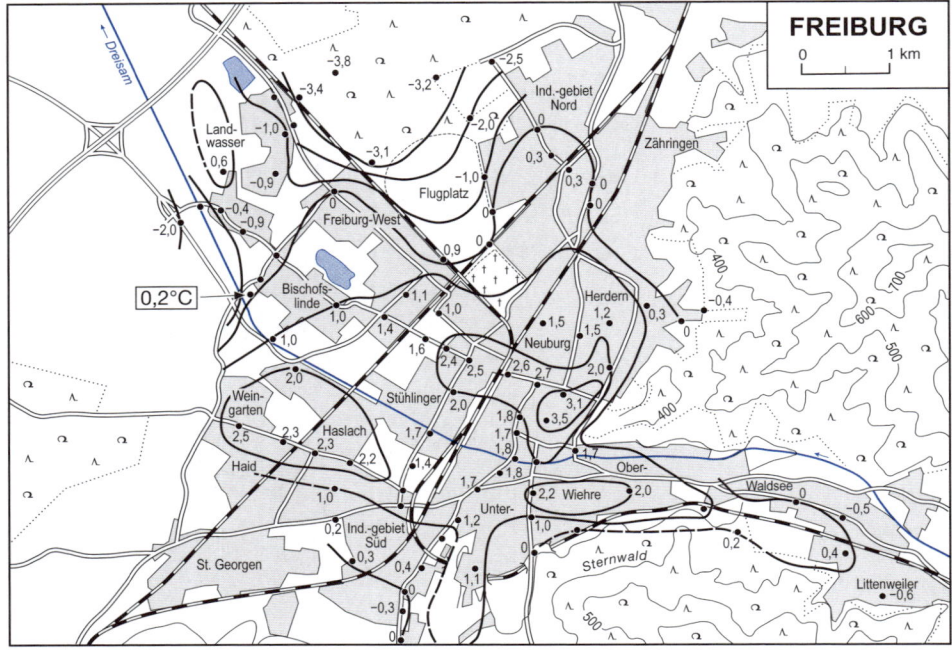

Abb. 2.7
Wärmeinsel der Stadt Freiburg im Breisgau am Ende der klaren Strahlungsnacht des 22. März 1973, 4.56 Uhr. Dargestellt sind die Temperaturunterschiede mit Isothermen im Abstand von 1 Kelvin vom Bezugswert 0,2 °C im Westen der Stadt. Die maximale Temperaturdifferenz zwischen dem Mooswald im Nordwesten und dem Stadtkern am Fuße des Schwarzwalds beträgt 7,3 Kelvin. Die Mehrkern-Struktur der Wärmeinsel (Wärme-Archipel) tritt deutlich hervor (Quelle: Nübler 1979, verändert)

Die **Ausbildung von städtischen Wärmeinseln hat für den städtischen Lebensraum sowohl positive als auch negative Folgen.** Als positiv kann z. B. die Verkürzung der winterlichen Frostperiode um etwa 25 % angesehen werden. Außerdem sind die Anzahl der Tage, an denen Frost auftritt, verringert und die Frostintensität ist in Städten abgemildert. Die Dauer von Schneedecken ist ebenso reduziert wie die Anzahl der Tage, an denen geheizt werden muss. Als negativ ist jedoch der in den Sommermonaten auftretende **Hitzestress** einzustufen. In Münchens Innenstadt wurden 19 % mehr Stunden mit leichter Schwüle und 45 % mehr Stunden mit Schwüle als im Umland nachgewiesen (Schwüle = Unbehaglichkeitsempfinden, wenn das Schwitzen durch hohe Temperatur- und Luftfeuchte behindert wird). Hinzu kommen die durch die **Reibung** verursachten geringeren Windgeschwindigkeiten. Diese Umstände bedingen insbesondere in den Sommermonaten eine erhebliche Wärmebelastung und eine Verminderung der thermischen Behaglichkeit (siehe Kapitel 2.1.2).

Von besonderer Bedeutung ist deshalb die **Reliefsphäre**. Bei Tal- und Beckenlagen von Städten können sich in der Nacht lokale **Schwerewinde** entwickeln. Nächtliche Bergwinde bringen nicht nur kühle, sondern meist auch weniger mit Schadstoffen belastete Luft in die Stadtgebiete. Der Freiburger „Höllentäler" (Nübler 1979) und der Bieler „Taubenlochwind" (Wanner 1991) sind hierfür bekannte Beispiele in Europa. In ähnlicher Weise können tagsüber an der Küste Seewinde wirksam sein, nicht zuletzt in den Städten der Tropen und Subtropen. Deswegen ist es überall wichtig, von Vegetation bestandene Windschneisen zu erhalten und nicht zu verbauen.

Großstädte und städtische Agglomerationen haben auch einen Einfluss auf die **Niederschlagsstruktur**, wie etwa durch das umfassende Metromex-Experiment in St. Louis nachgewiesen wurde (Changnon et al. 1977). Havlik (1981) konnte in Deutschland eine Zunahme von Gewittern über den sich vergrößernden Städten nachweisen. Aus den Ergebnissen empirischer Untersuchungen konnten verschiedene **urbane Einflussfaktoren** identifiziert werden (Übersicht bei Lowry 1998):

- erhöhte Energieumsetzung in Wärme
- größere Oberflächenrauhigkeit
- Ausstoß von Aerosolen
- Veränderung des Wasserdampfgehaltes der Luft

Daraus ergeben sich **Modifikationen der urbanen Niederschlagsstruktur**, die lokal sowohl zu Zunahmen als auch Abnahmen der Niederschlagsmengen führen können (Abb. 2.8).

Pagenkopf (2011) beschreibt beispielsweise detailliert und differenziert den Einfluss von Berlin auf das örtliche Niederschlagsgeschehen. Sie konnte nachweisen, dass dieser Einfluss je nach Jahreszeit und Windrichtung anders wirkt, dass das advektive oder konvektive Niederschlagsgeschehen unterschiedlich beeinflusst wird und dass frontengebundene und frontenlose Niederschläge ein unterschiedliches Muster zeigen (Abb. 2.9).

Aus Untersuchungen zur Modifikation des Niederschlags in Berlin lassen sich für große und nicht durch Orographie beeinflusste Städte folgende Schlussfolgerungen ziehen: Für die Mehrheit der Tage mit

Merksatz
Für die Ausbildung eines speziellen Stadtklimas sind vor allem die Baukörperstruktur und der Versiegelungsgrad verantwortlich, die den lokalen Strahlungs- und Wärmehaushalt modifizieren.

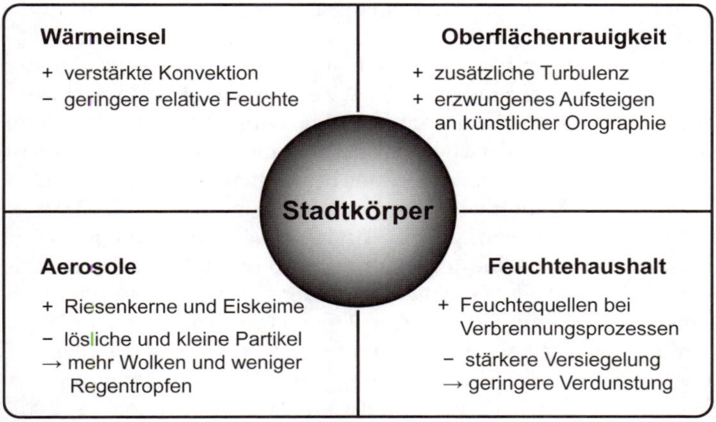

Wärmeinsel
+ verstärkte Konvektion
− geringere relative Feuchte

Oberflächenrauigkeit
+ zusätzliche Turbulenz
+ erzwungenes Aufsteigen an künstlicher Orographie

Stadtkörper

Aerosole
+ Riesenkerne und Eiskeime
− lösliche und kleine Partikel
→ mehr Wolken und weniger Regentropfen

Feuchtehaushalt
+ Feuchtequellen bei Verbrennungsprozessen
− stärkere Versiegelung
→ geringere Verdunstung

Abb. 2.8
Vom Stadtkörper ausgehende Einflüsse auf die Niederschlagsprozesse und die urbane Modifikation der Niederschlagsstruktur (Quelle: Pagenkopf 2011)

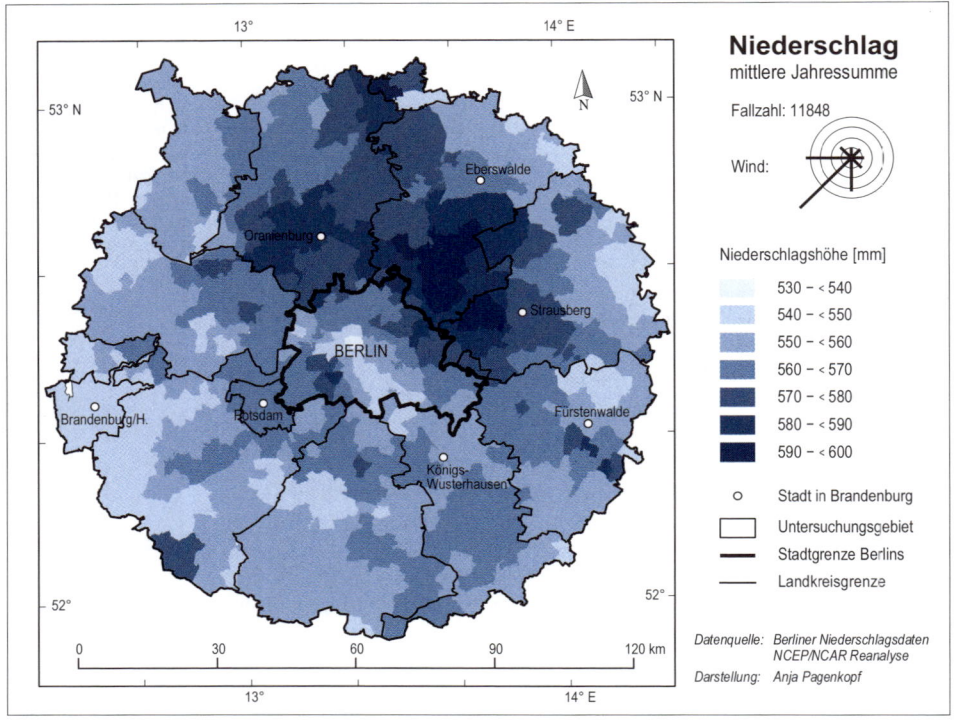

Niederschlag
mittlere Jahressumme

Fallzahl: 11848

Wind:

Niederschlagshöhe [mm]

	530 – < 540
	540 – < 550
	550 – < 560
	560 – < 570
	570 – < 580
	580 – < 590
	590 – < 600

○   Stadt in Brandenburg

☐   Untersuchungsgebiet

━   Stadtgrenze Berlins

─   Landkreisgrenze

Datenquelle: *Berliner Niederschlagsdaten*
NCEP/NCAR Reanalyse
Darstellung: *Anja Pagenkopf*

Abb. 2.9
Mittlerer Jahresnieder-schlag in Berlin mit (durch den Stadteffekt bedingter) ostwärtiger Zunahme der Nieder-schlagsmenge (Quelle: Pagenkopf 2011)

Niederschlag tritt eine positive **Lee-Anomalie** auf, die bis zu 10 % des mittleren Niederschlags in Berlin und Umgebung betragen kann. Die Maximumzone liegt bei überwiegenden Winden aus dem Südwest-quadranten im Mittel im Norden und Nordosten der Stadt. Das Stadt-gebiet selbst hat eine negative Niederschlagsanomalie. Für Schauer-tätigkeit, die durch häufige und relativ starke Südwestwinde charak-terisiert ist, ergibt sich ein Niederschlagsmaximum im Leebereich der Stadt und im angrenzenden Umland. Bei jahreszeitlich unterschiede-ner Betrachtung der Schauerniederschläge tritt eine Verstärkung im Winter klarer zum Vorschein als im Sommer. Die Lage des urban induzierten Konvektionsmaximums bezogen auf das Stadtgebiet re-sultiert aus der kombinierten Wirkung von Windrichtung und Wind-geschwindigkeit. Je geringer die Windgeschwindigkeit und je größer die Variabilität der Windrichtung ist, destso mehr wird aus der klas-sischen urbanen Lee-Anomalie eine Niederschlagszunahme über dem Stadtgebiet selbst, zum Beispiel an Tagen ohne Frontpassage.

In Stadtlandschaften ist auch immer die dritte Dimension zu be-rücksichtigen. Schließlich ist es ein Unterschied, ob man von der Oberflächenwärmeinsel an den Gebäuden und Straßen selbst spricht,

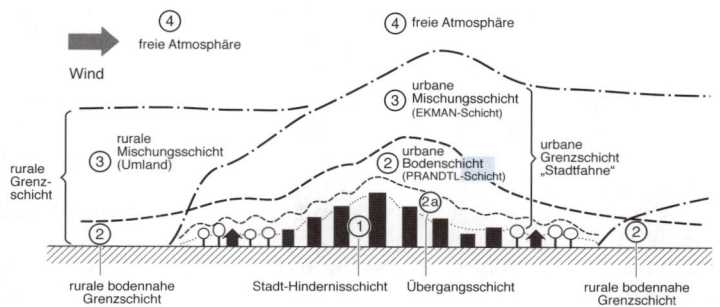

Abb. 2.10
Die vertikale Differenzierung der Stadtatmosphäre in Hindernis-, Boden-, Mischungs- und Grenzschicht (Quelle: unter Verwendung von Oke 1982 und Wanner 1986)

Tab. 2.2 Struktur der bodennahen Stadtatmosphäre; U = Stadt (urban), R = Umland (rural) (Quelle: Wanner 1986)

Begriffe			Eigenschaften	
1	Stadt-Hindernisschicht (durch Objekte eingeschlossene Lufthülle)	urbane Grenzschicht	1	eigenes meteorologisches Regime: sehr turbulent, kontrolliert durch Schubspannung und Rauigkeitselemente (Gebäudeform, -höhe) sowie Oberflächen-Energiebilanzen
2	urbane Bodenschicht (PRANDTL-Schicht)	urbane Grenzschicht	2	Mächtigkeit: ca. 10 % der gesamten Grenzschicht quasikonstante Flüsse von Impuls, Wärme und Feuchte Windrichtung ungefähr gleichbleibend Schubspannung dominiert über Gradient- und Corioliskraft über komplexer Topographie: beeinflusst durch Lokalwindsysteme
2 a	Übergangsschicht	urbane Grenzschicht	2 a	hoch turbulent
3	urbane Mischungsschicht (EKMAN-Schicht)	urbane Grenzschicht	3	Mächtigkeit: 100 m bis einige 100 m höhenabhängige Änderung von Impuls-, Wärme- und Feuchtefluss Dominanz der Schubspannung, nimmt zugunsten von Gradient- und Corioliskraft ab über komplexer Topographie: beeinflusst durch Regionalwindsysteme
4	freie Atmosphäre	planetare Grenzschicht	4	keine thermische und mechanische Beeinflussung mehr Windfeld wird durch Gradient- und Corioliskraft bestimmt

ob es um die erhöhte Lufttemperatur zwischen den Gebäuden in der Bestandesatmosphäre geht oder ob es sich um die städtische Abwindfahne oberhalb der Bausubstanz handelt, also ein Phänomen der städtischen Grundschicht. Die vertikale Differenzierung der Stadtatmosphäre und die spezifischen Eigenschaften der Hindernis-, Boden-, Mischungs- und Grenzschicht sind in Abb. 2.10 und Tab. 2.2 zusammengestellt.

Aus diesen Darlegungen geht die große Bedeutung der Stadtklimaforschung für die Planungsbehörden hervor (Alcoforado et al. 2009). Die Forschungsergebnisse werden deswegen oft in sogenannten Klimafunktionskarten oder in einem **Stadtentwicklungsplan Klima** zusammengefasst, die dann als Basis für die notwendige klimatologische Bewertung der Stadtviertel im Rahmen von Flächennutzungsplänen dienen (z. B. Senatsverwaltung Berlin, http://www.stadtentwicklung.berlin.de/umwelt/umweltatlas/i412.htm, 8.2.2012). Auch für das thermische Stadtklima gilt insgesamt das Sukoppsche „Harlekin-Muster" der Stadtstruktur.

2.1.2 Das urbane Humanbioklima

Der humanbioklimatologische Ansatz stellt explizit den Mensch in den Mittelpunkt der **vier atmosphärischen Wirkungskomplexe** (Abb. 2.11).

Alle vier Wirkungskomplexe sind auch in der Stadt von großer Bedeutung. Hinsichtlich des **thermischen Wirkungskomplexes** – also den Einflüssen von kurz- und langwelliger Strahlung, Lufttemperatur und -feuchte sowie Wind auf den Menschen – belegen zahlreiche epidemiologische Studien, dass selbst im gemäßigten Klima Mitteleu-

Abb. 2.11
Die humanbioklimatologisch relevanten atmosphärischen Wirkungskomplexe (Quelle: Trenkle 1992)

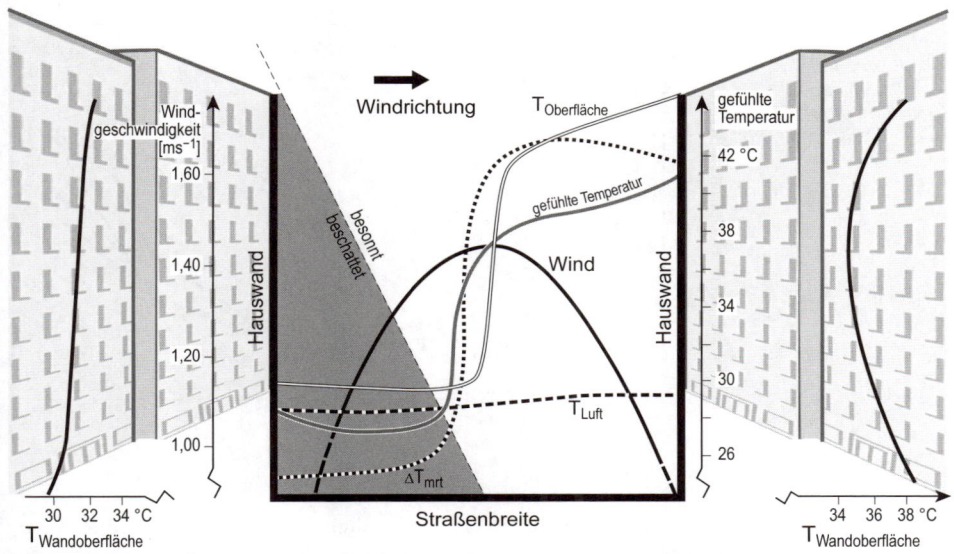

ΔT_{mrt} = Abweichung der mittleren Strahlungstemperatur (alle Strahlungsflüsse) von der Lufttemperatur T_{Luft}

ropas ein enger Zusammenhang zwischen thermischem Komfort (Behaglichkeit) bzw. thermischem Diskomfort (Belastung) und menschlicher Gesundheit besteht. Extreme thermische Bedingungen, also Kältestress einerseits und Hitzebelastung andererseits, haben negative Auswirkungen auf die Gesundheit (Jendritzky 1982, Kovats und Jendritzky 2006, Jendritzky et al. 2007, Endlicher et al. 2008, Matzarakis und Endler 2010). Abb. 2.12 zeigt die thermisch relevanten Einflüsse in einer Straßenschlucht. Daraus geht deutlich hervor, dass nicht so sehr die Lufttemperatur, sondern insbesondere die direkte Sonnenstrahlung besonders wichtig für den thermischen Komfort einer Person ist, wie er durch den Begriff der gefühlten Temperatur ausgedrückt wird (Staiger et al. 1997). Während unter Behaglichkeitsbedingungen bzw. thermischem Komfort ein Minimum der Mortalitätsrate beobachtet wird, steigt diese sowohl bei Kältestress im Winter als auch bei Hitzestress im Sommer deutlich an. Die höchsten Sterblichkeitsraten treten bei ausgeprägten Hitzewellen gerade auch in Städten auf (Abb. 2.13). Betroffen sind überwiegend Personen mit Atemwegs- und Herz-Kreislauf-Erkrankungen, insbesondere ältere, multimorbide Menschen mit einer eingeschränkten Anpassungskapazität, aber auch Kleinkinder aufgrund ihrer noch instabilen Thermoregulation (Jendritzky et al. 1998). Die Beziehungen des Menschen zu seiner thermischen Umwelt sind im Sommer generell enger als im Winter, wo man sich meist nur kurzzeitig den äußeren thermischen Bedingungen aussetzt und sich häufig in beheizten Räumen aufhält.

Abb. 2.12
Die mikro- und human-bioklimatologischen Verhältnisse innerhalb einer Straßenschlucht; es wird deutlich, dass nicht die Lufttemperatur, sondern der komplexe Parameter der „gefühlten Temperatur" die für den Menschen entscheidende Größe ist (Quelle: Jendritzky 1991)

Abb. 2.13
Relative Sterblichkeit (1986–1996) in europäischen Großstädten bei thermischem Diskomfort (Kälte- oder Hitzestress) (Quelle: Koppe et al. 2004)

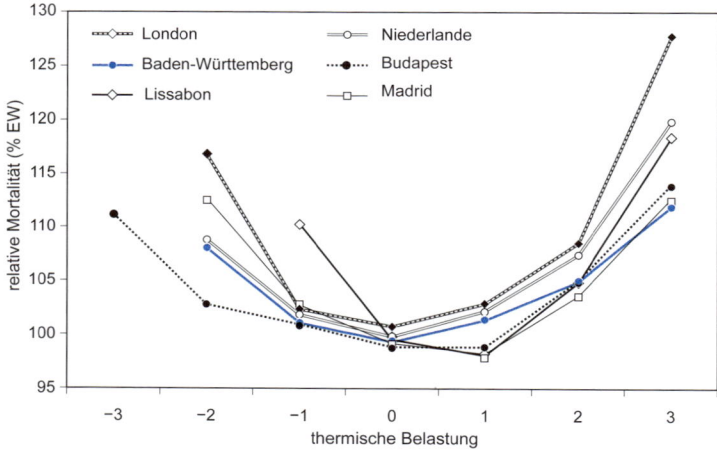

Allerdings ist Hitzestress nicht allein eine Folge überhöhter Temperatur. Vielmehr spielen aus humanbioklimatologischer Sicht der Strahlungshaushalt, insbesondere die direkte Sonnenstrahlung, die nicht sichtbaren Infrarotstrahlungsströme, die von Wolken oder Hauswänden ausgehen, aber auch die Luftfeuchtigkeit und die Windgeschwindigkeit eine wichtige Rolle. Trockene Hitze ist einfacher zu ertragen, weil die Schweißverdunstung als wichtige Thermoregulation nicht so stark beeinträchtigt wird wie bei hoher Luftfeuchtigkeit. Durch Ventilation wird die Schweißverdunstung ebenfalls erleichtert, wobei diese Ventilation natürlich – erhöhte Windgeschwindigkeit – oder künstlich (Ventilator) sein kann. Die städtische Wärmeinsel wirkt sich insbesondere bei sommerlichen Hitzewellen belastend für die Stadtbewohner aus. In komplexen Modellen, wie etwa dem „Klimamichel" (Jendritzky et al. 1977) oder dem Universal Thermal Climate Index (Bröde et al. 2010, www.utci.org, 8.2.2012), werden all diese meteorologischen Elemente entsprechend berücksichtigt. Hinzu kommt auch noch die Baukörperstruktur, insbesondere was Beschattung und Durchgrünung anbetrifft. Freilich spielen auch Bekleidung und Aktivität eine Rolle.

Die Bedeutung von sommerlichen Hitzewellen für die menschliche Gesundheit wurde spätestens bei der großen Hitzewelle 2003 in West- und Mitteleuropa deutlich. Sie gilt als die seit vielen Jahrzehnten größte Naturkatastrophe Europas. Während des Hitzesommers 2003 kam es in Europa zu etwa 70 000 zusätzlichen Hitzeopfern (Koppe et al. 2004, Kovats et al. 2004, Robine et al. 2007). Vor allem ältere Menschen waren davon betroffen und meistens wurde eine Herz-Kreislauf-Erkrankung als Todesursache diagnostiziert. Auch wenn sich aufgrund der Datenverfügbarkeit Untersuchungen überwiegend

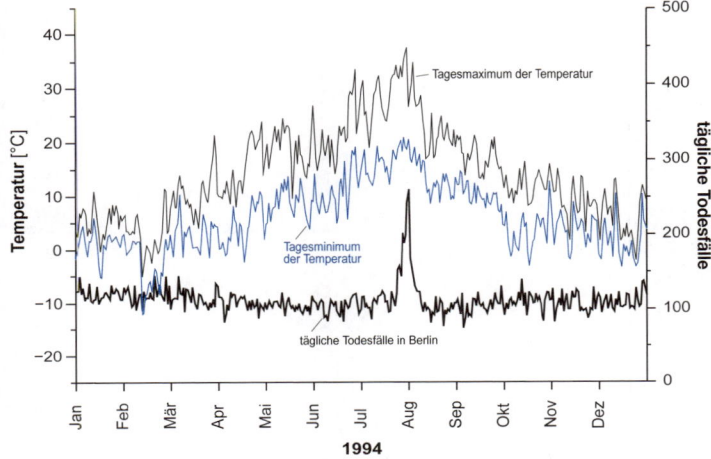

Abb. 2.14
Tägliche Todesfälle in Berlin im Jahr 1994; die ungewöhnlich starke Zunahme der Todesfälle im Sommer steht in einem engen Zusammenhang mit einer Hitzewelle Ende Juli (Quelle: Gabriel und Endlicher 2011)

mit Mortalitätsraten auseinandersetzen, ist anzunehmen, dass sich thermische Belastungen auch nachteilig auf Morbidität, Leistungsfähigkeit und Wohlbefinden des Menschen auswirken.

In Berlin führte die Hitzewelle 1994 nahezu zu einer Verdreifachung der Sterblichkeit. In einer Untersuchung der Auswirkung von Hitzewellen auf die Mortalität im Berlin-Brandenburger Raum kamen Gabriel und Endlicher (2011) zu der Erkenntnis, dass eine bis zu 50 % gesteigerte Mortalitätsrate bei Hitzewellen nicht nur ein städtisches, sondern auch ein ländliches Phänomen ist. Im Juli und August 1994 starben an einigen Tagen der Hitzewelle mehr als doppelt so viel Menschen wie sonst üblich (Abb. 2.14). Bei den intensivsten Hitzewellen in den Jahren 1994 und 2006 war auch ein statistischer Zusammenhang zwischen dem Versiegelungsgrad und der Mortalität nachzuweisen. Diese war in den am stärksten versiegelten Bezirken signifikant höher. Hier werden der Einfluss von Bebauungsdichte und Versiegelungsgrad der Stadt deutlich (Abb. 2.15). Die städtische Wärmeinsel ist einer intensiven mesoskaligen Hitzewelle lokal superponiert, wodurch der Einfluss des Wetters auf Morbidität und Mortalität verstärkt wird. Sofern keine geeigneten Anpassungsmaßnahmen ergriffen werden, muss bei einer Zunahme der sommerlichen thermischen Belastungen auch mit einer Zunahme dieser negativen Auswirkungen gerechnet werden (Jendritzky 2000, 2007, Deutschländer et. al. 2009). Inzwischen hat der Deutsche Wetterdienst als kurzfristige Maßnahme ein bundesweites Hitzewarnsystem etabliert, in der Hoffnung, dass durch ein vernünftiges Verhalten bei künftigen Hitzewellen keine erhöhten Opferzahlen mehr zu beklagen sein werden.

In einer Modellstudie haben Endlicher et al. (2008 a, b) die humanbioklimatologische Situation während des Hitzemonats August

Abb. 2.15
Zusammenhang zwischen der sommerlichen Mortalität in Berlin und Brandenburg während dreiwöchiger Hitzewellen in den Jahren 1994, 1997, 2003 und 2006 sowie dem Versiegelungsgrad in den Bezirken und Landkreisen beider Bundesländer (Quelle: Gabriel und Endlicher 2011)

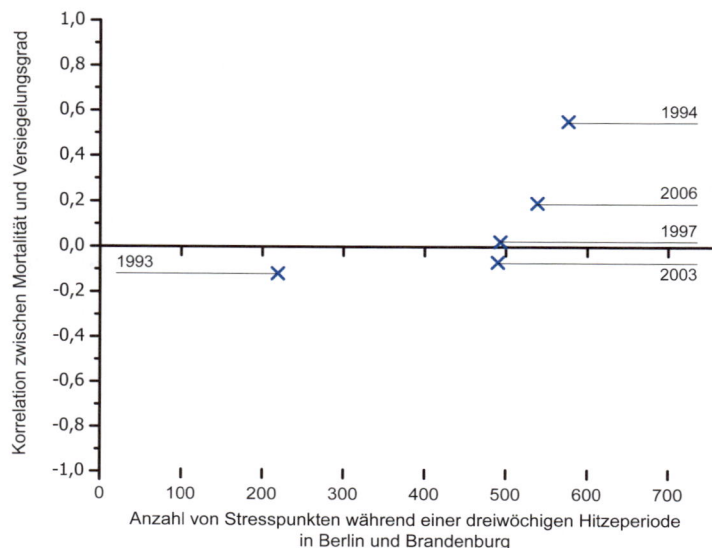

Merksatz
Die thermische Belastung während sommerlicher Hitzewellen hat negative Auswirkungen auf die menschliche Gesundheit insbesondere von älteren Menschen.

2003 in drei verschiedenen Berliner Stadtquartieren (Alexanderplatz, Potsdamer Platz, Dahlem) miteinander verglichen. Es wird deutlich, dass die Besonnung aufgrund der freien und langen Sonnenbahn am Alexanderplatz besonders hoch ist, während sie durch die dichtere Verbauung am Potsdamer Platz wesentlich kürzer und ähnlich gering ist wie in dem durch Baumstrukturen gekennzeichneten Villenvorort Dahlem. Die modellierte thermische Belastung war am Alexanderplatz dementsprechend am höchsten, jedoch trotz ähnlicher Beschattungsverhältnisse wie am Potsdamer Platz in Dahlem deutlich geringer. Dies zeigt die besondere Bedeutung der **Durchgrünung**, wobei allerdings deutliche Unterschiede zwischen einer direkt beschienenen Rasenfläche, etwa dem Flugfeld Tempelhof, und einem durch Baumstrukturen gekennzeichneten Park, wie dem Tiergarten oder eben den Gartenanlagen der Villenvororte, bestehen.

Das Klima einer Stadt stellt als Ergebnis einer geplanten oder zufälligen Änderung der Landnutzung ein eindrucksvolles Beispiel einer **lokalen anthropogenen Klimamodifikation** dar. Im Hinblick auf die Auswirkungen für das menschliche Wohlbefinden und die Gesundheit in der Stadt muss auch die städtische Wärmeinsel Gegenstand der Vorsorgeplanung sein. Es besteht kein Zweifel daran, dass die städtische Wärmeinsel für die Gesundheit des Menschen bedeutsam ist, weil sie nachteilige Gesundheitseffekte durch Exposition gegenüber thermischen Extrembedingungen verursacht (Solecki et al. 2005). Wenn die städtische Wärmeinsel als Resultat städtischer Planung angesehen wird, muss sie folglich auch auf zukünftige Planungen reagieren. Neben der Notwendigkeit, durch Planungsmaßnahmen die Ausprägung der städtischen Wärmeinsel zu verringern, müssen als bisher unterschätztes Problem auch die thermischen Belastungen in den Innenräumen vermindert werden, zumal sich der Mensch unter den Klimabedingungen der Gemäßigten Breiten überwiegend in Innenräumen aufhält (Jendritzky 2007). Notwendig ist eine intelligente Stadtplanung und Architektur, die jetzige und zukünftige Gegebenheiten des Klimas durch Kontrolle der Abschattungsmöglichkeiten, Ventilation, Materialwahl, passive Kühlung usw. berücksichtigt.

2.1.3 Die Bedeutung des Stadtklimas für die Etablierung von Neophyten und Neozoen

Bis zu einem gewissen Grad kann man davon ausgehen, dass die städtische Wärmeinsel die globale Erwärmung lokal vorausnimmt (Sukopp und Wurzel 1995, Ziska et al. 2003). So führten Kowarik und Böker bereits 1984 die Etablierung des Götterbaumes auf das wärmere Stadtklima zurück. Die positive Reaktion des Götterbaums (*Ailanthus altissima*), des Eschen-Ahorns (*Acer negundo*) und des Spitz-Ahorns (*Acer platanoides*) auf die allgemein höheren Temperaturen innerhalb der städtischen Wärmeinsel sowie das geringere Risiko von Spät- und Frühfrösten konnte in einer umfangreichen Forschungsarbeit von Säumel (2006) mit Klimakammer- und Feldexperimenten nachgewiesen werden (Abb. 2.16).

Merksatz
Die Verlängerung der Vegetationsperiode in städtischen Wärmeinseln begünstigt das Einwandern von Organismen und modifiziert das Verhalten einheimischer Arten.

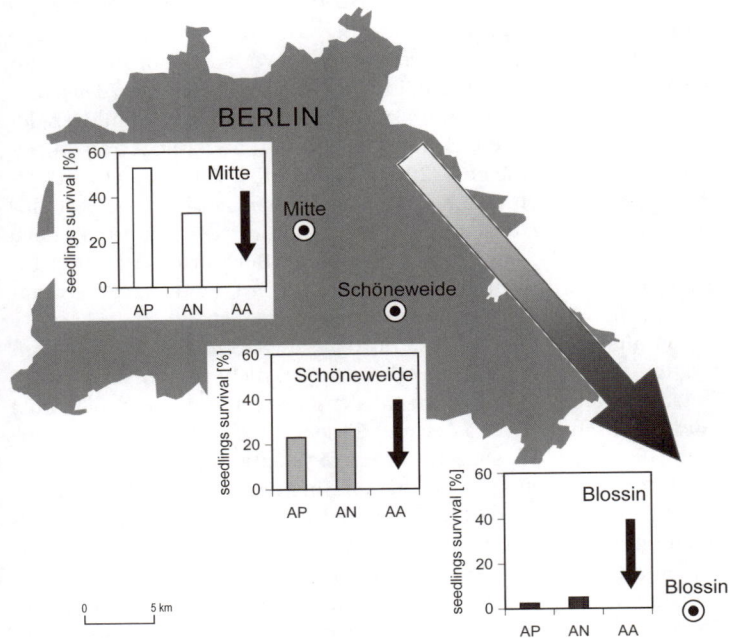

Abb. 2.16
Überleben exponierter Setzlinge der Modellarten Acer platanoides (AP), Acer negundo (AN) und Ailanthus altissima (AA) im Winter 2002/2003 je nach Stärke der städtischen Wärmeinsel von Berlin; alle AA-Setzlinge sind erfroren (Quelle: von der Lippe et al. 2005)

Abb. 2.17
*Etablierung der beifuß-
blättrigen Ambrosie
(Ambrosia artemisiifo-
lia) in Berlin-Steglitz
(Foto: Langner 2005)*

Ein eher problematisches Beispiel für die mit dem Stadtklima bzw. dem Klimawandel einhergehende Einwanderung von **Neophyten** in die Städte stellt die Etablierung der beifußblättrigen Ambrosie (*Ambrosia artemisiifolia*) dar (Abb. 2.17). Die Pflanze braucht zur Samenreife eine möglichst lange Vegetationsperiode. Nach den Untersuchungen von Chmielewski (2007) ist von einer Verlängerung der Vegetationsperiode im Berliner Raum im Vergleich 1961/1990 zu 2071/2100 um 70 bis 80 Tage auszugehen. Darüber hinaus ist die Produktion der Allergie auslösenden Pollen in einer mit CO_2 angereicherten Atmosphäre erhöht (Wayne et al. 2002). Zweijährige Feldversuche in Baltimore wiesen einen positiven Zusammenhang zwischen der städtischen Wärmeinsel und der Pollenproduktion der Ambrosie nach (Ziska et al. 2003). Das Pflanzenschutzamt Berlin ruft auf seiner Internet-Seite zur Bekämpfung der Ambrosie auf, wodurch deren Etablierung aber allenfalls verlangsamt werden kann.

Aber auch **Neozoen** wie die Europäische Gottesanbeterin (*Mantis religiosa*), eine große Fangschrecke, dringen nicht nur sukzessive den Oberrheingraben entlang nach Norden vor, sondern haben sich auch in den Bahnschottern des Berliner Südgeländes etabliert. Die Verlängerung der Vegetationsperiode durch die städtische Wärmeinsel wird sich durch den Klimawandel in Zukunft weiter verstärken. Schon jetzt blühen Forsythien in Hamburg im Mittel einen Monat früher als vor einem halben Jahrzehnt. Es ist damit zu rechnen, dass Pflanzen- und Tierarten, die vor 50 Jahren allenfalls in südmediterranen Regionen heimisch waren, auch in Berlin langfristig anzutreffen sein werden. Auch Zecken können aufgrund der Klimaerwärmung ihre

Saison verlängern und werden auch in Nordostdeutschland zunehmend zum Problem (Jendritzky 2007). Viele Zugvögel ziehen später los, kommen früher aus ihren Winterquartieren zurück oder verzichten ganz auf das Ziehen. Dies birgt allerdings das Risiko in sich, dass sie einen – immer noch möglichen – Extremwinter gegebenenfalls nicht überleben.

2.1.4 Nächtliche Lichtverschmutzung

In letzter Zeit ist auch die städtische Beleuchtung in verschiedener Hinsicht ins Blickfeld der Kritik geraten. Aus Energieeinsparungsgründen ist zu fragen, ob in unseren Städten überall und in allen Nachtstunden eine „taghelle" Beleuchtung notwendig ist. Aber auch aus ökologischen und humanbiologischen Gründen wird die immer weiter zunehmende „Lichtverschmutzung" kritisiert (Longcore und Rich 2004, Rich und Loncore 2006). Lichtverschmutzung dürfte zu einer Reduktion der Artenvielfalt insbesondere von lichtsensiblen Organismen, darunter viele Insekten, führen. Die Auswirkungen von Kunstlicht dürfte insbesondere in der Kombination mit anderen Stressfaktoren, wie Hitze, Lärm, Luftbelastung, auch Auswirkungen auf das physische und psychische Wohlbefinden von Stadtbewohnern haben, obwohl hierzu nähere Untersuchungen noch ausstehen.

Merksatz
Intensive nächtliche Beleuchtung in Städten wurde als Stressfaktor für die urbane Biodiversität und das menschliche Wohlbefinden erkannt.

2.1.5 Luftqualität

In zunehmendem Maße werden bei stadtklimatologischen Untersuchungen auch Aspekte der **Luftreinhaltung** mit berücksichtigt (Wanner und Hertig 1984). Die geographische Relevanz ergibt sich dabei aus den räumlichen Bezügen dieser Problematik und den vielfältigen Wechselwirkungen zwischen den verschiedenen Sphären sowie belebter und unbelebter Natur. So wird die Luftqualität durch Aktivitäten des Menschen gemindert. Luftbelastungen werden vor allem von der Industrie, Kraftwerken, dem winterlichen Hausbrand und durch den Kfz-Verkehr, insbesondere die täglichen Pendelwanderungen zwischen Wohn- und Arbeitsstätte, verursacht. Topographie, Überbauung und Landnutzung modifizieren die lokale Ausbreitung der Luftschadstoffe. Hinzu kommt ein nicht unerheblicher Teil durch den Ferntransport (Baumbach 1996).

Zunächst müssen Emission, Transmission und Immission unterschieden werden. Alle aus anthropogenen Quellen in die Atmosphäre abgegebenen Stoffe werden als **Emissionen** bezeichnet. **Immissionen** sind alle Emissionen, die nach Verlassen der Emittenten, d. h. ihrer Quelle, auf die Ökosysteme einwirken. Das Hauptaugenmerk bei lufthygienischen Fragestellungen gilt der Wirkungskette vom Emittent der Schadstoffe über deren Ausbreitung und Umwandlung in der Atmosphäre – **Transmission** – bis zur Auswirkung als Immission auf Menschen, Tiere, Pflanzen und Materialien. Es können beispielsweise gasförmige Luftverunreinigungen, wie Stickoxide, im

Merksatz
Luftbelastungen durch anthropogen eingebrachte, feste und gasförmige Schadstoffe beeinflussen die städtische Luftqualität erheblich und haben negative Auswirkungen auf die Gesundheit der Stadtbewohner.

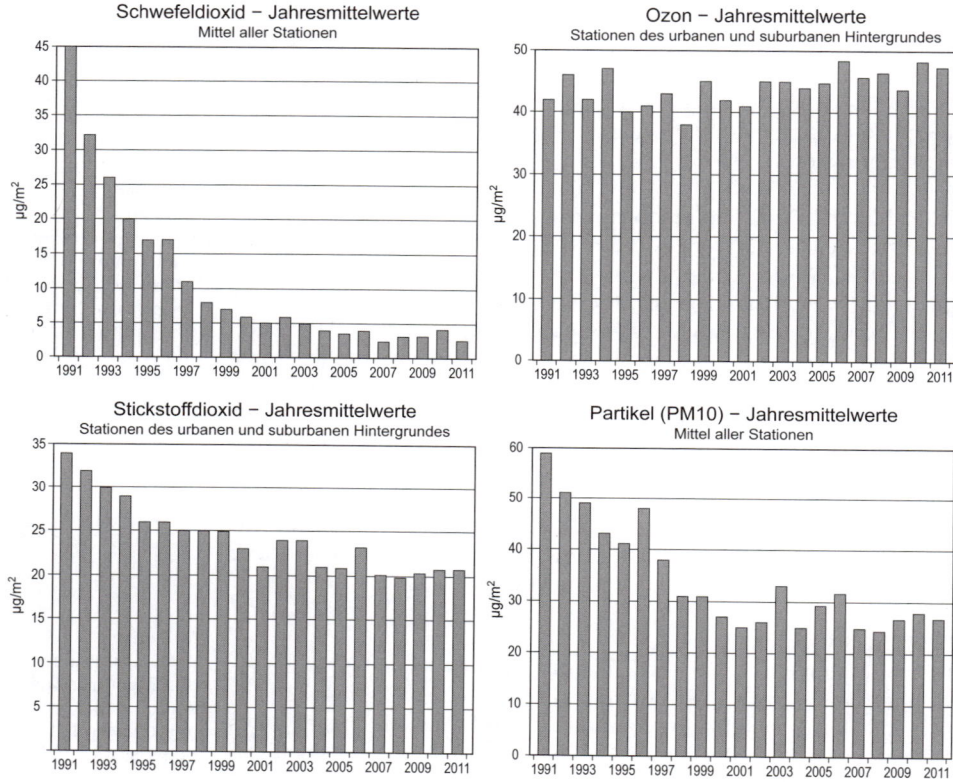

Abb. 2.18

Langfristige Entwicklung (Jahresmittelwerte ab 1991) der Immissionen in Berlin am Beispiel der Leitsubstanzen Schwefeldioxid (SO₂), Stickstoffdioxid (NO₂), Ozon (O₃) und Feinstaub (PM10) (Datenquelle: Jahresberichte der Senatsverwaltung für Gesundheit, Umwelt und Verbraucherschutz von Berlin über die Luftqualität, http://www.berlin.de/sen/umwelt/luftqualitaet/de/messnetz/monat.shtml, 8.2.2012

Zusammenhang mit hoher Luftfeuchte zu flüssiger Salpetersäure oxidiert werden oder sekundäre Schadstoffe, wie troposphärisches Ozon, neu entstehen. In den vergangenen Jahrzehnten sind in Deutschland erhebliche Fortschritte bei der Luftreinhaltung erzielt worden, sodass durch nationale und europäische Gesetzgebungsmaßnahmen eine Verbesserung der Luftqualität erzielt werden konnte (Abb. 2.18).

Allerdings gibt es weiter bestehende, bisher noch nicht durchgreifend gelöste Probleme. Diese beziehen sich auf folgende gas- und partikelförmige Schadstoffe:

- **Schwefelverbindungen**, besonders Schwefeldioxid (SO₂), sind eine sehr weitverbreitete Verunreinigung der Atmosphäre. Sie entstehen bei der Verfeuerung fossiler Brennstoffe oder von Biomasse. Schwefeldioxid ist relativ leicht nachweisbar und wird seit vielen Jahren als Leitschadstoff in der Atmosphäre gemessen. Ein Teil des SO₂ wird als trockene Deposition abgelagert, ein anderer Teil durch verschiedene Oxidationsprozesse zu Sulfat (SO₄) und Schwefelsäure (H2SO4) umgewandelt. Ihre nasse Deposition (Wash-out-

Effekte) spielte als „saurer Niederschlag" oder „saurer Nebel" bei der Entstehung unserer Waldschäden eine wichtige Rolle. Die Konzentration von Schwefeldioxid in der Atmosphäre ist in Deutschland zwar bis auf die Nachweisgrenze zurückgegangen, nimmt aber beispielsweise in Chinas Städten immer noch zu.

- **Stickoxide (NOx)** entstammen dem Automobilverkehr sowie thermischen Kraftwerken und entstehen in der Industrie bei Verbrennungsvorgängen mit hohen Temperaturen. Stickoxide reizen Augen und Luftwege, sie sind sehr gut wasserlöslich und werden unter Einbeziehung der Luftfeuchtigkeit zu Salpetersäure weitergebildet (Abb. 2.19). Besonders schädlich sind sie aber bei Einwirkung von Sonnenlicht und hohen Temperaturen, da über eine Reaktionskette troposphärisches Ozon (O_3) gebildet wird, das zusätzlich als Treibhausgas wirksam ist. Ozon ist als eines der stärksten Oxidationsmittel auch in kleinsten Mengen toxisch und zerstört organische Verbindungen wie etwa Gummi.

NO_2 + Sonnenlicht → NO + O

O_2 + O + Katalysator → O_3 + Katalysator

- **Partikelförmige Schadstoffe** (unsichtbarer Schwebstaub; Particulate Matter = PM) aus Verbrennungsprozessen oder Reifenabrieb, aber auch Mineralstäube und Pollen stellen eine Belastung für den menschlichen Organismus dar. Rußteilchen aus Dieselmotoren stehen im Verdacht, kanzerogen zu wirken. Je kleiner die Partikel sind, desto tiefer können sie in das Bronchial- und Lungensystem eindringen und eventuell über die Alveolen bis in die Blutbahn gelangen. Seit mehreren Jahren sinkt ihre Konzentration in unserer Stadtluft nicht mehr. Die 2005 in Kraft getretenen EU-Grenzwerte werden in unseren Innenstädten regelmäßig übertroffen

Abb. 2.19
Fallbeispiel der PM10-Konzentration und der Nitrit-Akkumulation an der Berliner Stadtautobahn im Westend (1-Stunden-Mittelwerte zwischen dem 11.–13.6. 2007) (Quelle: Fiedler, unveröffentlicht)

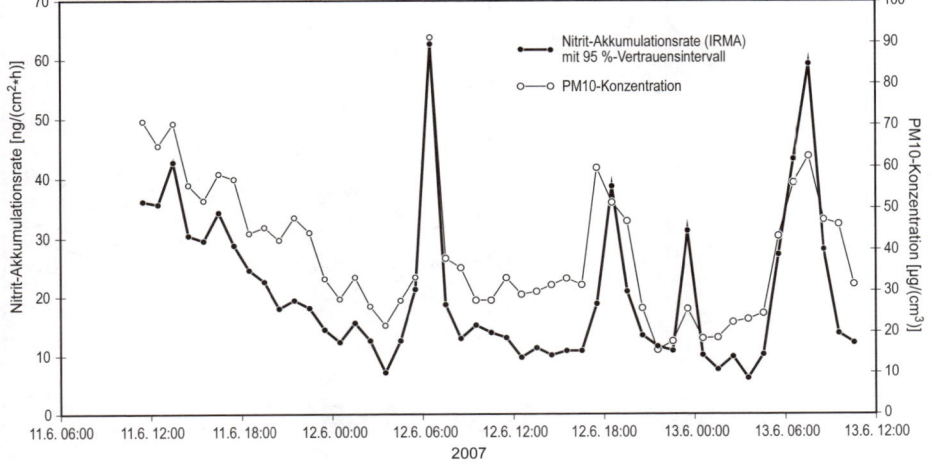

(Draheim 2005, Wolf-Benning 2006). Deshalb richten viele Städte sogenannte Umweltzonen ein, um in diesen zumindest die Konzentration der Dieselrußpartikel zu mindern.

Als allgemeingültige Bezeichnung für die Luftverschmutzung ist weltweit der Begriff **Smog** – zusammengesetzt aus dem englischen Smoke (Rauch) und Fog (Nebel) – üblich. Die klassische atmosphärische Schadstoffanreicherung des London-Smogs tritt bei austauscharmen Inversionswetterlagen, d. h. winterlicher Hochdruckwitterung, auf. Er wird deswegen auch als Wintersmog (Kaltluftsmog) bezeichnet. Der Luftmassenaustausch ist durch die umgekehrte Temperaturschichtung in der Grenzschicht unterbunden. Die Kondensation des Wasserdampfes zu Nebel erhöht die Albedo an der Obergrenze der Grenzschicht, wodurch die in den Wintermonaten ohnehin geringe Einstrahlung so weit verringert wird, dass eine konvektive Aufweichung der Inversion manchmal über Tage hinweg nicht möglich ist. Als wichtigste Leitgase der atmosphärischen Schadstoffanreicherung sind dabei SO_2 und NO_x zu nennen, welche durch Heizung, Industrie und Verkehr emittiert werden.

Vom Wintersmog ist grundsätzlich der **Sommersmog** (photochemischer Smog, Los Angeles-Smog) zu unterscheiden. Er tritt zwar ebenfalls bei autochthoner Witterungsgestaltung in wolkenarmen Hochdruckgebieten auf, ist aber an die Sommermonate gebunden.

Abb. 2.20

Entwicklung der Jahresmittelwerte der Feinstaubbelastung (PM10) an drei Standorten in Berlin im Vergleich zu einer ländlichen Messstation; zum einen werden die in den 1990er-Jahren erzielten Verbesserungen bei der Luftqualität deutlich, zum anderen fällt der nur noch geringe Fortschritt im letzten Jahrzehnt auf; am verkehrsbelasteten Standort werden zum Teil doppelt so hohe Belastungen wie im Umland gemessen (Quelle der Daten: Jahresberichte der Senatsverwaltung von Berlin)

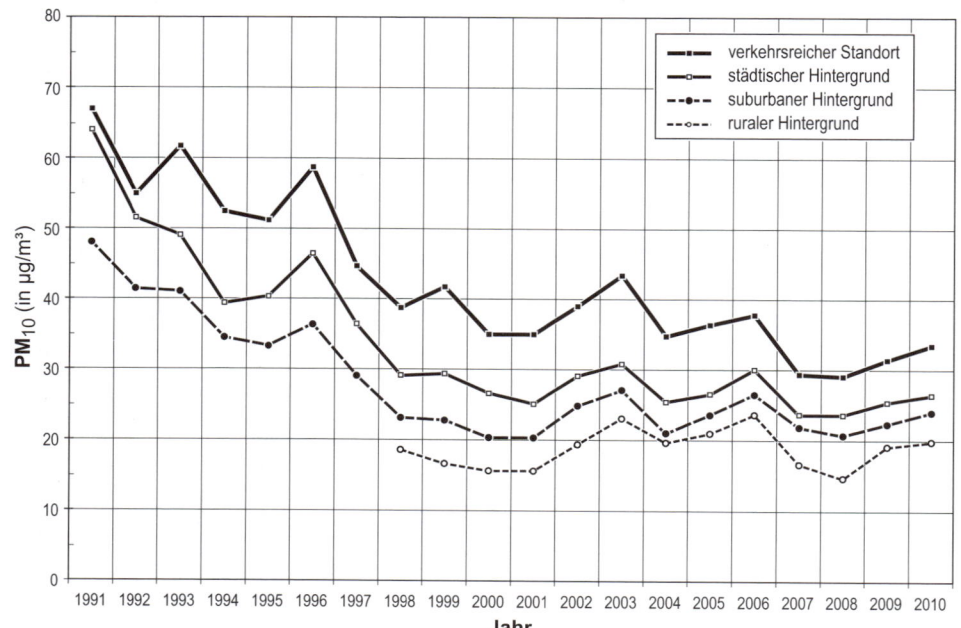

Für seine Entstehung ist kräftige Einstrahlung eine Grundvoraussetzung. Photochemische Prozesse sind Reaktionen, die durch **Lichtabsorption** ausgelöst werden. Der entscheidende Leitschadstoff ist dabei das Ozon. Es entsteht als sekundärer Schadstoff aus Stickoxiden unter Beteiligung von Kohlenwasserstoffen. Stickoxide gehen zu etwa drei Viertel zu Lasten des Verkehrs. Im Gegensatz zum Wintersmog weist der Sommersmog besonders tagsüber hohe Konzentrationen auf. Während der Wintersmog meist auf kaltluft- und nebelreiche Tieflagen beschränkt bleibt, erreicht der photochemische Smog tückischerweise seine höchsten Konzentrationen oft fernab der Bildungsgebiete. Im Hochsommer 1990 wurden in Freiburg i. Br. Ozonspitzenwerte von 380 µg/m³ Luft registriert. Besonders gravierend ist der photochemische Smog in den großen Städten der strahlungsreichen Subtropen, wie Rom, Athen oder Santiago de Chile. Seinen Namen bekam er in der „autogerechten" Stadt Los Angeles.

Das aktuell größte Problem der Luftqualität in europäischen Städten stellt die **Feinstaubbelastung** dar. Trotz der verpflichtenden Qualitätsstandards der EU und der Einrichtung von städtischen Umweltzonen, in denen nur Kfz mit einer geringen Schadstoffemission zugelassen sind, ist noch keine definitive Lösung des Problems in Sicht (Endlicher et al. 2007). Aus der Langzeitentwicklung geht zwar langfristig eine positive Tendenz hervor, jedoch war im letzten Jahrzehnt

Abb. 2.21
Häufigkeit der täglichen PM10-Maxima über dem Grenzwert von 50 µg/m³ zwischen 2000 und 2010; der 1999 eingeführte europäische Grenzwert einer maximalen Tagesbelastung, der nur 35-mal pro Jahr überschritten werden darf, wird in Berlin an den durch Verkehr belasteten Standorten in den meisten Jahren nicht eingehalten (Quelle der Daten: Jahresberichte der Senatsverwaltung von Berlin, die Kürzel bezeichnen fünf ausgewählte Messstationen)

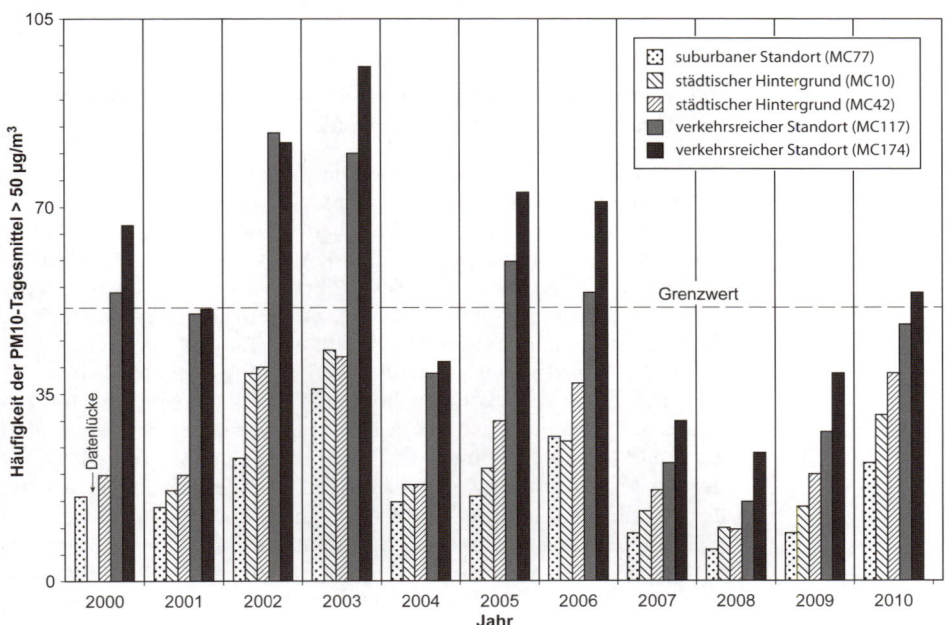

nur ein geringer Fortschritt zu verzeichnen (Abb. 2.20). Es bestehen dabei deutliche Unterschiede in der Partikelbelastung zwischen verkehrsbezogenen Standorten und der Hintergrundbelastung, wie sie etwa in Wohngebieten auftritt. Der 1999 eingeführte europäische Grenzwert einer maximalen Tagesbelastung von PM10, der nur 35-mal pro Jahr überschritten werden darf, wird in Berlin an den durch Verkehr belasteten Standorten in den meisten Jahren nicht eingehalten (Abb. 2.21). Das Problem dürfte sich bei einer weiteren, gesundheitlich gebotenen Grenzwertverschärfung und die Ausdehnung auf feinere Partikel (PM2.5) weiter zuspitzen. Auch hier sind nachhaltige Lösungen am wirkungsvollsten durch eine Effizienzsteigerung des öffentlichen Personennahverkehrs sowie eine Partikelfilterpflicht für alle Dieselmotoren, also auch bei Lkws und Schiffen, zu erzielen. Eine Herausfilterung der Partikel durch die Vegetation ist nur sehr begrenzt möglich (Endlicher et al. 2007). Von versiegelten Flächen, wie Straßen, werden dort durch Wash-out oder Fall-out deponierte Partikel sowieso immer wieder aufgewirbelt. Bäume, Sträucher, Gräser und Kräuter besitzen zwar durch ihre Blatt- und Zweigstruktur die Möglichkeit, Feinstaub bis zu einem gewissen Grad aus der Stadtluft auszufiltern. Wenn dieser dann von den Pflanzen abgewaschen wird, kann eine Gras- oder Krautschicht den Staub im Boden binden. Entsprechende Quantifizierungen von Langner (2007) sowie Langner et al. (2011 a, b) und Endlicher et al. (2011) ergaben ein maximales Feinstaubbindungspotenzial bei Laubbäumen im Sommerhalbjahr von bis zu 10 %.

2.2 Hydrosphäre: Städtische Still- und Fließgewässer, Grund- und Oberflächenwasser

Die hydrologischen Konsequenzen der Urbanisierung sind vielfältig. Unter **Stadtgewässer**n versteht man „verschiedenartige limnische Systeme, die durch ihre Lage in urbanen Ballungszentren gekennzeichnet sind. Im Bereich der stehenden Gewässer sind neben natürlich entstandenen Kleingewässern, Teichen und Seen auch Parkgewässer und Regenrückhaltebecken zu nennen; als Fließgewässer sind Entwässerungsgräben, Kanäle und Flüsse, z. T. mit Hafenbecken, aufzuführen" (Gunkel 1991). Auf die **Versiegelung** der Oberflächen, die mit der Anlage von Wohnsiedlungen, Verkehrsflächen und Industrieanlagen verbunden ist, wurde bereits im vorangegangenen Kapitel zur Stadtklimatologie hingewiesen. Direkte Folgen sind eine Verminderung der Verdunstung und der Versickerung, jedoch eine Erhöhung des Oberflächenabflusses (Plate 1976, Gujer 2007; Abb. 2.22).

Außerdem gelangt der Niederschlag über die Rinnsteine und Rohrleitungen des Entwässerungssystems ohne Verzug in die Vorfluter, was zu einem rascheren Eintritt und höheren Scheitel von Hochwasserereignissen führen kann. Bei Starkregenereignissen kann die Mischka-

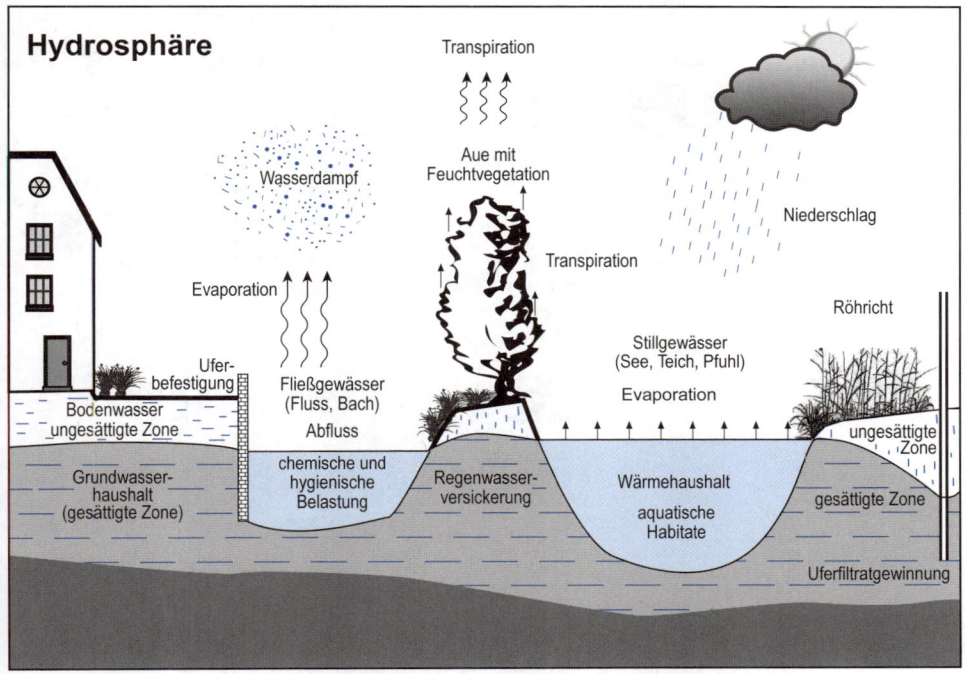

nalisation in die Vorfluter überlaufen, was zu deren – über Monate anhaltenden – Verschmutzung führt. In vielen Städten sind Gewässer, wie Bäche, Flüsse, Seen oder Teiche, wichtige Lebensräume. Oberflächengewässer und ihre Grenzsäume stellen nicht nur wichtige **Habitate für viele Pflanzen- und Tierarten** dar. Sie spielen auch für die gewerblich-industriellen Aktivitäten des Menschen eine wichtige Rolle, beispielsweise als Transportweg für Massengüter. In den letzten Jahren erlebten aufgelassene Speicher- und Hafenanlagen im Zuge eines weltweiten Waterfront Revivals eine bemerkenswerte Aufwertung für Wohn- und Bürofunktionen. Aber auch das Grundwasser ist sowohl in quantitativer als auch in qualitativer Hinsicht als Trinkwasser für die städtischen Lebensräume eine kostbare Ressource.

2.2.1 Wasserbilanz

Das hydrologische System der Stadt ist eigentlich ein reines Durchflusssystem mit einem Input aus Niederschlag (N) und Zufluss (Z) sowie einem Output durch Abfluss (A), Verdunstung (V) und Aufbrauch (B); Rücklagen (R) spielen kaum eine Rolle (Wasserhaushaltsgleichung: N [+ Z] = A + V + [R – B]).

Hinzu kommt die Förderung von Trink- und Brauchwasser, wobei dieses in vielen Städten teilweise aus weit entfernten Landschaften

Abb. 2.22
Prozesse und Phäno-mene im Teilsystem der urbanen Hydrosphäre

Merksatz
Urbane hydrologische Systeme sind Durchflusssysteme, die mit den zusätzlichen Aspekten der Wasserförderung und der Oberflächenversiegelung ein besonderes Management erfordern.

Abb. 2.23
Schema des städtischen Wasserhaushalts am Beispiel von Berlin im Vergleich Innenstadt – Stadtrand in semiquantitativer Darstellung (mm) (Quelle: unter Verwendung von Wessolek und Renger 1998, Nehls unveröffentlicht, verändert)

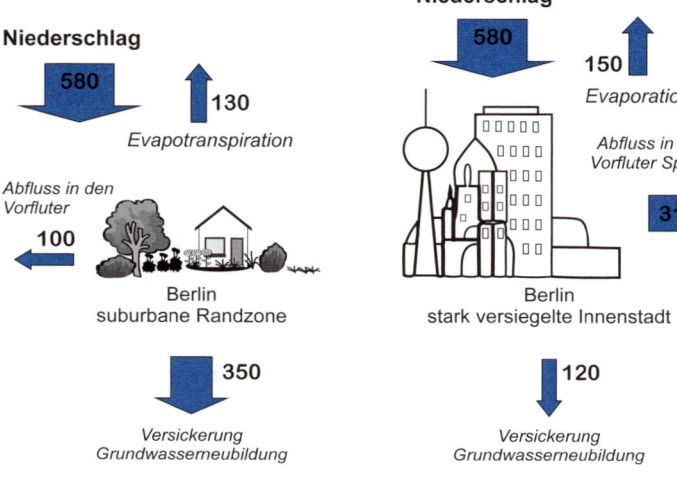

Quelle: Nehls et. al. 2006; Umweltatlas Berlin, verändert

herangeleitet wird, etwa in Bremen aus dem Harz oder in Stuttgart vom Bodensee und aus dem Donauried. Die jährliche Wasserbilanz wird durch die Bodenversiegelung drastisch verändert. Es ist deshalb ein Ziel des **städtischen Wassermanagements**, den Oberflächenabfluss zu verringern und die Infiltrationskapazität zu erhöhen (Gugla et al. 1999, Haase 2009). Mit einer Steigerung der oberflächennahen Speicherung kann die städtische Wasserbilanz, je nach Niederschlagshäufigkeit, besser kontrolliert werden (Abb. 2.23).

2.2.2 Oberirdische Gewässer

Merksatz
Oberirdische fließende oder stehende Gewässer in urbanen Räumen sind immer stark anthropogen überprägt und haben eine Vielzahl wichtiger Funktionen.

Als oberirdische Gewässer werden aquatische Lebensräume auf der Landoberfläche bezeichnet. Sie weisen für sie typische Lebensgemeinschaften auf und stehen in Wechselwirkung zu ihrer Umgebung und dem jeweiligen abiotischen Bedingungen am Standort. **Oberirdische Gewässer werden in Fließgewässer** (z. B. Flüsse, Bäche) **und Stillgewässer** (z. B. Seen, Teiche, Pfuhle) **unterteilt**. Als urbane Gewässer oder Stadtgewässer werden jene Fließ- oder Stillgewässer bezeichnet, die charakteristischen Einflüssen der Städte bzw. Verdichtungsräume unterliegen (Schuhmacher 1998). Bezogen auf Fließgewässer definiert die Deutsche Vereinigung für Wasserwirtschaft, Abwasser und Abfall DVWK (2000) solche Gewässer als urban, die durch das Durchqueren besiedelter Gebiete erhebliche Veränderungen gegenüber Fließgewässern gleichen Typs der freien Landschaft aufweisen. Diese Veränderungen beziehen sich insbesondere auf folgende Aspekte:

- Hydrologie und Hydraulik (Abflussspende/-dynamik, Fließgeschwindigkeit)
- Gewässerstruktur (Breite, Lauf, Profil, Ufer)
- Energie- und Stoffumsatz (Strahlung, Wärme)
- Biologie (pflanzliches und tierisches Artenspektrum, Abundanzen)
- gewässernahe Nutzungen, Siedlungsräume, Abwasserableitung
- Wohnen, Freizeit und Erholung

Die urbanen Fließ- und Stillgewässer können nochmals in „natürlich" oder „künstlich" differenziert werden. **Natürliche urbane Fließgewässer** sind beispielsweise Flüsse oder Bäche in besiedelten Räumen. Flüsse als Hauptvorfluter werden oft als Wasserstraßen genutzt, begradigt sowie stark verbaut und umgeleitet. Bäche als Vorfluter weisen häufig Verrohrungen auf. Insofern ist der Natürlichkeitsgrad sehr relativ. In Deutschland sind die natürlichen Fließgewässer seit der mittelalterlichen Rodungsperiode stark verändert worden (Abb. 2.24). Zu den **künstlichen** urbanen **Fließgewässer**n zählen beispielsweise Straßen- und Entwässerungsgräben, die in die Kanalisation oder den nächsten Vorfluter entwässern. Die Kanalisation an sich ist ebenfalls als künstlich einzustufen und entwässert die industriellen

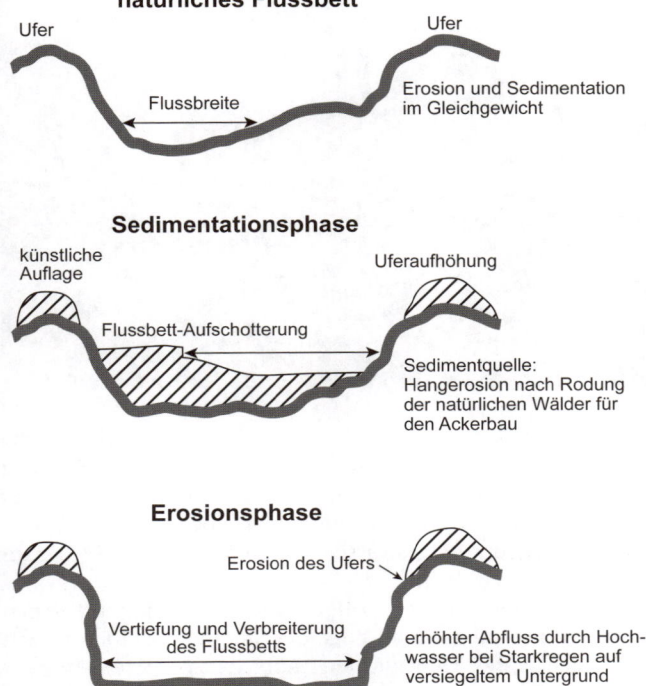

natürliches Flussbett

Ufer

Ufer

Flussbreite

Erosion und Sedimentation im Gleichgewicht

Sedimentationsphase

künstliche Auflage

Uferaufhöhung

Flussbett-Aufschotterung

Sedimentquelle: Hangerosion nach Rodung der natürlichen Wälder für den Ackerbau

Erosionsphase

Erosion des Ufers

Vertiefung und Verbreiterung des Flussbetts

erhöhter Abfluss durch Hochwasser bei Starkregen auf versiegeltem Untergrund

Abb. 2.24
Änderung des Flussbetts im Zeitraum der Urbanisierung: im natürlichen Flussbett befinden sich Erosion und Akkumulation im Gleichgewicht; in der mittelalterlichen Rodungsphase steigt die Sedimentzufuhr, was zu einer Erhöhung des Flussbetts führt; nach der Bebauung der Flussufer und der Teilversiegelung des Untergrunds sinkt die Zufuhr von Sediment, wodurch die Erosionsleistung steigt und der Fluss erodiert (Quelle: Paul und Meyer 2001)

Abb. 2.25
Feuchtgebiet des Steg-litzer Pfuhls als anthro-pogen zum Park umge-stalteter Rest der Natur-landschaft (Foto: Endlicher 2011)

Abb. 2.26
Begrüntes Ufer in Ber-lin-Köpenick bei gleich-zeitiger Freizeitnutzung als Bootshafen (Foto: Endlicher 2011)

und privaten Abwässer unterirdisch bzw. über Rohrsysteme in die jeweiligen Kläranlagen. Bei der Kanalisation werden Trenn- und Mischkanalisation unterschieden. Die Mischkanalisation nimmt das Niederschlagswasser in das Abwassersystem auf, wogegen die Trenn-kanalisation das Niederschlagswasser über ein gesondertes System direkt dem Vorfluter zuführt.

Zu den **natürlichen urbanen Stillgewässer**n zählen zum Beispiel Seen, Teiche oder Pfuhle, die im Zuge der Stadtentwicklung in den urbanen Bereich einbezogen wurden (Abb. 2.25). Diese Gewässer sind in urbanen Gebieten jedoch relativ selten zu finden. Vielmehr existieren künstlich angelegte Seen und Teiche, die als gestalterische Elemente der Stadtplanung gelten und der Erholung dienen. Hier können beispielsweise Parkteiche aber auch Baggerseen genannt werden. Die meist zu industriellen Zwecken als Wasserstraße oder Kühlwasserzuleitung angelegten Kanäle sind ebenfalls der Gruppe der **künstliche**n **Stillgewässer** zuzuordnen, Gleiches gilt z. B. für die Grachten in den Niederlanden. Auch Regenrückhaltebecken, Kläranlagen und Hafenbecken lassen sich zu den künstlichen urbanen Stillgewässern zuordnen (Kausch 1991).

Aus den oben angeführten Formen der urbanen Gewässer sind auch deren **Funktionen** ersichtlich, dazu zählen:

- Lebensraum für Flora und Fauna (ökologisches Potenzial)
- Verbesserung des Stadtklimas (stadtklimatisches Potenzial)
- industrielle und gewerbliche Nutzung (Kanäle, Kühlwasser)
- Abwasserableitung (Straßengräben, Kanalisation)
- Wohnen, Erholung und Freizeit (Parks bzw. Grünanlagen mit Teichen, Seen oder kleinen Fließgewässern; Bootnutzung, Wassersport; Wohnen in der Wasserstadt; Abb. 2.26)

Diese Aufzählung macht deutlich, dass urbane Gewässer eine Vielzahl von Funktionen erfüllen, die mitunter konkurrieren (beispielsweise Ökologie und industrielle Nutzung). Der Vorzug einer bestimmten Nutzung bedarf daher einer Abwägung der jeweiligen Interessen und steht deshalb im Zusammenhang mit stadtkonzeptionellen Anforderungen.

2.2.3 Anthropogene Eingriffe und ihre Auswirkungen auf urbane Oberflächengewässer

Grundsätzlich spiegeln Gewässer ihr Einzugsgebiet in Form von Materialfracht oder stofflichen Belastungen wider. In der Stadt hingegen ist dieser Grundsatz durchbrochen. Unter normalen Umständen entspricht die Wasserführung eines Fließgewässers auch weitestgehend dem Quellabfluss, in der Stadt jedoch wird Grundwasser auf Kosten der Quellschüttung in das städtische Trinkwassersystem gesaugt, genutzt und dann zu Abwasser konvertiert in die Vorfluter geleitet. Diese Vorfluter gehören allerdings nicht selten zu anderen Einzugsgebieten, als jene Gebiete, aus denen das Wasser gefördert wurde. Die städtische Wasserver- und -entsorgung verläuft häufig über Wasserscheiden hinweg.

Abwasser ist die bekannteste Einwirkung von Siedlungen auf Gewässer. Dabei wird Abwasser definiert als „durch Gebrauch hinsichtlich Inhaltsstoffen und Temperatur verändertes abfließendes Wasser" (Schuhmacher 1998: 204). Dazu zählt auch solches Wasser, das von bebauten und befestigten Flächen in die Kanalisation gelangt. Abwässer werden in häusliche und industrielle Abwässer unterteilt. Als **häusliches Abwasser** gilt Wasser, das beispielsweise Fäkalien, Spülwasser, Waschmittel oder Salze enthält. Durch den hohen Gehalt an

Merksatz
Belastungen durch Stoffeinträge und den Gewässerausbau können gepuffert werden, haben aber dennoch beträchtliche Auswirkungen auf die Wasserqualität.

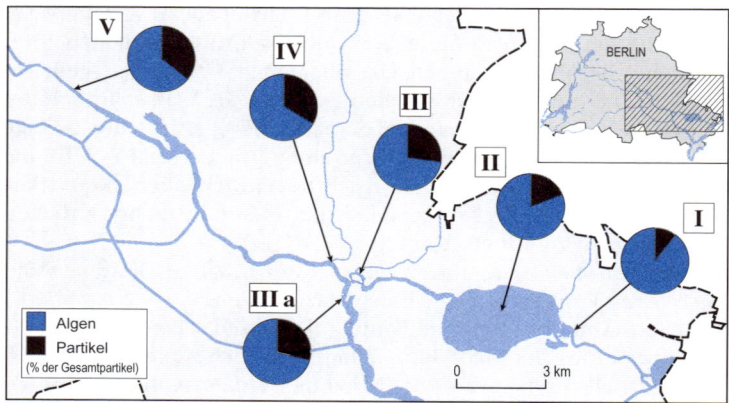

Abb. 2.27
Belastung Berliner Gewässer entlang des urbanen Gradienten mit organischen und anorganischen Partikeln, die auch als unspezifischer Indikator für toxische Substanzen dienen können (I = Spree in Rahnsdorf, II = Müggelsee, III = Spree in Köpenick, III a = Dahme, IV = Spree an der Spindlerbrücke, V = Spree an der Jannowitzbrücke) (Quelle: Simon unveröffentlicht)

Phospat und Stickstoff sowie anderen Pflanzennährstoffen sind diese Abwässer besonders geeignet, die Primärproduktion zu fördern, was in einer **Eutrophierung der Gewässer** resultiert. Auch geht durch die unbehandelte Einleitung dieser Abwässer mitsamt ihren komplexen organischen Verbindungen ein erhöhter Sauerstoffverbrauch im Vorfluter einher. Die Auswirkungen organischer Abwässer auf Flussökosysteme und die dadurch bedingten physikalischen und chemischen Veränderungen sind in Abb. 2.27 dargestellt.

Industrielle Abwässer müssen im Gegensatz zu häuslichen Abwässern schon vor dem Eintritt in eine Kläranlage behandelt werden, um beispielsweise die pH-Werte zu neutralisieren. Zwar hat sich die Situation für die Vorfluter in den letzten Jahrzehnten verbessert, aber es existiert immer noch eine Eutrophierung und ein Eintrag von Fremdstoffen in die Systeme. Die nachteilige Wirkung dieser Einträge hängt von der **Verdünnung** ab, d. h., je geringer die Stoffkonzentration bzw. je größer der Abfluss des Gewässers ist, desto geringer fällt seine Belastung aus. Folglich reagieren Bäche sensibler als Flüsse auf die Aufnahme von Kläranlagenabläufen. Nach der Einleitung unzureichend gereinigter, leicht abbaubarer Abwässer folgt eine Strecke der **Selbstreinigung** des Vorfluters. Dabei werden leicht abbaubare Substanzen oxidiert und Trübstoffe in den Sedimenten oder in der Biomasse festgelegt. Durch die Einleitung der zum Teil geklärten Abwässer ergibt sich ein erhöhtes Produktionspotenzial im Fließgewässer, was eine Veränderung in der Zusammensetzung der Lebensgemeinschaft zur Folge hat.

Bei den **Stoffeinträgen in urbane Gewässer** können zwei Gruppen von Stoffen unterschieden werden (Kausch 1991):
- Stoffe, die direkt oder indirekt den Sauerstoffgehalt der Gewässer beeinflussen (z. B. Sauerstoff zehrende, biologisch abbaubare Stoffe oder Pflanzennährstoffe)

- Stoffe, die in Organismen akkumuliert werden und toxisch wirken können (z. B. Schwermetalle, Arsen oder halogenierte Kohlenwasserstoffe)

Die **Eintragspfade** dieser stofflichen Belastungen sind vielfältig, dazu zählen beispielsweise Zuflüsse, die direkte Einleitung von Abwässern, Drainagen, Bodenabspülungen und Sickerwässer oder Überläufe der Mischkanalisation, wobei der letztgenannte Eintragspfad am bedeutendsten ist.

Die **Wasserqualität** urbaner Gewässer wird durch eine Vielzahl von Faktoren beeinträchtigt. Urbane Oberflächengewässer sind stark anthropogen beeinflusste Ökosysteme. Sie sind durch eine komplexe Mischung aus **organischen und anorganischen Verschmutzungen** belastet, die sowohl durch häusliches oder industrielles Abwasser als auch durch den Verkehr (direkt durch den Schiffsverkehr, indirekt durch die mit dem Regenwasser eingespülten Straßenpartikel) eingetragen werden. Durch den Wegfall von Auenbereichen und die damit verbundene **Störung der Filterfunktion** der Sedimente wird die Wasserqualität gemindert. Die **Senkung des Sauerstoffgehaltes** in den Gewässern durch den technischen Ausbau, z. B. durch Wehre mit Stillbereichen, trägt ebenfalls zur Minderung der Wasserqualität bei. Die **Verbauung** z. B. mit Spundwänden verringert zudem die Habitatverfügbarkeit, sodass die Varietät einheimischer Tier- und Pflanzenarten gering ist.

Eingeleitetes, warmes Kühlwasser setzt den Sauerstoffgehalt herab, hinzu kommt die Belastung durch Temperaturerhöhungen bzw. -schwankungen, die für viele Organismen einen deutlichen Stressfaktor darstellen. Ein weiterer wichtiger Aspekt sind **punktuelle und diffuse Einleitungen** aus der Kanalisation und Stoffeinträge beispielsweise von Straßen, Plätzen und Dächern. Auswirkungen dieser Qualitätsminderung sind die oben bereits angesprochene Eutrophierung der Gewässer, die häufig zu einer Algenmassenentfaltung führt, die verstärkte Sauerstoffzehrung oder die erhöhte Sedimentations- und Schlammablagerungsleistung der Gewässer aufgrund ihrer hohen Schwebfracht bzw. einer niedrigen Fließgeschwindigkeit. Zudem führt der Eintrag von Schadstoffen wie PCB, Salzen oder Schwermetallen neben akut toxischen Reaktionen bei Organismen zur Kontamination der Sedimente. Schließlich stellen die in das Gewässer eingeführten Schadstoffe ein beträchtliches Risiko für das Grundwasser dar (Nützmann et al. 2011).

Ein **Monitoring der Wasserqualität** kann über bestimmte Tierarten erfolgen. Für dieses Biomonitoring eignet sich die invasive Zebramuschel (*Dreissena polymorpha*) sehr gut, da sie erfolgreich in diesen Habitaten siedelt und offenbar gut an die Verschmutzungen angepasst zu sein scheint. Zebramuscheln leben angeheftet an Steinen und anderem Hartsubstrat und ernähren sich, indem sie Partikel aus dem Wasser filtern. Umgekehrt kann man diese Eigenschaft nutzen, um die Bioakkumulation, d. h. die aufgenommenen Umweltchemikalien im Gewebe, als Maß für die Gewässerverschmutzung an definierten Standorten zu analysieren (Minier et al. 2006).

Auch zelluläre Schädigungen in Organismen oder physiologische Mechanismen, die solche verhindern, können helfen, die Wasserqualität als Lebensraum für aquatische Organismen zu beurteilen. Diese sogenannten **Biomarker**, wie Entgiftungsenzyme und Enzyme gegen oxidativen Stress, reagieren mit steigender Umweltbelastung. Mit einem komplexen Set an Biomarkern in der Zebramuschel wurden in Berlin Standorte entsprechend ihres Verschmutzungsgrades identifiziert: der Teltowkanal als stark belastet, die Spree als deutlich belastet und zwei kleinere Gewässer als mäßig belastet (Contardo-Jara et al. 2009). Es war weiterhin möglich, zwischen **allgemeinem Stress und spezifischem Stress** (substratspezifische Reaktionen von Enzymen auf beispielsweise organische Umweltchemikalien) zu unterscheiden. Die Effizienz der Renaturierung eines Gewässers, welches zuvor als Einleiter für Abwässer genutzt wurde, konnte anhand von molekularen Biomarkern gezeigt werden, darüber hinaus wurde auf Verschmutzungen im benachbarten Referenzgewässer hingewiesen (Contardo-Jara et al. 2008). Die Zebramuschel erwies sich somit als geeigneter Bioindikatororganismus für Standorte, deren Umweltbelastung für andere Organismen schädigend sein könnte.

Aufgrund der hohen Versiegelung in Städten wird die **Speicherung bzw. Versickerung des Niederschlagswassers verhindert** und gleichzeitig der Oberflächenabfluss erhöht. Außerdem wird das Rückhalte- und Verdunstungsvermögen durch das Fehlen von Vegetation stark eingeschränkt, weswegen der überschüssige Niederschlag über die Kanalisation dem nächsten Fließgewässer zugeleitet werden muss. Zudem hat die reduzierte Grundwasserneubildungsrate durch die starke Versiegelung in Städten viele Quellbäche zum Versiegen gebracht. Dies hat eine weitere Verringerung des Niedrigwasserabflusses zur Folge.

Der technische Verbau und die Verrohrung ganzer Gewässerabschnitte führt zu einer **Isolation von Lebensräumen**, da die ökologische Durchgängigkeit gestört oder ganz unterbrochen wird. Der wichtige Stadt-Umland-Austausch, vor allem über Bäche und Flüsse, wird behindert oder unterbunden. Auch der Wegfall der Aue trägt zu diesem Problem bei. Die anthropogen überprägten physikalischen, chemischen und biologischen Bedingungen in urbanen Gewässern (z. B. Temperatur, Sauerstoffgehalt, Strömung) sowie die Minderung der Wasserqualität bedingen eine **Verarmung der Arten**. Da, wo früher nur Spezialisten siedeln konnten, findet man heutzutage häufig nur noch Ubiquisten, da die Standortbedingungen für die Spezialisten nicht mehr gegeben sind.

Die Physiognomie eines typischen Stadtbachs weist folgende Aspekte auf: Er ist zumeist begradigt, im Lauf verkürzt, eingetieft und befestigt, um zum Ufer- und Sohlenschutz, zur Raumgewinnung oder zum Hochwasserschutz beizutragen. Dies soll durch den Ausbau mittels Betonplatten, Betonhalbschalen oder einer Verrohrung erfolgen. Auch dient dieser technische Ausbau mit seinen weitestgehend geometrischen Formen der schnellen Ableitung des Wassers auf minimalem Raum (Schuhmacher 1991). Die **Konsequenzen des technischen Ausbaus** sind die Zerstörung von Lebensräumen für Flora und Fauna sowie eine Laufverkürzung, Begradigung und Einengung des Gewässerlaufs. Dies hat einen höheren Spitzenabfluss zur Folge, das Hochwasserrisiko steigt. Außerdem gehen durch die Veränderungen der Lebensräume ökologische und morphodynamische Funktionen verloren. Zusammenfassend lässt sich feststellen, dass sich diese Veränderungen insgesamt negativ auf die Ökologie der betroffenen Gewässer und Gebiete auswirken. Auch strukturelle Veränderungen, wie die nutzungsbedingte Reduktion von Auenflächen, tragen zu diesen negativen Folgen bei. Damit fehlen hydrologisch gesehen **Retentionsräume** für Hochwasserspitzen und ökologisch gesehen wichtige Ressourcen für eine Besiedlung durch spezialisierte Tiere und Pflanzen.

Aufstauungen, beispielsweise in Form von Teichanlagen, die in den Fließgewässerlauf eingeschaltet sind, sind schwerwiegende Hindernisse für den Längsaustausch von Organismen. Sie bedingen eine verminderte Fließgeschwindigkeit sowie eine Erwärmung des Gewässers, was zu einem Sauerstoffmangel führen kann. Dies ist zum einen der Grund für das Ersticken vieler Arten, zum anderen aber auch für den Anstieg der Primärproduktion vor allem in breiten und besonnten Gewässerbereichen. Sind die Gewässer zusätzlich mit Sauerstoff zehrenden Stoffen belastet, verstärkt sich der negative Effekt für die Besiedler des Gewässers. Das Resultat ist zumeist eine Veränderung und Verarmung der Fauna dieses Systems.

Eine typische Belastung für urbane Fließgewässer sind **Regen- oder Mischwasserstöße** aus der Kanalisation. Natürlicherweise wird der Abfluss des Niederschlags durch die Vegetation und das oberflächennahe Grundwasser abgepuffert und über kleine Bäche in Vorfluter geleitet. Da in Städten diese natürlichen Puffer aufgrund des hohen Versiegelungsgrades ausgeschaltet sowie das Retentions- und Verdunstungsvermögen durch das Fehlen der Vegetation stark eingeschränkt sind, müssen Kanäle diese Aufgabe übernehmen. Dabei wird der überschüssige Niederschlag über die Kanalisation dem nächsten Fließgewässer zugeleitet, was dessen Abfluss auf ein Vielfaches erhöhen kann und somit die Gefahr von Hochwasserspitzen steigert. Es ist dabei zu beachten, dass die Kapazität von Kanälen in der Regel das Doppelte bis Dreifache des Trockenwetterabflusses beträgt. Bei beträchtlichen Niederschlägen können auf diese Weise massive Abflüsse und somit auch Hochwasserspitzen entstehen. Durch das Fehlen der Auen als Retentionsräume für Hochwässer in den

Städten ist die Einrichtung künstlicher **Rückhaltebecken** bzw. der Gewässerausbau notwendig, um auf diese Weise Hochwasserwellen steuern zu können.

In der **Mischkanalisation** sind nicht nur ungereinigte Abwässer enthalten. Das von der Straße abfließende Regenwasser kann Salze, Schwermetalle, Öl, Reifenabrieb usw. in die Vorfluter spülen und die dortigen Lebensräume zeitweise stark belasten. Über zwei Drittel der Regen- und Abwässer werden in Deutschland immer noch gemischt abgeleitet. In Berlin wird etwa vierzigmal im Jahr ein Gemisch aus Schmutzwasser und Regen in Spree, Havel und Panke gespült. Die meisten der 190 Auslässe führen zwar in die Spree, besonders stark belastet sind aber Kanäle, weil sie relativ wenig Wasser führen und nur einen geringen Durchfluss aufweisen (Gunkel 1991). Außerdem ändern die durch Starkregen bedingten Hochwasserspitzen die Hydraulik des Gewässers schlagartig; die Fließgeschwindigkeit steigt stark an, Organismen werden mitgerissen und eventuell durch Geröll zermalmt. Der Überschlag von Mischwasser bei Starkregenereignissen in den nächsten Vorfluter bedingt einerseits die **Erhöhung der Trophie** (Biomasseproduktion) durch eingebrachte Pflanzennährstoffe, andererseits eine **Erhöhung der Saprobie** (Zehrungsintensität) durch eingebrachte, Sauerstoff zehrende organische Verbindungen. Dabei bewirkt die erhöhte Trophie durch die damit verbundene verstärkte Produktionsleistung eine sekundäre Erhöhung der Saprobie, wodurch der Sauerstoffverbrauch stark ansteigt. Zu den Folgen zählen der Tod von Fischen sowie die Verödung der Makrofauna.

Im Gegensatz zur Mischkanalisation leitet die **Trennkanalisation** das Niederschlagswasser in der Regel ohne Zwischenspeicherung in das Fließgewässer ein. Die daher zeitweise hohe hydraulische Belastung der Fließgewässer kann Erosionsprozesse an diesen hervorrufen oder verstärken. Auch die chemische Belastung ist von großer Bedeutung, da Ablagerungen, wie Hundekot oder Streusalz, im Gewässersediment festgelegt werden können (Abb. 2.28).

Wasserflächen sind essenzielle Elemente von Grün- oder Parkanlagen. Selbst wenn die Wasserversorgung durch ein kleines Fließgewässer sichergestellt wird, ist die Verweilzeit des Wassers im System hinreichend für einen Stillwassercharakter. Die bereits durch die Morphometrie vorgegebene **Eutrophierung urbaner Stillgewässer** wird durch einen unverhältnismäßig großen Fischbesatz, den intensiven Besuch von Wasservögeln (z. B. Stockenten), Vogel- und Fischfütterungen sowie durch die mögliche Belastung des Wasserzulaufs verstärkt. Des Weiteren erfolgt zumeist eine Nährstoffremobilisierung aus dem Sediment durch gründelnde Fische und Wasservögel. Dies und die Fütterung durch den Menschen ergeben eine zusätzliche Düngung, was gleichbedeutend mit einer Steigerung der Trophie des Systems ist. Das eingebrachte organische Material erhöht außerdem – unmittelbar oder konvertiert zu Kot – die Saprobie im Gewässer. Ein Anzeichen dafür ist beispielsweise die Algenblüte (Schuhmacher 1998). Die Häufung von Entenvögeln verändert und zerstört außerdem den Uferbereich, der als Lebensraum für viele Insekten und Kleintiere fungiert.

Die durch Verdichtungsräume bedingten mechanischen Belastungen (z. B. der durch den Bootsverkehr ausgelöste Wellenschlag auf Seen), die Eutrophierung der Gewässer sowie die Grundwasserentnahme bedingen einen **Rückgang der Röhrichtbestände**. Damit geht ein Verlust an Lebensraum für viele Tierarten einher. Außerdem wird durch den fehlenden Röhrichtsaum die Reinigungsleistung des Systems stark vermindert und ein Großteil der Wechselwirkungen im Bereich des Wasser-Land-Ökotons unterbunden. Diese negativen Effekte durch den Rückgang der Röhrichtbestände gelten auch für Fließgewässer.

Kanäle und Hafenbecken gehören trotz des bewegten Wassers zu den Stillgewässern, da die Wasserbewegung in ihnen keine natürliche Strömung ist. Schiffsschrauben sorgen für eine fortwährende Resuspension von Partikeln im Wasser sowie für eine Wasserverdrängung, die zu Sog- oder Schwallbewegungen im Uferbereich führt und damit die in diesen Bereichen vorzufindenden Lebensräume beeinflusst. Der hohe Trübstoffgehalt, die hydraulischen Bedingungen und der technische Ausbau des Bettes sind große Hindernisse für die Ansiedelung von höheren Wasserpflanzen. Dadurch fehlen folglich auch faunistische Arten, die an diese Pflanzen gebunden sind, wie z. B. Libellen oder Wasserkäfer. Senkrechte Beton- oder Stahlspundwände, die im Stadtbereich dominieren, bieten mit ihren senkrechten, glatten Wänden keinen Schutz vor hydraulischem Stress. Die typische Vegetation für befestigte Kanalufer sind Flutrasen oder Schleiergesellschaften. **Häfen** sind, wie die Kanäle, durch den technischen Ausbau und Schiffsbewegungen gekennzeichnet. Da sie strömungsberuhigt sind, **fungieren** sie **als Sedimentfallen** und bedürfen somit einer regelmäßigen Räumung. Oft existieren Bindungen von Schwermetallen, chlorierten Kohlenwasserstoffen oder anderen Umweltgiften an Tonmineralien im Sediment. Dabei kann der Schlamm so stark kontaminiert sein,

Abb. 2.28
Kinder in einem Slum in Dhaka (Bangladesch), die an einem Abwasserkanal spielen. In dem Plastikschlauch darüber wird das Trinkwasser in die informelle Siedlung geleitet (Foto: Burkart 2009).

dass eine gesonderte Ablagerung erforderlich ist. Weitere Belastungseinträge stellen Öl und im Hafen abgelassene Schiffsabwässer dar. Die ökologische Entwicklung eines Hafens zu einem aquatischen Habitat ist kaum möglich, da der technische Ausbau und die Nutzungsinteressen so stark sind, dass Ansätze eines Nebeneinanders von Ökologie und Nutzung nicht durchführbar sind.

2.2.4 Maßnahmen zur Verbesserung der Situation urbaner Gewässer: Die Renaturierung

Merksatz
Renaturierungsmaßnahmen an urbanen Gewässern haben zum Ziel, die Selbstreinigungskraft, die Naturnähe und die Wasserqualität zu verbessern.

Alle Maßnahmen zur Verbesserung der ökologischen Situation urbaner Gewässer müssen darauf abzielen, die Selbstreinigungskraft, die Wasserqualität und die Artenvielfalt der Gewässer zu steigern. Im Folgenden werden die Verbesserungsmöglichkeiten für einige ausgewählte Bereiche dargestellt.

Eine **Verbesserung der Wasserqualität** hat direkte positive Auswirkungen auf die Artenvielfalt sowie die Selbstreinigungskraft der Gewässer. Die Wasserqualität lässt sich am einfachsten durch eine Reduzierung des Stoffeintrags verbessern. Dazu müssen veraltete Kanalsysteme saniert werden, damit der mit ihnen verbundene diffuse Eintrag unterbunden wird. Ebenso sollten private oder gewerbliche Direkteinleitungen in die Gewässer gestoppt und an das Kanalnetz oder an Kläranlagen angeschlossen werden. Auch sollte das unbehandelte Ableiten von Regenwasser, vor allem der Straßenabfluss, in die Vorflut mittels einer Trennkanalisation verringert werden. Die Gewässerbetten sollten so gestaltet werden, dass die Möglichkeit zur Verwirbelung gegeben ist, was den Sauerstoffgehalt in urbanen Gewässern fördert. Auch die Beschattung der Gewässer durch Bäume wirkt sich positiv auf den Sauerstoffgehalt aus. Die Entsiegelung von innerstädtischen Flächen und andere, den Abfluss verzögernde Maßnahmen, wie begrünte Dächer, sind probate Mittel, um die Grundwasserneubildung zu fördern, die Hochwassergefahr durch Spülstöße zu senken und eine verbesserte Schadstofffiltration zu erreichen (Abb. 2.29).

Im Vergleich zu nicht urban geprägten Gewässern sinken in urban beeinflussten Gewässern die Niedrigwasserabflüsse weiter ab und steigen die Hochwasserspitzen steiler an. Daher liegen die Schwerpunkte bei der Verbesserung des Wasserhaushaltes einerseits auf der **Steigerung des Niedrigwasserabflusses** und andererseits beim Hochwasserschutz (DVWK 2000). Der Niedrigwasserabfluss in urban beeinflussten Fließgewässern kann in der Regel durch Maßnahmen, die die Grundwasserneubildung fördern, erhöht werden. Das heißt, dass vor allem die Versickerungsleistung in urbanen Bereichen stark verbessert werden muss, da sie direkt der Grundwasserneubildung zugutekommt. Dies kann durch den Einsatz von Sickerschächten oder Sickeranlagen, aber auch durch die Nutzung von Rasengittersteinen und Kiesbecken an Stelle von asphaltierten und betonierten Flächen erreicht werden.

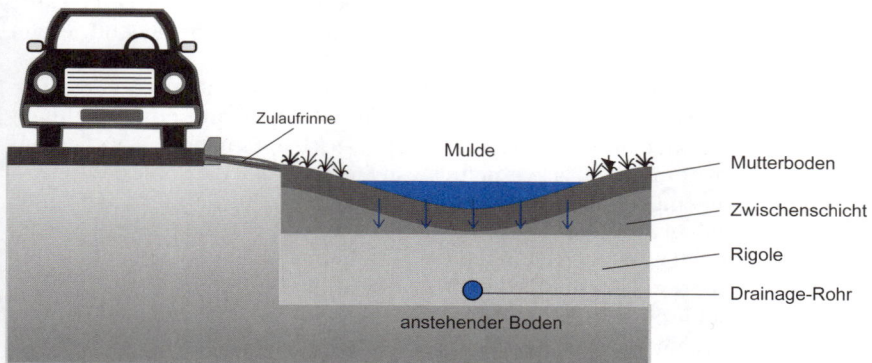

Zulaufrinne

Mulde

Mutterboden

Zwischenschicht

Rigole

Drainage-Rohr

anstehender Boden

Abb. 2.29
Mulden-Rigolen-System zur Versickerung des von der Straße abfließenden Regenwassers in einem Straßengraben: a) Schemazeichnung, b) Beispiel aus Berlin-Adlershof (Foto: Endlicher 2011)

Vorteile dieser Verfahren sind die Zwischenspeicherung des Niederschlagswassers, eine erhöhte Grundwasserneubildung, die Dämpfung anthropogen bedingter Hochwasserspitzen und die Betriebssicherheit aufgrund der ständigen Wasserführung (Schuhmacher 1998).

Gestaltungsmöglichkeiten zum **Hochwasserschutz** in urbanen Bereichen sind in der Regel die Bau- und die Verhaltensvorsorge. Dazu zählen Maßnahmen des technischen Hochwasserschutzes, beispielsweise der Wasserrückhalt in Rückhaltebecken, der Profilausbau oder die Eindeichung bebauter Gebiete. Diese Maßnahmen richten sich jedoch in ihrer Funktion und Wirkung größtenteils gegen ökologische Ansprüche. Allerdings ist zu beachten, dass durch die Anlage von Regenrückhaltebecken eine

Überlastung der Kläranlagen bei Starkregen vermieden werden kann, weil dadurch die anfallenden Wassermengen vorübergehend gestaut werden.

Der **Gewässerausbau** in urbanen Gebieten kann aus unterschiedlichen Gründen erfolgen, beispielsweise als Renaturierungsmaßnahme oder zur Verbesserung der ökologischen Situation. Trotz der eingeschränkten Platzverhältnisse in Städten sollte die Sohle des Gewässers möglichst offen sein, die Ufer sollten naturnah und ökologisch durchgängig gestaltet sein und überdeckte Gerinne sollten wieder geöffnet werden. Durch diese Maßnahmen kann die Situation urbaner Gewässer deutlich verbessert werden. Die offene und heterogene Sohle bietet außerdem die Möglichkeit zur **Substratumlagerung**. Dies ist eine Grundvoraussetzung für die Durchgängigkeit der Fließgewässer. Außerdem können durch Feststoffumlagerung Sandbänke oder

Kolke entstehen, die eigenständige Lebens- oder Rückzugsräume darstellen. Jedoch ist zu beachten, dass die meist beengten urbanen Fließgewässer erhöhte Fließgeschwindigkeit aufweisen, die zur Tiefenerosion führen können. Daher ist auf einen **ausgeglichenen Geschiebehaushalt** zu achten. Im Bereich der Uferbefestigung sollten offene und naturnahe Bauweisen den abdichtenden Beton- oder Spundwänden vorgezogen werden. Somit können vielfältige Lebensräume für Flora und Fauna entstehen und durch den Bewuchs die ökologische Durchgängigkeit über das Stadtgebiet gewährleisten (DVWK 2000).

Die Gründe für die **Überdeckung** urbaner Gewässer sind vielfältig. So wurden Gewässer aufgrund von starker Verschmutzung, Geruchsbelästigung oder im Zuge von infrastrukturellen Baumaßnahmen bedeckt. Das Problem dieser Gewässer ist ihre **stark eingeschränkte ökologische Durchgängigkeit**. Um diese Durchgängigkeit – aber auch eine ästhetische Integration dieser Fließgewässer in das Stadtbild – zu erreichen, sollten verrohrte bzw. überdeckte Gewässer oder Gewässerabschnitte, wo immer es möglich ist, freigelegt werden. Sie sollten durch eine dichte Ufervegetation befestigt werden, was als **Lebendverbau** bezeichnet wird. Verbunden mit diesem ist auch die Forderung nach einer Renaturierung der Auenbereiche, die einen wichtigen Lebensraum und Wanderweg für viele Organismen darstellen, aber auch dem Menschen als Hochwasserretentionsraum dienen.

Maßnahmen zur Verbesserung der Gewässersituation in Verbindung mit Bauanlagen in oder an den Gewässern beziehen sich meist auf die Wiederherstellung der Durchgängigkeit. Wehre und Brücken

Abb. 2.30
Zwei Beispiele für urbane Bäche:

a) Mit Betonplatten ausgelegter, gepflasterter und kanalisierter Lauf der Bäke, eines ehemals wasserreichen Bachs in Berlin-Steglitz; die Kanalisierung trennt das Gewässer von seiner natürlichen Aue (Foto: Endlicher 2011)

b) Renaturierter Lauf der Wuhle, einer eiszeitlichen Schmelzwasserrinne im Osten Berlins, die bis 2002 als Vorfluter für ein Klärwerk genutzt wurde (Foto: Kleßen 2011)

stellen Hindernisse für den ökologischen Längsaustausch der Gewässer dar. Vor allem Stauwehre greifen stark in die Ökologie der Fließgewässer ein, da sie Barrieren für die Durchgängigkeit darstellen und Stillwasserbereiche schaffen. Dadurch verändern sie beispielsweise den Gewässerchemismus (z. B. Sauerstoffgehalt) sowie physikalische (z. B. Temperatur, Fließgeschwindigkeit) und hydraulische Parameter (z. B. Feststofffracht, Sohlenstrukturen). Dies hat wiederum Folgen für die Lebensbedingungen der Gewässerbiozönosen. Zur Wiederherstellung der typischen Merkmale eines Fließgewässers ist der Rückbau der Wehre erforderlich, was jedoch mit einer Aufgabe der aktuellen Nutzung einhergeht. Falls Wehre jedoch bestehen bleiben müssen, sollten sie ökologisch möglichst günstig gestaltet werden, beispielsweise durch Fischtreppen (Abb. 2.30).

Urbane Gewässer zeichnen sich neben ökologischen Belangen auch durch ihren Wert als **Freizeit- oder Erholungseinrichtung** aus. Da diese Nutzungen mitunter Lebensräume gefährden, verändern oder auch zerstören können, muss die Nutzung für Freizeit und Erholung ökologischen Gesichtspunkten genügen. Als Beispiel sollte bei der Erschließung von urbanen Fließgewässern mit ihren Uferbereichen für die Freizeitnutzung auf gewässerökologische Belange, beispielsweise gewässerverträgliche Bauweisen, geachtet werden. Dies gilt auch für im Uferbereich anzulegende Fuß- oder Radwege. Sie sollten möglichst wenig Fläche versiegeln und die ökologische Durchgängigkeit nicht behindern. Beispielsweise erhitzen sich Asphaltwege sehr stark, was für Kriechtiere eine erhebliche Barriere darstellt. Urbane Gewässer in Parkanlagen, die ebenfalls der Erholung dienen, sind trotz ihres anthropogenen Charakters oft die einzigen **Trittsteinbiotope** im versiegelten Innenstadtbereich und stellen deshalb einen wichtigen Bestandteil für die urbane Artenvielfalt dar.

Die ökologische Situation urbaner Gewässer ist durch ökonomische, soziale und politische Belange und Interessen geprägt. Gewässerökologische Ansprüche wurden in der Vergangenheit zumeist den Nutzungen untergeordnet. Trotzdem erleben urbane Gewässer momentan eine Veränderung des extrem naturfernen Zustands, was auf die Bewusstseinsveränderung im Bereich Umwelt und Ökologie in der Bevölkerung, aber auch in Politik und Wirtschaft zurückzuführen ist. Dieser Prozess muss weiter vorangetrieben werden, damit urbanen Gewässern – im Rahmen ihrer Möglichkeiten – ein Stück Naturnähe zurückgegeben wird. Schließlich wirkt sich dies auch positiv auf die Lebensraum- und Artenvielfalt dieser Ökosysteme und somit auf den Erholungs- und Freizeitwert, den die Gewässer für den Menschen haben, aus. Die Möglichkeiten für die Verbesserung der gewässerökologischen Situation in urbanen Bereichen sind aus planerischer Sicht als günstig zu beurteilen, da sich ein Großteil der Gewässer in öffentlicher Hand befindet, was bei der Planung und Durchführung von Maßnahmen weniger Abstimmungsprobleme verursacht.

2.2.5 Unterirdisches Wasser

In der Stadt sind aber nicht nur die oberirdischen Gewässer von Bedeutung. **Verdunstung** von unversiegelten Flächen und **Niederschlag** auf Stadtvegetation und Stadtböden sind zwei wichtige Prozesse, die die urbane Atmo- mit der Hydrosphäre verknüpfen. Über Versickerungsprozesse können Schadstoffe von der Stadtoberfläche in das unterirdische Wasser, also das Boden- und Grundwasser, eingetragen werden. Häufig erfolgt auch die Trinkwasserversorgung der Stadtbevölkerung nicht nur über filtriertes Oberflächenwasser von Flüssen, wie dies bei der Uferfiltration der Fall ist, sondern auch über das Grundwasser. Deswegen müssen Quantität und Qualität des Grundwasserkörpers sowie seine horizontalen und vertikalen Bewegungen möglichst gut bekannt sein und ständig kontrolliert werden.

Merksatz

Unterirdisches Wasser lässt sich in bestimmte Einheiten differenzieren, leistet einen zentralen Beitrag zur Wasserversorgung und stellt einen wichtigen Lebensraum dar.

Ein Teil des Niederschlagswassers versickert im Boden und ist dann dem oberflächlichen Abzug entzogen. Diese **Infiltration** hängt von zahlreichen Ökofaktoren ab. Das als Sickerwasser in den Boden eingedrungene Bodenwasser kann als Haftwasser in der ungesättigten Zone verbleiben oder durch Perkolation bis in die gesättigte Zone des Grundwassers vordringen. **Sicker- und Haftwasser bilden zusammen das Bodenwasser** (Burghardt 1991). Die Wasserbindung im Boden wird durch elektrostatische Anziehungskräfte zwischen den H_2O-Molekülen und den Bodenpartikeln geleistet. Auf diese Weise kann Wasser gegen die Schwerkraft als Adsorptionswasser an den Oberflächen der Bodenpartikel oder als kapillares Wasser in den Kapillaren und Poren des Bodens festgehalten werden. Die maximal mögliche Haftwassermenge eines Bodens (in ml H_2O/100 g Boden) wird als **Feldkapazität (FK)** bezeichnet. Sie hängt von Körnung, Gefüge, organischer Substanz, Art der Bodenkolloide und den adsorbierten Kationen ab. Sie wird nur nach einem Niederschlag mit anschließender freier Versickerung erreicht. Die elektrostatischen Adsorptions- und Kapillarkräfte können in bar gemessen werden. Je geringer der Wassergehalt, desto stärker ist die Wasserbindung. In einem völlig mit Wasser gesättigten Boden ist die Saugspannung mit 0,3 bar sehr gering, ein absolut trockener Boden saugt Wasser mit einer Saugspannung von 10 000 bar an. Eine derartig starke Wasserbindung kann auch von Wurzeln nicht mehr überwunden werden, sodass das Bodenwasser von ihnen nicht mehr aufgenommen werden kann. Als **Welkepunkt** ist dann genau derjenige Wert definiert, bei dem Boden- und Wurzelsaugkräfte im Gleichgewicht stehen, was in etwa bei 15 bar der Fall ist. Feldkapazität einerseits und Welkepunkt andererseits definieren den ökologisch wichtigen Bereich des **pflanzenverfügbaren Bodenwassers**.

Erreicht das perkolierende Sickerwasser die gesättigte Zone, dann spricht man von **Grundwasser**. Dieses **vadose Wasser** bildet den überwiegenden Teil des Grundwassers, nur ein sehr geringer Teil wird als **juveniles Wasser** im Erdinneren selbst neu gebildet. Das Grundwasser

kann über sehr lange, zum Teil viele tausend Jahre umfassende Zeiträume dem Wasserkreislauf entzogen sein. Die Obergrenze des geschlossenen Grundwassers wird als **Grundwasserspiegel** bezeichnet.
Er trennt die wassergesättigte Zone, in der die Hohlräume vollständig
mit Grundwasser gefüllt sind, von der ungesättigten Zone, in welcher
der Porenraum Luft enthält. Oberhalb der wassergesättigten Zone
strömt das Sickerwasser dem Grundwasser zu. **Kapillarkräfte** können
das Grundwasser etwas oberhalb der eigentlichen Grundwasserober-
fläche halten. Es besteht jedoch kein scharfer Übergang zwischen der
gesättigten und der ungesättigten Zone, der Grundwasserspiegel ist in
einer ständigen räumlichen und zeitlichen Bewegung begriffen. Außerdem wird ein Teil durch kapillare Kräfte entgegen der Schwerkraft
nach oben gesaugt. Dieser Kapillarsaum wird in der Regel noch zum
Bodenwasser gerechnet (Heath 1988, Wessolek und Renger 1998).

Aus hydrogeologischer Sicht sind die **Wasserspeicherfähigkeit
und** die **Wasserdurchlässigkeit des Gesteins** von Bedeutung. Die
Speicherfähigkeit wird durch das Hohlraumvolumen festgelegt, wobei Hohlräume im cm- bis mm-Bereich als Poren bezeichnet werden.
Die Größe, Form und Verbindung der Hohlräume untereinander bestimmen die Durchlässigkeit eines Gesteins. Beide Eigenschaften
müssen unabhängig voneinander betrachtet werden, denn feinkör-
nige Sedimentgesteine, wie z. B. der Löss, können durchaus eine sehr
hohe Speicherfähigkeit, aufgrund ihrer dominierenden Feinporen
aber nur eine geringe Wasserwegigkeit besitzen. Gesteine mit einer
hohen Wasserspeicher- und Leitfähigkeit, z. B. grobe oder halbverfes-
tigte Lockergesteine (Sand, Kies, Geröll bzw. Sandsteine und Konglo-
merate), werden als **Grundwasserleiter oder Aquifer** bezeichnet,
wasserundurchlässige Gesteine dagegen als **Grundwasserstauer**.
Grundwasser stauende Schichten können auch mehrere übereinan-
der lagernde, Grundwasser führende Schichten (Grundwasserstock-
werke) voneinander trennen. Grundwasser ist durch den Einfluss der
Gravitation immer in Bewegung. Die relativ geringen Fließgeschwin-
digkeiten sind dabei von der Durchlässigkeit des Grundwasserleiters
und dem Grundwassergefälle abhängig. In Berlin betragen die Fließ-
geschwindigkeiten typischerweise zwischen 10 und 500 m pro Jahr
(Abb. 2.31).

Im 30-jährigen Mittel (1961–1990) fallen in Berlin pro Jahr ca.
570 mm Niederschlag. Über die Hälfte (56 %) verdunstet allerdings
wieder, sei es über Pflanzen (Transpiration), den Boden, versiegelte
Flächen oder aus Gewässern (Evaporation). Dazu kommen 12 %
Oberflächenabfluss und 5 % Zwischenabfluss über das Bodenwasser,
d. h., 17 % des Wassers fließen in die Oberflächengewässer ab, ohne
das Grundwasser zu erreichen. Die übrigen 27 % kommen tatsächlich
dem Grundwasser zugute, was 152 mm im Jahr bzw. etwa 130 Mio.
m^3 im Jahr (Stadtfläche ohne Gewässer) entspricht. Dabei kann die
Grundwasserneubildung in Gebieten mit Lockergesteinen im Ur-

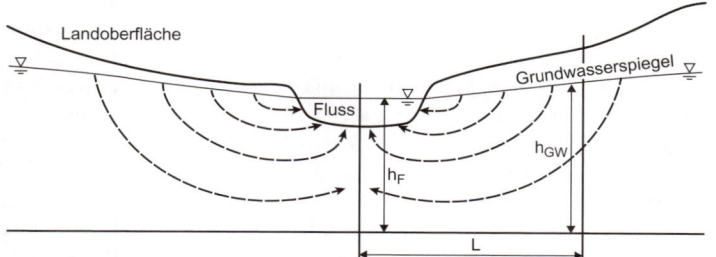

Abb. 2.31
Fließrichtung des Grundwassers unter natürlichen Verhältnissen: der Grundwasserspiegel h_{GW} an einem beliebigen Punkt mit der Entfernung L zur Flussmitte ist höher als der Wasserstand im Gewässer h_F, sodass sich ein hydraulisches Gefälle ($h_{GW} - h_F$) ausbildet. Das Grundwasser strömt diesem Gefälle entsprechend in den Fluss (Quelle: Nützmann unveröffentlicht)

stromtal bis 300 mm betragen, in Feuchtgebieten mit sehr geringen Flurabständen aber auch kaum vorhanden sein. In einigen Gebieten gibt es sogar eine **Grundwasserzehrung**, d. h., hier verdunstet Grundwasser. Grundwasser wird verstärkt im Winter neu gebildet, da im Sommer die Verdunstung, auch bedingt durch die Vegetation, deutlich größer ist und somit weniger Wasser für die Grundwasserneubildung verbleibt. Durch die Prozesse des Klimawandels, bei denen in Ostdeutschland trockenere Sommer und feuchtere Winter zu erwarten sind, dürften im Sommer für die Stadtvegetation verstärkt Probleme der Wasserversorgung auftreten.

Die Trinkwasserversorgung in einer aus Lockergesteinen bestehenden „Grundwasserlandschaft" kann durch einige wenige Tiefbrunnen gesichert werden. In Festgesteinsgebieten sind dagegen zahlreiche flache Brunnen mittlerer Leistung notwendig. Den größten Anteil an der Wassergewinnung zur Trinkwassergewinnung in Deutschland hat mit etwa zwei Dritteln das **echte Grundwasser**. Im Idealfall ist es frei von Schwebstoffen und Krankheitserregern, klar, farb-, geschmack- und geruchlos sowie das Jahr über gleichmäßig temperiert. Logischerweise darf die Entnahme nicht über dem liegen, was man unter dem Begriff **Grundwasserdargebot** zusammenfasst. Dieses bezeichnet die Wassermenge, die dem Wasserkörper zugutekommt. Dazu gehört zum einen die **Grundwasserneubildung**, für Berlin etwa 130 Mio. m³ pro Jahr, welche aus den Niederschlägen resultiert. Weiterhin **infiltriert** aber auch **Oberflächenwasser in den Untergrund**, sowohl aus natürlichen Wasservorkommen (bis zu 200 Mio. m³/Jahr) als auch aus Grundwasseranreicherungsanlagen (bis zu 50 Mio. m³/Jahr). Die Summe dieser maximal möglichen Grundwasserdargebotsanteile stellt daher gleichzeitig die (theoretische) Obergrenze der förderbaren Grundwassermenge dar. Wie bereits erwähnt, hat das Grundwasser für Berlin eine besondere Bedeutung. Das Grundwasser deckt den größten Teil des Trink- und Brauchwasserbedarfs. Dies hat den Vorteil, dass Berlin auf teure und ökologisch problematische Fernwasserversorgungseinrichtungen verzichten kann. Dazu gibt es auf dem Berliner Stadtgebiet acht Wasserwerke und ein Wasserwerk, das zu Brandenburg gehört und neben der Versorgung mehrerer Gemeinden Brandenburgs auch 10 % des Berliner Wasserbedarfs deckt. Für jedes dieser Wasserwerke wurde das dem Einzugsgebiet entsprechende Grundwasserdargebot einzeln berechnet. Aber auch dies ist ein theoretischer Wert; tatsächlich muss noch das geringer ausfallende **nutzbare Dargebot** berechnet werden, das technische Einschränkungen, Einschränkungen durch Schadstoffkontaminationen sowie Natur- und Kulturschutzgüter (z. B. den Wasserbedarf von großen Stadtparks) im Einzugsgebiet berücksichtigt. Zudem muss in Betracht gezogen werden, dass in Zukunft durch den Klimawandel geringere Niederschläge und wärmere, sonnigere und damit verdunstungsreichere Sommer zu erwarten sind, was sich negativ auf die Grundwasserneubildung auswirken wird. Besonders hohe Priorität haben **Feuchtbiotope** als Teil des Schutzgutes Natur. Eine Gemeinsamkeit sämtlicher Feuchtbiotope stellt der ganzjährige oder periodische Überschuss an Regen-, Oberflächen- oder Grundwasser dar. Ihre Bedeutung liegt neben der offensichtlichen großen ökologischen Wichtigkeit auch in ihrem Nutzen für den Landschaftswasserhaushalt.

Da die Grundwasservorräte aber nicht zur Deckung des gesamten Bedarfs ausreichen, muss ein Teil der **Trinkwasserversorgung über Oberflächengewässer** erfolgen. Hierzu zählen Fluss- und Seewasser, das zum Teil direkt dem Fluss entnommen, vorgeklärt und in mit Sand ausgekleideten Filterbecken weiter gereinigt wird. Nach Sammlung und Entkeimung kann es als Reinwasser verwendet werden. Noch größer ist aber der Anteil von Uferfiltrat und künstlichem Grundwasser. Als **Uferfiltrat** wird durch Brunnen in Flussnähe entnommenes Grundwasser bezeichnet (Abb. 2.32). Nach der Entnahme dringt Flusswasser durch das Bett in den Untergrund ein und reichert das Grundwasser auf diese Weise an. Das uferfiltrierte Flusswasser besitzt eine ähnlich hohe Qualität wie das echte Grundwasser. Eine andere Möglichkeit stellen **Grundwasseranreicherungsanlagen** dar. Diese sollen Grundwasserentnahmen vor Ort ausgleichen, indem dort vorgereinigtes Wasser aus Oberflächengewässern zur Versickerung ge-

Abb. 2.32
Schematische Darstellung der Uferfiltration: durch das Abpumpen von Wasser aus dem Aquifer entsteht ein hydraulisches Gefälle sowohl in Richtung des Oberflächengewässers als auch im Grundwasserleiter selbst. Infolge dieses Gefälles strömt sowohl Oberflächenwasser (Uferfiltrat) als auch landseitiges Grundwasser in den Förderbrunnen (Quelle: Nützmann unveröffentlicht).

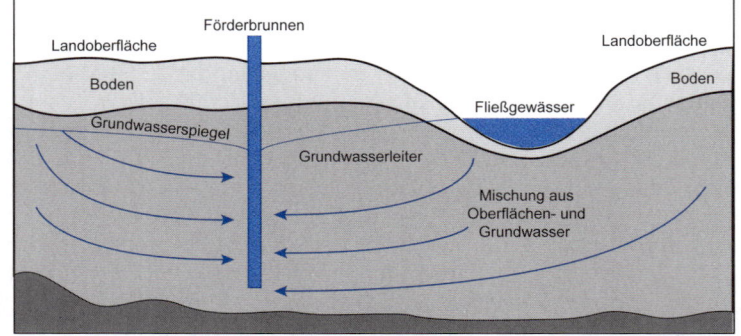

bracht wird. Grundwasseranreicherungsanlagen bestehen in den Wasserwerken Spandau und Tegel. Im Jahr 2006 betrug dort die Menge der Grundwasseranreicherung 12,49 Mio. m³ bzw. 7,24 Mio. m³.

Während sich der Gütezustand der Oberflächengewässer in Deutschland im Vergleich zu den 1960er- und 1970er-Jahren durch den Kläranlagenbau bereits erheblich gebessert hat, ist das urbane Grundwasser durch Schadstoffe immer noch stark gefährdet, obwohl es durch die Filterwirkung des Bodens und des Untergrundes eigentlich gut gegen Verunreinigungen geschützt ist. Da das klare und geschmacksneutrale Reinwasser bei Weitem unsere wichtigste Trinkwasserressource ist (siehe oben), besitzen die Probleme der **Grundwasserverschmutzung** eine große Tragweite. Das Grundwasser reagiert nämlich auf Schadstoffbelastungen aufgrund seiner langsamen Fließgeschwindigkeit nur mit großer Zeitverzögerung, sodass zwischen Eintrag und Schadensfeststellung Jahre liegen können.

Grundwasserverunreinigungen in Städten haben sehr verschiedene Ursachen. **Lokale Einträge** können aus Unfällen in Industriebetrieben oder Lecks in Kanalisationssystemen stammen. Bei der Lagerung und dem Transport von Wasser gefährdenden Stoffen werden in Deutschland jährlich mehrere hundert Unfälle registriert. Besondere Problemschwerpunkte sind auch Abfalldeponien und Altablagerungen. So rückte beispielsweise erst in den letzten Jahren die Kontamination des Grundwassers in den Blickpunkt, die von der seit 1945 stillgelegten Sprengstofffabrik in Stadtallendorf (Nordhessen) ausgeht.

Die häufigsten Schadstoffgruppen sind Mineralöle und chlorierte Kohlenwasserstoffe (CKW). Die Stadt Stuttgart hat in den 1980er-Jahren 55 Mio. DM investiert, um 33 t CKW aus dem Grundwasser zu entfernen. Neben diesen punktuellen Einträgen, die über die Grundwasserströme aber eine weiträumige Kontamination nach sich ziehen, kommt es in wachsendem Maße auch zu **großflächigen Belastungen**. Hier sind insbesondere die erheblichen Pestizid-, Herbizid- und Nitratbelastungen aus der Landwirtschaft zu nennen. Überdüngung, Gülle- und Jaucheentsorgung zählen zu den größten Problemen, die die modernen Intensivkulturen bzw. die Massentierhaltung mit sich bringen. Bei fortschreitender Bodenversauerung können bisher im Boden festgelegte toxische Schwermetalle und Aluminium mobilisiert werden und ins Grundwasser gelangen.

Auch der von völliger Dunkelheit und Nahrungsarmut bestimmte Grundwasserleiter ist ein Lebensraum. Hoch spezialisierte Organismen haben sich an diese Bedingungen angepasst. Bakterien, Pilze, Wimperntierchen u. a. Einzeller sowie Würmer und Kleinkrebse leben hier. Diese ernähren sich von mit dem Sickerwasser eingetragenen organischen Materialien und bauen diese ab. Dadurch wird ein Verstopfen der Porenräume effizient verhindert, auch einige Problemstoffe werden so beseitigt. Daher leisten diese Organismen einen wichtigen Beitrag zur Reinhaltung des Grundwassers.

2.3 Pedosphäre: Der städtische Grund und Boden

„Boden ist das mit Wasser, Luft und Lebewesen durchsetze, unter dem Einfluss der Umweltfaktoren an der Erdoberfläche entstandene und im Ablauf der Zeit sich weiterentwickelnde Umwandlungsprodukt mineralischer und organischer Substanzen mit eigener morphologischer Organisation, das in der Lage ist, höheren Pflanzen als Standort zu dienen und die Lebensgrundlage für Tiere und Menschen bildet. Als Raum-Zeit-Struktur ist der Boden ein **vierdimensionales System**." (Definition nach Schroeder, 1983: 9). Die Faktoren, die zu seiner Entstehung über lange Zeiträume beitragen, sind Ausgangsgestein, Relief, Klima, Wasserhaushalt, Flora und Fauna (Abb. 2.33). Der **natürliche Boden** erfüllt Lebensraum-, Regelungs- und Speicherfunktion und unterliegt nur einer geringen anthropogenen Überprägung. Böden in urban-industriellen Verdichtungsräumen, die **Stadtböden**, unterscheiden sich sowohl in ihrer stofflichen Zusammensetzung als auch in ihrer Ablagerungsart und in ihren Funktionen von Böden natürlicher Standorte (Blume 1998, Makki und Frielinghaus 2010). Sofern sie nicht vollständig versiegelt sind, stellen sie jedoch immer noch aktive biologische Reaktionsräume dar. Nur bei einer Vollversiegelung kommt es zum kompletten Verlust der natürlichen Bodenfunktionen. Städtische Böden sind sehr vielfältig und unterlie-

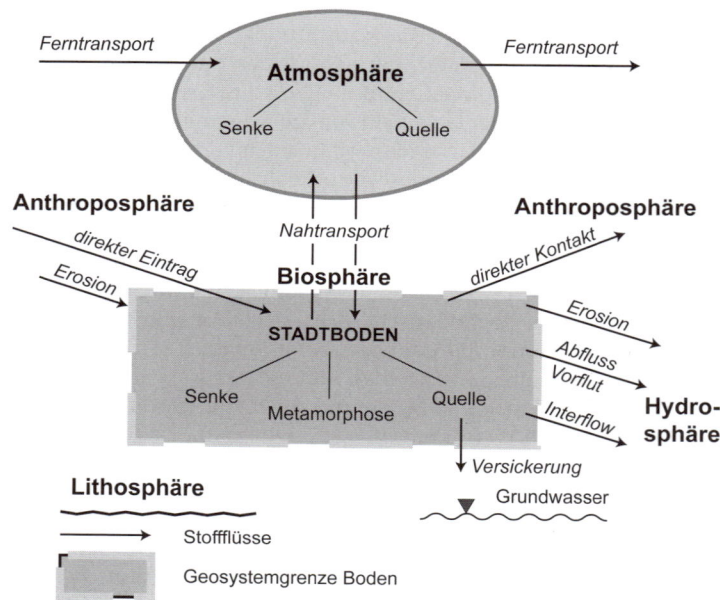

Abb. 2.33
Das Teilsystem (Ökosystemkompartiment) Stadtboden und seine Kontakte zu anderen Teilsystemen (Quelle: Sauerwein 2006, verändert)

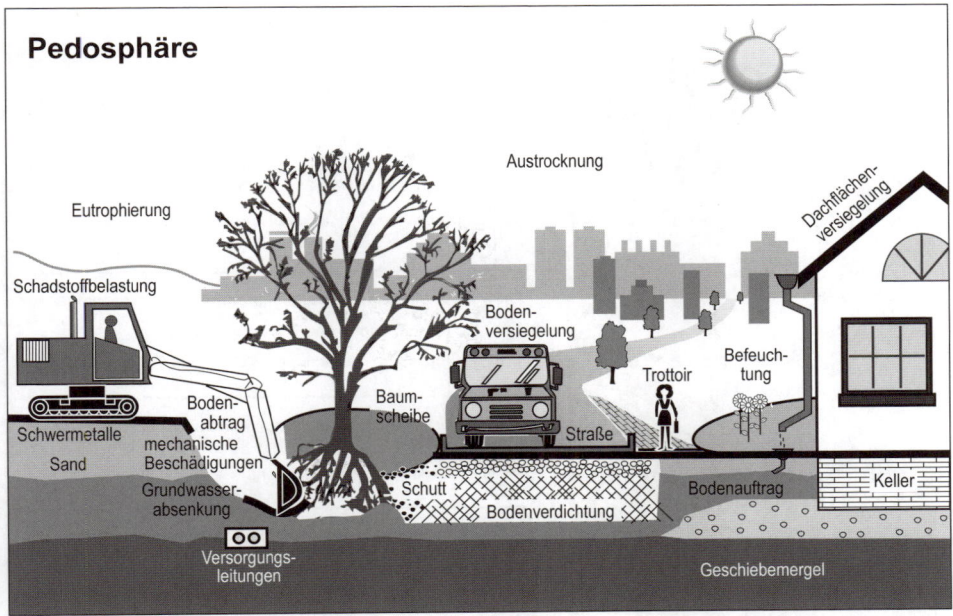

Pedosphäre

Austrocknung

Eutrophierung

Dachflächen-versiegelung

Schadstoffbelastung

Boden-versiegelung

Befeuch-tung

Trottoir

Baum-scheibe

Boden-abtrag

Schwermetalle

mechanische Beschädigungen

Sand

Straße

Grundwasser-absenkung

Schutt

Bodenauftrag

Keller

Bodenverdichtung

Versorgungs-leitungen

Geschiebemergel

Abb. 2.34
Prozesse und Phäno-mene im Teilsystem der urbanen Pedosphäre

gen als Teil des Stadtsystems einer ganz eigenständigen Entwicklung (Wessolek et al. 2011; Abb. 2.34).

Die meisten Stadtbewohner kennen freilich diese oberste, von Leben erfüllte Verwitterungsdecke der Erdrinde allenfalls als Baugrund oder als Teil eines Gartens bzw. Parks. Auch bei den Böden zeigt sich das Harlekin-Muster der Stadtökologie: zum einen gibt es auch in der Stadt Bereiche wie Gärten, Parkanlagen und Naturschutzgebiete, in denen die Böden einen naturähnlichen Aufbau mit einer entsprechenden Horizontierung zeigen. Abb. 2.35 stellt als Beispiel ein repräsentatives Bodenprofil aus dem Feuchtgebiet „Tiefwerder Wiesen" im Berliner Urstromtal dar (Erbe et al. 2008). Die Klassifikation erfolgte nach der Bodenkundlichen Kartieranleitung (Ad-hoc AG Boden 2005; Gall und Schmidt 2003).

Zum anderen sind insbesondere die Böden unter Straßen und Wegen technisch stark verarbeitet und mit Asphalt versiegelt. Viele Stadtböden bestehen aus umgelagerten Bestandteilen wie Bau- und Trümmerschutt, Müll, Schlacken und Schlämmen. Auf dem Gebiet Deutschlands sind etwa 12 Prozent der Böden bebaut oder asphaltiert (Frielinghaus et al. 2010).

Das größte Problem ist die Abnahme unversiegelter Böden durch den **Flächenverbrauch**. Aus Tab. 2.3 wird zwar deutlich, dass z. B. Berlin im Vergleich zu den beiden Megastädten New York City und Mexico City noch über eine gute Versorgung mit unversiegelten Bö-

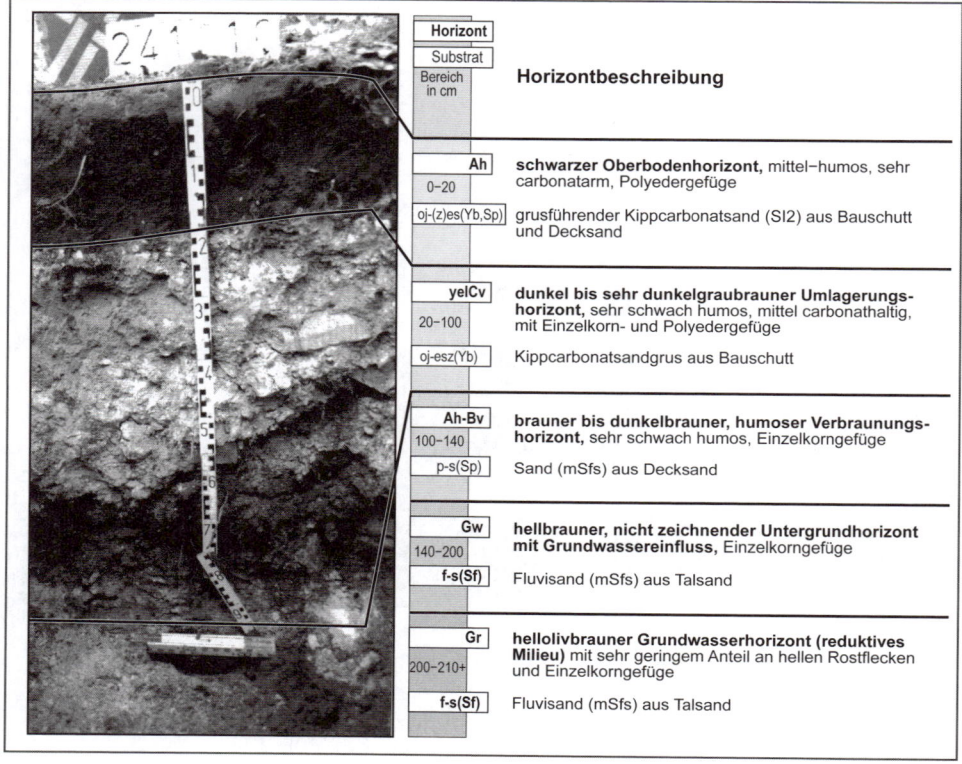

Horizont Substrat Bereich in cm	Horizontbeschreibung
Ah 0–20 oj-(z)es(Yb,Sp)	**schwarzer Oberbodenhorizont,** mittel–humos, sehr carbonatarm, Polyedergefüge grusführender Kippcarbonatsand (Sl2) aus Bauschutt und Decksand
yelCv 20–100 oj-esz(Yb)	**dunkel bis sehr dunkelgraubrauner Umlagerungs-horizont,** sehr schwach humos, mittel carbonathaltig, mit Einzelkorn- und Polyedergefüge Kippcarbonatsandgrus aus Bauschutt
Ah-Bv 100–140 p-s(Sp)	**brauner bis dunkelbrauner, humoser Verbraunungs-horizont,** sehr schwach humos, Einzelkorngefüge Sand (mSfs) aus Decksand
Gw 140–200 f-s(Sf)	**hellbrauner, nicht zeichnender Untergrundhorizont mit Grundwassereinfluss,** Einzelkorngefüge Fluvisand (mSfs) aus Talsand
Gr 200–210+ f-s(Sf)	**hellolivbrauner Grundwasserhorizont (reduktives Milieu)** mit sehr geringem Anteil an hellen Rostflecken und Einzelkorngefüge Fluvisand (mSfs) aus Talsand

Abb. 2.35

Bodenprofil aus dem Feuchtgebiet „Tiefwerder Wiesen" im Berliner Urstromtal (Quelle: Erbe et al. 2008)

den verfügt. Aber unversiegelter Stadtboden bildet ein immer selteneres und deshalb besonders wertvolles Potenzial, das nicht durch weitere Flächenversiegelung zunichtegemacht werden darf. Dieser Wert lässt sich erahnen, wenn man sich bewusst macht, welche Entfernungen beispielsweise Bewohner von Manhattan in Kauf nehmen,

Tab. 2.3 Grünflächenanteil von Berlin, New York City und Mexico City (Wessolek 2010)		
Großstädte	**Grünflächenteil an der Stadtflora**	**Grünfläche = unversiegelter Boden pro Einwohner**
Berlin	34,8 %	153 m²
New York City	26,8 %	25 m²
Mexico City	8,9 %	15 m²

um das öffentliche Grün des Central Parks in New York zu erreichen und für Erholungszwecke zu nutzen (siehe Kapitel 4.1). Die Rate der Flächenversiegelung in Deutschland beträgt zurzeit etwa 93 Hektar pro Tag und ist weit entfernt vom politisch wünschenswerten Zielwert im Jahre 2020 von nur noch 30 Hektar pro Tag (Wessolek 2010). Stadtböden sind also an erster Stelle Baugrund für die städtischen Gebäude und tragen die verbindenden Verkehrsflächen. In der Regel sind diese Flächen versiegelt, nur in wenigen Fällen sind Verkehrsflächen auch gepflastert und damit nur teilversiegelt. Daneben gibt es unversiegelte Flächen wie Friedhöfe, Gärten und Parks. Böden werden von Versorgungs- und Kommunikationsleitungen, wie Trink-, Abwasser- und Telefonleitungen, durchzogen.

2.3.1 Klassifikation urbaner Böden

Urbane Böden weisen eine stadtspezifische Entwicklung auf, die stark von den anthropogenen Tätigkeiten und der jeweiligen Nutzungsgeschichte der einzelnen Böden beeinflusst wird. Hierbei entstehen unterschiedliche Bodenformen, die im Vergleich zu den natürlichen Böden einer ganz eigenen Klassifikation unterliegen (Arbeitskreis Stadtböden 1996). Die Stadtböden lassen sich in drei Gruppen einteilen:

- veränderte Böden natürlicher Entwicklung
- Böden anthropogener Aufträge mit natürlichen Substraten, technogenen Substraten oder Mischungen aus beiden
- versiegelte Böden

Zu den **veränderten Böden natürlicher Entwicklung** zählen alle anthropogen veränderten Böden, deren natürliche Horizontfolge noch erkennbar ist. Die Städte Mitteleuropas sind auf sehr unterschiedlichen Böden entstanden. Ihnen können zum Beispiel Wald-, Sumpf-, Auen-, Watt- oder Moorböden zugrunde liegen, die je nach Klima, Alter, Ausgangsgestein und Relief unterschiedliche Bodentypen ausbildeten. Oft wurden die Böden vor der Stadtgründung schon landwirtschaftlich genutzt und in diesem Zusammenhang bereits verändert (Düngung, Kalkung, Bearbeitung). Unter städtischer Nutzung erfolgten dann weitere Veränderungen:

- Schadstoffbelastung durch z.B. Industrie, Gewerbe oder Verkehr
- Bodenversiegelung durch Bebauung
- Verdichtung durch Tritt, Befahren oder Baumaßnahmen
- Störung der Horizontierung durch Mischen und Planieren, Abtrag oder Auftrag
- Grundwasserabsenkung durch Baumaßnahmen oder Bodenauftrag
- Eutrophierung und Alkalisierung → Kontamination durch Stäube, Abfälle oder Abwasser

Zu den veränderten Böden natürlicher Entwicklung gehören auch die **Hortisole**. Dies sind Böden alter Gärten oder Parkanlagen. Charakteristisch ist, dass der sehr tiefgründige Ap-Horizont einen hohen

Merksatz
Urbane Böden weisen eine stadtspezifische Entwicklung auf, die von den anthropogenen Tätigkeiten und der Nutzungsgeschichte der Böden beeinflusst wird.

Gehalt an organischer Substanz aufweist; außerdem sind sie sehr stark gelockert (häufige organische Düngung, Beregnung und tiefgründige Bearbeitung). In der Klasse der veränderten Böden natürlicher Entwicklung sind außerdem die Böden in Parkanlagen oder auf Friedhöfen von Bedeutung.

Böden mit bis zu 30 cm Fremdauftrag zählen noch zu den veränderten Böden natürlicher Entwicklung. Diese geringmächtigen Aufträge werden meist durch Bioturbation oder Bodenbearbeitung in den unteren Boden gemischt. Wenn jedoch z. B. Senken mit Material größerer Mächtigkeit (über 30 cm) verfüllt wurden, so zählen diese Böden zu den Böden anthropogener Aufträge.

Bei den **anthropogenen Auftragsböden** kann das Auftragsmaterial bzw. die Deckschicht verschiedener Herkunft sein. Allgemein unterscheidet man zwischen Böden aus umgelagerten, natürlichen Substraten und Böden technogener Substrate. Mischungen der Substrattypen können auch vorliegen.

a) natürliche Substrate

Die **umgelagerten, natürlichen Substrate** kann man je nach Korngröße in Ton, Schluff, Sand, Lehm, Mergel, Kies und Schotter einteilen, hinzu kommen Mudden und Kohle. Sie stellen überschüssiges Material dar, das bei Planier- oder Baumaßnahmen (Bauaushub) anfällt. Dieses wurde teils flächig, teils aber auch zu Wällen, Dämmen oder Hügeln auf den Boden aufgetragen. Heute werden Aufträge meist mit humosem Oberbodenmaterial bedeckt, da die Bauordnung vorsieht, dass der „Mutterboden" vor dem Auftrag abgetragen und später wieder verwendet werden muss. Beispiele für Aufträge natürlicher Substrate sind:

Alte, tiefgründige Gartenböden oder Hortisole, auf die über lange Zeit große Mengen an Kompost und anderen natürlichen Bodensubstraten aufgetragen wurden.

Bei Gleisschotter handelt es sich um ein gebrochenes, magmatisches Gestein, das im Bereich von Bahnanlagen auf einen vorhandenen Boden aufgetragen wurde. Gleisschotter ist für Wildpflanzen nur schwer durchwurzelbar und bildet einen sehr trockenen Standort.

Als weiterer Auftrag eines natürlichen Substrats gelten die Bergehalden in Gebieten der Kohlegewinnung (Beispiel: Lausitzer Braunkohletagebau). Diese Böden sind meist stark sauer und weisen einen extremen Mangel an Phosphor (P) und Stickstoffverbindungen (N) auf. Dementsprechend gedeiht auf ihnen nur eine sehr ausgewählte, acidophile Flora (bevorzugt saures Milieu), die bei der Rekultivierung dieser Standorte sorgfältig ausgesucht werden muss.

b) technogene Substrate

Technogene Substrate sind Materialien, die vom Menschen herge-stellt oder durch ihn stark verändert wurden. Hierzu gehören zum Beispiel Aschen, Bauschutt (z. B. Ziegel und Mörtel), Müll, Beton, Schlacken und Klärschlamm. All diese Substrate besitzen unter-schiedliche Eigenschaften, die sich in den jeweiligen Bodeneigen-schaften widerspiegeln.

- Innerhalb von Städten sind häufig Böden aus **Bauschutt** (Ziegel-/Mörtelgemisch) zu finden. Als Folge von Kriegszerstörung und den damit angefallenen hohen Mengen an Bauschutt entstanden in vielen Städten häufig Böden, die aus **Trümmerschutt** und natürli-chem Bodensubstrat bestehen. Diese sind sehr kies- und steinreich und setzen sich aus unterschiedlichen Materialien zusammen. So können neben den zerkleinerten Ziegel- und Mörtelbrocken auch Kohle, Schlacke, Glas, Metalle oder Keramik enthalten sein. Böden aus Bau- bzw. Trümmerschutt bilden meist eher trockene Standor-te. Ziegel und Mörtel können zwar aufgrund ihrer Porosität Wasser binden, dieses ist jedoch für die Pflanzenwurzeln nicht verfügbar. Weiter sind sie anfangs meist karbonathaltig und besitzen somit einen neutralen bis schwach alkalischen pH-Wert. Eine Versaue-rung, die sich aufgrund des meist hohen Schwermetallgehalts die-ser Böden negativ auswirkt, kann jedoch schnell eintreten.
- Ein weiteres künstliches Substrat bilden die **Schlacken der Metall-gewinnung und Metallverarbeitung**. Deren Böden sind grobkör-nig, porös und vor allem reich an Schwermetallen. Sie besitzen ein weites Kohlenstoff-Stickstoff-Verhältnis (C/N-Verhältnis) und sind meist stark alkalisch. Insgesamt sind sie als sehr lebensfeindlich einzustufen.
- Extrem schwermetallreich sind auch Böden aus **Flugaschen** (Rück-stände von Verbrennungen). Auch diese Böden gehören zu den ungünstigen Pflanzenstandorten, obwohl sie auch positive Eigen-schaften aufweisen (z. B. humos, nährstoffreich, locker, schwach kalkhaltig und schluffig/feinsandig), die sich günstig auf das Pflan-zenwachstum auswirken.
- Böden aus **Müll** können aus unterschiedlichen Materialien aufge-baut sein. Oft sind sie nährstoff- und schadstoffreich und enthalten meist einen hohen Anteil eiweißreicher, leicht zersetzbarer orga-nischer Substanz. Dadurch ergibt sich eine hohe mikrobielle Akti-vität, die wiederum zu erhöhter Methanbildung und extremem Sauerstoffmangel führt.
- Böden aus **Klärschlamm** weisen ähnliche Eigenschaften wie Bö-den aus Müll auf. Solange die im Boden enthaltenen Schwerme-talle nicht toxisch wirken, stellen sie einen günstigen, nährstoff-reichen Standort dar.

Ein gemeinsames Merkmal der Böden anthropogener Substrate ist, dass die **organische Substanz** nicht, wie sonst üblich, mit der Tiefe

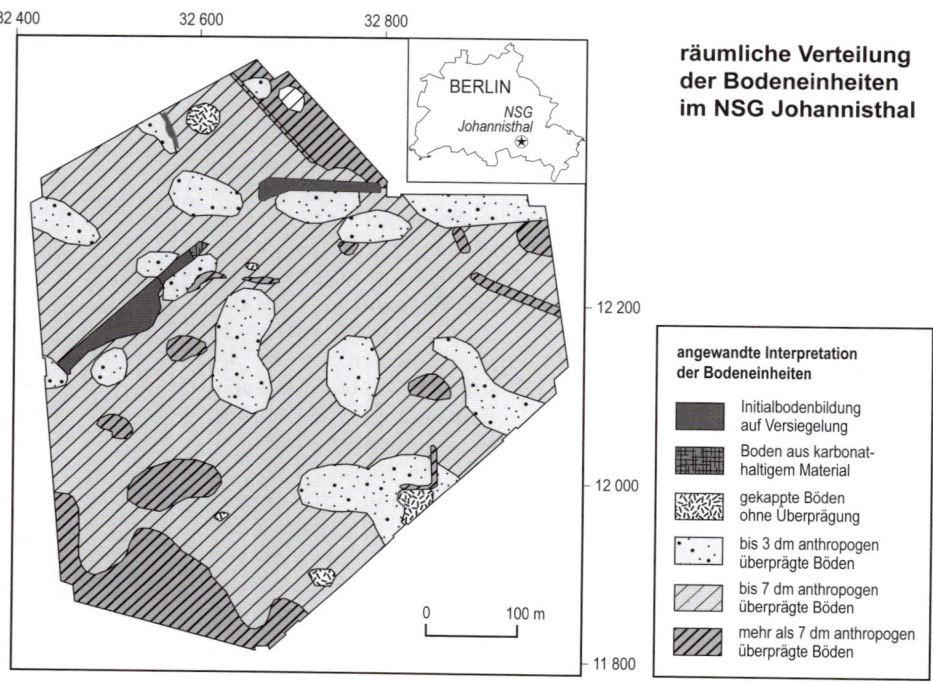

räumliche Verteilung
der Bodeneinheiten
im NSG Johannisthal

**angewandte Interpretation
der Bodeneinheiten**

Initialbodenbildung
auf Versiegelung

Boden aus karbonat-
haltigem Material

gekappte Böden
ohne Überprägung

bis 3 dm anthropogen
überprägte Böden

bis 7 dm anthropogen
überprägte Böden

mehr als 7 dm anthropogen
überprägte Böden

Abb. 2.36
*Räumliche Verteilung
der Bodeneinheiten im
Naturschutzgebiet Ber-
lin-Johannisthal und
Ausgangssubstrate für
die Bodenbildung
(Quelle: Makki 2008)*

regelmäßig abnimmt, sondern **unregelmäßig im Boden verteilt** ist. Viele der genannten Substrate enthalten selbst organische Verbindungen, die somit unregelmäßig in den gesamten Boden eingemischt sein können. Insgesamt lässt sich in den städtischen Böden eine viel **höhere mikrobielle Aktivität** feststellen, die für meist stark humose Böden sorgt.

In Berlin ist der natürliche Untergrund durch menschliche Besiedlung verändert und überprägt, sodass man für eine genaue Bodenuntersuchung eine Aufnahme der anthropogenen Substrate in unterschiedlichen Tiefen erstellen muss. Abb. 2.36 stellt ein Beispiel der anthropogen stark veränderten Böden auf einem natürlichen Untergrund im Naturschutzgebiet Johannisthal innerhalb des Berliner Landschaftsparks Adlershof dar (Makki 2008). Diese Überprägung, die durch Überlagerung bzw. Durchmischung in den letzten 100 Jahren gekennzeichnet ist, wirkt stellenweise so intensiv, dass das natürliche Substrat in 1 m Tiefe noch nicht erbohrt werden konnte. Dabei wurde eine weit gefächerte Zusammensetzung der Substrate festgestellt. Es traten auch versteckte Versiegelungen auf. Manche ältere, bereits stärker verwitterte Versiegelungen waren auch in die aktuelle Bodenbildung mit einbezogen. Auffallend waren hohe Anteile an organischem Material mit teilweise anthropogener Herkunft.

Unter der **Versiegelung** von Bodenoberflächen versteht man die Abdichtung bzw. Überbauung des Bodens mit mehr oder weniger luft- und wasserdurchlässigen Bauten (z. B. Straßen, Gebäude). Die Bodenversiegelung hat negative Folgen für die Grundwasserneubildung, das Stadtklima sowie Flora und Fauna. Sie ist ein massiver Eingriff in die Pedosphäre (Wessolek 1988, Wessolek und Facklam 1997, Wessolek 2001, van der Linden und Hostert 2009). Sowohl natürliche als auch stadtspezifische Funktionen der Böden gehen dabei verloren. Unversiegelte Stadtböden tragen zur Regulierung des Stadtklimas bei. Die Evaporation des Bodenwassers verbraucht ebenso wie die Transpiration der Pflanzendecke sehr viel latente Energie, die somit nicht als fühlbare Wärme der bodennahen Atmosphäre zugeführt werden kann. Das Verhältnis zwischen fühlbarem und latentem Wärme(Energie)fluss wird als Bowenverhältnis bezeichnet. In der Stadt ist es tagsüber oft negativ, da wegen der Versiegelung keine Evapotranspiration erfolgen kann und die Strahlungsenergie deshalb überwiegend in fühlbare Wärme überführt werden muss, was als erhöhte Lufttemperatur gemessen werden kann.

Bei einer **porösen Teilversiegelung** beispielsweise mit Pflastersteinen kommt es jedoch weiterhin zum Austausch zwischen Atmosphäre und Boden (Abb. 2.37). Die Ritzen können teilweise als Wurzelräume dienen. Das für die Infiltration zur Verfügung stehende Wasser kann nur konzentriert durch die Pflasterfugen in den Boden gelangen (Abb. 2.38). Interessant sind die Eigenschaften des Fugenmaterials zwischen den Pflastersteinen einer teilversiegelten Straße (Beyer 1997). In einer Berliner Untersuchung des Fugenmaterials konnten Nehls et al. (2006; 2008) feststellen, dass älteres Fugenmaterial ein

Abb. 2.37
Im Vordergrund mit Pflastersteinen und Betonplatten teilversiegelter Gehweg, im Hintergrund Götterbaum (Ailanthus altissima) (rechts) und Birkengebüsch (Betula pendula) (links) am Rand einer Stadtbrache in Berlin-Adlershof (Foto: Endlicher 2009)

Abb. 2.38
Oberflächenprozesse bei einem Niederschlagsereignis am 23.7.2009: a) Bernburg Mosaik-Pflastersteine, b) Betonplatten
Bei gleicher Niederschlagsintensität erfolgt über die Fugen zwischen den Pflastersteinen eine höhere Infiltration als zwischen den Betonplatten, wodurch bei dieser Versiegelungsart der Oberflächenabfluss deutlich höher ist (Quelle: Rim 2011).

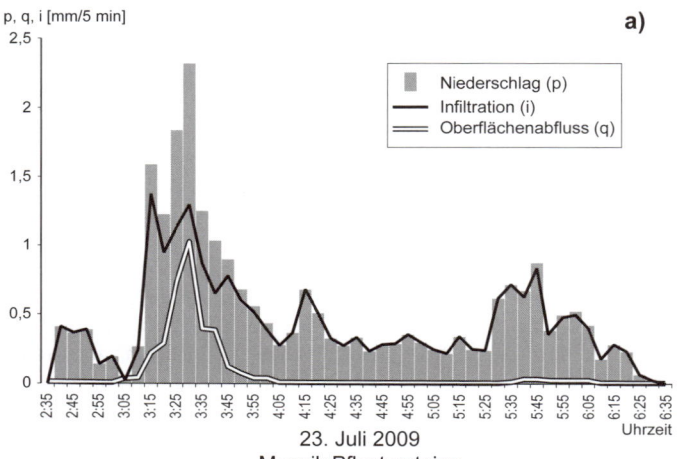

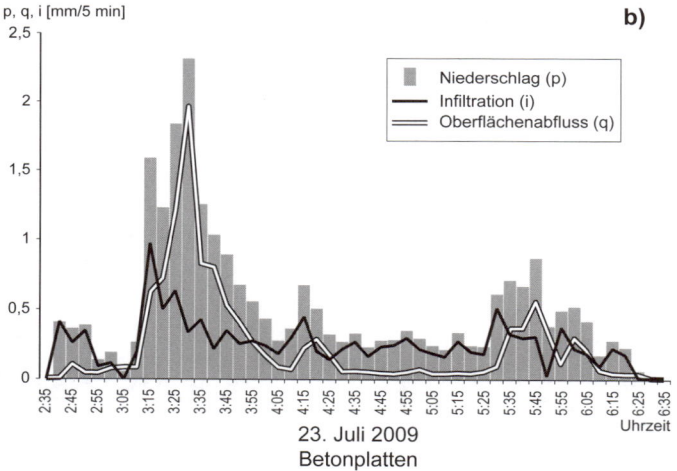

besseres Sorptionsvermögen von Schwermetallen, wie Blei und Kadmium, aufweist als der ursprüngliche Fugensand. Das in den Fugen vorhandene organische Material steigert das Filtervermögen und verlangsamt eine mögliche Kontamination des unter der Straßenfläche befindlichen Stadtbodens.

Die Intensität der Bodenversiegelung nimmt meist vom Stadtrand zur Innenstadt und zu den Industriegebieten hin zu. Die Versiegelung im Bereich von frei stehenden Einfamilienhäusern beträgt 20–40 %, bei Reihenhäusern 30–50 % und im Stadtkern (Blockbebauung)

Tab. 2.4 Versiegelungsgrad von Stadtböden (Flächenanteile in %)
(Quelle: Sukopp und Wittig 1993)

Versiegelung Stufe (in %)		Flächencharakteristik
0	0–15	geringe Versiegelung Agrarland, Wald, Parkanlagen, Schrebergärten, Friedhof, Sportplätze (z. T. mäßig)
I	10–50	mäßige Versiegelung, Einfamilienhaussiedlungen, Reihenhäuser mit Garten, Kleingartengebiete Mittelwert 30 % = Stufe I
II	45–75	mittlere Versiegelung, Blockrandbebauung Zeilenbau mit Gemeinschaftsgrün, öffentliche Gebäude Mittelwert 60 % = Stufe II
III	70–90	starke Versiegelung städtische Baugebiete mit Blockbebauung, ältere Industrieanlagen Mittelwert 80 % = Stufe III
IV	85–100	sehr starke Versiegelung, unzerstörte Blockbaugebiete der Innenstadtbezirke und Industrieflächen, die in jüngerer Zeit entstanden oder verändert worden sind Mittelwert 90 % = Stufe IV

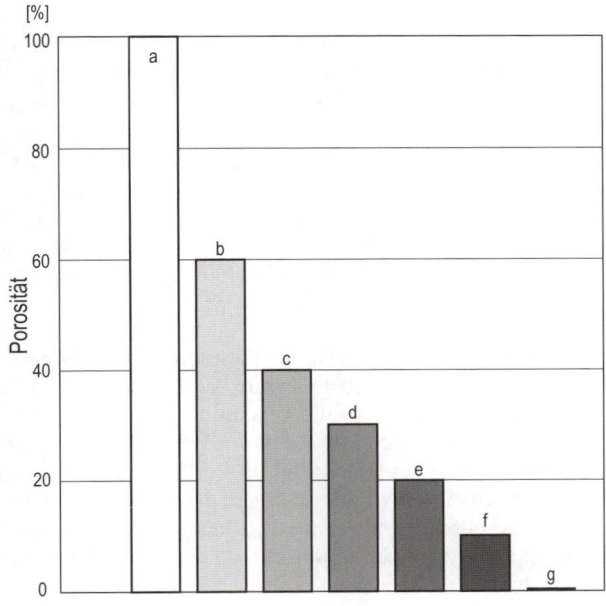

Abb. 2.39
Porosität und Durchlässigkeit häufiger Belagsarten: a) natürlicher Boden normaler Lagerungsdichte (Porosität = 100 %), b) wassergebundene Decke, z. B. Schotterrasen oder Rasengittersteine, c) Mosaik- und Kleinpflaster mit großen offenen Fugen, d) Mittel- und Großpflaster mit offenen Fugen und durchlässigem Unterbau, e) Verbundpflaster, Plattenbeschläge, f) Bitumendecke, Pflaster und Platten mit geschlossenen Fugen und/oder gebundenem Unterbau, g) Dachflächen (Porosität = 0 %) (Quelle: Hintermaier-Erhard und Zech 1997)

75–95 %. Eine höhere Zersiedelung geht mit einer geringeren Versiegelung einher (Tab. 2.4).

Von Bedeutung für die Versickerung und die Erhaltung der natürlichen Bodenfunktionen ist die **Art der Bodenversiegelung** (Materialauswahl, durchlässige Versiegelungsform usw.) Abb. 2.39 zeigt die Porosität und Durchlässigkeit unterschiedlicher Belagsarten. Durch die Verwendung von wasserdurchlässigen Rasengittersteinen auf natürlichem Boden oder Kies- und Schotterdecken für temporäre Verkehrsflächen (Zufahrten oder Parkplätze) kann eine Verfestigung bei geringer Versiegelungsintensität erreicht werden. Dies stellt eine Alternative zur vollständigen Versiegelung dar.

Durch Gesetze soll dem zunehmenden Flächenverbrauch und der Bodenversiegelung entgegengewirkt werden. In Berlin wurde dafür 1996 die Verordnung über Geldleistungen zum Ausgleich von Bodenversiegelung und Vegetationsverlust verabschiedet (Bodenversiegelungsausgleichsverordnung). Aber auch auf vollständig versiegelten Böden kann neues Bodensubstrat aufgetragen werden. Wo Rasen ist, muss also 30 cm tiefer schon keine Erde mehr sein. So verbergen sich unter den städtischen Böden oft unerwartete stadtgeschichtliche Zeugen.

2.3.2 Bodenfunktionen

Stadtböden haben vielfache Funktionen. In Gärten, Parks und Grünanlagen bieten sie für Pflanzen und Tiere eine Lebensgrundlage, die wiederum die Voraussetzung für die Erholungsfunktionen dieser Orte darstellt (Rueß 2010).

Die Bodenfunktionen werden im Bundesbodenschutzgesetz definiert, wobei die einzelnen Teilfunktionen und die Kriterien zu ihrer Bewertung von der Ad-hoc AG Boden des Bund-Länderausschusses Bodenforschung in Zusammenarbeit mit der Bund- Länderarbeitsgemeinschaft Bodenschutz definiert werden (Ad-hoc AG Boden 2007; Fiedler 2001). Für Berlin werden zum Beispiel die Böden hinsichtlich ihrer Leistungsfähigkeit in fünf Bodenfunktionen flächendeckend in drei Stufen (gering, mittel und hoch) bewertet (Blossey und Lehle 1998, Faensen-Thiebes 2010, Senatsverwaltung für Stadtentwicklung 2009).

Lebensraum für naturnahe und seltene Pflanzengesellschaften

Generell sind fast alle Böden durch Pflanzen besiedelbar und somit Träger der **Lebensraumfunktion** für die Vegetation. Unterschiedliche Leistungsfähigkeiten ergeben sich vor allem aus der Sicht des Naturschutzes, der seltene Arten höher bewertet. In Berlin werden deshalb Bodengesellschaften mit extremen Bedingungen des Wasserhaushaltes und seltene Bodengesellschaften als wertvoll kategorisiert. Dadurch können aus ökologischer Sicht besondere Standorte mit Auengesellschaften, Feuchtwiesen und Moorflächen hervorgehoben werden.

Wichtige Lebensräume für Tiere

Bodentiere wie die Regenwürmer übernehmen wichtige Aufgaben im Boden. Durch Grabaktivitäten verbessern sie seine physikalischen Eigenschaften, sie lockern ihn auf und erhöhen damit die Durchlüftung und Wasseraufnahmekapazität. Bodentiere durchmischen organische und mineralische Bestandteile. Regenwurmgänge bilden ein Führungsnetz für das Feinwurzelgeflecht der Pflanzen. Regenwurmkot ist mit Nährstoffen angereichert und sehr fruchtbar (Abb. 2.40 und 2.41).

Der Regenwurm zieht das Blatt in seine Röhre, um es zu verspeisen. Im Darm verbindet er die organische Substanz mit den mineralischen Bodenbestandteilen zum Ton-Humus-Komplex.

Bildquelle: www.planet-wissen.de

Der Regenwurmkot ist sehr fruchtbar und mit Nährstoffen angereichert. „Lebendverbau" mittels Bakterien- und Regenwurmschleimen verleiht ihm eine hohe Stabilität. Wurmkot ist die Vorstufe für wertvollen Humus sowie Grundlage der Aggregatstruktur von Böden.

Bildquelle: www.regenwurm.ch

In einem Hausgarten mit hoher Regenwurmdichte kann man die fruchtbare Humusschicht gut erkennen.

Foto: Ehrmann

Rasenflächen und Bäume als grüne Oasen in Städten können nur auf fruchtbaren Böden, an deren Bildung und Erhaltung Bodentiere beteiligt sind, gedeihen.

Foto: Senatsverwaltung für Stadtentwicklung und Umwelt Berlin

Abb. 2.40
Bedeutung städtischer Parkböden für die Regenwurm-Fauna (Quelle: Rueß 2010)

Abb. 2.41

Beispiele für die Boden-
fauna (Quelle: Rueß
2010)

Regenwurm

Foto: Sánchez
www.wikipedia.org

Feldmaus

Foto: Andera
www.naturfoto-cz.de

Maulwurf

Foto: Delpho
www.doerr-naturbilder.de

Laufkäfer

Foto: Behrends
http://de.academic.ru

Maulwurfs-
grille

www.fabuweb.de

Ertragsfunktion für Kulturpflanzen

Stadtböden sind ein wichtiger **Nährstoffspeicher**. Die Speicherkapazität hängt entscheidend vom Sorptionsvermögen ab, das durch den Ton- und Humusgehalt gesteuert wird. Die Ertragsfunktion und Leistungsfähigkeit der Böden für Kulturpflanzen stellt das Potenzial der Böden für eine landwirtschaftliche oder, insbesondere für die städtischen Gegebenheiten relevante, gartenbauliche Nutzung dar. Die Ertragsfunktion wird neben dem Nährstoffgehalt auch vom Wasserhaushalt bestimmt.

Puffer- und Filterfunktion

Die **Puffer- und Filterfunktion** zeigt die Fähigkeit der verschiedenen Bodengesellschaften an, Substanzen in ihrer Konzentration zu verlangsamen (Pufferung) oder dem Kreislauf zu entziehen (Filterfunktion). Die Fähigkeit des Bodens, eingetragene Schadstoffe auf dem Weg in das Grundwasser zu binden, ist in Städten ein ganz besonders wichtiges Potenzial. Die Bindungsstärke für Schwermetalle und Schadstoffe, die jeweilige Wasserdurchlässigkeit und die Filterstrecke bis zum Grundwasser sind hier zu berücksichtigen (Sauerwein 1998). Böden mit einer hohen Filter- und Pufferkapazität können Schadstoffe stark anreichern. Wird die Filter- und Pufferkapazität eines Bodens überschritten, so kann dieser auch Schadstoffe in das Grundwasser abgeben und so zu einer Schadstoffquelle werden. Für die Puffer- und Filterfunktion sowie für die Speicherung von Kohlenstoff ist der **Humusgehalt** sehr wichtig. Zerstörungen des Humushorizontes führen zur Freisetzung von Kohlendioxid aus dem Boden. Besonders humusreich sind Moorböden, die damit eine Speicherfunktion für Kohlenstoff von außerordentlich hohem Wert darstellen.

Das **Filterpotenzial** trägt zur Säuberung des Bodenwassers bei, das gegebenenfalls über das Grundwasser wieder als Trinkwasser dem Menschen zugeführt wird. Dieses Filterpotenzial wurde in Zeiten ungeregelter Abfallentsorgung häufig überstrapaziert. Stadtböden, insbesondere solche an Wasserläufen, sind bis heute oft noch stark mit Schadstoffen belastet. Diese können aus dem Bodensubstrat selbst, etwa aus Bau- oder Trümmerschutt, stammen oder über das Sickerwasser aus Deponien in den Boden und weiter in den Vorfluter gelangen. Sie können auch von der direkten Entsorgung aus Gewerbe- und Industriebetrieben in die Vorfluter stammen, wie dies noch in Deutschland bis in die 1950er- und 1960er-Jahre möglich und üblich war. Aber auch heute noch werden Schadstoffe in Böden eingetragen und dort festgelegt, etwa über den Luftpfad. Ausgefallene, an Pflanzenoberflächen ausgekämmte oder durch Niederschlagsprozesse aus der Atmosphäre ausgewaschene Stäube können in Böden eingetragen und dort etwa im Humus festgelegt werden.

Regelungsfunktion für den Wasserhaushalt

Diese Funktion wird durch die **Wasserspeicherfähigkeit** der Böden **und** die **Transpiration** der darauf stehenden Vegetation bestimmt. Sie regelt den Grund- und Oberflächenabfluss. Lange Verweilzeiten verlangsamen den Wasserkreislauf und erlauben einen besseren Abbau möglicherweise eingetragener Stoffe. Sie wirken sich damit positiv auf die Sickerwasserqualität und den Landschaftswasserhaushalt aus. Die Verweilzeit richtet sich nach

- dem Bodensubstrat, wobei die Verweilzeit in Sand nur kurz, in Lehm dagegen hoch ist,
- der Durchwurzelungstiefe, die den biologisch besonders aktiven und somit für die Bodenwassermenge und -qualität wesentlichen Bodenraum definiert und
- nach der Menge des gebildeten Grundwassers, das bei gleicher Niederschlagsmenge durch die pflanzliche Transpiration und den Oberflächenabfluss bestimmt wird.

Der **Bodenwasserhaushalt** spielt eine wichtige Rolle bei der Versorgung der Vegetation mit Wasser. In Ostdeutschland herrscht im Sommerhalbjahr in der Regel eine negative Wasserbilanz vor. Der Wasservorrat muss deshalb aus dem Boden- und Grundwasser ausgeglichen werden. Bei Starkniederschlägen wird durch die Zwischenspeicherung im Bodenwasser eine Abflussverzögerung erreicht, die sehr wichtig ist, um nicht die Kanalnetze zu überlasten. Diese müssen bereits den Abfluss der versiegelten Flächen von Dächern, Straßen,

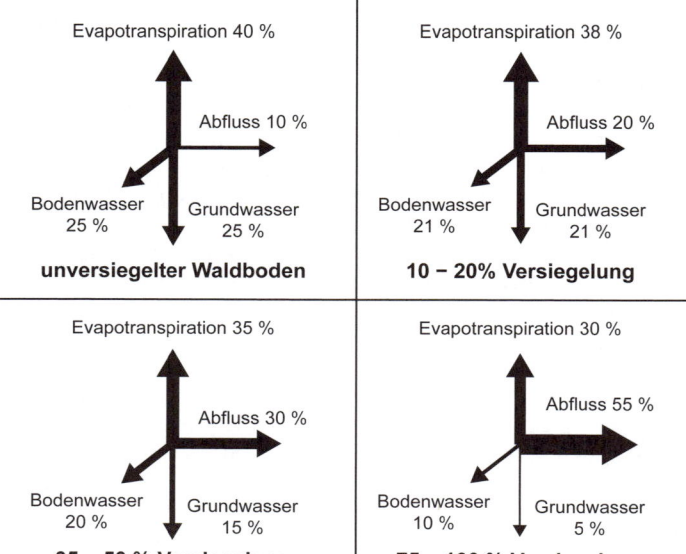

Abb. 2.42
Änderungen der hydrologischen Flüsse mit zunehmendem Versiegelungsgrad in urbanisierten Einzugsbereichen (Quelle: Paul und Meyer 2001, nach Arnold und Gibbons 1996)

Plätzen und Gehwegen aufnehmen und abführen. Die Versickerungsgeschwindigkeit in teil- und unversiegelten Böden ist deshalb ein wichtiger ökologischer Faktor (Abb. 2.42).

Archivfunktion für die Naturgeschichte

Bodentypen können mit ihren Profilmerkmalen die landschaftsgeschichtlichen Bedingungen ihrer Entstehungszeit widerspiegeln. Diesen Böden kommt somit eine Bedeutung als Archiv der Landschaftsgeschichte zu. Für Berlin sind die Böden beispielsweise Archive für ihre Entstehungsbedingungen in der letzten Kaltzeit und die postglazialen Moorbildungen. Besonders hoch bewertet werden sehr seltene und für diese Funktion sehr wichtige Böden.

Merksatz
Urbane Böden erfüllen vielfältige Funktionen und können hinsichtlich ihrer Leistungsfähigkeit bewertet werden.

2.3.3 Belastungen

Die **Bodenverdichtung** ist ein bodenphysikalischer Prozess, bei dem es zur Abnahme des Porenvolumens kommt. In Städten treten Bodenverdichtungen vor allem auf nicht gepflasterten Gehwegen neben der Straße oder innerhalb von Parkanlagen auf. Diese Verdichtung entsteht durch den regelmäßigen Tritt von Menschen oder das Befahren der Wege (z.B. mit dem Fahrrad). Ein Merkmal dieser Wege sind Pfützenbildungen. Die Böden weisen einen stark verdichteten und verkrusteten Oberboden auf, das Infiltrationsvermögen ist gehemmt, es kommt zur Vernässung und zu einem verstärkten oberflächlichen Abfluss, der eine erhöhte Bodenerosion mit sich bringt. Zusätzlich ist die Durchwurzelbarkeit stark eingeschränkt und es herrscht ein erhöhter Luftmangel im Boden, der die mikrobielle Aktivität einschränkt. All diese Eigenschaften machen den verdichteten Boden zu einem ungünstigen Pflanzenstandort.

Merksatz
Versiegelung, Verdichtung, Schadstoff- und Schwermetalleintrag beeinträchtigen die natürlichen Bodeneigenschaften und -funktionen.

Ein besonderes Merkmal städtischer Böden ist auch die **starke Schadstoffbelastung** (Tab. 2.5). Ein Großteil der städtischen Böden ist mit Arsen, Schwermetallen, Pestiziden und anderen organischen Schadstoffen belastet.

Die Emittenten von Schadstoffen in Stadtgebieten lassen sich in vier Gruppen zusammenfassen:

- Industrie
- Hausbrand und Kleingewerbe
- Verkehr
- Sonstige

Die hierbei entstehenden Schadstoffe gelangen auf unterschiedliche Weise in die städtischen Böden. Die wichtigsten Schadstoffeintragspfade in die Böden städtisch-industrieller Verdichtungsräume und ihre jeweiligen Quellen sind in Tab. 2.6 zusammengefasst.

Besonders technogene Substrate enthalten meist hohe Gehalte an **Schwermetalle**n. Aber auch aufgrund spezifischer Nutzung können hohe Schadstoffkonzentrationen in städtische Böden gelangen. So liegen beispielsweise unter Schrottplätzen hohe Metallkontaminati-

Tab. 2.5 Prüfwerte für Schadstoffe in mg kg^{-1} (tief) Boden
(Fiedler 2001, aus Bundes-Bodenschutzgesetz 1998)

Stoff	Kinderspiel-flächen	Wohn-gebiete	Park- und Freizeit-anlagen	Industrie- und Gewer-begebiete
Arsen	25	50	125	140
Blei	200	400	1 000	2 000
Cadmium	10	20	50	60
Chrom	200	400	1 000	1 000
Nickel	70	140	350	900
Quecksilber	10	20	50	80
Aldrin	2	4	10	
PAK (16 EPA)**	20	40	100	120
Benzo(a)pyren	2	4	10	12
DDT	40	80	200	
Hexachlorbenzol	4	8	20	200
Hexachlorcyclohexan	5	10	25	400
polychlorierte Biphenyle (PCB)	2	4	10	200

** PAK (16 EPA): Aus den hunderten Einzelverbindungen von polyzyklischen aromatischen Kohlen-wasserstoffen (PAK) hat die US-amerikanische Umweltbehörde EPA 16 toxische Leitsubstanzen ausgewählt, zu denen z. B. Naphthalin und Benzo[a]pyren zählen.

Tab. 2.6 Schadstoffeintragspfade in die Böden städtisch-industrieller Verdich-tungsräume und ihre jeweiligen Quellen (Quelle: verändert nach Arbeits-kreis Stadtböden der Deutschen Bodenkundlichen Gesellschaft 1996)

über die Atmosphäre	Industrie Hausbrand und Kleingewerbe Verkehr
über die Hydrosphäre	Flusssedimentablagerungen Sicker- und Grundwasser
natürliche Erosions- und Akkumulationsprozesse	Wasser Wind
Auf- und Eintrag von Substraten	Umlagerung natürlicher, aber bereits belasteter Substrate Umlagerung technogener Substrate Ablagerung von Reststoffen, Abfällen Baustoffe als zukünftige Quelle
weitere Quellen	undichte Versorgungsleitungen Einsatz von Pestiziden

onen vor, unter Tankstellen sind die Böden mit Blei und anderen Schwermetallen stark belastet. Eine weitere entscheidende Schadstoffquelle ist der Verkehr. Die Böden an Straßenrändern sind teilweise sehr stark durch ruß- und bleihaltige Fahrzeugabgase kontaminiert, auch Zink und Cadmium sind in straßennahen Böden zu großen Anteilen enthalten. Zusätzlich belastet der häufige winterliche Einsatz von Auftausalzen die Böden mit Natrium- und Chloridionen (erhöhte elektrische Leitfähigkeit). Auch das Verrieseln und Versickern von Abwässern führt zu einer hohen Belastung der Böden mit Schwermetallen und organischen Schadstoffen. Der Betrieb von Rieselfeldern wurde im Bereich des Berliner Stadtrandes noch bis in die 1980er-Jahre aufrechterhalten. Diese ehemaligen Rieselfelder stellen nun eine stark kontaminierte Altlast dar. Ein weiteres Problem ist, dass hohe Gehalte an Schwermetallen, wie Cu und Cd, die mikrobielle Aktivität hemmen und damit die natürlichen Bodeneigenschaften stark beeinträchtigen.

Bodenaufträge technogener Substrate können auch einen hohen Anteil an **organischen Schadstoffen** aufweisen. Hierzu gehört zum Beispiel Benzo(a)pyren, das zu den polyzyklischen aromatischen Kohlenwasserstoffen (PAK) zählt und höchst Krebs erregend ist. Werden diese Stoffe von Pflanzen aus dem Boden aufgenommen und gelangen so in die Nahrungskette von Mensch und Tier, stellen sie ein hohes Gesundheitsrisiko dar. Ein weiteres Risiko sind Pestizide, die zur Wildkrautbekämpfung eingesetzt werden. Dies geschieht meistens an Straßenrändern, auf Bahnanlagen, in Gärten, auf Park- und Sportplätzen und in Baumschulen. Um Mensch und Tier vor zu großen Schadstoffmengen im Boden zu schützen, sind im Bundesbodenschutzgesetz Prüfwerte für im Boden enthaltene Schadstoffe auf den jeweiligen Nutzungsflächen festgelegt (Tab. 2.5). Insgesamt lassen sich viele unterschiedliche Schadstoffe in städtischen Böden feststellen, deren Gehalt mit der jeweiligen Bodennutzung stark im Zusammenhang steht. Wie mit kontaminierten Stadtböden umzugehen ist beschreibt, Swartjes (2011).

Innerhalb von städtischen Siedlungsbereichen ist die wichtige Grundwasserneubildung verringert. Aufgrund verdichteter und versiegelter Böden ist das **Infiltrationsvermögen** der Böden stark eingeschränkt. Allerdings sind Stadtböden auch zu einem hohen Maße mit Schadstoffen belastet. Damit besteht die Gefahr, dass diese über das Sickerwasser in das Grundwasser und eventuell mit diesem in das Trinkwasser oder die Nahrung gelangen. Daraus resultiert eine potenzielle Gesundheitsgefährdung für den Menschen. Dies gilt insbesondere für die städtisch-industriellen Verdichtungsräume. Eine akute Gefahr besteht allerdings nur bei hohen Gehalten an leicht mobilisierbaren Schadstoffen. Diese Mobilisierbarkeit hängt von verschiedenen Bodeneigenschaften, wie etwa Ton-, Humus-, Oxid- und Hydroxidgehalt, pH-Wert sowie Redoxpotenzial, ab. So sind Schwermetalle beispielsweise nur in den unteren pH-Wert-Bereichen mobilisierbar.

2.3.4 Bodenschutz

Merksatz
Bodenschutz mithilfe von Reinigungs- und Sanierungsmaßnahmen ist wesentlich aufwendiger und kostenintensiver als ein geschicktes Flächenrecycling.

Unter **Kontamination** versteht man die Zufuhr eines Schadstoffs oder eines gefährlichen Organismus in einen Bereich, in dem vorher keine schädlichen Belastungen nachweisbar waren (Wild 1995). Böden können sowohl mit anorganischen als auch mit organischen Schadstoffen kontaminiert sein. Die Einträge können aus der Luft (Luftschadstoffe), durch Dünger (z. B. Klärschlamm), aus Abwasser (z. B. Rieselfelder), aus dem Straßenspritzwasser (z. B. winterliches Streusalz), durch Unfälle (z. B. Heizöl) oder sonstige Verseuchungen (z. B. wilde Müllkippen) stammen (Hintermaier-Erhard und Zech 1997). Wird die Filterkapazität eines Bodens durch einen hohen Schadstoffeintrag überbeansprucht und besteht die Gefahr, dass toxische Schadstoffe in das Grundwasser gelangen, ist eine Bodensanierung dringend erforderlich. Eine Möglichkeit der **Bodensanierung** ist das Ausheben und Entfernen des kontaminierten Bodenmaterials und seine anschließende **Deponierung**. In diesem Fall bleibt das Schadstoffpotenzial zwar erhalten, es erfolgt jedoch eine Umlagerung der Substanz von einem Ort hoher Gefährdung zu einem Standort, dessen Gefährdungspotenzial niedriger liegt. In Städten werden oft nur die oberen Bodenschichten abgetragen und auf einer Sonderdeponie gelagert. Auch bei einer akuten Gefahr durch auslaufendes Öl werden die entsprechenden Bodenschichten abgetragen und deponiert.

Eine Alternative zu Abtrag und Deponierung bieten eine Vielzahl unterschiedlicher **Reinigungsverfahren**. Diese können sowohl vor Ort, als auch nach dem Bodenabtrag an anderer Stelle erfolgen.

Eine Form der Reinigungsverfahren sind die **biologischen Verfahren**. Hierbei erfolgt die Reduktion oder Beseitigung toxischer Stoffe und Abfälle mithilfe von Organismen. Vermischt man beispielsweise ölhaltigen Boden mit Klärschlamm und Baumrinde, wird dieser auf mikrobiellem Wege gereinigt. Mikrobiologische Verfahren sind höchst umweltverträglich und ermöglichen die Beseitigung von Schadstoffen mit geringem Energieeinsatz und ohne die Schaffung neuer Entsorgungsprobleme. Allerdings erstrecken sich diese Verfahren über lange Zeiträume, und ein Erfolg ist immer mit einer gewissen Unsicherheit verbunden.

Ein weiteres Beispiel ist das **Bodenwaschverfahren**. Hier werden die Schadstoffe mithilfe von Komplexbildnern, Säuren oder Tensiden in eine flüssige Waschlösung überführt und damit regelrecht aus dem Boden ausgewaschen. Das Verfahren ist sehr kostspielig, aufwendig und verändert Bodeneigenschaften wie den pH-Wert und die Bodendichte.

Bei **thermischen Verfahren** wird das kontaminierte Bodenmaterial auf bis zu 1 200°C erhitzt. Dies führt zur Immobilisierung von

Schwermetallen und zur Beseitigung polyzyklischer aromatischer Kohlenwasserstoffe.

Bei den meisten Verfahren der Bodensanierung werden fast alle Bodenorganismen abgetötet und das Bodengefüge zerstört. Thermische Verfahren vernichten auch die organische Bodensubstanz und bewirken eine Veränderung der Bodenminerale. Nur selten kann der unbelastete Ausgangszustand eines Bodens wiederhergestellt werden. Meist wird der Schadstoffgehalt im Boden nur auf ein „vertretbares Maß" gesenkt. Neben der sehr aufwendigen und kostenintensiven Bodensanierung wird teilweise auch die Möglichkeit einer **gezielten Bodenversiegelung** praktiziert. Die Bodenversiegelung über kontaminierten Flächen verhindert ein weiteres Eindringen von Sickerwasser in den Boden. Somit können Schadstoffe nicht mehr gelöst und mobilisiert werden und eine Verschlechterung der Grundwasserqualität wird gestoppt. Die Einarbeitung von Kalk, Humus und Phosphat dient als eine weitere Möglichkeit. Sie reduziert die Auswaschung von Schwermetallen und die Aufnahme durch die Pflanzen.

In Deutschland werden täglich etwa 80–150 Hektar (zum Vergleich: 110–200 Fußballfelder) Freifläche in Siedlungs- und Verkehrsfläche umgewandelt. Im Gegenzug dazu ist es deshalb wichtig, in den Städten Maßnahmen zur **Entsiegelung** durchzuführen, um den für Mensch und Umwelt negativen Auswirkungen einer Bodenversiegelung entgegenzuwirken. Entsiegelungsmaßnahmen sind besonders dort sinnvoll, wo ohnehin Baumaßnahmen durchgeführt werden müssen. So lassen sich zum Beispiel bei der Neuanlage von Gehwegen, Parkplätzen oder Einfahrten alte, undurchlässige Belagsschichten entfernen und durch neue, durchlässigere Materialien mit einem hohen Fugenanteil ersetzen. Zusätzlich sind Entsiegelungsmaßnahmen gerade in Bereichen von städtischen Brachflächen (z. B. stillgelegte Industriestandorte, zerfallene Bauruinen, ehemalige Flugplätze) sinnvoll, um hier unbenutzte, versiegelte Flächen zu entfernen.

Neben der Entsiegelung sollte innerhalb der städtischen Raumplanung das Konzept des **Flächenrecyclings** stärker berücksichtigt werden. Dem Neubau auf der „Grünen Wiese" ist die Bebauung und Nutzung bereits vorhandener Baulücken oder brachgefallener Industrie- und Gewerbestandorte vorzuziehen.

2.4 Biosphäre: Pflanzen und Tiere in der Stadt

In Städten müssen sich Pflanzen- und Tierarten an die Besonderheiten des urbanen Lebensraumes anpassen (Abb. 2.43). Dies wird als **Synanthropie** bezeichnet. Eine **Population** ist dabei eine Gruppe von Individuen derselben Art, die gleichzeitig in einem geographischen Areal vorkommen. **Art oder Spezies** ist die grundlegende Gliederungseinheit des **taxonomischen Systems**, d. h. der Bestimmung und Benennung von Lebewesen. Die Gliederung erfolgt nach dem Grad

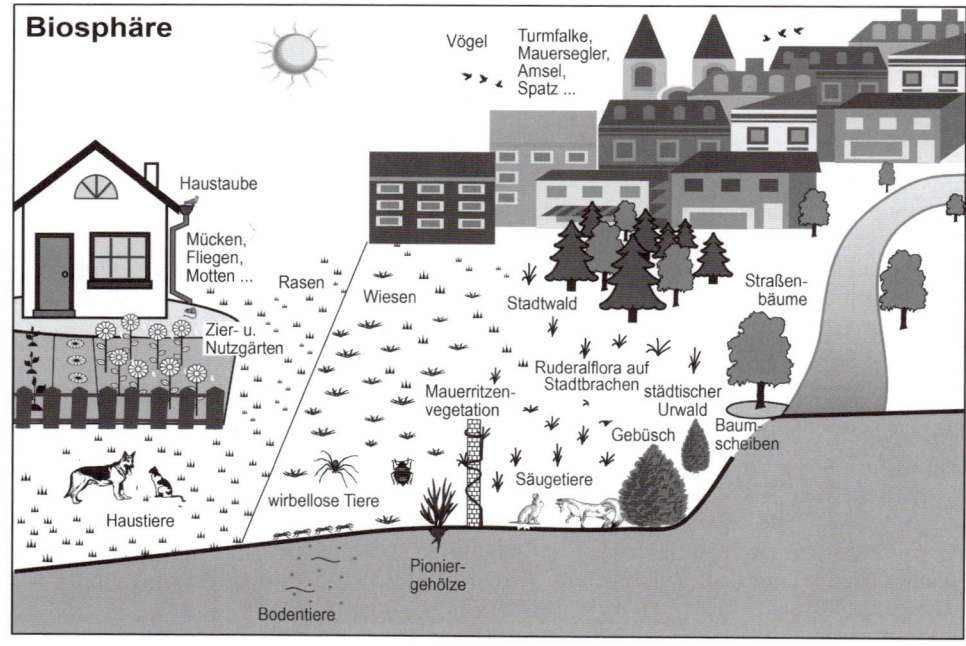

Abb. 2.43

Strukturen und Phäno-
mene im Teilsystem der
urbanen Biosphäre

der Verwandtschaftsbeziehungen, die sich durch morphologische Merkmale definieren lassen. Das heute gebräuchliche klassische taxonomische System mit zweiteiligen Artnamen geht auf **Carl von Linné** und sein Werk „Systema Naturae" (1735) zurück. Die klassischen Taxa sind unterteilt in:

• Reich
• Abteilung
• Stamm
• Klasse
• Ordnung
• Familie
• Gattung und Art

Die meisten Organismen sind an einen bestimmten Lebensraum gebunden. Der charakteristische Lebensraum einer Art ist ihr **Habitat**. Somit kann auch der Planet Erde als „**human habitat**" bezeichnet werden. Ganze Lebensgemeinschaften von bestimmten Arten, eine **Biozönose**, hat dann als Lebensraum ein Biotop (engl.: habitat, im Deutschen wird Habitat und **Biotop** mitunter synonym verwendet; Wittig et al. 1998). Nach Wittig (1991) entsprechen die Makrohabitate den städtischen Nutzungs- bzw. Struktur- oder Baukörpertypen. Die Ausgliederung und Kartierung urbaner Biotope ist eine wichtige Aufgabe der Stadtökologie, bei der nicht nur terrestrische Aufnahmen, sondern zunehmend auch Methoden der Fernerkundung zum Einsatz kommen (Sukopp und Weiler 1986). Volg (2003) entwarf ein dynamisches Naturschutzkonzept für Wohngebiete zur Förderung von wild lebenden Pflanzen und Tierarten. Geographische Informationssysteme und numerische Modelle helfen bei der Bearbeitung und Darstellung derartiger Ergebnisse (siehe Kapitel 1.6.6; Lakes et al. 2011).

2.4.1 Die städtische Pflanzenwelt

Unter der Flora versteht man die Summe der Pflanzenarten eines Gebietes, in unserem Fall also einer Stadt (z. B. die Flora von Berlin). Der Begriff der **Stadtflora** bezieht sich somit auf alle in Städten vorkommenden Arten. Die **Vegetation** ist die Gesamtheit der Pflanzengesellschaften eines Gebietes. Eine solche Pflanzengesellschaft wird durch Klima, Boden, Relief, Ausgangsgestein und Wasserhaushalt, aber auch durch die Eingriffe des Menschen geprägt (z. B. Vegetation in Freiburg, Wilmanns 1990). An bestimmten Standorten vorkommende Artenkombinationen von Pflanzen mit sehr ähnlichen ökologischen Ansprüchen werden als **Pflanzengesellschaft** bezeichnet. Sie werden nach ihrer spezifischen Artenzusammensetzung benannt. Kunick (1974, 1982) ist das Verdienst anzurechnen, erstmalig eine detaillierte Flora einer mitteleuropäischen Großstadt (Berlin) vorgelegt zu haben. Wittig (1991, 1996) hat die Unterschiede zwischen Stadt- und Umlandflora übersichtlich zusammengestellt (Tab. 2.7) und Sukopp et al. (1990) haben die grundlegende Veröffentlichung hierzu herausgegeben.

Die Stadtflora setzt sich aus einheimischen Arten, den sogenannten **Indigenen**, und den **Adventivpflanzen** zusammen. Letztere sind wild wachsende Pflanzen, die sich durch anthropogenes Zutun an einem Ort etablieren können. Sie zählen nicht zur einheimischen Flora und sind damit nicht endemisch. Sie können vom Menschen absichtlich eingeführt oder unabsichtlich eingeschleppt worden sein. Je nachdem, ob dies vor oder nach der Entdeckung der „Neuen Welt" (1492) passierte, unterscheidet man **Archäophyten und Neophyten**. Indigene Arten, die ursprünglich nur auf naturnahen Standorten vorkamen, sich aber im Laufe der Jahrhunderte langsam an die anthropogenen Standorte angepasst haben, bezeichnet man als Apophyten. Als typische **Apophyten** gelten etwa viele Ackerunkräuter, die sich an die offenen Standorte des Ackerlandes angepasst haben, wie etwa Acker-Kratzdistel (*Cirsium arvense*) und Acker-Schmalwand (*Arabidopsis thaliana*) oder auch der Hopfen (*Humulus lupulus*) (Sukopp und Kowarik 1987; Kowarik 2003). Eine Zusammenfassung der Merkmale der Stadtflora findet man bei Klotz (1989; 1995).

Als **Neophyten**, also Neueinwanderer, werden Arten bezeichnet, die nach der Entdeckung Amerikas 1492 mit menschlicher Unterstützung nach Europa kamen und heute wild wachsend vorkommen

Merksatz
Urbane Vegetation schließt alle in einer Stadt vorkommenden Arten ein, setzt sich aus charakteristischen Pflanzengesellschaften zusammen und erfüllt viele wichtige Funktionen.

Tab. 2.7 Unterschiede zwischen Stadt- und Umlandflora in gemäßigten Klimazonen, nur krautige Gefäßpflanzen (Quelle: Wittig 1996)

Merkmal	prozentualer Unterschied (im Vergleich zum Umland)
Artenzahl/km^2	höher
nicht-einheimische Arten (Hemerochore)	mehr
Standortansprüche	mehr Licht, Wärme, Basen und Stickstoff liebende sowie trockenheitsertragende Arten, weniger feuchtigkeitsliebende Arten
Familienzugehörigkeit Spektrum prozentualer Anteil	kleiner Asteraceae, Poaceae und Polygonaceae deutlich erhöht, andere Familien (z. B. Orchidaceae und Cyperaceae) reduziert
Störungszeiger	mehr
Lebensform	mehr Therophyten
Bauplan	weniger Hygro- und Helophyten, keine Hydrophyten
Verbreitungsmechanismen	mehr Arten mit Wind- und Kleb- oder Klettverbreitung
Blüte Größe Anzahl Dauer Bestäubung	mehr Arten mit kleinen Blüten, Fehlen großblütiger Arten mehr vielblütige Arten mehr Arten mit langer Blütezeit (gesamte Vegetationsperiode) mehr Arten mit Selbstbestäubung oder Parthenogenese, Fehlen von Arten mit komplizierten oder spezialisierten Bestäubungsmechanismen
Schadstoffresistenz	mehr resistente Arten

(Kowarik 2003). Im Hinblick auf die Samenpflanzen lassen sich dabei vier Abschnitte ausgliedern:
- Bis zum 15. Jahrhundert gab es in Städten nur Indigene und Archäophyten.
- Ab dem 15. Jahrhundert mit Ausweitung von Handel und Verkehr traten erste Neophyten im Stadtbild in Erscheinung.
- Zu Beginn des 19. Jahrhunderts mit Verstärkung und Ausbau der Infrastruktur breiteten sie sich sprunghaft aus. Außerdem wurde durch das Größenwachstum der Städte der heterogene – und damit der den Neophyten viel mehr Nischen bietende – Raum ebenso größer.
- Erst im 20. Jahrhundert zeichnete sich ein Nachlassen der Zuwanderung ab (Wittig 1998).

Etwa 1 015 Arten der 2 119 in Berlin vorkommenden wild wachsenden Pflanzenarten sind Neophyten. Ungefähr 12 000 Arten wurden bisher absichtlich und unabsichtlich nach Mitteleuropa eingeführt, aber nur rund 10 % von ihnen breiten sich aus und noch weniger bilden dauerhafte Populationen. So konnten sich von 1015 Arten in Berlin nur rund 271 etablieren. In Deutschland sind mindestens 417 Arten eingebürgert. Allerdings können auch nicht etablierte Arten bei Veränderung der Standortbedingungen (Klimaänderung) erneut Einzug halten und dauerhaft ansiedeln. In Berlin zählen Neophyten immerhin zu den häufigsten und stadttypischsten Arten und sind im Stadtzentrum am stärksten vertreten. Kowarik (1992) gibt für die Berliner Innenstadt einen Neophytenanteil von 35 % an der Gesamt-flora an, am Stadtrand verringert sich der Anteil auf 18 % und im ruralen Spreewaldgebiet sind es nur noch 10 %. Folgende Gründe können dafür genannt werden:

- Siedlungsräume sind Einführungszentren neuer Arten (Anpflan-zungen, Handel, Verkehr)
- urbane Gebiete haben eine besonders hohe Standortvielfalt (Vor-handensein einer Vielzahl hochgradig anthropogen gestörter Standorte; Wittig 2002)
- städtische Ökosysteme weisen häufig besondere Bedingungen auf (wärmeres und trockeneres Stadtklima, nährstoffreiche Böden)

Aus Abb. 2.44 geht das Lebensformenspektrum der Berliner Neophy-ten hervor. Mit einem intelligenten Forschungsdesign konnten von der Lippe et al. (2005), von der Lippe und Kowarik (2007) sowie Kowarik und von der Lippe (2007) den Anteil der einheimischen und nicht-einheimischen Arten in den Diasporenproben aus städtischen Autobahntunneln analysieren (Abb. 2.45). Danach sind die mit dem Autoverkehr nach Berlin eingeschleppten Arten etwa zur Hälfte einheimische Arten und zur Hälfte Neophyten und Archäophyten.

Nach der Einwanderungsgeschichte werden zwei Gruppen von Neophyten beschrieben: **Eingeführte Zier- und Nutz-pflanzen.** Zierpflanzen breiten sich von gärtnerischen, forstlichen und landeskul-turellen Anpflanzungen aus (z. B. die aus Nordamerika stammende Robinie *Robinia pseudoacacia*). Sie wurde 1672 im Berliner Lustgarten kultiviert und kommt heute auf Sandstandorten in Brandenburg so-wie auf Ruderalstandorten Berlins vor. Bekanntester Vertreter in Berlin ist der aus China stammende Götterbaum (*Ai-lanthus altissima*). Er wurde seit dem 18. Jahrhundert in Berlin kultiviert und brei-tete sich in der Nachkriegszeit aus. Heute gilt er als Charakterbaum der Berliner In-

Abb. 2.44
Lebensformenspektrum der neophytischen und der einheimischen Arten der Berliner Gehölzflora (Quelle: Kowarik 1992)

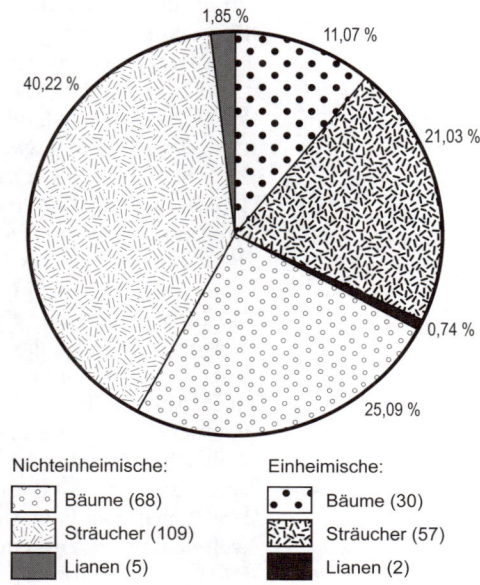

Nichteinheimische:
- Bäume (68)
- Sträucher (109)
- Lianen (5)

Einheimische:
- Bäume (30)
- Sträucher (57)
- Lianen (2)

Abb. 2.45

Anteil der einheimischen und nicht-einheimischen Arten in den Diasporenproben aus städtischen Autobahntunneln: a) aus der Gesamtzahl der Arten errechneter Anteil (qualitative Auswertung), b) aus der Gesamtzahl der lebensfähigen Diasporen in den Proben errechneter Anteil (quantitative Auswertung) (Quelle: von der Lippe et al. 2005)

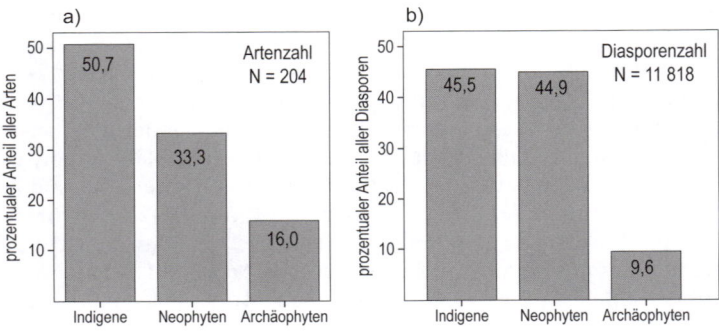

nenstadtbezirke, wohingegen er am Stadtrand und im Umland nur selten wild wachsend vorkommt (Kowarik und Säumel 2007). Eine Nutzart zur Begrünung von Lauben kam in 19. Jahrhundert dazu: die Waldrebe (*Clematis vitalba*), die sich entlang von Verkehrswegen stark ausbreitet. Weiterhin sind das Immergrün (*Vinca minor*), die Wildtulpe (*Tulipa sylvestris*), die Telekie (*Telekia speciosa*), das Wald-Rispengras (*Poa chaixii*), das Kleinblütige Springkraut (*Impatiens parviflora*) und – besonders häufig in siedlungsnahen Wäldern – die Kanadische Wasserpest (*Elodea canadensis*) zu nennen.

Eingeschleppte Arten werden unbeabsichtigt mit Waren, Saatgut oder Verkehrsmitteln transportiert wie z. B. der Wanzensame (*Corispermum leptoptemum*), der 1876 am Schöneberger Bahnhof in Berlin entdeckt und mit dem Ausbau der Ringbahn verbreitet wurde. Heute kommt er häufig an Bahnanlagen, ruderalisierten Sandstandorten und sogar an Küsten vor. Auch das Spitzkletten-Rispenkraut (*Iva xanthifolia*), das aus Amerika stammt und nach dem Zweiten Weltkrieg aus Russland über Getreidelieferungen auch in den Ostteil Berlins gelangte, sowie der aus dem Mittelmeerraum stammende Klebrige Gänsefuß (*Chenopodium botrys*), der heute auf kalkreichen Trümmerschuttflächen siedelt, gehören dazu. Weiterhin sind das Greiskraut (*Senecio inaequidens*), die Goldrute (*Solidago canadensis*) und die Ambrosie (*Ambrosia artemisiifolia*) zu nennen (Kowarik 2003).

Es stellt sich die Frage, ob Neophyten nun eine **Bereicherung der Stadtflora oder** eher **ein Problem** darstellen. Zu den positiven Auswirkungen gehört, dass sie allgemein betrachtet zur Biodiversität beitragen, dass neophytische Veränderungen die Dynamik in der Natur unterstützen, dass sie sich teilweise zu Kulturlandschaftselementen entwickelt haben (Beispiel Robinie), dass sie in der städtischen Umwelt sehr widerstandskräftig bzw. anpassungsfähig sind und letztlich einen großen Anteil an der Entwicklung von urbanen Wäldern haben. Negativ zu bewerten ist, dass „die Ausbreitung von Neophyten weltweit als wesentlicher Gefährdungsfaktor für die biologische Vielfalt gilt" (Kowarik 2003). Aus der Sicht des Naturschutzes ist die

Zurückdrängung und Veränderung der einheimischen Arten ein Problem. Wildwuchs von Neophyten, wie Stauden-Knöterich oder Traubenkirsche, erschweren die forstliche, landwirtschaftliche und bauliche Arbeit. Die Allergien auslösende Ambrosie oder die die Haut reizende Herkulesstaude stellen Gesundheitsrisiken dar. Die Beseitigung problematischer Arten würde allein in Deutschland jährlich viele Millionen Euro kosten (Kowarik 2003).

In Städten können drei unterschiedliche Hauptverbreitungstypen von Pflanzen unterschieden werden (Wittig 1998): Urbanophobe (die Stadt meidende), können von urbanoneutralen (sowohl in der Stadt als auch im Umland vorkommend) und urbanophilen (die Stadt bevorzugend) Pflanzenarten unterschieden werden.

Urbanophobe Pflanzenarten brauchen nährstoffarme bis mäßig nährstoffreiche Böden, unverschmutzte Gewässer, unverbaute Gewässerränder, Feuchtgebiete und magere Böden. Sie reagieren empfindlich auf mechanische Störungen wie z.B. Tritt, Überschüttung oder Bearbeitung mit einer Hacke. Zu ihnen gehören in Mitteleuropa fast alle Orchideen, die meisten Liliengewächse sowie viele Sauergräser. Zu den mäßig urbanophoben Arten, die im außerstädtischen Bereich vorkommen, zählen viele Waldpflanzen, einige Röhrricht- und mehrere Wiesenarten. Waldarten finden nur dann ihr Vorkommen in zentrumsnahen Bereichen, wenn es sich um sehr alte waldähnliche Parks handelt.

Zu den **urbanoneutralen Arten** zählen die Ubiquisten, also Arten, die aufgrund ihrer breiten ökologischen Amplitude überall vorkommen können. Hierzu gehören viele Wildkräuter (z.B. Weißer Gänsefuß *Chenopodium album*) sowie trittunempfindliche Pflanzenarten (z.B. Breitblättriger Wegerich *Plantago major*) oder der Vogel-Knöterich (*Polygonom aviculare*) und die Parkrasen. Auch Pionierbäume wie die Sand-Birke (*Betula pendula*) und die Salweide (*Salix caprea*) zählen zu dieser Gruppe. Die häufigsten Arten in Städten gehören zu den urbanoneutralen Arten.

Pflanzenarten mit einem Verbreitungsschwerpunkt in Städten und auf Industriegeländen sind **urbanophil**. Sie bevorzugen die städtischen Standorte mit ihren höheren Lufttemperaturen, einer längeren Vegetationsperiode und milderen Wintern, niedrigeren Luft- und Bodenfeuchtewerten sowie gestörten Bodenverhältnissen. Sie sind außerdem trittunempfindlich. Typische urbanophile Arten sind die Gewöhnliche Nachtkerze (*Oenothera biennis*), die Mäuse-Gerste (*Hordeum murinum*) oder der Götterbaum (*Ailanthus altissima*). Diese Arten sind auf bestimmte, stadttypische Standortfaktoren angewiesen (z.B. das warm-trockene Klima) und finden daher ihre Verbreitung nur in Städten. Je nach Standort gibt es noch weitere Unterteilungen wie beispielsweise industriophil bei einem ausschließlichen Vorkommen in Industriegebieten und Verkehrsanlagen (Wittig 1998).

In Städten treten alle Großgruppen (Stämme) des Pflanzenreiches auf: Algen, Pilze, Moose, Flechten, Farne und Samenpflanzen, wobei nicht alle auftretenden Arten auch stadttypisch sind (Wittig 1998):

- **Pilze** sind Saprophyten, d.h., sie ernähren sich von toter organischer Substanz. Ernähren sie sich von lebender Substanz, so treten sie als Parasiten auf. Baumparasiten kommen in Städten häufig vor und stellen nicht selten ein Problem dar. Ebenso vertreten sind nützliche Symbiosen zwischen grünen Pflanzen und Pilzen, z.B. die Mykorrhizen und Flechten.

- **Flechten** entstehen durch eine enge Symbiose einer Pilz- mit einer Algenart. Flechten sind sehr empfindlich gegenüber Luftverschmutzung und so sind sie in immissionsbelasteten Innenstädten eher kaum bis gar nicht vorzufinden. So wird der „zentrale epiphytenfreie Bereich als Flechtenwüste bezeichnet" (Wittig 1998). Flechten können auf Borken, Mauern, Felsen oder der Erde leben.

- **Moose** sind auf luft- und/oder bodenfeuchte Standorte angewiesen, daher sind sie in Städten nur selten vorhanden. Sie bevorzugen dort Pflasterritzen, Mörtelfugen und Mauern oder sind auf städtischen Rasenflächen zu finden.

- **Farne**: Keine Farnart findet ihr Verbreitungsoptimum in der Stadt. Sie treten bevorzugt oder ausschließlich in Mauerfugen der Altbauviertel oder in historischen Stadtkernen auf. Zu den wenigen Arten, die in Städten vorkommen, gehören der Acker-Schachtelhalm (*Equisetum arvense*) und die Mauerraute (*Asplenium ruta-muraria*).

- **Samenpflanzen**: Sie sind der einzige Stamm mit mehr Arten pro Quadratkilometer in Städten als im Umland und vor allem als in Wäldern (Wittig 1998). Die Artenzahl ist im Stadtzentrum größer als in der Randzone. Die Ursachen dafür sind der gut entwickelte Wasserhaushalt sowie ihre gute Anpassungsfähigkeit gegenüber Belastungen. Die häufigsten Arten in Städten sind weltweite Vertreter der Familien der Korbblütler (*Asteraceae*) und Süßgräser (*Poaceae*). Relativ häufig sind in mitteleuropäischen Städten außerdem der Kreuzblütler (*Brassicaceae*), Knöterichgewächse (*Polygonaceae*), Nachtkerzengewächse (*Onagraceae*), Lippenblütler (*Lamiacae*) und Gänsefußgewächse (*Chenopodiaceae*), ebenso Schmetterlingsblütler (*Fabaceae*), Doldenblütler (*Apiaceae*) und Nelkengewächse (*Caryophyllaceae*). Die häufigsten Arten im gemäßigten Bereich Mitteleuropas sind Beifuß (*Artemisia vulgaris*), Breitblättriger Wegerich (*Plantago major*) und Hirtentäschel (*Capsella bursa-pastoris*). Sie besitzen kleine, zahlreiche Blüten und verfügen über effektive Verbreitungsmechanismen (Wind- oder/und Kleb- bzw. Klettverbreitung). Des Weiteren besitzen sie meist tief reichende Wurzelsysteme und sind aufgrund einer großen Regenerationskraft wenig anfällig gegenüber mechanischen Störungen (Wittig 1998). Sukopp (1998) hat die Artenzahlen verschiedener Stämme des Pflanzenreiches in vier Stadtzonen zusammengestellt (Tab. 2.8).

Tab. 2.8 Artenzahlen verschiedener Stämme des Pflanzenreiches in den vier Stadtzonen nach Sukopp (1998)

Pflanzengruppe	Stadt	Quelle	Bebauung		Randzone	
			ge-schlos-sen	aufge-lockert	innere	äußere
Pilze	Lodz	Lawrynowicz (1982)	72	162	403	
Flechten*	New Castle	Gilbert (1970 a)	0(–1)	1–4	7–12	23–28
Moose*	New Castle	Gilbert (1970 a)	0	0	0	4
Farnpflanzen	Düsseldorf	Wittig (1991)	1**	7	12	24
Farn- und Samenpflanzen***	Berlin	Kunick (1974)	380	424	415	357

* nur epiphytische Arten ** nur Stadtzentrum i. e. S. *** pro km²

Die Verteilung der Pflanzenarten ist eine Folge ihrer Standortansprüche. Arten mit ähnlichen ökologischen Ansprüchen treten daher weit häufiger gemeinsam auf. Somit ergeben sich bestimmte, für die verschiedenen Standorttypen charakteristische Artenkombinationen, die als Pflanzengesellschaften bezeichnet werden. Natürlich entstandene Pflanzengesellschaften gehören zu der **spontanen Vegetation**. Wenn sie durch das Zutun des Menschen entstehen und sich dann selbstständig weiter entwickeln spricht man von **subspontaner Vegetation**. Zu ihr gehören in Städten z. B. manche waldartigen Bereiche, Parkanlagen und Friedhöfe.

Im Folgenden werden die flächenmäßig bedeutsamsten Pflanzengesellschaften des städtischen Bereiches aufgeführt. Die Pflanzendecke einer Stadt setzt sich zwar aus spontan gebildeten Pflanzengesellschaften zusammen, wird aber selbstverständlich vom Menschen durch Aussaat oder Anpflanzung weiter ausgestaltet. **Spontane Pflanzengesellschaften** bilden sich in der Stadt vor allem auf Ruderalstandorten. **Ruderalvegetation** (lateinisch rudus: Klumpen, Brocken für steinig-schuttreiche Standorte) ist die vorwiegend krautige Vegetation anthropogen stark veränderter und/oder gestörter Wuchsplätze, sofern diese weder land- noch forstwirtschaftlich genutzt werden (www.ruderal-vegetation.de, 8.2.2012). Anthropogen überprägte Standorte sind etwa stickstoffreiche Aufschüttungen, Bahndämme oder Schutt- und Brachflächen. Pflanzen mit einem hohen Stickstoffbedarf sind beispielsweise die Große Brennnessel (*Urtica dioica*), der Beifuß (*Artemisia vulgaris*), der Giersch (*Aegopodium podagraria*) sowie der Holunder (*Sambucus nigra*). Sandig-trockene Standorte bevorzugen die Mäuse-Gerste (*Hordeum murinum*), die Dach-Trespe (*Bromus tectorum*) und die Nachtkerze (*Oenothera biennis*).

Bauschutthaufen werden gerne von Borstgras-Rasen (*Narwetalia spec.*) eingenommen. Typische Stadtpflanzen sind auch die Neophyten (siehe oben).

Wittig (1998) gliedert in mitteleuropäischen Städten sechs flächenmäßig bedeutsame spontane Pflanzengesellschaften aus:

- **Trittgesellschaften**: Die Trittvegetation setzt sich überwiegend aus Kosmopoliten, d. h. weltweit vorkommenden Pflanzen zusammen. Weitgehend trittunempfindlich sind der Breitblättrige Wegerich (*Plantago major*), der Gewöhnliche Löwenzahn (*Taraxacum officinale*), einjährige Kriechpflanzen wie die Niederliegende Schiefblattwolfsmilch (*Euphorbia prostrata*), der Vogel-Knöterich (*Polygonom aviculare*) und Gräserarten wie das einjährige Rispengras (*Poa annua*), der Indische Hundszahn (*Eleusine indica*), das Deutsche Weidelgras (*Lolium perenne*) sowie das Silbermoos (*Bryum argenteum*). Trittgesellschaften ertragen auch stark betretene bzw. mäßig befahrene, unversiegelte Böden oder gedeihen in Pflasterritzen.
- **Einjährige Ruderalfluren**: Offene und stickstoffreiche Böden werden oft von therophytischen Kosmopoliten besiedelt. Einjährige Pflanzen kommen dort vor, wo der Mensch regelmäßig für eine offene Bodenoberfläche sorgt. Wichtige Arten sind die Mäuse-Gerste (*Hordeum murinum*; Abb. 2.46), die Taube Trespe (*Bromus sterilis*) der Weiße Gänsefuß (*Chenopodium album*), die Glanz-Melde (*Atriplex acuminata*), der Kompass-Lattich (*Lactuca serriola*), die Ungarische Rauke (*Sisymbrium altissimum*) und der Kanadische Katzenschweif (*Conyza canadensis*). Ein Großteil der Arten stammt dabei aus dem mediterranen Raum, was die Bedeutung der städtischen Wärmeinsel für die Etablierung einer spezifischen Stadtflora belegt.
- **Ausdauernde ruderale Hochstaudenfluren**: Wenn sich die Vegetation an einem Ruderalstandort über einige Jahre hinweg unge-

Abb. 2.46
Mäuse-Gerste (Hordeum murinum) in Berlin-Lichtenberg am Rand eines teilversiegelten Gehweges (Foto: Endlicher 2011)

stört entwickeln kann, dann beginnen mehrjährige über einjährige Arten zu dominieren und es entwickeln sich ausdauernde Hochstaudenfluren. Charakteristische Arten sind der Gemeine Beifuß (*Artemisia vulgaris*), die Große Brennnessel (*Urtica dioica*), die Acker-Kratzdistel (*Cirsium arvense*), das Gemeine Knäuelgras (*Dactylis glomerata*), die Stickstoff liebende Kleine Klette (*Arctium minus*), der Rainfarn (*Tanacetum vulgare*) und der Steinklee als Pioniergesellschaft. Wärme liebende Neophyten sind die Kanadische Goldrute (*Solidago canadensis*), die Riesen-Goldrute (*Solidago gigantea*) und der Japanische Staudenknöterich (*Fallopia japonica*).

- **Rasen und Wiesen:** Große Flächen in Parks und Gärten nehmen in mitteleuropäischen und nordamerikanischen Städten Rasen und Wiesen ein. In einem mitteleuropäischen Scherrasen findet man meist das Deutsche Weidelgras (*Lolium perenne*), den Rot-Schwingel (*Festuca rubra*) den Weiß-Klee (*Trifolium repens*), die Kleine Braunelle (*Prunella vulgaris*), das Gänseblümchen (*Bellis perennis*), den Gemeinen Löwenzahn (*Taraxacum officinalis*), Rispengräser (*Poa annua* und *P. pratensis*), die Gemeine Schafgarbe (*Achillea millefolium*), den Kriechenden Hahnenfuß (*Ranunculus repens*) sowie den Breitblättrigen und den Spitz-Wegerich (*Plantago major, P. lanceolata*). Wenn diese Ruderalgesellschaften mehrere Jahre gemäht werden, dann spricht man von ruderalen Wiesen, die sich durch das Vorkommen des Glatthafers (*Arrhenatherum elatius*) und von Hochstauden (z. B. Gewöhnlicher Beifuß, Gemeine Brennnessel, Acker-Kratzdistel) von den Scherrasen unterscheiden. An sehr trockenen oder häufig mit Herbiziden behandelten Standorten, wie etwa Bahngelände, entstehen dem Trockenrasen ähnliche Gesellschaften, die durch tief reichende Wurzelsysteme charakterisiert sind. Charakterarten sind die Gemeine Quecke (*Agropyron repens*), der Acker-Schachtelhalm (*Equisetum arvense*) sowie Mauerpfeffer- (*Sedum L.*) und Rispengräserarten (*Poa L.*).

- **Pioniergehölze (Gebüsch- und Vorwaldgesellschaften):** An einigen wenigen Standorten kann man in Mitteleuropa eine jahrzehntelange Vegetationsentwicklung beobachten. Derartige Standorte findet man zunehmend auf Verkehrs- (Bahn- und Hafengelände) und Industrieflächen bzw. allgemein auf Stadtbrachen (siehe Kapitel 3.3.6 und 4.1). Hier erfolgt eine Besiedelung mit Gebüschen bis hin zu Vorwäldern. Die häufigsten Arten sind dabei Sträucher wie der Schwarze Holunder (*Sambucus nigra*), der ursprünglich aus Tibet als Zierpflanze eingeführte Schmetterlingsflieder (*Buddleja davidii*), die Kletterpflanze Armenische Brombeere (*Rubetum armeniaci*) sowie bei den Bäumen die Sand-Birke (*Betula pendula*), die Sal-Weide (*Salix caprea*), die aus Nordamerika stammende Gewöhnliche Robinie (*Robinia pseudoaccacia*) sowie der im 18. Jahrhundert aus China und Korea eingeführte Götterbaum (*Ailanthus altissima*) (Kowarik 2003, Kowarik und Säumel 2007; Abb. 2.37).

Abb. 2.47
Begrünte Straßenbahngleise zwischen Alleebäumen an der Wisbyer Straße in Berlin-Pankow (Foto: Endlicher 2011)

Bei den angepflanzten Arten können in mitteleuropäischen Städten nach Wittig (1998) im Wesentlichen die folgenden Arten unterschieden werden:

- **Stadtbäume**: Bäume etablieren sich in Städten nicht nur selbst, sondern werden viel häufiger planmäßig angepflanzt. In Berlin werden im öffentlichen Raum einige tausend Straßen- und Parkbäume gezählt. Hinzu tritt der private Baumbestand in alten Ein- und Mehrfamilienhausvierteln. In Nordamerika werden in den Randzonen der Städte inselhaft Wohngebiete in bestehende Sekundärwälder hineingerodet, wobei die verbleibenden Waldreste dann als Stadtwald bzw. urban forest apostrophiert werden. Nach Kowarik (1995) kann der Stadtwald in Verkehrsforste (Alleen, Abb. 2.47), Parkforste, Parkwälder und ruderale Wälder unterteilt werden. Die in Mitteleuropa am häufigsten vorkommenden einheimischen Arten sind die Sand-Birke (*Betula pendula*), die Hainbuche (*Carpinus betulus*), der Berg-, Spitz- und Feldahorn (*Acer pseudoplatanus, A. platanoides, A. campestre*), die Winter-Linde (*Tilia cordata*), die Stiel-Eiche (*Quercus robur*), die Vogelbeere (*Sorbus aucuparia*) und die Esche (*Fraxinus excelsior*). Die am häufigsten angepflanzten nicht einheimischen Arten sind die aus Südeuropa stammende Rosskastanie (*Aesculus hippocastanum*), der aus Nordamerika eingeführte Zucker-Ahorn (*Acer saccharinum*), die Gemeine Robinie (*Robinia pseudoacacia*) sowie die Buche (*Fagus sylvatica*). Von den Nadelbäumen sind die Eibe (*Taxus baccata*) und die Schwarz-Kiefer (*Pinus nigra*) am häufigsten. Stadtbäume haben vielfältige Funktionen. Als wichtigste kann das Einbringen von „Natur" in den städtischen Hauptlebensraum angesehen werden. Bäume spenden außerdem Schatten, verringern den Lärm und wirken bis zu einem bestimmten Maß auch als Luftfilter. Stadtbäume sind vielfältigen Stressfaktoren ausgesetzt. Dazu zählen etwa mechanische Beschädigungen des Wurzelsystems durch Baumaßnahmen, die Verdichtung und Versiegelung des Bodens mit entsprechend negativen Folgen für den Bodenwasserhaushalt sowie die Beeinträchtigung durch gas- und partikelförmige Immissionen (z. B. Schwefeldioxid, Ozon, Feinstäube, winterliches Streusalz). Stadtwälder können wie der Berliner Tiergarten (210 ha) einige Zehner von Hektar umfassen oder auch mehrere tausend Hektar groß sein wie etwa der Berliner Grunewald (ca. 3 000 ha), der Frankfurter Stadtwald (ca. 4 800 ha) oder die Dresdner Heide (5 800 ha). Derartig große Stadtwälder haben für die Naherholung eine herausragende Bedeutung, da sie mit Freizeiteinrichtungen, wie Spielplätzen, Spazier- und Wanderwegen, ausgestattet sind. Einen besonderen Stellenwert haben die in den vergangenen Jahrzehnten auf Stadt- und Industriebrachen herangewachsenen städtischen Urwälder, die auch als **Stadtwildnis** bezeichnet werden. Kowarik und Körner (2005) haben zur Stadtwildnis Mitteleuropas eine umfangreiche Monographie herausgegeben (siehe Kapitel 2.5 Literatur).

- **Ziersträucher**: Sowohl im privaten als auch im öffentlichen Raum sind Ziersträucher weit verbreitet. Kunick (1985) hat in Berlin-Kreuzberg etwa 90, in Stuttgart 110 Arten ausgemacht. Ringen-

Abb. 2.48
Steuerung der Vegetationsentwicklung auf Verfügungsflächen in urbanen Großwohnsiedlungen in Berlin sowohl zur Erhöhung der Biodiversitätsdynamik als auch zur gestalterischen Steigerung der Vegetationsentwicklung (Quelle: Kowarik, unveröffentlicht)

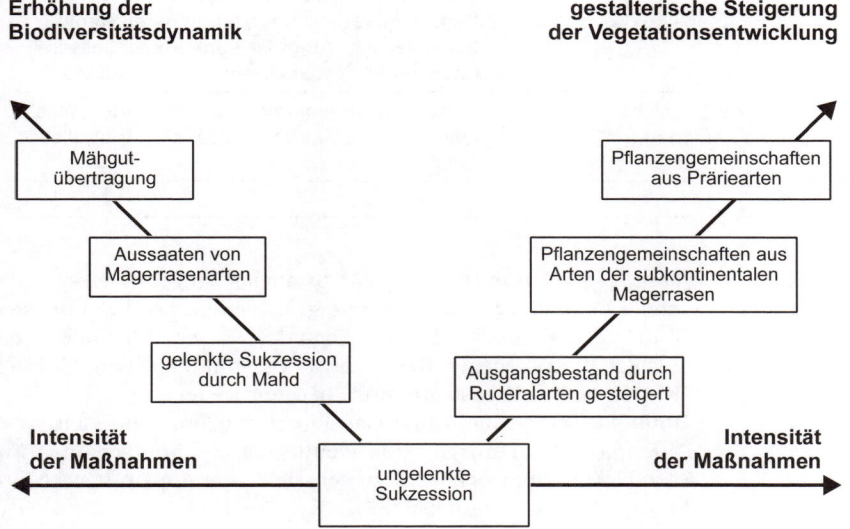

Erhöhung der Biodiversitätsdynamik

gestalterische Steigerung der Vegetationsentwicklung

- Mähgutübertragung
- Aussaaten von Magerrasenarten
- gelenkte Sukzession durch Mahd
- **Intensität der Maßnahmen**

- Pflanzengemeinschaften aus Präriearten
- Pflanzengemeinschaften aus Arten der subkontinentalen Magerrasen
- Ausgangsbestand durch Ruderalarten gesteigert
- **Intensität der Maßnahmen**

ungelenkte Sukzession

Tab. 2.9 Anthropogene Standortbeeinflussungen in Städten und deren Auswirkungen auf Pflanzen (Quelle: Wittig 1996)

Standortveränderung			Auswirkungen auf Pflanzen*
Art	Objekt	Effekt*	
I N D I R E K T	Klima	wärmer (insbesondere auch mildere Winter), trockener	Begünstigung Wärme liebender und trockenheitsresistenter Arten, Erhöhung der Überlebenschance frostempfindlicher Arten, kaum Existenzmöglichkeiten für stark (luft-) feuchtigkeitsabhängige Arten (Hygrophyten), Verlängerung der Vegetationsperiode
		Luft stärker verschmutzt	Begünstigung toxitoleranter Arten, Benachteilung empfindlicher Arten
	Boden	nährstoffreicher, basischer, schadstoffreicher, wasserärmer	Begünstigung Nährstoff liebender, basiphiler Arten, Konkurrenzvorteil für schadstoffresistente Arten,
	Wasser	Grundwasser abgesenkt, Oberflächenwasser schneller abfließend	Vorteil für Wassersparer und/oder extreme Tiefwurzler, kaum Existenzmöglichkeiten für Hygrophyten
	Gewässer	eingefasst, kanalisiert oder verrohrt, verschmutzt	kaum Chancen für Sumpf- und Wasserpflanzen (Helo- und Hydrophyten)
D I R E K T	gesamter Standort	Störung, Vernichtung, Neuschaffung	Begünstigung von einjährigen Arten (Therophyten) mit kurzem Generationszyklus (mehrere Generationen pro Jahr), hoher Samenproduktion, effektiven Verbreitungs- mechanismen (z. B. Windverbreitung), langlebiger Samenbank, Verringerung der Konkurrenz: bessere Chancen für Neuankömmlinge (Neophyten)
	Pflanze	Bekämpfung	
		mechanische Schädigung	Vorteile für regenerationskräftige Arten, Nachteile für zart gebaute oder bruchempfindliche Spezies

* im Vergleich zum Umland

berg (1994) hat in Hamburg 246 Straucharten gefunden, von denen 173 sommer- und 73 immergrün waren. Die bekanntesten Gattungen sind dabei Flieder, Forsythie, Rosen, Rhododendron, Weigelie, Kolkwitzie, Hasel sowie die immergrünen Liguster, Kirschlorbeer, Buchsbaum und Latschen-Kiefer.

- **Bodendecker**: Ungünstige Gartenbereiche und pflegeextensive öffentliche Grünanlagen sind weitflächig von immergrünen Bodendeckern überzogen, von denen die Zwergmispeln (*Cotoneaster-Arten*) am bekanntesten sind.

Tab. 2.10 Grad der Gestörtheit der Vegetation: Hemerobie-Skala
(Quelle: Kowarik 1988)

Hemerobie-Stufe	Standorte/Vegetation
H0 ahemerob	in Europa praktisch nicht existent (allenfalls in Hochgebirgen)
H1 oligohemerob	unbeeinflusste Urwälder, wachsende Flach- oder Hochmoore, Vegetation von Felsen und Meeresküsten
H2 oligo- bis mesohemerob	extensiv entwässerte Feuchtgebiete, Wälder mit geringem Holzeinschlag, einige Feuchtwiesen
H3 mesohemerob	stärker genutzte Wälder, ungestörte Sekundärwälder auf anthropogenen Standorten, trockenes Grasland, traditionell bewirtschaftete Wiesen
H4 meso- bis β-euhemerob	forstliche Monokulturen, gestörte Sekundärwälder, Mantelvegetation, wenig ruderalisiertes trockenes Grasland
H5 β-euhemerob	junge Forsten, Intensivwiesen und -weiden, ruderale Hochstaudenvegetation, stark ruderalisiertes trockenes Grasland auf anthropogenen Standorten
H6 β-eu- bis α-euhemerob	traditionelle Ackervegetation, Trittrasen, ruderale Wiesen
H7 α-euhemerob	Vegetation intensiv bearbeiteter Äcker und Gärten
H8 α-euhemerob bis polyhemerob	Ackervegetation unter starkem Herbizideinfluss (z. B. Maisfelder), ruderale Pioniervegetation, einjährige Trittrasen
H9 polyhemerob	Pioniervegetation auf Bahngelände, Müllplätzen, Halden, Verkehrsstraßen mit Streusalzeinfluss
metahemerob	keine Gefäßpflanzen-Vegetation

- **Kletterpflanzen**: Als Fassadengrün sind der sommergrüne Wilde Wein (*Parthenocissus*-Arten) sowie der immergrüne Efeu (*Hedera helix*) am bekanntesten. Der Wilde Wein rankt sich mit Haftscheiben, der Efeu mit Haftwurzeln an Wänden empor. Attraktiv blühend sind auch der Blauregen oder Glyzine (*Wisteria*-Arten) und die verschiedenfarbig blühende Clematis.
- **Krautige Zier- und Nutzpflanzen**: Oelke und Görke (1995) notierten auf den Wochen- und Baumärkten des niedersächsischen Peine 457 verschiedene krautige Arten. Es besteht ein großes Angebot an derartigen krautigen Zier- und Nutzpflanzen. Dabei tritt der Nutzgarten immer mehr hinter dem pflegeleichten Ziergarten zurück. Gegenbewegungen sind jedoch als „Ökogärten" Modetrends unterworfen. Bei den Nutzgärten kann man Gemüse-, Gewürz- und Kräutergärten unterscheiden.

Tab. 2.11 Pflanzenfunktionen im Allgemeinen und der städtischen Vegetation im Besonderen (Quelle: Wittig 1998 in Sukopp und Wittig 1998, S. 251ff.)

Abnahme in der Zahl von	einheimischen Arten Geophyten und Chamaephyten Hydrophilen und hygrophilen Arten oligotrophen Arten
Zunahme in der Zahl von	Neophyten Therophyten thermophilen und dürreresistenten Arten basophile Arten
Reichtum an kosmopolitischen und ubiquitären Arten, aber Armut an Arten, die charakteristisch für seltene natürliche Habitate sind	
urbane Flora ist auf dem Weg einer weltweiten Homogenisierung	
urbane Biodiversität ist aus verschiedenen Gründen notwendig, für die Biodiversitätsforschung, für Umwelt- und Naturerziehung, Lebensqualität, Biomonitoring, Imagebildung einer Stadt und als ökonomischer Faktor	

- **Magerrasen und Präriearten**: Ergänzend sind die pflegeleichten Magerrasen- und Präriearten zu nennen. An den Berliner Großwohnsiedlungen versucht man ihre gelenkte Sukzession, um auf diese Weise die Freiräume gestalterisch zu verbessern und gleichzeitig die Biodiversitätsdynamik zu erhöhen (Abb. 2.48).

Eines der wichtigsten Standortmerkmale des städtischen Lebensraumes sind die vom Menschen verursachten Standortbeeinflussungen und deren Auswirkungen auf Pflanzen. Es gibt eine Reihe von Rückwirkungen der urbanen Sphären auf die Vegetation. Wittig (1996) unterscheidet dabei **direkte und indirekte Standortveränderungen** (Tab. 2.9). Die Pflanzengesellschaften reagieren auf diese Störungen durch Veränderungen ihrer Zusammensetzung im Vergleich zu ungestörten Standorten. Der **Grad der Hemerobie** ist ein Maß für diese Veränderungen. Nach Sukopp (1976) versteht man unter Hemerobie „die Gesamtheit aller Wirkungen, die beim beabsichtigten oder nicht beabsichtigten Einwirken des Menschen in Ökosystemen stattfinden". Die von Kowarik (1990) entwickelte 9-stufige Hemerobie-Skala berücksichtigt vor allem den Anteil der einjährigen Arten (Therophyten), den Anteil der in historischer Zeit eingewanderten Arten (Neophyten) und den Verlust von Arten der natürlichen Flora (Indigene; Tab. 2.10).

Pflanzen in der Stadt haben viele verschiedene Funktionen (Tab. 2.11). Allerdings können zwei Hauptfunktionen ausgemacht werden: Zum einen ist es ihre **ökosystemare Funktion**. So trägt die Vegetation beispielsweise im Sommer durch ihre Transpiration und durch die Spendung von Schatten zur Regulierung der Temperatur bei. Bezüglich des Bodens fördert insbesondere die Laub werfende Vegetation

die Bodenbildung. Das Wurzelwerk der Bäume erleichtert die Boden-
belüftung. Da Vegetation in der Regel nur an unversiegelten Standorten gedeihen kann, wirkt sie förderlich auf den Wasserhaushalt, da
Niederschlag im unversiegelten Boden versickern kann. Vielen Tierarten bieten insbesondere einheimische Baumarten Verstecke, Nist-
und Schlafplätze sowie Nahrung.

Besonders wichtig ist zum anderen die Funktion, welche die städtische Pflanzenwelt für die Stadtbewohner ausübt. Parkanlagen und
Stadtwälder bieten Möglichkeiten der Erholung und der Freizeit. Kinder spielen am liebsten in der „Wildnis", die auf diese Art und Weise
einen Erlebnisraum bietet. Zu diesen **sozialen Funktionen**, die durch
Freizeiteinrichtungen noch gesteigert werden können, kommt die
pädagogische Funktion. Der erste und häufig auch einzige Kontakt
mit Natur findet im privaten und im öffentlichen Grün der Städte
statt. Hier können Kinder Natur erfahren. Frühe Naturerfahrung ist
entscheidend für das spätere Verständnis bzw. den Schutz, den die
belebte ebenso wie die unbelebte Natur braucht (Kowarik 2011).

2.4.2 Die städtische Tierwelt

Die Aufgaben der **urbanen Tierökologie** sind die systematische Er-
mittlung und Beschreibung der Wechselbeziehungen zwischen den
Tieren und ihrer belebten und unbelebten städtischen Umwelt. Dabei
geht es nicht nur um die Untersuchung des **Beziehungsgefüges städtischer Tierpopulationen** mit ihrem direkten Umland, sondern auch
zu weiter entfernten Städten (sogenannte Metapopulationsbeziehun-
gen). Auch die Erarbeitung von Lösungsansätzen zu Problemen, die
aus tierökologischen Sachverhalten in Städten resultieren, ist eine
wichtige Aufgabe (Klausnitzer 1993, Erz und Klausnitzer 1998). Die
Ausbildung einer stadtspezifischen Fauna ist genauso alt wie die
Stadtentwicklung selbst. Viele Insektenarten sowie bestimmte Vögel
und Säugetiere sind nur in Städten verbreitet. Bei mobilen Tierarten
besteht ein intensiver Austausch mit dem die Stadt umgebenden suburbanen Raum. In Zeiten zunehmender Globalisierung bestehen
sogar weltweite Austauschmöglichkeiten. Sie sind nur durch klima-
tische Rahmenbedingungen eingeschränkt. Somit spielen Kosmopoliten in Städten eine große Rolle. **Adventivarten** wandern aus wärmeren Gebieten in die im Winter beheizten Häuser ein. Seit 1492 in
Städten neu hinzugekommene Tierarten werden als **Neozoen** im Gegensatz zu den früher eingewanderten **Archäozoen** bezeichnet.
Stadtökologische Bewertungsmaßstäbe richten sich häufig nach einem Vergleich mit der als „natürlich" betrachteten Umgebung bzw.
den ökologischen Bedingungen am Standort selber vor seiner anthropogenen Beeinflussung. Viele Tiere haben sich allerdings gut an
den städtischen Lebensraum angepasst. So brüten Vögel, beispielsweise der Turmfalke, etwa auf Gebäuden statt wie ursprünglich auf
Felsen. Das **Habitat** ist als der Standort definiert, an dem ein Orga-

Merksatz
Die Tierökologie be-
schäftigt sich mit
Wechselbeziehun-
gen zwischen Tier-
populationen und
dem Menschen, Ver-
haltensänderungen
und Auswirkungen
des Klimawandels
auf die Fauna.

Tab. 2.12 Tierurbanität (Synanthropie) und ihre Abstufungen
(Quelle: Erz und Klausnitzer 1998)

Tierurbanität	Vorkommen	Beispiele von Tierarten
extrem urbanophob	bebaute Bereiche meidend	Dachs, Goldregenpfeifer
mäßig urbanophob	in Städten beschränkt auf naturnahe Bereiche (z. B. große Parks und ruderale Freiflächen)	Reh, Rotfuchs, Mäusebussard, Jagdfasan
urbanoneutral	innerhalb und außerhalb von Städten ohne Schwerpunktbildung (Ubiquisten)	Waldmaus, Amsel
mäßig urbanophil	in bebauten Stadtgebieten vorkommend	Hausspitzmaus, Türkentaube
extrem urbanophil	fast ausschließlich innerhalb des bebauten Stadtgebiets vorkommend	Hausratte, Mauersegler

nismus lebt. Die **Nische** hingegen gibt an, in welcher Beziehung er zu den anderen Organismen und den abiotischen Rahmenbedingungen steht, welche ökologische Rolle also diese Pflanze bzw. dieses Tier spielt (Odum 1991). Eine **ökologische Lizenz** bedeutet, dass eine Tierart in einem Raum mit einer bestimmten abiotischen Ausstattung leben kann. Die in Städten vorhandenen Angebote, sogenannte freie ökologische Lizenzen, wie sie beispielsweise die städtische Wärmeinsel, permanent beheizte Gebäude oder die Vorratshaltung von Nahrungsmitteln darstellen, werden von zahlreichen Tieren (z. B. Vorratsschädlingen) wahrgenommen.

Verbunden mit den Begriffen Kulturfolger/Kulturflüchter sind die Begriffe der **Synanthropie,** der **Urbanophilie** und der **Hemerophilie** (siehe auch Klausnitzer 1993). Seit der erstmals von Löns (1908) gebrauchten Kulturfolger-Definition werden Tiere in die Gruppen der **Kulturfolger** (hemerophil) **oder Kulturflüchter** (hemerophob) sowie indifferente Tierarten (hemerodiaphor) eingeteilt. Kulturfolger sind danach Arten, die zusammen mit Mensch und Haustier (Parasiten) leben, also eine Anthropozönose bilden. Diese Art von Integration wird auch als Synanthropie bezeichnet (Povolny 1962, 1963). In Tab. 2.12 sind fünf unterschiedliche Kategorien der Synanthropie bzw. Tierurbanität zusammengefasst.

Wittig (1995) nennt folgende, für das Stadtleben vorteilhafte Eigenschaften von Tierarten:
- geringe Fluchtdistanz
- keine Bindung an weite, offene Flächen
- Verhaltensmuster an reich strukturiertes, felsartiges Gelände angepasst
- Nahrungsansprüche ähnlich denen des Menschen, also Allesfresser oder Spezialisten für menschliche Nahrungsmittel

- frühe Geschlechtsreife und hohe Reproduktionsrate
- möglichst geringe Körpergröße
- keine oder nur unbedeutende Konkurrenz oder Belästigung für den Menschen
- nicht auf hohe Luftfeuchtigkeit oder hohe Bodenfeuchte angewiesen
- nicht auf Gewässer oder zumindest nicht auf sauberes Wasser angewiesen
- weitgehend unempfindlich gegen Immissionen

Luniak (1996) hat folgende **Charakteristika der Stadtfauna** definiert:

- Zunahme der Vertrautheit und Zahmheit (Verringerung der Flucht- und Vergrößerung der Toleranzdistanz zu Menschen)
- Umstellung der Nahrungsökologie (z. B. Reiherenten: statt Muscheln Brot)
- Umstellung in der Nistweise (z. B. Amseln in U-Bahnschächten oder Bachstelzen auf abgestellten Lkws)
- höhere Populationsdichte (z. B. Rotfuchs in Städten 10-mal und Elstern 20–50-mal höher)
- Verlängerung des tageszeitlichen Rhythmus (z. B. können Stadttauben in Bahnhofshallen die ganze Nacht aktiv sein)
- Ausdehnung der Fortpflanzungsperiode (z. B. beginnen Amseln in Städten ein bis vier Wochen früher als in Wäldern zu brüten und hören vier Wochen später auf)
- Reduzierung des Zugverhaltens (z. B. sind Amseln und Rabenvögel in Städten häufiger Standvögel, während sie außerhalb von Städten zumindest teilweise Zugvögel sind)
- Verlängerung der mittleren Lebensdauer (z. B. durch verringerte Wintersterblichkeit und Reduzierung des Zugverhaltens bei Vögeln)

Die **mosaikartige Verteilung der Habitate** in der Stadt hat Sukopp treffend als Harlekin-Muster bezeichnet. Dementsprechend ist auch die Verteilung der Pflanzen- und Tierarten in der Stadt bunt gemischt. Überlagert ist dem Harlekin-Muster jedoch die Zonierung von der Stadtmitte über den Stadtrand zum Umland. Hinzu kommen weitere, aus der Geschichte der Stadt zu erklärende, suburbane Zentren oder Streifenmuster entlang von Ausfallstraßen oder Bahnlinien.

In Berlin kommen etwa 50 verschiedene Säugetierarten vor. Ein wichtiger Stadtbewohner ist inzwischen der **Fuchs** (*Vulpes vulpes*) geworden. Er kann sich allen Lebensräumen gut anpassen und ist ein typischer Kulturfolger, d. h., er hat die Großstadt als eine ökologische Nische für sich entdeckt (Abb. 2.49). Füchse sind dämmerungs- und nachtaktiv. Als Nahrungsquelle dienen vor allem Maus- und Rattenpopulationen, aber auch Schnecken, Vögel und Wildkaninchen. Ein interessantes Beispiel für verändertes Verhalten unter städtischen Bedingungen ist die unnatürliche Tagaktivität von Füchsen aufgrund

fehlender Verfolgung. Mit einer solchen Verhaltensänderung würden diese Tiere in ihrer ursprünglichen Umgebung Probleme bekommen. Ungewöhnlich ist die Bevorzugung der Vögel vor den Säugern im Nahrungsspektrum urbaner Füchse. Der Grund kann in der hohen Abundanz der Vögel in Städten und dem hohen Anteil leicht zu erbeutender Jungvögel durch die verlängerten Brutperioden liegen.

Ein regelmäßiger Besucher städtischer Randgebiete ist in Berlin zwischenzeitlich das **Wildschwein** (*Sus scrofa*) geworden. Es dringt in Rotten bis in die städtischen Vorgärten ein und richtet häufig erheblichen Schaden an. Wildschweine sind tag- und nachtaktive Tiere, sie

Abb. 2.50
Wildschwein (Bache;
Sus scrofa) mit Frisch-
lingen in einem Berliner
Wohngebiet
(Foto: Möller)

sind Allesfresser und können auf ihrer Nahrungssuche mehrere Kilometer zurücklegen. Wildschweine findet man vor allem in der trockenen, warmen Jahreszeit, da dann viel leichter Nahrung zu finden ist. Sie suchen Abfälle als Nahrung, die auf Komposthaufen in Gärten oder als Picknickreste in Parkanlagen zu finden sind. Durch den Verlust der Scheu vor dem Menschen kann es sogar vorkommen, dass Bachen mit ihren Frischlingen auf Kinderspielplätzen anzutreffen sind. Für Menschen, aber auch Haustiere besteht damit eine gewisse Gefahr (Abb. 2.50).

Eine Tierart, durch die schon viel Schaden angerichtet wurde, ist der **Steinmarder** (*Martes foina*). Er hält sich gern im Wald und in Ställen, alten Gemäuern oder Steinhaufen auf, ebenfalls nutzt er Wohnhäuser oder Dachböden als Behausung. Auch Autos dienen dem Steinmarder als Unterschlupf, sodass es hier beim Erkundungs- oder Spielverhalten sowie bei Aggressivität zum Zerbeißen von Bremskabeln und Kühlschläuchen kommen kann. Wiederum stehen die Hausabfälle des Menschen neben Vögeln, deren Gelege oder Aas als Nahrungsquelle im Stadtgebiet zur Verfügung. Sie können ebenfalls Hühner erbeuten oder Eier stehlen. Der Anteil der Säugetiere an der aufgenommenen Biomasse wird beim Steinmarder mit 30 bis 40 % angegeben. Fast immer dominiert die Feldmaus, aber auch Wildkaninchen werden verzehrt, ein Hinweis für die Regulierung der Kaninchenbestände durch den Steinmarder.

Mittlerweile zählt auch der **Waschbär** (*Porcyon lotor*) zur einheimischen Stadtfauna. Er sucht Schutz in verlassenen Gebäuden, Kellern, Garagen, Dachböden und Abwassersystemen. Waschbären leben meist in Gruppen, sind Allesfresser und haben dank des reichhaltigen Nahrungsangebotes in der Stadt keine Schwierigkeiten bei der Fut-

Abb. 2.51
*Auch der Waschbär
(Porcyon lotor) zählt
inzwischen zur
deutschen Stadtfauna
(Foto: Möller)*

tersuche (Mülltonnen, Kompostplätze, Rasenflächen in Parks, Früchte, Samen, Jungvögel und Kleinnager; Abb. 2.51).

Das **Wildkaninchen** (*Oryctolagus cuniculos*) bevorzugt Parkanlagen. Es besiedelt aber ebenso Friedhöfe, Gärten, Höfe und Flugplätze. Es benötigt halboffene Strukturen mit Sandböden wie Feldfluren, Dünen oder bewaldete Böschungen. Dort können sie bequem ihren Bau anlegen. Sie sind über das ganze Jahr hinweg nachts aktiv und besiedeln ihren Lebensraum mit großer Dichte. Wildkaninchen fressen Gräser, Baumtriebe oder Gartengemüse. Es können bis zu 150 Individuen pro Hektar vorkommen. Kaninchen haben Verkehrsinseln bzw. bewachsene Mittelstreifen zu ihrem Revier erklärt und befinden sich somit in einem fast isolierten Raum mit verminderter Konkurrenz. Auf diese Weise kann die Population an solchen Standorten stark ansteigen.

Igel (*Erinaceus europaeus*) sind Spezialisten der äußeren Randgebiete von Städten. Sie bewohnen Hausgärten, Kleingarten- und Parkanlagen. Sie kommen in städtischen Randzonen weitaus häufiger vor als im umgebenden ländlichen Gebiet, leben also verstärkt synanthrop. Igel ernähren sich von Wirbellosen (Insekten, Larven, Würmern) aber auch von Wurzeln und Früchten.

Ein weitverbreitetes Säugetier ist die **Zwergfledermaus** (*Pipistrellus pipistrellus*), die sich ebenfalls gern in suburbanen Zonen aufhält und dort in Häusern und Garagen, unter Dachgiebeln und zwischen Mauern geeignete Plätze für ihre Brutkolonie findet. Sobald die Jungen geboren wurden, verlässt die Kolonie zum Herbst hin die Schutzstätte, um in Bäumen zu überwintern. Ihre Nahrung fangen sie im Flug in der Nähe von Gewässern, über Gärten oder in offenen Gehölzen. Ein interessantes Ansiedelungsprojekt wurde in der Nähe von Meiningen durchgeführt, wo ein ehemaliger Plattenbau zu einem Habitat für Fledermäuse umgebaut wurde (www.nachtaktiv-biologen.de; www.fmthuer.de, 8.2.2012).

Haustiere werden in der Stadt zunehmend häufig gehalten, sodass es gelegentlich zum Entweichen oder auch zum beabsichtigten Aussetzen der Tiere kommt. Der ökologische Einfluss, den sie dadurch erlangen, ist von steigender Bedeutung. Sie können verwildern und eigene Populationen bilden, wie zum Beispiel Katzen, die Einfluss auf den Vögel- und Kleinsäugerbestand haben. Hunde, Sittiche und Hamster sind weitere Beispiele für Haustiere, die verwildern können. Wildernde Katzen wurden auf ihren Mageninhalt hin untersucht, wobei sich ein hoher Anteil an Feldbeute zeigte (Vögel, Kleinnager), was den Einfluss auf Vögel und Kleinsäuger bestätigt. Dazu kamen Hausabfälle, Insekten, Reptilien und pflanzliche Kost. Im Stadtzentrum spielen für verwilderte Katzen Abfälle eine größere Rolle, während der Anteil an Feldbeute mit abnehmender Bebauungsdichte und gleichzeitiger Reduzierung der Zahl der potenziellen Beutetiere abnimmt.

In der Stadt sind viele Vogelarten sogenannten **technogenen und strukturbedingten** Mortalitätsfaktoren ausgesetzt (Klausnitzer 1987, 186). Eine der potenziellen Gefahrenquellen für die **städtische Avifauna** ist der Straßenverkehr, der vor allem niedrig fliegende Vögel, wie Amsel und Haussperling, betrifft. Aber auch verglaste Gebäudefassaden, die von Vögeln im Flug meist nicht erkannt werden und zum Aufprall mit oft tödlichem Ausgang führen, sowie verwilderte Katzen und Hunde stellen neue Gefahrenquellen für die in Städten lebenden Vogelarten dar. Der Einsatz von Pestiziden sowie ökologische oder evolutive Fallen (z. B. unangepasste Habitatwahl) sind weitere Probleme (Erz und Klausnitzer 1998, Abs 1987).

Eine Veränderung im nahrungsbedingten Verhalten lässt sich beim Betteln und gezielten Aufsuchen von Plätzen mit anthropogenen Futterquellen feststellen. So nehmen Teichhuhn, Lachmöve, Kohlmeise oder Rotkehlchen Futter von Menschen aus der Hand entgegen „und lassen sich

Abb. 2.52
Anzahl der Mäuse und Spitzmäuse pro 10 Turmfalkengewölle und Zahl der Maus- und Spitzmausarten in den drei Gebietstypen von Berlin sowie Gesamtsumme (Quelle: Kübler und Zeller 2005)

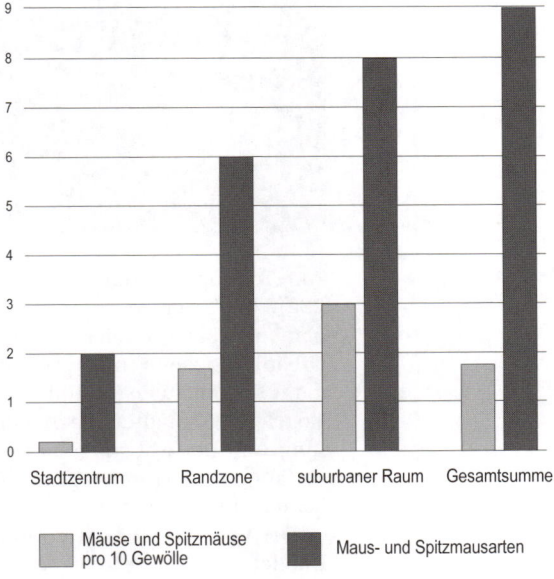

Abb. 2.53
Turmfalke am Nistkasten des Geographischen Instituts der Humboldt-Universität zu Berlin auf dem Campus Adlershof (Foto: Markus Wächter 2011)

Abb. 2.54
Haubenlerche auf einer Stadtbrache in Berlin (Foto: Meffert 2009)

zum Teil sogar bettelnd auf ihnen nieder" (Erz und Klausnitzer 1998: 280). Auch bei der Nahrungsökologie können charakteristische urban-suburbane Gradienten ermittelt werden (Abb. 2.52). Als weiteres Urbanisationsmerkmal wären das künstliche Lichtregime und die sich daraus ergebenden Veränderungen des Aktivitätsablaufes zu nennen. Vögel, die in Städten leben, beginnen morgens früher mit ihrem Gesang und der Nahrungssuche und enden abends später damit. Sie verlängern also ihren tageszeitlichen Rhythmus, indem sie das künstliche Licht der urbanen Agglomeration nutzen.

Die **Vogelgesellschaften** in der Stadt haben sich an die jeweiligen Habitate in den verschiedenen Lebensräumen der Stadt angepasst

(Marzluff und Angell 2005). Nach Saemann (1970) können folgende Vogelgesellschaften unterschieden werden:

- Dohle-Turmfalken-Gesellschaft auf Türmen, Kirchen, hohen Industriebauten und Brücken (Kübler und Zeller 2005; Abb. 2.53)
- Mauersegler-Gesellschaft auf mittelhohen Wohnhäusern
- Bachstelzen-Hausrotschwanz-Rauchschwalben-Gesellschaft auf niedrigen Wohn- und Flachbauten sowie Einzelhäusern
- Grünfink-Türkentaube-Gesellschaft auf Flächen, die bis 50 % natürliche Strukturen, wie Bäume und Sträucher, aufweisen
- Girlitz-Gartenrotschwanz-Gelbspötter-Zaungrasmücke-Gesellschaft auf Habitaten mit natürlichen Flächenanteilen über 50 %
- Dorngrasmücke-Sumpfrohrsänger-Gesellschaft auf Ruderalhabitaten, die keine Sträucher und Bäume, sondern nur eine Krautschicht aufweisen
- Haubenlerche-Gesellschaft auf Flächen mit fehlendem Strauch- und Baumbestand und einem relativ geringen Deckungsgrad des Bodens (Abb. 2.54)

In Tab. 2.13 sind die Charakterarten der **Avizönosen der Großstadtlandschaft** mit ihren typischen Begleitarten in den verschiedenen Stadtstrukturtypen am Beispiel von Hamburg zusammengestellt.

Unter einer **Metapopulation** versteht man eine Gruppe von Teilpopulationen, die auf verschiedene Lebensräume verteilt ist. Es be-

---

Tab. 2.13 Charakter- und typische Begleitarten der Avizönosen der Großstadtlandschaft (Quelle: Wittig und Streit 2004)

Haussperling-Amsel-Großstadtlandschaft Charakterarten (C): Haussperling, Amsel			Begleitarten (B): Grünfink, Kohlmeise		
Haussperling-Mauersegler-Innenstadt Charakterarten: Haussperling, Mauersegler Begleitarten: Turmfalke, Star, Haustaube, Hausrotschwanz			Amsel-Grünfink-Randstadtzone Charakterarten: Amsel, Grünfink Begleitarten: Ringeltaube, Buchfink, Blaumeise, Rotkehlchen, Bachstelze, Heckenbraunelle u. a.		
industriell-gewerblich geprägte Hausrotschwanz-Felslandschaft	Mauersegler-Altbauviertel	Hauben-lerchen-Neubauviertel	Garten-rotschwanz-Villenviertel	Meisen-Heckenbraunellen-Parklandschaft	Zaungras-mücken-Gartenbaulandschaft
C: Hausrotschwanz B: Haussperling, Haustaube, Turmfalke	C: Mauersegler B: Haussperling, Haustaube, Amsel, Grünfink	C: Haubenlerche B: Amsel, Haussperling	C: Gartenrotschwanz, Grünfink B: Girlitz, Türkentaube, Singdrossel u. a.	C: Kohlmeise, (Buchfink), Heckenbraunelle B: Blaumeise, Star, Ringeltaube, Fitis, Zilpzalp	C: Zaungrasmücke B: Heckenbraunelle, Grünfink, Amsel, Star, Dorngrasmücke

steht so die Möglichkeit, dass einzelne Teilpopulationen aussterben bzw. an anderer Stelle neue Teilpopulationen entstehen. Dieses Modell eignet sich sehr gut für die Stadtökologie, da Städte oft Habitat-Inseln in einem populationsfreien, ländlichen Raum darstellen. Die Einwanderung von Neophyten und Neozoen erfolgt über ein solches Städtenetz. So begann die Etablierung der Amsel als Stadtvogel vor etwa 200 Jahren in west-östlichen Wellen von Stadt zu Stadt (Luniak et al. 1990). Strohbach et al. (2009) haben sich mit den aktuellen sozioökonomischen Aspekten von Vögeln und urbaner Landnutzung auseinandergesetzt. Besonders interessant sind neue Erkenntnisse aus der Tierökologie, die die in Städten zwischen Menschen und Vögeln bestehenden reziproken Beziehungen hervorheben und von einer **kulturellen Koevolution** zwischen beiden Populationen sprechen (Clucas et al. 2011, Marzluff und Angell 2005).

Zu den **Gliederfüßlern** zählen die Insekten, Tausendfüßler, Spinnen und Milben. 80 % aller bekannten Tierarten sind Gliederfüßler. Artenreichste Klasse der Gliederfüßler und artenreichste Gruppe der Tiere überhaupt sind mit über einer Million Arten die **Insekten**. Die größere Nischenvielfalt der vor allem künstlichen Habitatstrukturen einer Stadt ermöglicht es besonders präadaptierten oder sich adaptierenden Tierarten, geeignete Unterkünfte zu finden. Dabei werden sowohl das Äußere als auch das Innere von Gebäuden sowie Schutthalden oder Müllablagerungen als Reproduktions-, Nahrungs- und Ruhestätten angenommen. Für Insekten ist eine Unterscheidung von Habitaten der **Intradomalfauna**, d. h. in Gebäuden (vor allem Wohnungen, Keller, Dachstühle, Garagen, Vorratslager) und der **Fauna der städtischen Pflanzenwelt** (z. B. Parkanlagen, Grünstreifen) sowohl an autochthonen als auch an hemerochoren Pflanzen (Blumentöpfe, Balkonbepflanzung, Gärten) relevant. Sonderstandorte, wie beheizte Gebäude (Heizungskeller, Krankenhäuser, Bäckereien, Warmhäuser in Zoos) oder Mülldeponien, sind Anziehungspunkte thermophiler Arten mit Ursprungshabitaten in warmen Ländern, wobei auch sichere Nahrungsquellen zur Verfügung stehen. Im Vorteil sind ursprünglich Felsen oder Höhlen bewohnende Arten, da die Baustruktur ihren Ursprungshabitaten am nächsten kommt. Gerade Einwanderer südlicher Länder zeigen auch subzonal eine nach Norden hin zunehmende Synanthropie. Mögliche Habitate von Gliederfüßlern sind in Tab. 2.14 aufgeführt.

Insekten besitzen präadaptiv verschiedene Eigenschaften oder haben Anpassungsstrategien entwickelt, um in Städten zu überleben und sich erfolgreich zu reproduzieren. Es kommt zu **Verhaltensanpassungen** wie Verlagerung des Aktivitätszeitraumes auf die Dunkelheit, Verlängerung des tageszeitlichen Rhythmus und Ausdehnung der Aktivitätsperiode bis in die kalte Jahreszeit, was durch die erhöhten Durchschnittstemperaturen und den veränderten Lichthaushalt begünstigt wird. Bisweilen werden in Städten höhere Populations-

Tab. 2.14 **Potenzielle Habitate von Gliederfüßlern** (Quelle: Klausnitzer 1993)	
Bauwerke	
diskontinuierlich beheizte Wohnhäuser	Dachböden, Stockwerke, Keller
dauerbeheizte Gebäude	
Lagerräume und ausgewählte Produktionsstätten	Mühlen, Mehl- und Getreidespeicher, Bäckereien, Fleschereien, Obst- und Gemüselagerräume naturwissenschaftliche Sammlungen und Bibliotheken, Weinkeller
sonstige terrestrische Habitate	
Außenhaut von Gebäuden	alte Mauern, begrünte Außenwände, Dächer, Balkone
Baugebietsflächen	Zentrumsgebiete, Altbaugebiete, Neubaugebiete, Pflanzenkübel, Splittergrün, (Einzelbäume, Alleen), Gartenstadt
Verkehrsflächen	Straßen und Plätze, Brücken, Bahnanlagen
Grünflächen	Parks, Botanische Gärten, Zoologische Gärten, Friedhöfe, Sportanlagen, Gärten, Hecken, Gewächshäuser
Öd- und Brachland	
Reste nichturbaner Ökosysteme	

dichten als im Freiland erreicht und selbst bedrohte oder gar verschollen geglaubte Arten können vorkommen. Trotz aller Anpassung an das Stadtleben werden jedoch jedes Jahr Millionen Insekten Opfer des Straßenverkehrs. Schätzungen gehen von etwa 45 Millionen Opfern in Köln für die drei Sommermonate aus. Mehr als andere Tierarten werden Insekten auch von Lichtquellen angezogen; so können Straßenlaternen zu Lichtfallen werden, an denen die Tiere an Erschöpfung oder durch Verbrennen sterben. Der „Verlust der Nacht" in unseren Städten ist somit vor allem ein ökologisches Problem. Andere Gefahrenquellen sind Pestizide, nicht zuletzt Insektizide oder elektrische Insektenvernichter. Zuletzt sind Insekten durch Fraßfeinde, wie Vögel und Säugetiere, aber auch andere Insekten und Wirbellose sowie durch die Zerstörung ihrer Habitate bzw. Unterschlupfe bedroht. Die moderne Lebensweise des urbanen Menschen bringt dabei eine ganze Reihe von technogenen und strukturbedingten Mortalitätsfaktoren für die Stadtfauna mit sich (Tab. 2.15).

Bei den im Folgenden genannten Arten ist auffällig, dass bei der Namensgebung der Artname *domestica* die Zurechnung zur **Anthropobiozönose** deutlich wird. Bedenkt man, dass viele Tiere ihren lateinischen Namen schon zu C. v. Linnés Zeiten bekamen, ist dies ein

Tab. 2.15 Technogene und strukturbedingte Mortalitätsfaktoren in Städten
(Quelle: Sukopp und Wittig 1998: 295)

Faktor	Wirkungsarten	Beispiele
Mähen, Abbrennen	direkte Verluste der Fauna von Krautschicht und Bodenoberfläche; Habitatzerstörung; Verminderung der Nahrung	Rückgang der Blindschleiche (*Anguis fragilis*)
Bau- und Transportarbeiten	Baugruben als Fallen; Erdbewegungen und Planierungen; Flutung von Teichen	nach Einlassen des Wassers wurden in einem Teich im Frühjahr 400 000 Käfer tot auf der Wasseroberfläche gefunden
Gebäude- und Materialstrukturen	„Fensterfallen"; Dachböden als Fallen; Anflug an Glasfassaden, Drähte, Zäune; Vertrocknen beim Überqueren von versiegelten Flächen	Florfliegen, Tagfalter, Fledermäuse, Schleiereulen, andere Vögel, Schnecken, Regenwürmer, Asseln
Materialeigenschaften	Klebeeffekte von Teer und Anstrichen; Ölfilme auf Gewässern; Lockwirkung von Kalkstaub	Bienen, Zweiflügler, Käfer
saugende und Druck erzeugende Geräte	Luftfilter	ein Luftfilter saugte pro Jahr 5 Millionen Insekten an und tötete sie, ein engmaschiges Gitter verringerte im Folgejahr diese Zahl auf 20 000
Anlockung in ungeeignete Bereiche	Lichtquellen; optische Täuschungen (Blechdächer attraktiv für Wasserinsekten); weggeworfene Flaschen und Dosen als Fallen	eine defekte große Lampe kann pro Nacht 100 000 Insekten vernichten

Indiz für eine lange Tradition des Zusammenlebens. Folgende Insekten sind in unseren Städten besonders typisch (zusammengestellt nach Klausnitzer 1993, Erz und Klausnitzer 1998, Storch und Welsch 2004):

Fischchen (Zygentoma) sind urtümliche, flügellose, bis ca. 1,5 cm lange Insekten. Sie sind sehr Wärme liebend, brauchen aber auch eine hohe Luftfeuchtigkeit und treten daher in unseren Breiten ausschließlich in Wohnungen auf. In ihrer südeuropäischen Heimat leben sie auch im Freien oder in Vogelnestern. Zwei Arten sind hier vertreten: das Silberfischchen (*Lepisma saccharina*), das aufgrund seiner Vorliebe für stärkehaltige Kost auch „Zuckergast" genannt wird, und das Ofenfischchen (*Thermobia domestica*), welches hohe Temperaturen (> 24°C) benötigt und sich deshalb vorzugsweise in Backstuben aufhält, wo es als Vorratsschädling gilt. Die Arten sind zur Zelluloseverdauung fähig und können auch Tapeten und Bücher anfressen.

Heimchen, auch Hausgrille (*Acheta domesticus*), wurden wahrscheinlich von den Römern aus ihrem ursprünglichen Verbreitungsgebiet im südlichen Mittelmeergebiet und Westasien nach Mitteleuropa verschleppt und kommen hier zwar in Großstädten – vor allem im Sommer auch im Freien – vor, aber ausschließlich in unmittelbarer Nähe anthropogener Bauten (z. B. Fernheizungsanlagen, Brücken, U-Bahn-Tunnel, Straßen, Mauerritzen, Müllplätze). Sonst werden geheizte Gebäude bewohnt. Die bis zu 2 cm langen Tiere fallen durch den lauten nächtlichen „Gesang" der Männchen auf.

Als synanthrope Ordnung sind ferner die **Ohrwürmer** (Dermaptera) bekannt. Sie bewohnen gern Gärten, kommen oft auch unter Blumentöpfen und in Blumenkästen vor. Künstliche Nistgelegenheiten, wie mit Stroh ausgestopfte, umgekehrt aufgehängte Blumentöpfe, werden gern angenommen. Der Gemeine Ohrwurm (*Forficula auricularia*) gilt als Kulturfolger, kommt in fast allen terrestrischen Freilandbiotopen (Grünanlagen) sehr häufig vor und dringt auch in Gebäude ein. Seine Ernährung ist omnivor. Er ist nachtaktiv und hält sich tagsüber in Ritzen und unter Steinen auf.

Sehr thermophile Exoten unter den Insekten sind die **Fangheuschrecken** (Mantodea), die mit der submediterranen Europäischen Gottesanbeterin (*Mantis religiosa*) auf Ödlandflächen in Freiburg, aber auch in Berlin vertreten sind. Sie sind grün bzw. braun gefärbt und können 7 cm ($\female$) bzw. 5 cm ($\male$) lang werden. Das vordere Beinpaar wurde zu einem dornbewehrten Fangapparat umgebildet, der in Ruhelage vor der Brust gefaltet ist. Gottesanbeterinnen sind tagaktive Räuber und jagen Insekten oder Spinnen.

Schaben (Blattodea) treten in Mitteleuropa ausschließlich in Gebäuden auf. Fünf Arten konnten sich fest etablieren: die Küchenschabe (*Blatta orientalis*, auch Kakerlake), die Amerikanische Schabe (*Periplaneta americana*), die Deutsche Schabe (*Blattella germanica*), die Südliche Großschabe (*Periplaneta australasiae*) und die Möbelschabe (*Supella supellecticulium*). Eine Reihe von Arten konnte sich weltweit verbreiten. Schaben können massenhaft in Heizungskellern, Lagerräumen, Bäckereien und Wohnungen vorkommen, da dort ein optimales Angebot an Temperatur, Feuchtigkeit und Nahrung (omnivor) sowie ein fast völliges Fehlen von Feinden vorliegt. Selbst Verstecke in Kühlschränken werden kurzfristig aufgesucht.

Termiten (Isoptera) kennt man gewöhnlich als Charakterart tropischer Savannen. Ins gemäßigte Mitteleuropa wurden sie mehrfach eingeschleppt, aber als einzige Art hat sich die Gelbfußtermite (*Reticulitermes flavipes*) aus dem südlichen Nordamerika erfolgreich hier eingebürgert. Termiten sind in Städten mit viel alter Holzsubstanz gefürchtet, da sie diese als Nahrung konsumieren und die oftmals unter Denkmalschutz stehenden Häuser bis zum Zusammenbruch beschädigen können. Befallsherde sind aus Hamburg und Paris bekannt, aber auch andere europäische Städte sind betroffen. Warum sich diese Art als einzige etablieren konnte, erklärt sich aus den ähnlichen Klimabedingungen Hamburgs und ihres Herkunftgebietes, sodass keine Akklimatisierung erfolgen musste. Sie kann auch strenge Winter überstehen und braucht für die Vermehrung, die in wärmeren Jahreszeiten erfolgen muss, nicht unbedingt geflügelte Geschlechtstiere.

Unter den **Tierläusen** (Phthieraptera, Tierläuse i. w. S.) sind Federlingsarten (Mallophaga) im Gefieder von Vögeln zu nennen, wobei zwar weniger Arten als im Freiland, dafür aber weit höhere Besiedlungsdichten vorkommen. Als Ektoparasiten des Menschen, von Haustieren und synanthropen Säugetieren treten mehrere Läuse (Anoplura, Läuse i. e. S.) in Erscheinung, von denen hier nur die Kopflaus (*Pediculus humanus*) genannt werden soll. Die Häufigkeit ihres Auftretens korreliert positiv mit der Siedlungsdichte des Menschen, bei Städtern ist sie 2–3-mal so hoch wie bei der Landbevölkerung (Klausnitzer 1993, 194). **Blattläuse** (Aphidina) gibt es in großer Artenzahl in Städten, wo sie eindeutig begünstigt sind. Sie sind jedoch nicht obligatorisch synanthrop. Um sie ist ein reicher Feindkreis Blattlaus fressender Insekten und Vögel entstanden, deren essenzielle Nahrungsquelle sie darstellen.

Sogar im Innenstadtbereich kommt die **Feuerwanze** (*Pyrrhocoris apterus*) vor, aber auch in alten Parkanlagen und Alleen sowie am Fuß von Linden. Ein Massenauftreten kann an Hauswänden in günstiger Lage beobachtet werden.

Ein kulturbegünstigter Netzflügler (Planipennia) ist u. a. die **Florfliege** (*Chrysoperla carnea*), die sich ebenfalls von Blattläusen ernährt und kosmopolitisch verbreitet ist.

Käfer (Coleoptera) können gemäß ihrer Nahrungsökologie weiter in Untergruppen gegliedert werden. Verschiedene Laufkäferarten (Carabidae), Aaskäfer (Silphidae), Schnellkäfer (Elateridae), Speckkäfer (Dermestidae), Schimmelkäfer (Cryptophagidae), Marienkäfer (Coccinellidae), Poch-, Dieb- und Schwarzkäfer, Bockkäfer (Cerambycidae), Rüsselkäfer und weitere Arten wurden genauer erforscht. An den Käfern wurden **Urbanitätsgradienten** anhand von Futter- und Habitatspezialisten sowie nach Fähigkeit zur Verbreitung untersucht (Deichsel 2006). Zum Stadtzentrum hin erfolgt ein starker Rückgang der Artenzahlen, jedoch sind xerophile Arten zum Stadtzentrum hin im Vorteil, bestimmte Nahrungsspezialisten aber auch gegenüber Nahrungsgeneralisten.

Schmetterlinge sind auffällige Insekten, obwohl sie eher nicht zu den besonders begünstigten Tiergruppen innerhalb von Städten zählen. Ihr Vorkommen ist stark vom Wirtspflanzenangebot abhängig. Begrenzungsfaktoren sind neben Lichtfalleneffekten Insektizide und ein Überbesatz mit Vögeln. Schmetterlinge wandeln sich von phytophagen Raupen zu Blüten besuchenden Imagines. Einige Arten wandern saisonal. Beispiele synanthroper Arten sind der Kleine Fuchs

(*Aglais urticae*) und das Tagpfauenauge (*Inachis io*) auf Brennnesseln und Flieder.

Beispiele für Vorrats- und Materialschädlinge sind die **Motten** wie Kleidermotte (*Tineola bisselliella*), Pelz- (*Tinea pelionella*), Tapeten- (*T. tapetzella*), Korn- (*Nemapogon granellus*), Getreide- (*Sitotroga cerealella*), Dörrobst- (*Plodia interunctella*) und Mehlmotte (*Ephestia kuehniella*). Unbedingt erwähnt werden muss die Kastanienminiermotte (*Cameraria ohridella*), die wahrscheinlich in der Folge der Einbürgerung der Weißen Rosskastanie (*Aesculum hippocastaneum*) aus deren Herkunftsgebiet eingeschleppt wurde. Sie gefährdet zunehmend diesen Stadtbaum.

Die bekanntesten **Hautflügler** (Hymenoptera) sind **Wespen und Ameisen** (Formicidae), die auch mehr oder weniger synanthrop vorkommen. Synanthrope Ameisen sind besonders die Schwarze Wegameise (*Lasius niger*) und die Zweifarbige Wegameise (*L. emarginatus*), die auch häufig in Gebäude eindringen. Die Pharaoameise (*Monomorium pharaonis*) ist ein vermutlich aus Südasien/Südostasien eingeschleppter Kosmopolit, der hohe Temperaturen (optimal 32°C) braucht und in dauerbeheizten Gebäuden, Krankenhäusern, Bäckereien, Lebensmittelfabriken, Molkereien, Großküchen, Gaststätten, Hotels, Neubaublocks und Hallenbädern vorkommt. Das breite Verhaltensspektrum von Faltenwespen, zu denen die individuenreichen Arten Gemeine Wespe (*Paravespula vulgaris*), Deutsche Wespe (*P. germanica*) und die Sächsische Wespe (*Dolichovespula saxonia*) zählen, ermöglicht es ihnen, sich auch direkt in und an Gebäuden anzusiedeln. Der Bau des typischen Nests erfolgt teilweise sogar bevorzugt auf Dachböden. Die Hornisse (*Vespa crabro*) hat in Städten durch ein reiches Nisthöhlenangebot, die höhere Durchschnittstemperatur und das ständige Wasser- und Nahrungsangebot Vorteile. Andere Wespengattungen leben parasitisch (Schlupfwespen) oder von Aas (Grabwespen). Auch einige Hummeln (Bombus), wie die Baumhummel (*Pyrobombus hyponorum*), konzentrieren ihre Verbreitung tendenziell auf die Städte (Klausnitzer 1993, 228), die zunehmend Ersatz für das ursprüngliche Waldhabitat werden. Die Honigerträge der Honigbiene (*Apis mellifera*) können in Städten das Dreifache des Umlands betragen.

Stechmücken (Culicedae) als Vertreter der **Zweiflügler** (Diptera) besitzen als Lästlinge und potenzielle Überträger von Infektionskrankheiten (Plasmodium-Malaria u. a.) Bedeutung. Andere eusynanthrope Diptera sind beispielsweise die Große Stubenfliege (*Musca domestica*) und die Hausfliege (*Muscina stabulans*). Diese benötigen verfallende organische Substrate für die Larven sowie Pollen, Nektar und Honigtau für die Imagines. Die Larven leben in Exkrementen, Aas oder sind Parasitoide. **Fliegen** spielen als Verbreiter von Bakterien, Schimmelsporen und Fäulnisstoffen eine Rolle. Auch die Kleine Essigfliege (*Drosophila melanogaster*) ist synanthrop und kann sich massenhaft an Obst versammeln.

Flöhe (Siphonaptera) spielten im Mittelalter die herausragende Rolle bei der Verbreitung der Beulenpest, die heutzutage weltweit nur noch vereinzelt ausbricht. Für ihre Verbreitung ist an erster Stelle der Pestfloh (*Xenophsylla cheopis*) verantwortlich. Wahrscheinlich bereits seit Millionen Jahren lebt der Menschenfloh (*Pulex irritans*) eng mit Menschen zusammen. Ende des 19. Jahrhunderts wurde seine dominante Stellung in Städten vom Hundefloh (*Ctenocephalides canis*) abgelöst und dieser wiederum Mitte des 20. Jahrhunderts vom Katzenfloh (*Ctenocephalides felis*).

Unter den Insekten kommen vielfach extreme Nahrungsspezialisten vor, andererseits auch häufig Polyphage (Allesfresser). In den **Nahrungsketten** treten sie sowohl als Pflanzenfresser (Phytophaga: Fressen von Blättern, Früchten und Samen, Pollen, Knospen, Wurzeln u. a.; Phytosuga: Saugen von Pflanzensäften) als auch als Fleischfresser (Carnivora: fangen Spinnen, Weichtiere und Asseln) auf. Auch Blut saugende Insekten sind verbreitet. Als Nektar- und Pollenfresser sind sie wichtiger Bestandteil der pflanzlichen Reproduktion, es gibt entsprechend eine Koevolution zwischen Insekt und Pflanze. Des Weiteren können auch Aas, abgestorbenes Pflanzenmaterial, Stoffwechselprodukte (z. B. Hautschuppen) oder anthropogene Abfälle als Nahrung dienen. Andererseits gehören Insekten zur unverzichtbaren Nahrung von Vögeln, Säugetieren, Fischen und anderen Wirbellosen. Nicht zuletzt leisten viele Insekten der Bodenfauna wichtige Beiträge zur Kadaverbeseitigung und zum Recycling der mineralischen Grundbausteine. Die Funktion der **Nahrungskreisläufe** gestaltet sich in Städten aufgrund der fragmentierten Mosaikstruktur der Habitate relativ komplex bzw. ist sie gänzlich unterbrochen. So können sich im Habitat der Hausstaubmilbe (Betten, Polstermöbel, Teppiche u. a.) die Exkremente anreichern und, wenn sie nicht manuell beseitigt werden, bei einigen Menschen allergene Wirkung haben. Vergleichsweise wenig gestörte Kreisläufe sind in naturnahen Habitaten (z. B. Parks, Wiesen, Feuchtgebiete) zu erwarten, in denen Insekten in allen Funktionen auftreten können. Ein Beispiel für ein funktionierendes Kreislaufsystem ist der Blattlausfeindkreis: Phytophage Blattläuse kommen häufig in Städten vor. Sie saugen Pflanzensäfte sowohl auf autochthonen wie auch an hemerochoren Pflanzen und werden beispielsweise von Mauerseglern, Mehlschwalben, Marienkäfern und Schwebfliegen gefressen.

Zum Ende der Aufzählung soll auf weitere Arthropodenordnungen hingewiesen werden, nämlich auf die **Webspinnen** (Araneae, Spinnentiere), **Weberknechte** (Opiliones, Spinnentiere), **Milben** (Acari, Spinnentiere) und **Asseln** (Isopoda, Krebstiere). Diese haben, wie die Insekten, eine unüberschaubare Anzahl synanthroper Arten hervorgebracht. Die **Springspinnen** (z. B. Zebraspringspinne *Salticus scenicus*) sind häufig an warmen Hauswänden und selbst an Glasflächen zu finden, wo sie Jagd auf Insekten machen. **Zitterspinnen** (z. B.

Große Zitterspinne *Pholcus phalangioides*) dagegen sind im Gebäudeinneren an Zimmerdecken zu finden. Ihren Namen haben die zartbei-
nigen Tiere von ihrem Verhalten bei Störungen, wenn sie heftig im
Netz schwingen, um den potenziellen Angreifer zu verwirren. Die
Schwarze Dachspinne (Große Winkelspinne, *Tegenaria atrica*) hat ihr
Habitat im Gebäudeinneren vom Dachstuhl bis in die Garage oder
den Keller, wo sie recht häufig auftreten kann. Als synanthrope Gattung – eine weitere Art ist *T. domestica* – hat sie den Namen „Hausspinne" erhalten. Die **Gartenkreuzspinne** (*Aranaeus diadematus*) ist
vielleicht die bekannteste Webspinnenart. Sie baut ihr Radnetz im
Freien überwiegend in Gärten, kommt aber auch im Stadtzentrum
vor. Unter den Asseln sind die **Kellerassel** (*Porcellio scaber*) und die
Mauerassel (*Oniscus asellus*) in Kellern und feuchteren Standorten
sowie in alten, wenig gepflegten Parks weit verbreitet. Je ungestörter
das Habitat, desto günstiger ist es. Für Asseln gilt der seltene Fall, dass
sie mitunter in Städten arten- und individuenreicher als im Freiland
vorkommen. In Kellern ernähren sich die Asseln meist von gelager-
tem Obst.

Wie bereits erwähnt, kommen Insekten überall im menschlichen
Umfeld vor. Es gibt aber ausgesprochen **urbanophile Arten**, die durch
ihre Präadaption oder spätere Anpassungen besonders erfolgreich
sind. Viele synanthrope, in Häusern vorkommende Arten wurden
entsprechend benannt. So gibt es den Hausbock (Coleoptera), die
Hausmutter (Lepidoptera), die Hausgrille (auch Heimchen), die Kopflaus, den Menschenfloh, die Stubenfliege und Kleidermotte, auch
Brot- und Mehlkäfer, Küchenschabe, Hausspinne, Kellerassel, Gartenkreuzspinne und Gartenlaubkäfer. Durch **extrem spezifische Anpassungen** in einer engen ökologischen Nische kann die ökologische
Spannweite einer Art wiederum evolutionär beschränkt werden (Ste-
nökie) und diese anfällig für Umweltveränderungen werden. Es gilt
demnach zu klären, ob es Insekten gibt, für die Städte mit ihren besonderen Bedingungen (Klima, Habitate, Nahrung) den einzigen Lebensraum, also eine Art Arche Noah darstellen. Die oben genannten
Beispiele sprechen dafür, Städte als einen Zufluchtsraum sonst im
Freiland nicht vorkommender Arten zu betrachten. Dies betrifft ganz
überwiegend Adventivarten und besonders Wärme liebende Arten.
Betont wird die Konzentration auf die Städte auch, weil die Haupt-
verkehrsströme als lineare Ausbreitungsachsen zunächst die Großstädte untereinander verbinden. Aufgrund der klimatischen Bedingungen besteht eine ökologische Grenze gegenüber stadtfernen Gebieten, sodass mehr oder weniger isolierte Exklaven geschaffen
werden. Im Muster der mosaikartigen Habitatfragmente besteht das
große Problem der **Habitatisolation**. Die Mobilität der Tiere ist in
Form (laufen, fliegen, springen, schwimmen) und Reichweite sehr
unterschiedlich. Austauschprozesse oder eine Arealerweiterung können kaum über die dazwischen liegenden, lebensfeindlichen Gebiete

hinweg (Straßen oder andere Habitate, z.B. Gefahr von Austrocknung) erfolgen. Hierbei entscheidet die Fähigkeit der Tiere, diese Grenzen zu überwinden, über die Verbreitung und das Vorkommen im Stadtgebiet. Vielen Insekten ist eine Verbreitung auf dem Luftweg möglich, teils aktiv, teils passiv mit der Luftströmung, des Weiteren zu Fuß, was hohe Risiken birgt, da das Versteck verlassen wird und das Individuum Fraßfeinden ausgesetzt ist. Ein für Insekten besonders relevanter Verbreitungsweg ist die Mitnahme in Kraftfahrzeugen, da sie unbemerkt über eine Vielzahl von Schlupfwinkeln ins Auto gelangen können. Häufig sind Wärmequellen der Kraftfahrzeuge interessant für Insekten. Alternativ reichen oft sogenannte **Trittsteinhabitate,** wie Splittergrün (Mittelstreifen, Alleebäume) oder Balkon- und Fassadenbegrünung, zum Fortkommen aus.

Spricht man von Insekten oder Gliederfüßlern in Städten, werden meist die negativen Aspekte hervorgehoben. Insekten in Wohnungen, im Garten und auf den Straßen sind Problemtiere. Im englischen Sprachraum werden sie als „pest" bezeichnet. Selbst wenn kein direkter Schaden entsteht, sind die nächtlichen Mücken in der Nähe von Gewässern oder in Kleingartenanlagen, die Stubenfliegen im Wohn- oder Schlafraum lästig. Schädlinge lassen sich in zwei Kategorien einteilen: Material- und Vorratsschädlinge. Als **Materialschädlinge** verursachen beispielsweise Holz bewohnende Käfer (z.B. Hausbock *Hylotrupes bajulus*) Fraßschäden im Dachstuhl oder in Möbeln. Termiten oder Silberfischchen fressen an Zellulose wie Holzteilen, Tapeten und Büchern. Zu den **Vorratsschädlinge**n zählen zum Beispiel Mehlkäfer, Heuschrecken, Speckkäfer, Schaben und Silberfischchen. Weniger direkt können Wespen oder Ameisen in der Nähe menschlicher Behausung als störend empfunden werden. Obwohl Spinnen generell eher nützlich sind, werden auch sie mit Angst betrachtet.

„Nützlinge" sind dagegen wertvolle Arten wie die Bienen (*Apis mellifera*), die als Bestäuber und Lieferant von Honig und Wachsen wichtig sind, oder die Seidenspinner (*Bombyx mori*) und solche Insekten, die Schädlinge fressen. Bereits früh hat der Mensch begonnen, nützliche Tiere zu halten oder zu fördern, wie die Honigbiene oder Seidenraupen. Bereits seit Längerem spielen Insekten eine wichtige Rolle in den Materialwissenschaften und in der Bionik.

Die **psychische Wirkung** von Insekten auf den Menschen reicht vom Bestaunen eines vielfarbigen Falters bis zu Ekel beim Anblick von Küchenschaben. Im Zwischenbereich finden sich von vielen Menschen als belästigend empfundene Begegnungen. Extreme sind Phobien wie Arachnophobie (krankhafte Angst vor Spinnen). Ganz anders bei „schönen" oder faszinierenden Tieren, wie eben Schmetterlingen oder hinter Terrarienglas gesicherten Exoten wie Gottesanbeterinnen. Glühwürmchen (Lampyridae, Leuchtkäfer) passen zu einer romantischen nächtlichen Stimmung bei klarem Wetter im Park oder am See.

Allgemein gehen vom direkten Kontakt mit Insekten für den Menschen selten relevante **Gefahrenpotenziale** aus. Gefährlich können sich Stiche mit dem Giftstachel (Wespen, Bienen, einige Ameisen) oder Giftklauen (Spinnen) erweisen. Das Gift dient Insekten und Spinnen zur Abwehr großer Fraßfeinde oder gegen Tritte bzw. zur Lähmung ihrer Beutetiere. Während die meisten Stiche und Bisse nur schmerzhafte Schwellungen zur Folge haben, können sie im Extremfall Allergien auslösen, die unbehandelt bis zu Atemstillstand und Tod führen können. Auch ausreichend Gift, sei es von großen Hornissen oder durch eine besonders große Anzahl von Stichen verursacht, kann ähnliche Wirkungen haben. In Mitteleuropa sind Insekten- und Spinnengifte allgemein keine ernste Gefahr, in Deutschland verursachen nur zwei Spinnenarten, der Dornfinger (*Cheiracanthium punctorum*) und die Wasserspinne (*Argyroneta aquatica*), starke Schmerzen und Übelkeit. Des Weiteren können Milben (Spinnentiere) Hausstaub-Allergien auslösen. Seit jeher nicht zu unterschätzen sind Insekten als Krankheitsüberträger. Auf diese Weise werden beispielsweise die Pest (Flöhe), Malaria (Anopheles-Mücke), Gelbfieber (tropische Mücken), die Schlafkrankheit (Tsetsefliege), Fleckfieber (Kleiderläuse) oder Leishmaniose weitergegeben, wobei sich die Verbreitungsgebiete allgemein nicht auf Europa erstrecken. In diesem Punkt kann der Klimawandel diesen Tieren auch in Mitteleuropa günstige Bedingungen bescheren. Durch Zecken (Spinnentiere) übertragene Hirnhautentzündungen, wie FSME und Lyme-Borreliose, treten in Mitteleuropa verstärkt auf, sind aber im städtischen Bereich eher zu vernachlässigen. Auch die Verbreitung durch Haustiere spielt eine Rolle.

2.4.3 Naturschutz in der Stadt

Trotz der verschiedensten Störungen im Siedlungsbereich können einzelne Tierarten ihre Habitate in Städten erhalten. Ein Erhalt der Vielfalt von Tierarten ist von grundsätzlicher Relevanz (siehe unten). Für den Naturschutz bedarf es allerdings artenspezifischer Handlungskonzepte. Die Bund-/Länder-Arbeitsgruppe „Artenschutz im Siedlungsbereich" hat für den Naturschutz in Dörfern und Städten nach dem Handlungskonzept zur biologischen Vielfalt ausgewählte Zielarten vorgeschlagen (Tab. 2.16).

Merksatz
Für den städtischen Naturschutz sind artspezifische Handlungskonzepte notwendig.

2.4.4 Urbane Biodiversität

Untersuchungen zur Biodiversität haben ihre Wurzeln in der Botanik. Neben der pflanzlichen gibt es freilich auch tierische Biodiversität. Unter der **Biodiversität oder** dem **Artenreichtum** versteht man die Gesamtheit der Gene, der Arten und der Pflanzen- bzw. Tiergesellschaften (pflanzliche und tierische Biodiversität). Erweitert kann man darunter auch die Diversität von Ökosystemen, ihren Dienstleistungen und Landschaften verstehen. Diversität hat eine quantitative, eine qualitative und eine räumliche Dimension. Artenreichtum

Merksatz
Urbane Artenvielfalt lässt sich nach Stadtzonen und Habitattypen gliedern und umfasst auch komplexe Artbildungsmechanismen.

Tab. 2.16 Zielarten des Naturschutzes im Siedlungsbereich nach dem Handlungskonzept des Bundes und der Länder zur biologischen Vielfalt in Städten und Dörfern (Quelle: Umweltministerium Baden-Württemberg 1995)

Teillebensraum	Zielarten (bzw. Zielartengruppen)
Innenstadt (City)	alle Fledermäuse (Chiroptera), Wanderfalke (*Falco peregrinus*), Mauersegler (*Apus apus*)
dicht bebaute Wohnviertel Stadtrand (Villenviertel)	Zwergfledermaus (*Pipistrellus pipistrellus*), Mehlschwalbe (*Delichon urbica*), Breitflügelfledermaus (*Eptesicus serotinus*), Gartenrotschwanz (*Phoenicurus phoenicurus*), Eichenschrecke (*Meconema thalassinum*)
locker bebaute Stadtrandsiedlungen mit hohem Gartenanteil	Klappergrasmücke (*Sylvia curruca*)
Parks, Friedhöfe, Sportanlagen mit Altbaumbeständen	Abendsegler (*Nyctalus noctula*), Gartenschläfer (*Eliomys quercinus*), Siebenschläfer (*Glis glis*), Spechte (Picidae) und seltene Holz bewohnende Käfer (Coleoptera)
Freiflächen von Industrie- und Gewerbegebieten, ungenutzte Verkehrsflächen Dörfer (einschließlich Dorfteiche)	Steinschmätzer (*Oenanthe oenanthe*), Haubenlerche (*Galerida cristata*), Wärme liebende Schmetterlinge (Lepidoptera) und Heuschrecken (Saltatoria), alle Fledermäuse (Chiroptera), vor allem: Mausohr (*Myotis alba*); Weißstorch (*Ciconia ciconia*), Rauchschwalbe (*Hirundo rustica*); Kriechtiere (Reptilia), vor allem: Zauneidechse (*Lacerta agilis*); Lurche (Amphibia) vor allem: Wechselkröte (*Bufo viridis*), Wildbienen (Apoidea)

schließt auch den Grad von Unterschieden mit ein. So können Blütenpflanzen einerseits alle gelb blühen, andererseits aber auch sehr verschiedene Farben haben, was einen höheren Grad der Unterschiedlichkeit ausmacht. Auch ist es nicht das Gleiche, ob der Artenreichtum aus seltenen Pflanzen besteht oder ob diese Pflanzen sehr häufig an einem Ort vorkommen. Der Artenreichtum bzw. die Biodiversität können über Indizes errechnet werden, besonders interessiert auch die Herkunft der Arten.

Hinsichtlich der **pflanzlichen Biodiversität** ist zu konstatieren, dass im Allgemeinen die Zahl der Gefäßpflanzen mit der Größe einer Stadt zunimmt, weil die Anzahl von Habitaten in Großstädten wächst, je größer diese sind (Brandes und Zacharias 1990). Auf diesen Habitaten können sich äußerst unterschiedliche Pflanzen- und Tierarten ansiedeln. Die Stadtflora ist also artenreich, aber nicht so sehr, wie manchmal behauptet wird. Außerdem ist je nach Stadtzone der Artenreichtum größer oder kleiner (Jackowiak 1989). Artenreichtum beschränkt sich im Wesentlichen auf besondere Habitattypen und ist temporär. Besonders hoch ist der Artenreichtum in alten Stadtparks und Schlössern sowie auf urban-industriellen Brachflächen. Allerdings findet unter gemäßigten klimatischen Bedingungen eine Sukzession von der Neubesiedelung solcher Brachflächen bis hin zum Wald statt. Dieser ist freilich erneut artenärmer als vorangehende Sukzessionsstadien. Dementsprechend ist der Artenreichtum auf städtischen Brachflächen vorübergehend, falls der Mensch nicht eingreift, um ein besonders interessantes Stadium zu erhalten.

Warum gibt es so viele Arten in der Stadt? Grund ist vor allen Dingen die sehr große Heterogenität der Habitate sowie die große Zahl eingeführter oder eingeschleppter Arten. Man unterscheidet **einheimische** (indigene) **und fremde** (exotische) **Arten**, außerdem Archäophyten und Neophyten. Unter **Archäophyten** versteht man diejenigen Pflanzen, die bereits vor 1492, also vor den großen Entdeckungsreisen nach Amerika, in Deutschland vorkamen. Mit der ab da einsetzenden Reisetätigkeit beginnt das Vorkommen von **Neophyten**. Insgesamt ist festzustellen, dass in mitteleuropäischen Städten die einheimischen Pflanzen zurückgehen, d. h. die für unsere Vegetationszone typischen Geophyten und Chamaephyten, Hygrophyten, Hydrophyten, Helophyten sowie oligotrophe Pflanzen werden rarer. Dies ist verständlich, da Städte nur in den seltensten Fällen Feuchtgebiete und sehr nährstoffarme Standorte beherbergen. Im Gegensatz dazu nehmen die Therophyten, die sich durch Samen verbreiten, die Stickstoff liebenden Pflanzen und solche mit kürzeren Lebenszyklen zu. Auch einheimische Arten können Städte, in denen sie früher einmal vorkamen, dann jedoch vernichtet wurden, erneut kolonisieren. Man kann verschieden starke **Impakte** unterscheiden. Natürliche Habitate, wie Feuchtgebiete, Naturwälder und extensiv genutzte Wiesen zeichnen sich durch einen niedrigen Impakt aus. Auch vom Menschen gemachte Habitate, wie alte Brachflächen, sind hier hinzuzurechnen. Habitate mit einem sehr hohen Impakt sind etwa in Nutzung befindliche Straßen oder Eisenbahnlinien. Je nach Störungsgrad sind die Habitattypen und ihre Lebensformenverteilung unterschiedlich. Verkehr ist dabei wichtig, um fragmentierte Habitate miteinander zu verbinden. Besonders interessant und von hoher Relevanz sind urbanindustrialisierte Areale. Dies können beispielsweise alte Halden wie im Ruhrgebiet oder offen gelassene Bahnhofsanlagen sein, wie dies in ostdeutschen Großstädten häufig der Fall ist.

Städte sind besonders reich an **Kosmopoliten**, also Pflanzen, die weltweit vorkommen. Eine Erklärung hierfür liegt darin, dass durch die in Städten konzentrierte Reise- und Handelstätigkeit das Vorkommen von Neophyten und Kosmopoliten dort gehäuft ist. Durch Globalisierungseffekte kommt es zu einer immer stärkeren **Homogenisierung und Hybridisation der Pflanzen**. Der weltweite Austausch von Samen, sei er gewollt oder ungewollt, ist für diesen Trend verantwortlich. Früher sehr seltene Pflanzen werden in Gärten kultiviert, wobei die Botanischen Gärten hier eine besondere Rolle spielen. Von diesen ausgehend erobern sie die Umgebung. Es kommt zum Genaustausch mit verwandten Pflanzen, sodass es zu einer Mischung des Genpools kommt. Dies ist der Start der Hybridisation. Auch die künstliche Züchtung durch den Menschen spielt eine Rolle. Laut Stefan Klotz (1990) kann man **urbanophobe, urbanoneutralen und urbanophilen Arten** unterscheiden. In Mitteleuropa sind 53 % der Arten urbanophob, 11,3 % urbanoneutral und 7 % leicht urbanophil, 5,5 % urbanophil. Urbanophil sind Arten, die sich an den Nährstoffreichtum der Böden, die erhöhte Lufttemperatur, die verlängerte Vegetationsperiode sowie die größere Trockenheit in Städten angepasst haben und damit zurechtkommen. In einer Untersuchung der Affinität der Flora von Mittel- und Nordwestdeutschland zu urbanen Habitaten stellten Frank und Klotz (1990) fest, dass mehr als die Hälfte aller Pflanzenarten urbanophob sind, d. h. die Städte meiden. Echte Stadtpflanzen machen nur 5,5 % aus.

Städte sind Zentren des Imports und der Naturalisierung von Arten (Kowarik 2011). Die Robinie (Robinia pseudoacacia) und der Götterbaum (Ailanthus altissima) sind auf der Nordhemisphäre invasive Arten, die zu einer Homogenisierung der Flora bzw. einem Verlust an Biodiversität beitragen. Städte sind aber auch Zentren der Evolution, sodass in Städten neue Arten auftreten, die speziell an die ökologischen Bedingungen in Städten angepasst sind. Gut angepasst an Städte sind etwa die Haustaube (*Columba livea*) oder der Turmfalke (*Falco tinnuncul*us), beide Arten waren früher eigentlich Felsenbrüter. Durch das Einwandern und Einführen von neuen Arten kommt es zu **neuen Interaktionen von Lebensgemeinschaften** (Biozönosen) zuerst in Städten. Neue Habitate entstehen durch Hausgärten, angelegte Parks und aus der Nutzung ausgeschiedene Eisenbahnlinien und Rangierbahnhöfe bzw. andere städtische Brachflächen, wie Gewerbe- und Industriebrachen (z. B. aufgegebene alte Schlachthöfe oder industrielle Produktionsstätten). Städte sind also Schmelztiegel und komplexe Hotspots der regionalen Artenvielfalt. Kühn et al. (2004) und Pysek (1989) haben dies für Gefäßpflanzen festgestellt. Städte sind für die Art Homo sapiens, d. h. für den Menschen, das vorherrschende Ökosystem. In ihnen wird aufgezeigt, dass die Koexistenz der menschlichen Kultur und der städtischen Natur möglich ist. Auch hinsichtlich der städtischen Kultur stellen **Stadtbiotope** einen wichtigen Beitrag dar. Neben den bereits genannten Zier-, Nutzgärten und Parks sind die Biergärten ein besonderes Beispiel, da sie nicht nur eine Erholungsfunktion und für manche Gegenden auch eine wesentliche Kulturfunktion besitzen, sondern zusätzlich bei Hitzewellen einen vernünftigen Zufluchtsort darstellen.

Seit den 1970er-Jahren weist die Wissenschaft auf den **Rückgang der Artenvielfalt** hin. 2007 beschloss das Bundeskabinett die Nationale Strategie zur biologischen Vielfalt (www.bmu.de/naturschutz_biologische_vielfalt/downloads/doc/40333.php, 8.2.2012). Artenvielfalt oder -reichtum ist aus vielen Gründen von großer Bedeutung. Der besonders hohen urbanen Biodiversität kommt dabei zunehmend Bedeutung aus naturschutzfachlichen Gründen zu (Zerbe et al. 2003, Auhagen und Sukopp (1982):

- Erhaltung der Funktionen biologischer Systeme: Stabilität von Ökosystemen, Lebensraum für seltene Pflanzen und Tiere, Schädlingsbekämpfung, Blütenbestäubung, Nahrungsmittelproduktion, Kohlenstoffspeicherung, Bioindikation und Biomonitoring
- Erhaltung der biochemischen Information: evolutionäres Anpassungspotenzial, Herausbildung neuer Arten und Sorten, Resistenzzüchtung, Pharmakologie
- Erhaltung von Forschungsobjekten: regenerative Energie (Biomasse), neue Nahrungsmittel, Bionik
- Erholung, Erziehung und Heimatschutz: phänologische Vielfalt, Raumgestaltung, Formen und Farben, Umwelterziehung und Naturerfahrung
- Ökonomie: Imagefaktor, Lebensqualität

Die städtische Artenvielfalt mag vielerorts die einzige Artenvielfalt sein, die viele Menschen überhaupt erfahren. Diese **Erfahrung von Natur**, an manchen Stellen vielleicht sogar die Erfahrung von Wildnis, ist im Rahmen der Naturerziehung ein wichtiger Aspekt. Künftige Aktionen zur Verbesserung der Artenvielfalt bzw. einer Verlangsamung des Artensterbens, wie sie die Mitgliedsländer der Konvention zur Artenvielfalt der Vereinten Nationen in Konferenzen anstreben, werden eigentlich fast immer von Stadtbewohnern getragen. So muss einerseits dem globalen Verlust an Artenvielfalt Einhalt geboten werden, andererseits müssen die Städte als Hotspots der Artenvielfalt erhalten und ausgebaut werden. Auf diese Art und Weise kann eine größere öffentliche Aufmerksamkeit für das Problem der Artenvielfalt insgesamt erreicht werden. Auch ein **ökologisches Design** in der Stadtplanung müsste für alle Planer zum Grundsatz erkannt werden. Nur dann können auch langfristig nachhaltige Stadtstrukturen geschaffen werden. Die urbane Biodiversität hat somit einen außerordentlich hohen Wert in vielerlei Hinsicht. Dies gilt etwa für die **Umwelterziehung**, die **Lebensqualität** oder das **Biomonitoring**. Sie ist als Imagefaktor der Stadt von Bedeutung, aus dem sich schließlich auch ein ökonomischer Faktor errechnen lässt. In Städten kommen Kinder häufig zuerst in Kontakt mit der Biodiversität. Dies ist relevant, da Erfahrungsberichte diesen frühen Kontakt mit der Vielfalt von Pflanzen und Tieren als besonders wichtig für ein späteres Verständnis für Umwelt und Natur erscheinen lassen. In Städten sind die Überreste der natürlichen Vegetation bzw. die durch Landwirtschaft geförderte Vegetation als Trittsteine und Refugien für seltene Tierarten, aber auch für die Erholung der Stadtbewohner wichtig. Sie haben zudem eine Dienstleistungsfunktion, da sie nicht zuletzt für die Verbesserung des Stadtklimas und die Filterung von unerwünschten Feinstäuben aus der Luft sorgen (siehe Kap. 4.4 Ökosystemdienstleistungen).

2.5 Literatur

Monographien

Ad-Hoc AG Boden (2007): Methodenkatalog zur Bewertung natürlicher Bodenfunktionen, der Archivfunktion des Bodens. Zusammenfassung und Strukturierung von relevanten Methoden und Verfahren zur Klassifikation und Bewertung von Bodenfunktionen für Planungs- und Zulassungsverfahren mit dem Ziel der Vergleichbarkeit. 2. Aufl., Staatliche Geologische Dienste, BGR, Hannover.

Arbeitskreis Stadtböden der Deutschen Bodenkundlichen Gesellschaft (Hrsg.) (1996): Urbaner Bodenschutz. 1. Aufl., Springer, Berlin/Heidelberg.

Baumbach, G. (1996): Air quality control. 1st ed., Springer, Berlin/Heidelberg.

Changnon, St. A., Huff, F. A., Schickedanz, P. T. und Vogel, J. L. (1977): Summary of Metromex, Vol. 1: Weather Anomalies and Impacts. Bulletin of the American Meteorological Society 62. State of Illinois, Dept.of Registration and Education, Urbana.

Draheim, T. (2005): Die räumliche und zeitliche Variabilität der PM10-Schwebstaubkonzentration in Berlin unter Berücksichtigung der Großwettertypen. Berliner Geographische Arbeiten Nr. 102, Humboldt-Universität zu Berlin.

Endlicher, W., Gorbachevskaya, O., Kappis, C. und Langner, M. (Hrsg.) (2007): Tagungsband zum Workshop über den wissenschaftlichen Erkenntnisstand über das Feinstaubfilterpotenzial (qualitativ und quantitativ) von Pflanzen am 1. Juni 2007 in Berlin/Adlershof. Berliner Geographische Arbeiten 109. Humboldt-Universität zu Berlin.

Endlicher, W., Langner, M., Dannenmeier, S., Fiedler, A., Herrmann, I., Ohmer, T. und Dalter, D. (2011): Einfluss innerörtlicher Grünflächen und Wasserflächen auf die PM10-Belastung. Berichte der Bundesanstalt für Straßenwesen, Verkehrstechnik Heft V 202, Bremerhaven.

Fezer, F. (1995): Das Klima der Städte. 1. Aufl., Justus Perthes, Gotha.

Fiedler, H. J. (2001): Böden und Bodenfunktionen in Ökosystemen, Landschaften und Ballungsgebieten. 1. Aufl., Expert, Renningen.

Frank, D. und Klotz, S. (1990): Biologisch-ökologische Daten zur Flora der DDR. Wiss. Beiträge der Martin-Luther-Universität Halle-Wittenberg 1990/32 (P41), Halle.

Gall, B. und Schmidt, R. (Hrsg.) (2003): Steckbriefe Brandenburger Böden. Sammelmappe Stadtboden. Fachhochschule Eberswalde, Fachbereich Landschaftsnutzung und Naturschutz. Potsdam.

Gujer, W. (2007): Siedlungswasserwirtschaft. 1. Aufl., Springer, Berlin/Heidelberg.

Heath, R. C. (1988): Einführung in die Grundwasserhydrologie. 1. Aufl., Oldenbourg, München/Wien.

Hintermaier-Erhard, G. und Zech, W. (1997): Wörterbuch der Bodenkunde. Systematik, Genese, Eigenschaften, Ökologie und Verbreitung von Böden. 1. Aufl., Enke, Stuttgart.

Hupfer, P. (Hrsg.) (1991): Das Klimasystem der Erde. 1. Aufl., Akademie-Verlag, Berlin.

Jonas, H. (1979): Das Prinzip Verantwortung: Versuch einer Ethik für die technologische Zivilisation. 1. Aufl., Suhrkamp, Frankfurt a. M.

Klausnitzer, B. (1993): Ökologie der Großstadtfauna. 2. Aufl., G. Fischer, Jena/Stuttgart.

Kowarik, I. (1988): Zum menschlichen Einfluß auf Flora und Vegetation. Landschaftsentwicklung und Umweltforschung, Bd. 56, TU Berlin.

Kowarik, I. (2003): Biologische Invasionen. Neophyten und Neozoen in Mitteleuropa. 1. Aufl., Eugen Ulmer, Stuttgart.

Kowarik, I. und Körner, S. (Hrsg.) (2005): Wild Urban Woodlands. New Perspectives for Urban Forestry. 1st ed., Springer, Berlin/Heidelberg.

Kratzer, A. (1956): Das Stadtklima. 2. Aufl., Vieweg, Braunschweig.

Kunick, W. (1974): Veränderungen von Flora und Vegetation einer Großstadt, dargestellt am Beispiel von Berlin (West). Diss. TU Berlin.

Linné (Linnaei), C. von (1735): Systema Naturae. Editio Decima, Leiden.

Makki, M. und Biró, P. (Hrsg.) (2008): Berliner Böden. Ein Beitrag zur Bodenuntersuchung in der Großstadt Berlin unter besonderer Berücksichtigung der Bodendetailkartierung. Arbeitsberichte, Heft 138, Geographisches Institut, Humboldt-Universität zu Berlin.

Makki, M. und Frielinghaus, M. (Hrsg.) (2010): Boden des Jahres 2010 – Stadtböden. Berlin und seine Böden. Berliner Geographische Arbeiten 117. Humboldt-Universität zu Berlin.

Marzluff, J. M. und Angell, T. (2005): In the Company of Crows and Ravens. Yale University. 1st ed., Reclam, Stuttgart.

Nitsche, J. (2007): Temperaturprofile von Berlin bei Strahlungswetter in Abhängigkeit von Stadtstrukturen. Unveröff. Magisterarbeit am Geographischen Institut der Humboldt-Universität zu Berlin.

Nübler, W. (1979): Konfiguration und Genese der Wärmeinsel der Stadt Freiburg. Freiburger Geographische Hefte 16. Freiburg im Breisgau.

Odum, E. P. (1991): Prinzipien der Ökologie. 1. Aufl., Spektrum, Heidelberg.

Pagenkopf, A. (2011): Urbane Niederschlagsbeeinflussung – Genese und räumliche Differenzierung am Beispiel von Berlin. Diss. Math.-Nat. Fak. II, Humboldt-Universität zu Berlin.

Ringenberg, J. (1994): Analyse urbaner Gehölzbestände am Beispiel der Hamburger Wohnbebauung. 1. Aufl., Verlag Dr. Kova , Hamburg.

Rim, Yong-Nam (2011): Analysing Runoff Dynamics of Paved Soil Surface Using Weighable Lysimeters. Diss. Fak. VI, TU Berlin.

Sauerwein, M. (1998): Geoökologische Bewertung urbaner Böden am Beispiel von Großsiedlungen in Halle und Leipzig – Kriterien zur Ableitung von Boden-Umweltstandards für Schwermetalle und Polyzyklische Aromatische Kohlenwasserstoffe. Umweltforschungszentrum Leipzig-Halle, UFZ-Bericht 19/1998, Leipzig.

Sauerwein, M. (2006): Urbane Bodenlandschaften – Eigenschaften, Funktionen und Stoffhaushalt der siedlungsbeeinflussten Pedosphäre im Geoökosystem. Habil.-Schr. Univ. Halle-Wittenberg.

Scheffer, F. und Schachtschabel, P. (2002): Lehrbuch der Bodenkunde. 15. Aufl., Spektrum Akademischer Verlag, Berlin/Heidelberg.

Schroeder, D. (1983): Bodenkunde in Stichworten. 4. Aufl., Ferdinand Hirt, Unterägeri.

Schuhmacher, H. und Thiesmeier, B. (Hrsg.) (1991): Urbane Gewässer. 1. Aufl., Westarp, Essen.

Storch, V. und Welsch, U. (2004): Kurzes Lehrbuch der Zoologie. 8. Aufl., Spektrum Akademischer Verlag, München.

Sukopp, H., Hejny, S. und Kowarik, I. (Hrsg.) (1990): Urban ecology. Plants and plant communities in urban environments. 1st ed., Elsevier, The Hague.

Swartjes, F. A. (Hrsg.) (2011): Dealing with Contaminated Sites – From Theory towards Practical Application. 1. Aufl., Springer, Dordrecht.

Trenkle, H. (1992): Klima und Krankheit. 1. Aufl., Wiss. Buchgesellschaft, Darmstadt.

Umweltministerium Baden-Württemberg (Hrsg.) (1995): Artenschutz im Siedlungsbereich. Handlungskonzept zur Erhaltung und Förderung der biologischen Vielfalt auch in Städten und Dörfern. Länderarbeitsgemeinschaft Naturschutz, Landschaftspflege und Erholung (LANA). Stuttgart.

Volg, F. (2003): Biotopverbund in Wohngebieten. Ein dynamisches Naturschutzkonzept für Wohngebiete zur Förderung von wildlebenden Pflanzen- und Tierarten. Beiträge zur Umweltgestaltung, Band A 154, 1. Aufl., Erich Schmidt, Berlin.

Wild, A. (1995): Umweltorientierte Bodenkunde. Eine Einführung. 1. Aufl., Spektrum, Berlin/Heidelberg/Oxford.

Wittig, R. (1991): Ökologie der Großstadtflora. 1. Aufl., Springer, Stuttgart.

Wittig, R. (2002): Siedlungsvegetation. Ökosysteme Mitteleuropas aus geobotanischer Sicht. 1. Aufl., Eugen Ulmer, Stuttgart.

Wittig, R. und Streit, B. (2004): Ökologie. 2. Aufl., G. Fischer, Stuttgart.

Wolf-Benning, U. (2006): Kleinräumige und zeitliche Variabilität von Fein- und Grobstaub sowie Stickstoffdioxid in Berlin. Berliner Geographische Arbeiten Nr. 105. Humboldt-Universität zu Berlin.

Aufsätze

Abs, M. (1987): Stadtökologische Probleme am Beispiel ausgewählter Vogelarten. Charadrius 23 (2), 83–90.

Alcoforado, M.-J., Andrade, H., Lopes, A. und Vasconcelos, J. (2009): Application of climatic guidelines to urban planning. The example of Lisbon (Portugal). Landscape and Urban Planning 90, 56–65.

Arnfield, A. J. (2003): Two decades of urban climate research: a review of turbulence, exchanges of energy and water, and the urban heat island. International Journal of Climatology 23, 1–26.

Arnold, C. L. und Gibbons, C. J. (1996): Impervious surface coverage: the emergence of a key environmental indicator. Am. Planners Assoc. J. 62, 243–258.

Auhagen, A. und Sukopp, H. (1982): Auswertung der Liste der wildwachsenden Farn- und Blütenpflanzen von Berlin (West) für den Arten- und Biotopschutz. Landschaftsentwicklung und Umweltforschung 11, 5–18.

Beyer, L. (1997): Die organische Bodensubstanz anthropogener Böden der Stadt Kiel. Mitteil. Dtsch. Bodenkundl. Gesellsch. 84, 123–126.

Blossey , S. und Lehle, M. (1998): Eckpunkte zur Bewertung von natürlichen Bodenfunktionen in Planungs- und Zulassungsverfahren. Sachstand und Empfehlung der LABO. Bodenschutz 3 (4), 131–137.

Blume, H.-P. (1998): Böden. In: Sukopp, H. und Wittig, R. (Hrsg.): Stadtökologie. 2. Aufl., Stuttgart, 168–185.

Brandes, D. und Zacharias, D. (1990): Korrelation zwischen Artenzahlen und Flächengrößen von isolierten Habitaten, dargestellt an Kartierungsprojekten aus dem Bereich der Regionalstelle 10 B. Flor. Rundbriefe 23, 141–149.

Bröde, P., Jendritzky, G., Fiala, D. und Havenith, G. (2010): The Universal Thermal Climate Index UTCI in Operational Use. Proceedings of Conference: Adapting to Climate Change: New Thinking on Comfort, 9–11 April 2010. London: Network for Comfort and Energy Use in Buildings. (http://nceu.org.uk)

Burghardt, W. (1991): Wasserhaushalt von Stadtböden. In: Schuhmacher, H. und Thiesmeier, B. (Hrsg.): Urbane Gewässer. Essen, 395–412.

Burkart, K., Schneider, A., Breitner, S., Khan, M.H., Krämer, A. und Endlicher, W. (2011): The effect of atmospheric thermal conditions and urban thermal pollution on all-cause and cardiovascular mortality in Bangladesh. Environmental Pollution 159, 2035–2043.

Burkart, K., Khan, M. H., Krämer, A., Breitner, S., Schneider, A. und Endlicher, W. (2011): Seasonal variations of all-cause and cause-specific mortality by age, gender, and socioeconomic condition in urban and rural areas of Bangladesh. International Journal for Equity in Health, 10: 32.

Chmielewski, F.-M. (2007): Folgen des Klimawandels für Land- und Forstwirtschaft. In: Endlicher, W. und Gerstengarbe, F.-W. (Hrsg.): Der Klimawandel – Einblicke, Rückblicke und Ausblicke. Potsdam, 75–85.

Clucas, B., Marzluff, J. M., Kübler, S. und Meffert, P. (2011): New Directions in Urban Avian Ecology: Reciprocal Connections between Birds and Humans in Cities. In: Endlicher, W., Hostert, P., Kowarik, I., Kulke, E., Lossau, J., Marzluff, J., van der Meer, E., Mieg, H., Nützmann, G., Schulz, M. und Wessolek, G. (Hrsg.): Perspectives in Urban Ecology. Studies of ecosystems and interactions between humans and nature in the metropolis of Berlin. Berlin/Heidelberg, 167–198.

Contardo-Jara, V. und Wiegand, C. (2008): Molecular biomarkers of Dreissena polymorpha for comparison of renatureation success in a stream of former sewage discharge to a nearby semi-natural small river. Environmental Pollution 155, 182–189.

Contardo-Jara, V., Krueger, A., Exner, H.-J. und Wiegand, C. (2009): Biotransformation and antioxidant enzymes of Dreissena polymorpha for detection of site impact in watercourses of Berlin. Journal of Environmental Monitoring 11, 1147–1156.

Deichsel, R. (2006): Species change in an urban setting – ground and rove beetles (Coleoptera: Carabidae and Staphylindae) in Berlin. Urban Ecosyst. 9, 161–178.

Deutsche Vereinigung für Wasserwirtschaft, Abwasser und Abfall (DVWK) (Hrsg.) (2000): Gestaltung und Pflege von Wasserläufen in urbanen Gebieten. Hennef.

Endlicher, W. und Lanfer, N. (2003): Meso- and microclimatic aspects of Berlin's urban climate. Die Erde 134, 277–293.

Endlicher W., Jendritzky, G., Fischer, J. und Redlich, J. P. (2008 a): Heat waves, urban climate and human health. In: Marzluff, J., Shulenberger, E., Endlicher, W., Alberti, M., Bradley, G., Ryan, C., Simon, U. und Zum-Brunnen, C. (Hrsg.): Urban Ecology: An International Perspective on the Interaction Between Humans and Nature. New York, 269–278.

Endlicher, W., Müller, M. und Gabriel, K. (2008 b): Climate Change and the Function of Urban Green for Human Health. In: Schweppe-Kraft, B. (Hrsg.): Ecosystem Services of Natural and Semi-Natural Ecosystems and Ecologically Sound Landuse. Bundesamt für Naturschutz, BfN-Skripten 237, Bonn, 119–127.

Epple, W. (2009): 30 Jahre Hans Jonas „Das Prinzip Verantwortung": Zur ethischen Begründung des Naturschutzes. Osnabrücker Naturwissenschaftliche Mitt. Bd. 35, 121–150.

Erbe, S., Makki, M., Heller, C., Biró, P. und Borchard, N. (2008): Bodenkundliche Detailuntersuchung in urbanen Gebieten als Grundlage für Stadtplanung am Beispiel der „Tiefwerder Wiesen" in Berlin-Spandau. In: Makki, M. und Biró, P. (Hrsg.): Berliner Böden. Ein Beitrag zur Bodenuntersuchung in der Großstadt Berlin unter besonderer Berücksichtigung der Bodendetailkartierung. Arbeitsberichte, H. 138, Geographisches Institut, Humboldt-Universität zu Berlin. Berlin, 41–75.

Erz, W. und Klausnitzer, B. (1998): Fauna. In: Sukopp, H. und Wittig, R. (Hrsg.): Stadtökologie. Berlin/Heidelberg, 266–315.

Faensen-Thiebes, A. (2010): Stadtböden müssen geschützt werden – Bodenschutzplanung in Berlin. In: Makki, M. und Frielinghaus, M. (Hrsg.): Boden des Jahres 2010 – Stadtböden. Berlin und seine Böden. Berliner Geographische Arbeiten 117. Berlin, 44–50.

Felinks, B. und Brux, H. (2005): Pflege von städtischen Grünflächen durch Beweidung? In: Stadt und Grün/Das Gartenamt. Berlin 54 (11), 54–58.

Frielinghaus, M., Blume, H.-P., Höke, S., Lehmann, A. und Schneider, J. (2010): Boden des Jahres 2010 sind die Stadtböden. In: Makki, M. und Frielinghaus, M. (Hrsg.): Boden des Jahres 2010 – Stadtböden. Berlin und seine Böden. Berliner Geographische Arbeiten 117. Berlin, 6–8.

Gabriel, K. und Endlicher, W. (2011): Urban and rural mortality rates during heat waves in Berlin and Brandenburg, Germany. Environmental Pollution 159 (8–9), 2044–2050.

Gugla, G., Goedecke, M., Wessolek, G. und Fürtig, G. (1999): Langjährige Abflussbildung und Wasserhaushalt im urbanen Gebiet Berlin. Wasserwirtschaft 89, 34–42.

Gunkel, G. (1991): Die gewässerökologische Situation in einer urbanen Großsiedlung (Märkisches Viertel, Berlin). In: Schuhmacher, H. und Thiesmeier, B. (Hrsg.): Urbane Gewässer. Essen, 122–174.

Haase, D. (2009): Effects of urbanisation on the water balance – a long-term trajectory. Environment Impact Assessment Review 29, 211–219.

Haase, D. und Nuissl, H. (2010): The urban-to-rural gradient of land use change and impervious cover: a long-term trajectory for the city of Leipzig. Land Use Science 5 (2), 123–142.

Havlik, D. (1981): Die großstädtische Wärmeinsel und Gewitterbildung – Ein Beispiel anthropogener Klimamodifikation. Aachener Geographische Arbeiten 14, T.1, 91–109.

Helbig, A. (2003): Das Stadtklima zwischen Wärmeinsel und Smogbelastung. In: Kappas, M., Menz, G., Richter, M. und Treter, U. (Hrsg.): Klima, Pflanzen- und Tierwelt. Nationalatlas Bundesrepublik Deutschland, Bd. 3. Heidelberg/Berlin, 66–67.

Jackowiak, B. (1989): Dynamik der Gefäßpflanzenflora einer Großstadt am Beispiel von Poznan/Polen. Braun-Blanquetia 3, 89–98.

Jendritzky, G., Sönning, W. und Swantjes, H. J. (1977): Ein Verfahren zur bioklimatologischen Bewertung des thermischen Milieus. Annalen der Meteorologie 12, Deutscher Wetterdienst, Offenbach a.M., 209–210.

Jendritzky, G. (1982): Zum thermischen Wirkungskomplex des Menschen. Promet 33 (3/4), 33–42.

Jendritzky, G. (1991): Zur räumlichen Darstellung der thermischen Umgebungsbedingungen des Menschen in der Stadt. Freiburger Geographische Hefte 32, 1–18.

Jendritzky, G. et al. (1998): Medizinische Klimatologie. Kap. 4,7 Klimaänderungen. In: Gutenbrunner, Chr. und Hildebrandt, G. (Hrsg.): Handbuch der Balneologie und medizinischen Klimatologie. Berlin, 589–598.

Jendritzky, G., Fiala, D., Havenith, G., Koppe, C., Laschewski, G., Staiger, H. und Tinz, B. (2007): Thermische Umweltbedingungen. Promet 33 (3/4), 83–94.

Kausch, H. (1991): Ökologische Grundlagen der Sanierung stehender Gewässer. In: Schuhmacher, H. und Thiesmeier, B. (Hrsg.): Urbane Gewässer. Essen, 72–87.

Koppe, C., Jendritzky, G. und Pfaff, G. (2004): Die Auswirkungen der Hitzewelle 2003 auf die Gesundheit. Deutscher Wetterdienst (Hrsg.): Klimastatusbericht 2003. Offenbach, 152–162.

Klotz, S. (1989): Merkmale der Stadtflora. Braun-Blanquetia 3, 7–60.

Klotz, S. (1990): Species/area and species/inhabitants relations in European cities. In: Sukopp, H. und Hejny, S. (Hrsg.): Urban Ecology. The Hague, 99–104.

Klotz, S. (1995): Floristisch-vegetationskundliche Untersuchungen in Städten Mitteldeutschlands als Grundlage für Landschaftspflege und Naturschutz. In: Sächsisches Staatsministerium f. Umwelt und Landesentwicklung (Hrsg.): 1. Leipziger Symposium „Stadtökologie in Sachsen", Tagungsband der Veranstaltung am 31.8. und 1.9.1994 am UFZ-Umweltforschungszentrum Leipzig-Halle GmbH, Dresden, 87–91.

Koppe, C., Jendritzky, G. und Pfaff, G. (2004): Die Auswirkungen der Hitzewelle 2003 auf die Gesundheit. In: Deutscher Wetterdienst (Hrsg.): Klimastatusbericht 2003. Offenbach, 152–162.

Kovats, S., Wolf, T. und Menne, B. (2004): Heatwave of August 2003 in Europe: provisional estimates of the impact on mortality. Eurosurveillance Weekly 11, March 2004, 8 (11).

Kovats, S., Jendritzky, G. (2006): Heat-waves and Human Health. In: Menne, B. und Ebi, K.L. (Hrsg.): Climate change and adaptation strategies for human health. Darmstadt, 63–97.

Kowarik, I. (1990): Some responses of flora and vegetation to urbanization in central Europe. In: Sukopp, H., Hejny, S. und Kowarik, I. (Hrsg.): Plants and plant communities in the urban environment. The Hague, 45–74.

Kowarik, I. (1992): Zur Rolle nichteinheimischer Waldarten bei der Waldbildung auf innerstädtischen Standorten in Berlin. Verhandl. Ges. Ökol. 21, 207–213.

Kowarik, I. (1995): Zur Gliederung anthropogener Gehölzbestände unter Beachtung urban-industrieller Standorte. Verhandl. Ges. Ökol. 24, 411–421.

Kowarik, I. und Säumel, I. (2007): Biological flora of Central Europe: Ailanthus altissima (Mill.) Swingle. Perspectives in Plant Ecology, Evolution and Systematics 8, 207–237.

Kowarik, I. und von der Lippe, M. (2007): Pathways in plant invasions. In: Nentwig, W. (Hrsg.): Biological Invasions. Ecological Studies 193. Berlin, Heidelberg/New York, 29–47.

Kowarik, I. (2011): Novel urban ecosystems, biodiversity, and conservation. Environmental Pollution 159, 1974–1983.

Kübler, S. und Zeller, U. (2005): The Kestrel (Falco tinnunculus L.) in Berlin: Feeding Ecology along an Urban Gradient. Die Erde 136 (2), 153–164.

Kühn, I., Brandl, R. und Klotz, S. (2004): The flora of German cities is naturally species rich. Evolutionary Ecology Research 6, 749–764.

Kunick, W. (1982): Zonierung des Stadtgebietes von West-Berlin. Ergebnisse floristischer Untersuchungen. Landschaftsentwicklung und Umweltforschung 14, 1–164.

Kunick, W. (1985): Gehölzvegetation im Siedlungsbereich. Landschaft und Stadt 17, 120–133.

Kuttler, W. (1985): Stadtklima. Struktur und Möglichkeiten seiner Verbesserung. Geographische Rundschau 37, 226–233.

Kuttler, W. (1998): Stadtklima. In: Sukopp, H. und Wittig, R. (Hrsg.): Stadtökologie. 2. Aufl., Stuttgart, 125–167.

Lakes, T., Hostert, H., Kleinschmit, B., Lauff, S. und Tigges, J. (2011): Remote Sensing and Spatial Modelling of the Urban Environment. In: Endlicher, W., Hostert, P., Kowarik, I., Kulke, E., Lossau, J., Marzluff, J., van der Meer, E., Mieg, H., Nützmann, G., Schulz, M. und Wessolek, G. (Hrsg.): Perspectives in Urban Ecology. Studies of ecosystems and interactions between humans and nature in the metropolis of Berlin. Berlin/Heidelberg, 231–260.

Langner, M. (2007): Staubumsatz in verkehrsexponierten Baumkronen und Partikelverteilung in städtischen Grünflächen. In: Endlicher, W., Gorbachevskaya, O., Kappis, C. und Langner, M. (Hrsg.): Tagungsband zum Workshop über den wissenschaftlichen Erkenntnisstand über das Feinstaubfilterpotenzial (qualitativ und quantitativ) von Pflanzen am 1. Juni 2007 in Berlin/Adlershof. Berliner Geographische Arbeiten 109. Berlin, 1–12.

Langner, M., Kull, M. und Endlicher, W. (2011 a): Determination of PM10 deposition based on antimony flux to selected urban surfaces. Environmental Pollution 159, 2028–2034.

Langner, M., Draheim, T. und Endlicher, W. (2011 b): Particulate Matter in the Urban Atmosphere: Concentration, Distribution, Reduction – Results of Studies in the Berlin Metropolitan Area. In: Endlicher, W., Hostert, P., Kowarik, I., Kulke, E., Lossau, J., Marzluff, J., van der Meer, E., Mieg, H., Nützmann, G., Schulz, M. und Wessolek, G. (Hrsg.): Perspectives in Urban Ecology. Studies of ecosystems and interactions between humans and nature in the metropolis of Berlin. Berlin/Heidelberg, 15–42.

Löns, H. (1908): Die Quintärfauna von Nordwestdeutschland. 55.–57. Ber. Naturhistor. Ges. Hannover, 117–127.

Loncore, T. und Rich, C. (2004): Ecological light pollution. Front. Ecol. Environ. 2, 191–198.

Lowry, W. P. (1998): Urban effects on precipitation amount. Progress in Physical Geography 22 (4), 477–520.

Luniak, M., Mulsow, R. und Wakasz, K. (1990): Urbanization of the European Blackbird-Expansion and Adaptations of Urban Population. Urban Ecological Studies, Polish Academy of Sciences, 107–200.

Luniak, M. (1996): Synurbization of Animals as a Factor Increasing Diversity of Urban Fauna. In: Di Castri, F. und Younès, T. (Hrsg.): Biodiversity, Science and Development. Towards a New Partnership. Wallingford, 566–574.

Makki, M. (2008): Gedanken über eine erfolgreiche interdisziplinäre Zusammenarbeit bei der Untersuchung von Stadtböden am Beispiel von Berlin. In: Makki, M. und Biró, P. (Hrsg.): Berliner Böden. Ein Beitrag zur Bodenuntersuchung in der Großstadt Berlin unter besonderer Berücksichtigung der Bodendetailkartierung. Arbeitsberichte, Heft 138, Geographisches Institut, Humboldt-Universität zu Berlin. Berlin, 1–10.

Matzarakis, A. und Endler, C. (2010): Climate change and thermal bioclimate in cities: impacts and options for adaptation in Freiburg, Germany. Int. J. Biometeorol 54, 479–483.

Minier, C., Abarnou, A., Jaouen-Madoulet, A. und Le Guellec, A. M. (2006): A pollution-monitoring pilot study involving contaminant and biomarker measurements in the Seine Estuary, France, using zebra mussels (Dreissena polymorpha). Environmental Toxicology and Chemistry 25, 112–119.

Mulsow, R. (1967): Untersuchungen zur Siedlungsdichte der Hamburger Vogelwelt. Abh. U. Verh. Naturwiss. Ver. Hamburg N.F. 12, 123–188.

Nehls, T., Jozefaciuk, G., Sokolowska, Z., Hajnos, M. und Wessolek, G. (2006): Pore-system characteristics of pavement seam materials of urban sites. J. Plant Nutr. Soil Sci. 169, 16–24.

Nehls, T., Jozefaciuk, G., Sokolowska, Z., Hajnos, M. und Wessolek, G. (2008): Filter properties of seam material from paved urban soils. Hydrol. Earth Syst. Sci. 12, 691–702.

Nützmann, G., Wiegand, C., Contardo-Jara, V., Hamann, E., Burmester, V. und Gerstenberg, K. (2011): Contamination of Urban Surfaces and Ground Water Resources and Impact on Aquatic Species. In: Endlicher, W., Hostert, P., Kowarik, I., Kulke, E., Lossau, J., Marzluff, J., van der Meer, E., Mieg, H., Nützmann, G., Schulz, M. und Wessolek, G. (Hrsg.): Perspectives in Urban Ecology. Studies of ecosystems and interactions between humans and nature in the metropolis of Berlin. Berlin/Heidelberg, 43–88.

Oelke, H. und Görke, H. (1994): Sind die Tage natürlicher oder naturnaher Pflanzenbestände gezählt? Das Pflanzenangebot auf dem Wochenmarkt und einem Baumarkt in Peine 1994. Beiträge Naturkunde Niedersachsens 47, 136–157.

Oke, T. R. (1973): City size and the urban heat island. Atmospheric Environment 7, 769–779.

Oke, T. R. (1982): The energetic basis of the urban heat island. Journal of the Royal Meteorological Society 108 (455), 1–24.

Oke, T. R. (1987): Street design and urban canopy layer climate. Energy and Buildings 11, 103–113.

Oppermann, R. und Luick R. (1999): Extensive Beweidung und Naturschutz – Charakterisierung einer dynamischen und naturverträglichen Landnutzung. Natur und Landschaft 74, 411–419.

Parlow, E. (1998): Analyse von Stadtklima mit Methoden der Fernerkundung. Geographische Rundschau 50, H. 2, 89–93.

Parlow E.(2003): The urban heat budget derived from satellite data. Geographica Helvetica 2, 99–111.

Parlow. E. (2007): Besonderheiten des Stadtklimas. In: Gebhardt, H., Glaser, R., Radtke, U. und Reuber, P. (Hrsg.): Geographie. Physische Geographie und Humangeographie. München, 242–246.

Paul, M. J. und Meyer, J. L. (2001): Streams in the urban landscape. Ann. Rev. Ecol. Syst. 32, 333–365.

Pauleit, S. und Duhme, F. (1999): Stadtstrukturtypen. Bestimmung der Umweltleistungen von Stadtstrukturtypen für die Stadtplanung. RaumPlanung 84, 33–44.

Plate, E. (1976): Auswirkungen der Urbanisierung auf den Wasserhaushalt. Die Wasserwirtschaft 66, 7–14.

Povolny, D. (1962): Versuch einer Klärung des Begriffs der Synanthropie von Tieren. Foilia Zool. 25, 105–112.

Povolny, D. (1963): Einige Erwägungen über die Beziehungen zwischen den Begriffen „synanthrop" und „Kulturfolger". Beitr. Entomol. 13, 439–444.

Pysek, P. (1989): On the richness of Central European urban flora. Preslia 61, 329–334.

Robine, J. M., Cheung, S. L., Le Roy, S., Van Oyen, H. und Herrmann, F. R. (2007): Report on excess mortality in Europe during the summer 2003. EU Community Action Programme for Public Health, Grant Agreement 2005114.

Rich, C. und Loncore, T. (2006): Ecological consequences of artificial night lighting. Island Press, Washington D.C.

Ross, L. und Kleinschmit, B. (2007): Virtuelle 3D-Stadtmodelle in der Stadt- und Freiraumplanung. Stadt + Grün 2007 (1), 7–11.

Rueß, L. (2010): Stadtböden – Wichtige Lebensräume für Tiere. In: Makki, M. und Frielinghaus, M. (Hrsg.): Boden des Jahres 2010 – Stadtböden. Berlin und seine Böden. Berliner Geographische Arbeiten 117. Berlin, 23–25.

Saemann, D. (1970): Die Brutvogelfauna einer sächsischen Großstadt. Veröff. Mus. Naturkunde Karl-Marx-Stadt 5, 21–85.

Schuhmacher, H. (1998): Stadtgewässer. In: Sukopp, H. und Wittig, R. (Hrsg.): Stadtökologie. 2. Aufl., Stuttgart, 201–218.

Solecki, W. D., Rosenzweig, C., Parshall, L., Pope, G., Clark, M., Cox, J. und Wiencke, M. (2005): Mitigation of the heat island effect in urban New Jersey. Environmental Hazards 6 (1), 39–49.

Staiger, H., Bucher, K. und Jendritzky, G. (1997): Gefühlte Temperatur. Die physiologisch gerechte Bewertung von Wärmebelastung und Kältestress beim Aufenthalt im Freien mit der Maßzahl Grad Celsius. Annalen der Meteorologie. Deutscher Wetterdienst, Offenbach a. M., 100–107.

Strohbach, N., Haase, D. und Kabisch, N. (2009): Birds and the city – urban biodiversity, land-use and socioeconomics. Ecology and Society 14 (2), 31 [online]. http://www.ecologyandsociety.org/vol14/iss2/art31/

Sukopp, H. (1976): Dynamik und Konstanz in der Flora der Bundesrepublik Deutschland. Schriftenreihe für Vegetationskunde 10, 9–27.

Sukopp, H. und Weiler, S. (1986): Biotopkartierung im besiedelten Bereich der Bundesrepublik Deutschland. Landschaft und Stadt 18, 25–38.

Sukopp, H. und Kowarik, I. (1987): Der Hopfen (Humulus lupulus L.) als Apophyt der Flora Mitteleuropas. Natur und Landschaft 62, 373–377.

Sukopp, H. und Wurzel, A. (1995): Klima- und Florenveränderungen in Stadtgebieten. Angewandte Landschaftsökologie 4, 103–130.

Sukopp, H. (1998): Urban Ecology – Scientific and Practical Aspects. In: Breuste, J., Feldmann, H. und Uhlmann, O. (Hrsg.): Urban Ecology. Berlin, 3–16.

van der Linden, S. und Hostert, P. (2009): The influence of urban surface structures on the accuracy of impervious area maps from airborne hyperspectral data. Remote Sensing of Environment 113, 2298–2305.

Vogt, R. und Parlow, E. (2011): Die städtische Wärmeinsel von Basel – tages- und jahreszeitliche Charakterisierung. Regio Basiliensis 52, 7–15.

von der Lippe, M., Säumel, I. und Kowarik, I. (2005): Cities as Drivers for Biological Invasions – The Role of Urban Climate and Traffic. Die Erde 136 (2), 123–143.

von der Lippe, M. und Kowarik, I. (2007): Long-Distance Dispersal of Plants by Vehicles as a Driver of Plant Invasions. Conservation Biology 21, 986–996.

Wanner, H. und Hertig, J. (1984): Studies of urban climates and air pollution in Switzerland. Journ. Clim. Appl. Meteor. 23, 1614–1625.

Wanner, H. (1986): Die Grundstrukturen der städtischen Klimamodifikationen und deren Bedeutung für die Raumplanung. Jahrbuch der Geogr. Gesellsch. Bern 55/1983–85, 67–84.

Wanner, H. und Filliger, P. (1989): Orographic influence on urban climate. Weather and Climate 9, 22–28.

Wanner, W. (1991): Immissionsökologische Untersuchungen in der Region Biel (Schweiz). Freiburger Geographische Hefte, H. 32, 19–24.

Wessolek, G. (1988): Auswirkungen der Bodenversiegelung auf Boden und Wasser. Informationen zur Raumentwicklung 8–9/1988, 535–541.

Wessolek, G. und Facklam, M. (1997): Standorteigenschaften und Wasserhaushalt von versiegelten Flächen. Zeitschr. f. Pflanzenernährung u. Bodenkunde 160, 41–46.

Wessolek, G. und Renger, M. (1998): Bodenwasser- und Grundwasserhaushalt. In: Sukopp, H. und Wittig, R. (Hrsg.): Stadtökologie. 2. Aufl., Stuttgart, 186–200.

Wessolek, G. (2001): Bodenverformung und -versiegelung. In: Blume, H.-P., Felix-Henningsen, P., Fischer, W. R., Frede, H.-G., Horn, R. und Stahr, K. (Hrsg.): Handbuch der Bodenkunde. Landsberg/Lech. Lfg. 04/01, 1–29.

Wessolek, G. (2010): Wie viel Boden braucht die Stadt – Verhindert Bodenschutz wirtschaftliche Entwicklung? In: Makki, M. und Frielinghaus, M. (Hrsg.): Boden des Jahres 2010 – Stadtböden. Berlin und seine Böden. Berliner Geographische Arbeiten 117. Berlin, 9–12.

Wessolek, G., Kluge, B., Toland, A., Nehls, T., Klingelmann, E., Rim, Y. N., Mekiffer, B. und Trinks, S. (2011): Urban Soils in the Vadose Zone. In: Endlicher, W., Hostert, P., Kowarik, I., Kulke, E., Lossau, J., Marzluff, J., van der Meer, E., Mieg, H., Nützmann, G., Schulz, M. und Wessolek, G. (Hrsg.): Perspectives in Urban Ecology. Studies of ecosystems and interactions between humans and nature in the metropolis of Berlin. Berlin/Heidelberg, 89–134.

Wilmanns, O. (1990): Vegetation in Freiburg. Freiburger Universitätsblätter. Heft 107, 49–71.

Wittig, R. (1995): Ökologie der Stadt. In: Steubing, L., Buchwald, K. und Braun, E. (Hrsg.): Natur- und Umweltschutz – Ökologische Grundlagen, Methoden, Umsetzung. Jena/Stuttgart, 230–260.

Wittig, R. (1996): Die mitteleuropäische Großstadtflora. Geographische Rundschau 48, 640–646.

Wittig, R. (1998): Flora und Vegetation. In: Sukopp, H. und Wittig, R. (Hrsg.): Stadtökologie. 2. Aufl., Stuttgart, 219–265.

Zerbe, S., Maurer, U., Schmitz, S. und Sukopp, H. (2003): Biodiversity in Berlin and its potential for nature conservation. Landscape and Urban Planning 62, 139–148.

3 Anthroposphäre: Das sozioökonomische Teilsystem der Stadt und seine Beziehungen zu den natürlichen Teilsystemen

Bereits eingangs wurde auf das zentrale Anliegen des stadtökologischen Ansatzes hingewiesen, die sehr verschiedenen Teilsysteme der Geo- und Biosphäre sowie der städtischen Anthroposphäre einerseits in separativ vertiefter Weise, andererseits aus einer integrativ breit angelegten Perspektive zu betrachten und zu behandeln (Abb. 3.1). Dabei greifen sowohl die verschiedenen Flächenmuster bzw. Landnutzungen als auch die Prozesse der Stadtplanung, -verwaltung und -politik ineinander. Partizipative Ansätze, die die Mitwirkung der Stadtbevölkerung an der Weiterentwicklung des human habitat umschreiben, haben in den letzten Jahren zunehmend an Bedeutung gewonnen. Dabei gibt es freilich große Unterschiede in der Wahrnehmung und Bewertung der sichtbaren (z. B. Stadtgewässer, Blumenrabatten) wie auch der versteckten (z. B. ultraviolette Strahlung, versiegelte Böden) Stadtnatur mit ihren Risiken, etwa für die Gesundheit der Stadtbewohner oder den Lebensraum von seltenen Pflanzen und Tieren, aber auch Chancen (z. B. das Erleben von Natur in der Stadt oder die Verknüpfung von Natur und Kultur in der Kunst).

3.1 Das Leitbild der ökologisch idealen Stadt und der Diskurs der nachhaltigen Entwicklung

Seit Menschen in Städten wohnen, also seit der Antike, suchen sie immer wieder nach dem Modell der „idealen Stadt". Vor dem Hintergrund der Herausforderungen, die sich durch den globalen Wandel in Ökologie (z. B. Klimawandel), Ökonomie (z. B. Globalisierung) und Gesellschaft (z. B. Alterung und Migration) ergeben, spielen in der aktuellen Diskussion hierzu die Begriffe der Nachhaltigkeit und Resilienz, aber auch von Vulnerabilität, Exposition und Risiko eine zentrale Rolle.

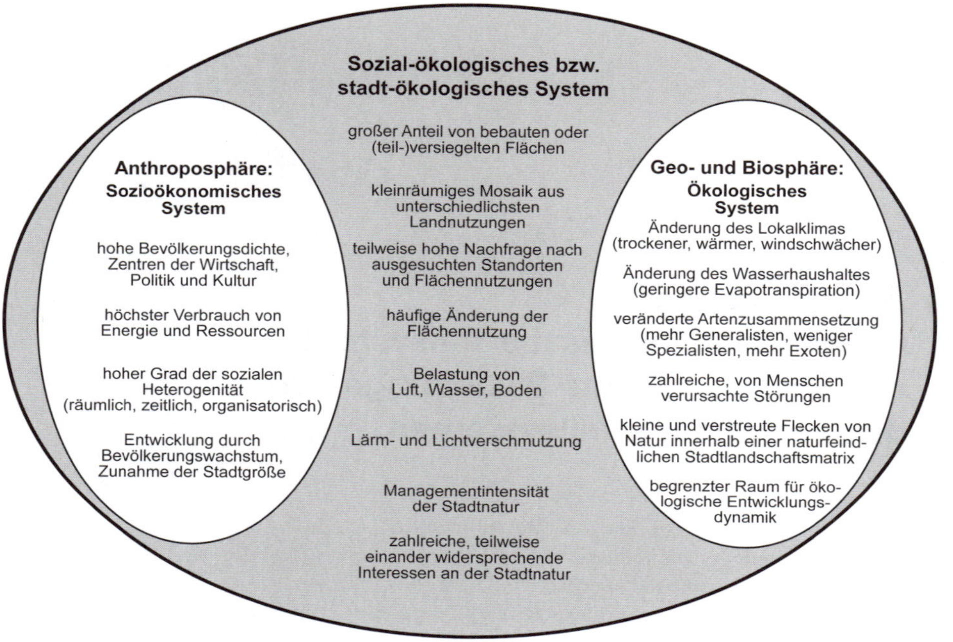

**Sozial-ökologisches bzw.
stadt-ökologisches System**

großer Anteil von bebauten oder
(teil-)versiegelten Flächen

**Anthroposphäre:
Sozioökonomisches
System**

hohe Bevölkerungsdichte,
Zentren der Wirtschaft,
Politik und Kultur

höchster Verbrauch von
Energie und Ressourcen

hoher Grad der sozialen
Heterogenität
(räumlich, zeitlich, organisatorisch)

Entwicklung durch
Bevölkerungswachstum,
Zunahme der Stadtgröße

kleinräumiges Mosaik aus
unterschiedlichsten
Landnutzungen

teilweise hohe Nachfrage nach
ausgesuchten Standorten
und Flächennutzungen

häufige Änderung der
Flächennutzung

Belastung von
Luft, Wasser, Boden

Lärm- und Lichtverschmutzung

Managementintensität
der Stadtnatur

zahlreiche, teilweise
einander widersprechende
Interessen an der Stadtnatur

**Geo- und Biosphäre:
Ökologisches
System**
Änderung des Lokalklimas
(trockener, wärmer, windschwächer)

Änderung des Wasserhaushaltes
(geringere Evapotranspiration)

veränderte Artenzusammensetzung
(mehr Generalisten, weniger
Spezialisten, mehr Exoten)

zahlreiche, von Menschen
verursachte Störungen

kleine und verstreute Flecken von
Natur innerhalb einer naturfeind-
lichen Stadtlandschaftsmatrix

begrenzter Raum für öko-
logische Entwicklungs-
dynamik

Abb. 3.1
*Eine Auswahl sozioöko-
nomischer und ökologi-
scher Charakteristika
des Stadtsystems sowie
sozial-ökologische bzw.
stadt-ökologische Inter-
aktionen (Quelle: Borgs-
tröm 2011, übersetzt
und verändert)*

3.1.1 Nachhaltigkeit und Resilienz

Für die Betrachtung einer zukunftsfähigen Entwicklung ist der Begriff der **Nachhaltigkeit** von zentraler Bedeutung (www.nachhaltigkeit.info, 8.2.2012). Er stammt ursprünglich aus der Forstwirtschaft: Das Grundprinzip, nicht mehr Holz zu schlagen als nachwachsen kann, wurde erstmals im 16. Jahrhundert im Kurfürstentum Sachsen formuliert. Seine erweiterte und heute hauptsächlich verwendete Bedeutung erhielt dieser Begriff aber in den 1970er- und 1980er-Jahren. Dem Club of Rome mit seiner Veröffentlichung „Die Grenzen des Wachstums" (Meadows et al. 1972), die einen Wendepunkt in der Gedankenwelt des 20. Jahrhunderts darstellte, kommt dabei besondere Bedeutung zu. Die **Umweltkonferenz der Vereinten Nationen in Stockholm 1972** war die erste UN-Weltkonferenz zum Thema Umwelt. Der Bericht der World Commission on Environment and Development, einer UN-Sonderkommission unter Vorsitz der Norwegerin Brundtland, mit dem Titel „Unsere gemeinsame Zukunft" (WCED/Hauff 1987) beförderte schließlich die weltweite Debatte um die Themen Umwelt und Entwicklung weiter. Der sogenannte **Brundtland-Bericht** gilt als Vorläufer der **UN-Konferenz für Umwelt und Entwicklung (UNCED) in Rio de Janeiro** (BMU 1992). Anlass der Konferenz war die Erkenntnis, dass die globalen Umweltprobleme, insbesondere der stetige Anstieg der Kohlendioxidkonzentration in der Atmosphäre, die Erschöpfung der Ressourcen des Planeten und die Zerstörung der natürlichen Lebensgrundlagen nur gemeinsam gelöst werden können. Ziel des Weltgipfels war es, einen Weg zu einer **nachhaltigen Entwicklung** zu finden, bei der Energie und Ressourcen in Zukunft so umsichtig genutzt werden, dass die Existenz von Mensch und Umwelt in allen Erdteilen jetzt und zukünftig gesichert ist. „Entwicklung zukunftsfähig zu machen, heißt, dass die gegenwärtige Generation ihre Bedürfnisse befriedigt, ohne die Fähigkeit der zukünftigen Generation zu gefährden, ihre eigenen Bedürfnisse befriedigen zu können" (The Global Challenge, Teil I, Kapitel 3 Sustainable Development, Artikel 27; Brundtland-Kommission, WCED/ Hauff 1987). Als philosophischer Vordenker gilt **Hans Jonas** (1979) und sein **ökologischer Imperativ**: „Handle so, dass die Wirkungen deiner Handlungen verträglich sind mit der Permanenz echten menschlichen Lebens auf Erden!"

Bei der Lösung dieser Probleme sind aber außer umweltbezogenen Fragestellungen auch soziale und wirtschaftliche Gesichtspunkte zu berücksichtigen. Eine nachhaltige Entwicklung unter diesem normativ-ethischen Leitbild ist dabei nur zu erreichen, wenn diese sowohl unter **ökologische**n (Natur) als auch **ökonomische**n (Wirtschaft) und **soziale**n (Gesellschaft) **Gesichtspunkten** nachhaltig ist (Abb. 3.2). Im Nachhaltigkeitsdiskurs geht es also „… darum, die Entscheidungen (…) so aufeinander abzustimmen, dass eine dauerhafte Entwicklung möglich wird. Entsprechend der neueren Nachhaltigkeitsdiskussion wird unter „dauerhaft" verstanden, dass Wirtschaft, Gesellschaft und natürlich die Umwelt auf lange Sicht in einem Gleichgewicht sein sollen. Wirtschaftliche Nachhaltigkeit bedeutet Wettbewerbsfähigkeit, ökologische Nachhaltigkeit Umwelt-, Landschafts- und Naturschutz sowie Ressourcenschonung, soziale Nachhaltigkeit gesellschaftliche Kohäsion durch Abbau von personellen, regionalen und sektoralen Disparitäten" (Frey 2003). Das bekannteste Ergebnis der Rio-Konferenz ist das **Protokoll von Kyoto** vom 11.12. 1997, das die Freisetzung von klimawirksamen Gasen für die Zeit von 2008 bis 2012 begrenzen soll. Die Enquête-Kommission des Deutschen Bundestages „Schutz des Menschen und der Umwelt" (1994, 1998), BUND und Misereor (1996) haben in der Folge der Rio-Konferenz grundlegende Statements für ein zukunftsfähiges Deutschland abgegeben. Die spezi-

Abb. 3.2
Das Nachhaltigkeitsdreieck aus Ökologie, Ökonomie und Gesellschaft

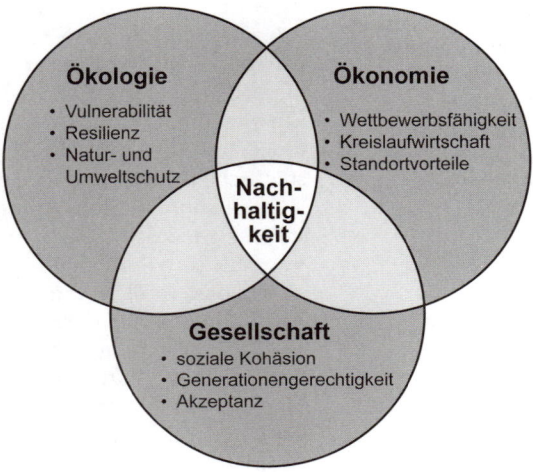

Ökologie
- Vulnerabilität
- Resilienz
- Natur- und Umweltschutz

Ökonomie
- Wettbewerbsfähigkeit
- Kreislaufwirtschaft
- Standortvorteile

Nachhaltigkeit

Gesellschaft
- soziale Kohäsion
- Generationengerechtigkeit
- Akzeptanz

fischen ökonomischen Aspekte einer **Stadtwirtschaft** wurden von Kulke et al. (2011) herausgearbeitet. Mieg (2011) betrachtet dabei insbesondere die Rolle der Arbeit.

Eine nachhaltige Entwicklung ist gleichzeitig resilient, d. h. widerstands- und anpassungsfähig. Als **Resilienz** wird die Fähigkeit eines (ökologischen) Systems bezeichnet, auch bei starken Störungen noch essenzielle (ökologische) Strukturen und Funktionen aufrechtzuerhalten und sich wieder zu regenerieren bzw. nach einer Störung zu seinen Ausgangsbedingungen zurückzukehren (Holling 1973, Holling et al. 2002, Pauleit 2011). Man kann darunter auch das Maximum an Störung, die von einem (Öko)System ausgeglichen werden kann, ohne dass es sich grundlegend verändert, verstehen. Bei dieser ökosystemaren Resilienz können durchaus auch dynamische Veränderungen involviert sein. „Resilienz beschreibt die Fähigkeit eines Systems, seine Dienstleistungen auch unter Stress und in turbulenten Umgebungen aufrechtzuerhalten" (von Gleich et al. 2010). Pickett et al. (2004) und West (2010) diskutieren, ob Städte überhaupt den Anspruch der Nachhaltigkeit erheben können, und Loorbach und Rotmans (2006) beschäftigen sich mit dem Management des Übergangs hin zu einer nachhaltigen Entwicklung.

3.1.2 Die ökologisch ideale, nachhaltige Stadt und die Lokale Agenda 21

Merksatz
Politisch initiierte Stadtentwicklungsperspektiven schließen planerische und bauliche Aspekte ein, um ressourceneffektive und klimatisch angepasste urbane Strukturen hervorzubringen.

Städte verbrauchen natürliche Ressourcen und belasten ihre Umwelt. Nahezu alle für natürliche Ökosysteme charakteristischen Prinzipien für ökologische Stabilität, interne Stoffkreisläufe und Unabhängigkeit von anderen Ökosystemen sind nicht gegeben. Aufbauend auf den Ausführungen von Haber (1992, 1994), Finke (1993) sowie Sukopp und Wittig (1993) entwickelte eine Arbeitsgruppe unter der Federführung von Rüdiger Wittig Mitte der 1990er-Jahre Leitlinien und Prinzipien für die Entwicklung einer ökologisch idealen mitteleuropäischen Stadt (Wittig et al. 1995). Der Brundtland-Bericht 1987 und die Rio-Konferenz 1992 fachten den Diskurs um eine nachhaltige Entwicklung ebenfalls an. Die Autoren zeigen Wege auf, wie Städte möglichst umweltverträglich entwickelt werden können, also wie die städtische Umwelt und die Lebensqualität ihrer Bewohner verbessert werden können. Eine **ökologisch ideale Stadt** sollte demnach so gestaltet sein, dass

- sie die physische und psychische Gesundheit des Menschen nicht schädigt, sondern möglichst fördert,
- ihr Umland nicht belastet oder zerstört und
- die Entwicklung von Natur auch an typischen Stadtstandorten möglich ist (Wittig et al. 1995).

Eine allmähliche Annäherung an die ökologisch ideale Stadt ist nur dann zu erreichen, wenn die folgenden fünf **Planungsprinzipien** berücksichtigt werden (Sukopp und Wittig 1993, Wittig et al. 1998):

- Reduzierung des Energieeinsatzes
- Vermeidung bzw. Zyklisierung von Stoffflüssen
- Schutz aller Lebensmedien
- Erhaltung und Förderung von Natur
- kleinräumige Strukturierung und reichhaltige Differenzierung

Aus diesen Prinzipien sind konkrete Planungsmaßnahmen abzuleiten (Tab. 3.1). Es bleibt freilich offen, ob derartige Prinzipien wirklich zu Handlungskonzepten führen oder nur ein Lippenbekenntnis bleiben (Albers 1997, Gauzin-Müller 2002).

In ähnlicher Weise zeichnet sich aus dem Blickwinkel des Architekten Richard Rogers (1995) eine **nachhaltige Stadt** aus durch:

- dichte Besiedlung und Polyzentralität, sowohl aus ökologischen Gründen wie auch in Bezug auf Nachbarschaft, ein funktionierendes Gemeinwesen sowie weniger Abhängigkeit vom Auto
- sich überschneidende Tätigkeitsbereiche (Kontaktmöglichkeiten, Vielfalt), die ein vitales öffentliches Leben fördern
- Gleichberechtigung durch selbst verwaltete und demokratische Organisationen, mit Teilhabe am Reichtum und Chancengleichheit
- umweltfreundliche Organisation durch zyklischen Metabolismus, welcher der Umwelt soviel entnimmt, wie sie gibt
- Pluralismus („Die offene Stadt"), um neue Experimente und Ideen auch in der Architektur zur Geltung kommen zu lassen
- schließlich ist die nachhaltige Stadt eine „schöne" Stadt, in der Kunst, Architektur und Landschaft den Geist anregen (Brenner 2010)

„Nachhaltige Raumentwicklung stellt so etwas wie einen strategischen Gegenentwurf zur Zersplitterung von Raumentwicklung und Handlungskompetenz dar, ...". „Kleinräumige und verdichtete Strukturen, ‚kompakte' Städte mit kurzen Wegen – die Energieverbrauch, Verkehrsaufwand und Autoabhängigkeit reduzieren – sowie attraktive soziale Räume gehören zum Kern dieser Konzepte [einer umweltverträglichen Siedlungs- und Verkehrsentwicklung]" (Hesse 1996: 108) (siehe auch Hesse 1997; Hesse und Schmitz 1998; Wegener 1999, Betker 1992, Brenner 2010). Auch der Stadtsoziologe Siebel (2010: 17) führt in seinem Plädoyer für eine künftige Notwendigkeit der europäischen Stadt **Nachhaltigkeitsargumente** an:

- **ökonomisch**e: die wachsende Bedeutung des urbanen Milieus in wissensbasierten Ökonomien
- **soziale**: die Attraktivität der Innenstädte als Wohn- und Lebensort für hoch qualifizierte Arbeitskräfte mit nicht-familialen Lebensweisen
- **ökologisch**e: die kompakte europäische Stadt als nachhaltigere Siedlungsform im Vergleich zu flächenintensiveren Strukturen
- **politische**: die Notwendigkeit lokal differenzierter Politiken angesichts neuer Steuerungstechniken eines aktivierenden Sozialstaats

**Tab. 3.1 Leitlinien für die Planung einer ökologisch idealen Stadt
(Wittig et al. 1995)**

Planungsprinzipien	konkrete Maßnahmen
1. Reduzierung des Energieeinsatzes	rationelle Energieverwendung in der Bauleitplanung Erhöhung des Ausnutzungsgrades und des Bedarfs an Energie Vermeidung jeglichen unnötigen Energieeinsatzes Bevorzugung des ÖPNV gegenüber dem Individualverkehr Ausbau von Rad- und Fußwegen Verlagerung des Wirtschaftsnetzes auf die Schiene Dezentralisierung und Mischnutzung zur Vermeidung von Kfz-Verkehr kurze Wege der Produkte zum Verbraucher
2. Vermeidung bzw. Zyklisierung von Stoffflüssen	Reduzierung von Verpackungsmaterial Bevorzugung regionaler Produkte Energieeinsparung Ersatz fossiler durch erneuerbare Energie Verwendung wieder verwendbarer und lang haltender Bau- und Verpackungsmaterialien dezentrale Kompostierung organischer Abfälle Entwicklung eines umfassenden Wassermanagements (Regenwasser, Kühl- und Brauchwasserkreisläufe, Förderung der Grundwasserneubildung)
3. Prinzip des Schutzes aller Lebensmedien (Luft, Boden, oberirdische Gewässer und Grundwasser)	Überwachung der Schadstoffkonzentration durch Flächen deckende Messnetze vorbeugende Maßnahmen (Trennkanalisation, Vermeidung der Freisetzung toxischer und gesundheitsschädlicher Stoffe wie z. B. Feinstaub) sanierende Maßnahmen (Bodensanierung, Verbesserung der Luft- und Wasserqualität)
4. Erhaltung und Förderung von Natur und städtischen Freiräumen	Schaffung von Vorranggebieten für Umwelt- und Naturschutz Förderung der Entwicklung spontaner Natur auch in der Innenstadt Erhaltung großer, zusammenhängender Freiräume auch in der Innenstadt Vernetzung von Freiräumen Erhaltung der Vielfalt typischer Elemente der Stadtlandschaft und von Standortunterschieden Unterbindung aller vermeidbaren Eingriffe in Natur und Landschaft
5. Prinzip der kleinräumigen Strukturierung und reichhaltigen Differenzierung	Erhaltung und Förderung einer artenreichen Natur individuelle und unverwechselbare Gestaltung einzelner Stadtviertel Erhalt der im historischen Kontext gewachsenen Strukturen Förderung der Identifikation der Bewohner mit ihren Stadtteilen zur Erhöhung des Verantwortungsbewusstseins (partizipative Prozesse)

Tab. 3.2 Zieldimensionen und Nachhaltigkeitsindikatoren der Stadt Freiburg im Breisgau (Quelle: Amt für Statistik Stadt Freiburg 2004 aus Zhu 2008)

Dimension	Indikator
Ressourcenverbrauch	Flächenverbrauch
	privater Trinkwasserverbrauch
	privater Energieverbrauch
	Luftverschmutzung
Mobilität	öffentlicher Nahverkehr
	Pkw-Dichte
	Fahrradwegnetz
	Verkehrssicherheit
	Pendlersumme
Wohnversorgung	Binnenumzüge
	Wanderung ins Umland
	Wohnungsfertigstellungen
	Wohngeldbezieher
	Preisniveaustabilität (Mieten)
Arbeit	sozialversicherte Beschäftigte
	Arbeitslosenquote
	Ausbildungsniveau
Wirtschaft	Wirtschaftsstruktur
	regionaler Selbstversorgungsgrad
	betrieblicher Umweltschutz (Öko-Audit)
	gesunde Struktur öffentlicher Haushalte
Soziales/Kultur	gerechte Verteilung (Sozialhilfequote)
	kulturelles Angebot
	Gesundheit
	öffentliche Sicherheit
	Lebenswelt von Kindern
Partizipation	demokratisches Engagement
	kommunale Entwicklungszusammenarbeit
	Teilhabe von Frauen am öffentlichen Leben
	Teilhabe am Nachhaltigkeitsprozess

Tab. 3.3 Die 16 verschiedenen Handlungsfelder der Nachhaltigkeitsstrategie des Berliner Bezirks Steglitz-Zehlendorf und die im Jahr 2008 bereits erreichten Stufen (Bezirksamt-Steglitz-Zehlendorf 2008)

Die Anforderungen bei der Formulierung von Nachhaltigkeitszielen sind so hoch, dass sie für einige Handlungsfelder derzeit nur schrittweise erreichbar sind. Dabei sind folgende Stufen erkennbar:

I	Das Ziel beschreibt eine Absicht, die noch nicht genauer gefasst werden kann. (Beispiel: Der Bezirk will einen Beitrag zum Klimaschutz leisten.)
II	Das Ziel beschreibt die Richtung, in der sich ein Indikator verändern soll. (Beispiel: Der Bezirk will den Ausstoß von CO_2 vermindern.)
III	Das Ziel ist quantifiziert und messbar. (Beispiel: Der Bezirk will den Ausstoß von CO_2 um 10 % von 2000 bis 2010 vermindern).
IV	Das Ziel umgrenzt genau das Handlungsfeld und die Erhebungsweise des Indikators. (Beispiel: Der Bezirk will den Ausstoß von CO_2 um 10 % von 2000 bis 2010 bei allen Gebäuden vermindern, die vom Bezirk genutzt oder verwaltet werden.)
V	Die Zielverfolgung durch regelmäßige Berichte ist festgelegt und zeigt den Grad der Zielerreichung an. (Beispiel: Über den Ausstoß von CO_2 berichtet das Bezirksamt alle zwei Jahre.)
VI	Die Ausgangsdaten (der Vorjahre) sind bekannt.

Die nachfolgende Übersicht informiert über die 2010 erreichte Stufe der Handlungsfelder.

Kap.	Handlungsfeld	I	II	III	IV	V	VI
8.1	Klimaschutz im Bezirk	X	X	X	X	X	X
8.2	Klimaschutz im eigenen Gebäudebestand	X	X	X	X	X	
8.3	Förderung von privaten Solarinvestitionen auf bezirkseigenen Gebäuden	X	X	X	X	X	
8.4	Holzbeschaffung aus legaler und nachhaltiger Holzbewirtschaftung	X	X	X	X	X	X
8.5	Radverkehr	X	X	X	X		
8.6	Gesundheit – Verbesserung der gesundheitlichen, sozialen und psychischen Situation nicht krankenversicherter Schwangerer sowie Schwangerer in besonderen Notlagen	X	X	X	X	X	
8.7	Gesundheit – Senkung der Zahl der adipösen (übergewichtigen) Kinder	X	X	X	X	X	X
8.8	gesunde Ernährung an bezirklichen Grundschulen	X	X	X	X	X	X
8.9	verbesserte Information der Bürgerinnen und Bürger zum Thema Nachhaltigkeit	X	X	X	X	X	X
8.10	Fähigkeiten für die Zukunft durch musikalische Bildung	X					
8.11	Fähigkeiten für die Zukunft durch Erwachsenenbildung (VHS)	X	X				
8.12	Überlegenheit von demokratischer und emanzipatorischer Kultur	X					
8.13	nachhaltige Stadtentwicklung	X	X				
8.14	Kennzeichnung ökologischer Lebensmittel	X	X	X	X	X	X
8.15	saubere Gewässer	X	X	X			
8.16	Verbesserung des Tierschutzes für Haustiere	X	X	X			

Zur Konkretisierung derartiger Überlegungen hat die Rio-Konferenz 1992 ein urbanes Aktionsprogramm für eine nachhaltige Entwicklung im 21. Jahrhundert, die **Agenda 21**, formuliert (BMU 1992). Darin ergeht die Aufforderung an die Unterzeichnerstaaten, nationale Aktionsprogramme zu erstellen. Die EU, die Bundesrepublik und die Bundesländer haben daher Nachhaltigkeitsziele aufgestellt und verfolgen mithilfe von Indikatoren, ob der Weg zu den gesetzten Zielen erfolgreich beschritten wird (BMU 1998, 2002). Die Charta der Europäischen Städte und Gemeinden auf dem Weg zur Zukunftsbeständigkeit (**Aalborg-Charta**) aus dem Jahre 1994, der **Bericht der Enquete-Kommissionen** des Deutschen Bundestages („Schutz des Menschen und der Umwelt" 1994 und „Schutz des Menschen und der Umwelt, Ziele und Rahmenbedingungen einer nachhaltig zukunftsverträglichen Entwicklung" 1998, www.nachhaltigkeit.info, 8.2. 2012), die auf dem UN-Städtegipfel Habitat II in Istanbul 1996 verabschiedete **Habitat Agenda** (www.unhabitat.org, 8.2. 2012) sowie die **Leipzig-Charta** zur nachhaltigen europäischen Stadt (www. bmvbs.de, 8.2. 2012) vom Mai 2007 sind Dokumente, in denen sich insbesondere die europäischen Staaten auf gemeinsame Grundsätze und Strategien zur Stadtentwicklungspolitik geeinigt haben. Insbesondere sollen die integrierte Stadtentwicklung vorangebracht, die Governance-Strukturen für die Umsetzung unterstützt und die notwendigen Rahmenbedingungen auf nationaler Ebene geschaffen werden (Satterthwaite 2001). In bewusster Abwendung von Le Corbusiers Charta von Athen wird eine Renaissance der europäischen Stadt im Zeichen der Rückbesinnung auf die Innenstädte gefordert.

Abb. 3.3
Organisationsstruktur der Lokalen Agenda 21 am Beispiel von Freiburg (Quelle: Zhu Miaomiao 2008)

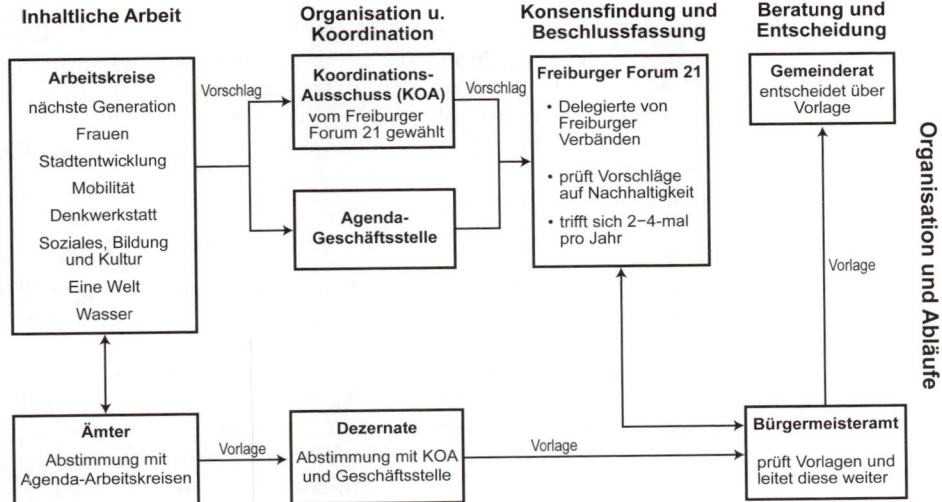

Im Kapitel 28 der Agenda 21 werden die Kommunen angehalten, entsprechend der spezifischen Notwendigkeiten vor Ort eine **Lokale Agenda 21** aufzustellen. Dies ist ein Handlungsprogramm zur Umsetzung der nachhaltigen Entwicklung auf der örtlichen Ebene von Städten und Gemeinden. Die Kommunen werden dabei in ihrem Governance-Prozess zur konkreten Formulierung der Nachhaltigkeitsziele durch verschiedene Organisatoren unterstützt. So hat das Bundesamt für Bauwesen und Raumordnung (2003) eine Gesamtliste der **Nachhaltigkeitsindikatoren** zusammengestellt. Am Beispiel der Stadt Freiburg im Breisgau werden in Abb. 3.3 Organisation und Abläufe der Lokalen Agenda 21 vorgestellt und in Tab. 3.2 das Zwischenresultat einer Entwicklung von Indikatoren zur Umsetzung der Nachhaltigkeitsziele aus dem Jahr 2004 wiedergegeben (Amt für Statistik und Einwohnerwesen Stadt Freiburg im Breisgau 2004, Zhu 2008). Die Anforderungen zum Erreichen der Nachhaltigkeitsziele sind dabei freilich so hoch, dass dies nur stufenweise gelingen kann. Tab. 3.3 zeigt einen Zwischenstand aus dem Jahr 2008 am Beispiel des Berliner Bezirks Steglitz-Zehlendorf. In den letzten Jahren ist man auf diesem sechsstufigen Weg unterschiedlich weit vorangekommen. Allerdings ist das Bewusstsein für den Klimaschutz sowie die Anpassung an die Folgen des Klimawandels auch auf der lokalen Ebene der Stadt gewachsen. Zudem ist ganz allgemein die Sensibilität für Naturgefahren, Risiko, Exposition und Vulnerabilität gestiegen, sodass diese Aspekte im Rahmen des Agenda-Prozesses zunehmend an Gewicht gewinnen (siehe Kapitel 4.2).

3.2 Stadtplanung, Partizipation und Governance

Die gesetzlichen Grundlagen für planerisches Handeln auf der kommunalen Ebene finden sich in Deutschland im **Baugesetzbuch**. Die Erarbeitung und Umsetzung von Planvorstellungen kann aber nur unter Beteiligung und Mitwirkung der Bürgerinnen und Bürger erfolgen. Dafür wurden verschiedene Instrumente der bürgerschaftlichen Partizipation entwickelt, die unter dem Namen **Governance** zusammengefasst werden.

3.2.1 Stadtplanung

Merksatz
Ordnungsrechtliche, gesetzliche und fiskalische Instrumente mit festgeschriebener Bürgerbeteiligung werden unter dem Begriff der Stadtplanung zusammengefasst.

Im Städtebaurecht werden für die **formellen Planungsverfahren** der Bauleitplanung verschiedene Planungsebenen unterschieden (Hesse 1996, Albers und Wekel 2008, Langhagen-Rohrbach 2010):

- Der **Flächennutzungsplan** (F-Plan) ist ein mittel- bis langfristiges Instrument zur städtebaulichen Entwicklung einer Gemeinde und dient der vorbereitenden Bauleitplanung. In ihm werden grundsätzliche Aussagen über die künftig beabsichtigte Nutzung getroffen. Der Flächennutzungsplan ist nicht parzellenscharf und leitet sich aus dem Regionalplan ab. Er ist auf einen

Tab. 3.4 Stellenwert von Beteiligung in den verschiedenen Planungsebenen des Stadtumbaus (national – lokal – individuell) (Quelle: Fritsche 2011)

Planungsebene	relevante Akteure	Stellenwert von Beteiligung/ angewandte Beteiligungsformen
nationaler Stadtumbaudiskurs	Institutionen der Baupolitik auf Bundes- und Landesebene, Lobbyverbände der organisierten Wohnungswirtschaft	programmatische Wertschätzung eines Einbezugs aller relevanten Akteure (einschließlich Betroffener); keine tatsächliche Beteiligung
Richtlinien und Förderkriterien der Stadtumbauprogramme	Institutionen der Baupolitik auf Bundes- und Landesebene	Beteiligung als nicht spezifizierte, generelle Voraussetzung der Fördermittelvergabe; keine tatsächliche Beteiligung
Erstellen einer gesamtstädtischen Entwicklungskonzeption	städtische Baupolitiker, städtische Bau- und Planungsressorts, städtische Wohnungswirtschaft	programmatische Wertschätzung eines Einbezugs aller relevanten Akteure (einschließlich Betroffener); Durchführen von Top-down-Informationsveranstaltungen nach Abschluss der Planungen
Erstellen einer quartiersbezogenen Entwicklungskonzeption	städtische Baupolitiker, städtische Bau- und Planungsressorts, betroffene städtische Wohnungswirtschaft	Durchführen von Informationsveranstaltungen im Quartier nach Abschluss der Planungen
Wohngebäude	städtische Bau- und Planungsressorts, betroffenes Wohnungsunternehmen, Mieter	ggf. Durchführen von Mieterversammlungen zwecks Information über Abrissplanung und Verfahren des Umzugsmanagements für das Wohngebäude
Wohnung	betroffenes Wohnungsunternehmen, Mieter	Couchgespräche, individuelles Aushandeln von Leistungen
Aufwertungsmaßnahmen	Eigentümer der Fläche, Anrainer, Quartiersbewohner	punktuelle und anlassbezogene Beteiligungsangebote zur Mitentscheidung über die Nach- bzw. Neunutzung von Freiflächen

Zeitraum von 15 Jahren ausgelegt. Er hat keine rechtsverbindliche Wirkung.

- Der **Bebauungsplan** (B-Plan) ist parzellenscharf und enthält die für jedermann verbindliche Bauleitplanung. Er hat einen Zeithorizont von etwa 5 Jahren. Er kann neben Vorgaben zur Bodennutzung auch solche zur gestalterischen Ausformung enthalten. Bebauungspläne werden von den Gemeindeparlamenten als Satzung beschlossen und sind rechtswirksam.

Neben den formellen Planungsverfahren gibt es weitere **informelle Planwerke** ohne Rechtsverbindlichkeit. Im Wesentlichen handelt es sich dabei um verschiedene Stadtentwicklungspläne (STEP), wie z. B. einen STEP Klima, und städtebauliche Rahmenpläne. STEPs stellen langfristige Entwicklungskonzepte dar, die als informelles Steuerungsinstrument die großen Leitlinien für die mittel- bis langfristige Planung vorgeben. Stadtplanerisches Handeln sieht auf allen Ebenen eine Bürgerbeteiligung vor. Derartige partizipative Prozesse wurden im Rahmen eines sich ändernden Demokratieverständnisses seit Mitte der 1960er-Jahre entwickelt. Damals war die Akzeptanz staatlicher Planungen und Entscheidungen immer mehr zurückgegangen. Eine formelle Bürgerbeteiligung an der Bauleitplanung ist im Baugesetzbuch festgeschrieben, eine Übersicht hierzu bietet Tab. 3.4.

3.2.2 Partizipation

Merksatz

Unter Partizipation versteht man die eigenverantwortliche und freiwillige aktive Bürgerbeteiligung in verschiedenen Planungs- und Aktionsräumen.

Für die Teilnahme und Teilhabe der Stadtbewohner wurden sogenannte „weiche" partizipative Instrumente – im Gegensatz zu den oben genannten ordnungsrechtlichen, gesetzlichen und fiskalischen Instrumenten – entwickelt. Sie spielen insbesondere auf der örtlichen Planungsebene eine wichtige Rolle, wobei darunter sehr unterschiedliche Auffassungen von Beteiligung und Mitwirkung verstanden werden. Übereinstimmend kann aber festgestellt werden, dass in partizipativen Prozessen Akteure aus verschiedenen Bereichen der Verwaltung, der privaten Wirtschaft, der lokalen Vereine und von nicht organisierten Privathaushalten gemeinsam in sogenannten **Governance-Prozesse**n (siehe unten) die Entscheidungen aushandeln. Freiwillige bürgerschaftliche Beteiligung als Bestandteil einer partizipatorischen Demokratie kann in vielfacher Form auftreten. Sie alle haben die Mitwirkung der mündigen Bürger bei der Gestaltung und Entwicklung von Städten und Stadtteilen, bis hin zu Konsultationen über öffentliche Finanzen, zum Ziel. Zu den **partizipativen Instrumente**n zählen beispielsweise:

- runde Tische und thematische Foren zu speziellen Anliegen
- Bürgerversammlungen und Bürgergespräche in den Stadtteilen
- moderierte Veranstaltungen wie Zukunftswerkstätten oder Open Space (Großgruppenmethodik)
- Einbeziehung von Individuen, Vereinen, Bürgerinitiativen und (Nichtregierungs-) Organisationen in Entscheidungsprozesse
- Medien- und Interneteinsatz zur Kommunikation von raumrelevanten Sachverhalten

Insbesondere im **Quartiers- oder Stadtteilmanagement** ist eine aktive Bürgerbeteiligung unabdingbar (Alisch 1998, DIFU 2003, Schubert und Spieckermann 2004). Auch hier ist der Kerngedanke das Zusammenführen von Akteuren aus Nachbarschaften, die durch schlechte Bausubstanz, hohe Arbeitslosigkeit und niedrige Einkommen der Bewohner gekennzeichnet sind. Die zentrale Steuerung erfolgt durch einen von der öffentlichen Hand eingesetzten Quartiersmanager, von dessen Geschick und Engagement der Erfolg des Quar-

Tab. 3.5 Entwicklungsstufen der Beteiligung in Planung und Verwaltung (Bischoff et al. 1996)

Dialog (Beteiligung)			
Information und Anhörung	Erste Generation (Information der breiten Öffentlichkeit, Erörterungen)	Zweite Generation (aufsuchende und aktivierende Beteiligung)	Kooperation
Verfahrens-rechtsschutz	Effektivierung von Planung und Umsetzung, Legitimation	Motivation, Mobilisierung von Potenzial, Kompensation von Benachteiligung	kooperative Problembearbeitung
Information der Verfahrensbeteiligten, ggf. öffentliche Bekanntmachungen	Information der Öffentlichkeit (Broschüren und Ratgeber, Informationsschriften zu Einzelplanungen, Ausstellungen)	zielgruppenbezogene Informations-und Beteiligungsangebote (Einzelgespräche und Aus-handlungsprozesse)	Erfahrungs- und Informationsaustausch Vereinbarung von Leitbildern und Zielen (z. B. runde Tische)
Gewährung von Informations-rechten (z. B. Akteneinsicht) Anhörungen	Dialog mit der breiten Öffentlichkeit (Befragungen, Anhörungen, Angebot von Gesprächsmöglichkeiten in der Verwaltung)	Präsenz vor Ort, Qualifizierungsstrategien	kooperative Qualifizierung (Schulungen, Wettbewerbe) kooperativ realisierte Projekte
Gewährung von Einspruchs-rechten	Dialog mit Teilöffentlichkeiten (Fachleute, Beiräte, Vereine, Verbände, gesellschaftliche Gruppen)	gezielte Berücksichtigung besonders benachteiligter Gruppen; in Bezug auf die Bewohner: Lebensweltbezug des Beratungs- und Planungskonzepts Prozessorientierung	Partnerschaften (institutionalisierte Kooperation) Kooperationsnetze

tiersmanagements wesentlich abhängt. Diskussionen über die Ausgestaltung oder Sanierung von Stadtvierteln sind auf Augenhöhe mit den Quartiersbewohnern zu führen, die in ihren Anliegen ernst genommen werden müssen. Ein Quartiersbüro zur Verortung der Aktivitäten und ein Quartiersfonds zur Finanzierung von kleineren Maßnahmen, wie Quartiersfeste oder Spielplatzverschönerungen, sind ebenfalls Bestandteil dieses Verfahrens der Stadtentwicklung.

Quartiersmanagement wurde in den deutschen Großstädten durch die in der Agenda 21 formulierte Idee der **sozialen Nachhaltigkeit** entscheidend befördert (siehe Kap. 3.1). Weiterhin stellt es auch einen zentralen Bestandteil des Leitbilds der „sozialen Stadt" dar (Häussermann 2001, Fritsche et al. 2011). Mit diesem Leitbild soll sich verschärfenden sozialen Spannungen und Gegensätzen entgegenge-

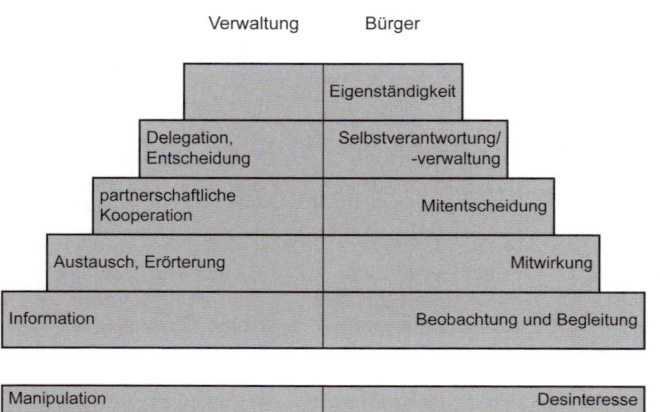

nach Lüttringhaus 2000; 44

wirkt werden. Es geht dabei nicht nur um baulich-gestalterische Maßnahmen; vielmehr sollen die betroffenen Bevölkerungsgruppen und lokalen Akteure des Viertels über das Quartiersmanagement miteinander ins Gespräch kommen und für vorhandene Probleme eigenverantwortliche Lösungen entwickeln.

Bei der **Bürgerbeteiligung in Planung und Verwaltung** können nach Bischoff et al. (1995) verschiedene Entwicklungsstufen unterschieden werden (Tab. 3.5). Die Autoren definieren die Kategorien

- Erkunden von Interessen und Meinungen,
- Informieren,
- Meinungen bilden,
- Mitwirken und
- Kooperieren.

In ähnlicher Weise hat Lüttringhaus (2000) die Intensität des Bürgerengagements in einer sogenannten Beteiligungspyramide dargestellt (Abb. 3.4). Dieses Schema baut auf der „Beteiligungsleiter" nach Arnstein (1969) auf, die verschiedene Beteiligungsstufen – von einer Nicht-Partizipation über eine Pro forma-Partizipation (Information, Erörterung, Beschwichtigung) bis hin zu echter Bürgermacht (Partnerschaft, Abgabe von Macht, bürgerschaftliche Kontrolle) – unterscheidet. Zwar besteht auf der unteren Stufe grundsätzlich Gelegenheit zur Artikulation in Form von Anhörungen und gemeinsamen Erörterungen, jedoch bleiben diese meist ohne Auswirkungen. Erst auf der oberen Stufe werden die Bürger tatsächlich in Entscheidungsvorbereitung, -formulierung und -findung einbezogen bis hin zur Umverteilung von Planungsmacht. In der Beteiligungspyramide findet sich auf jeder verwaltungsseitigen Stufe ein Pendant auf der Seite der Betroffenen. Auf der Bürgerseite der verjüngt sich die Pyramide von „zuhören" über „mitreden" zu „mitentscheiden" und „mitbestimmen" bis schlussendlich „entscheiden" (Fritsche 2011). Die Qualität der Partizipation steigt so von Stufe zu Stufe. Verwaltungsseitig reichen die Stufen von Informationsangeboten über Gelegenheiten zu Austausch und Erörterung sowie partnerschaftlichen Kooperationen bis hin zur Abgabe von Entscheidungsmacht. Hier steigen der Grad der Teilnahmegewährung und damit auch die Bereitschaft zum Kontrollverzicht kontinuierlich an. An der Spitze der Pyramide agieren die Bürger unabhängig von einer Teilnahmegewährung seitens des politisch-administrativen Systems (Lüttringhaus 2000). Deshalb bleibt die dortige Stufe auf der Seite der Verwaltung leer.

3.2.3 Governance

Bei den Bemühungen um eine qualitativ hochwertige Stadtumwelt und eine resiliente, zukunftsfähige Ausgestaltung von urbanen Ökosystemen bzw. der Umsetzung des Nachhaltigkeitsanspruchs handelt es sich um umfangreiche und hoch differenzierte Prozesse (siehe Kap. 3.1.1. Nachhaltigkeit). Dabei zeigte der Diskurs der letzten Jahrzehnte, dass traditionelle Politikmodelle, also hierarchisch-dirigistische, staatliche Steuerungsformen dafür weniger geeignet sind, auch wenn sie über eine hohe gesetzliche Legitimität verfügen. Im bewussten Gegensatz zum **Top-down-Modell des Government** wurde im englischen Sprachraum der politikwissenschaftliche Fachbegriff der **Governance** gesetzt. „Governance without Government" bezeichnet eine gesellschaftliche Steuerungsform der Aushandlung und des Dialogs, des Dezentralismus und des netzwerkartigen Regierens, die **als Bottom-up-Modell** auf verschiedenen Ebenen, von lokal über regional, nationalstaatlich, supranational bis hin zu international und global stattfindet (Bischoff et al. 2001, Brand 2004). Verbindliche politische Entscheidungen sollen unter Einbezug staatlicher und nicht-staatlicher Akteure getroffen werden. Staatliche Akteure sind dabei nicht mehr die alleinigen Entscheider, auch wenn ihnen, insbesondere auch wegen ihrer demokratischen Legitimierung, weiterhin eine wichtige Rolle zukommt. Staatliche und nicht staatliche Akteure sind in ein Netzwerk einbezogen.

Die Umsetzung dieser **komplexen gesellschaftlichen Steuerungsmöglichkeit** kann dabei über verschiedene Konzepte erfolgen. Loorbach und Rotmans (2006) haben das Konzept des **Transition Management** entworfen. Transition definieren sie als einen „long-term process of change during which a society or subsystem of society fundamentally changes" (ebd.: 2). Im Management der Transition spielen **Transition Arenas** eine zentrale Rolle. Hierbei handelt es sich um Netzwerke von Innovatoren und Visionären, die Langzeitvorstellungen entwickeln, welche als Basis für die Entwicklung von Transition Agendas und Transition Experiments dienen. Die Auswahl der Teilnehmer für eine Transition Arena ist ganz entscheidend; diese können aus der Wissenschaft, Wirtschaft, Regierung und aus Nicht-

Merksatz
Im Gegensatz zu hierarchischen und gesetzlichen Steuerungsformen bietet Governance die Möglichkeit, dezentrale gesellschaftliche Steuerungsmodelle einzusetzen.

Regierungsorganisationen kommen. Transition Management ist ein neuartiger Modus von Governance, um konstruktiv mit der Komplexität und Unstrukturiertheit von Nachhaltigkeitsproblemen umzugehen (Grecksch und Siebenhüner 2010). „Learning-by-doing and doing-by-learning is the essence of the transition management" (Loorbach und Rotmans 2006).

Eine Besonderheit im urbanen Kontext stellt die **Metropolitan Governance** dar. Auch sie entstand aus einem neuen Verständnis stadtregionaler Steuerung (Blatter 2005, Blatter und Knieling 2009). Diese Governance-Form nimmt in Bezug auf nachhaltige Entwicklung – nicht zuletzt im Handlungsfeld des Klimawandels – mit den unterschiedlichsten Steuerungs- und Kooperationsformen unter Einbeziehung multipler Akteure auf den verschiedenen Handlungsebenen eine wichtige Position ein. „Die Agglomerationen sind die größte Emissionsquelle von Treibhausgasen und werden auch von den Folgen vermutlich am schwersten betroffen sein. Deshalb sollten sie sowohl in der Mitigation, der Vermeidung und Verminderung, als auch in der Adaptation, der Anpassung an die Folgen, eine zentrale Rolle spielen" (Knieling und Preising 2009).

Als Faktoren für eine erfolgreiche Gestaltung und Steuerung von Governance-Prozessen nennen Gupta et al. (2008) folgende:
• Vielfalt im Sinne von Problemlösungsansätzen, Akteuren und Ebenen
• Lernkapazität im Sinne von Vertrauen und institutionellem Gedächtnis
• Anpassungsfähigkeit im Sinne des Zugangs zu Information, Implementation und Veränderung
Als notwendige Bedingungen sind dabei vorauszusetzen:
• Ressourcen finanzieller, sozialer, humaner, technologischer und gesetzesbezogener Art
• Leadership im Sinne von Anleitung und Anreizen durch Führungspersönlichkeiten mit entsprechender Initiative
• Fair Governance im Sinne von Transparenz, Zurechenbarkeit, Rechtsstaatlichkeit, gegenseitigem Respekt, Gerechtigkeit und sozialer Stabilität
Die Bezüge zum Diskurs der Nachhaltigkeit und der Resilienz sind dabei evident. Weiterhin sind die Prozesse der Agenda 21 untrennbar mit Partizipation und Governance verbunden.

3.3 Ökologisch relevante urbane Flächennutzungen: Grünflächen, Parkanlagen, Gärten, Stadtwälder

Nicht bebaute und unversiegelte Flächen stehen in einer Stadt im Fokus des ökologischen Interesses. Auf ihnen kommen die verschiedenen Aspekte der natürlichen und soziokulturellen Teilsphären und ihre Funktionen am besten zum Tragen. Es handelt sich dabei sowohl um öffentliche wie private Flächen. Zu diesen zählen die großen öffentlichen Stadtparks und Stadtgärten sowie die privaten Hausgärten und Gartenkolonien. Unter einem **Garten** versteht man ein abgegrenztes Stück Land, auf dem Pflanzen angebaut werden. Man kann dabei Nutzgärten von Ziergärten unterscheiden, häufig findet man beide nebeneinander. Während der **Nutzgarten** der Selbstversorgung dient, hat der **Ziergarten** meist ästhetische Ziele und dient der Erholung; allerdings kann er auch aus anderen Motiven, wie künstlerischen oder religiösen, angelegt werden. Bei einem **Themengarten** steht ein bestimmte Sache im Mittelpunkt wie dies beispielsweise bei einem Bauern-, Kräuter-, Trocken- oder Rosengarten der Fall ist. Gärten können sowohl im öffentlichen Raum wie auch auf Privatland angelegt werden und haben insbesondere in Städten wichtige ökologische Funktionen. Aber auch kleinere Flächen, wie etwa begrünte Tramgleise oder Straßenbegleitgrün, begrünte Dächer und Hausfassaden, haben bemerkenswerte ökologische Funktionen (Kappis 2010, Kappis et al 2010; Abb. 2.47). Ein in den letzten Jahren immer wichtiger gewordenes Themenfeld ist das der schrumpfenden Städte. **Stadtbrachen** eröffnen ein neues ökologisches Potenzial (siehe Kap. 4.1).

All diesen Flächen gemeinsam sind **Ökosystemdienstleistungen**, wie etwa Lärmverringerung, Staubbindung, Biotop- und Artenschutz, Lebensraumvernetzung und Mikroklimaverbesserung (siehe Kap. 4.4). Sie ermöglichen Naturerfahrung im städtischen Raum und erhöhen damit die Lebensqualität. Schließlich haben Parks, Gartenanlagen und andere städtische Naherholungsgebiete wichtige **soziale Funktionen** für die Freizeitgestaltung sowie die familiäre und interkulturelle Kommunikation. Städtische **Naherholungsgebiete** sind dabei als Gebiete definiert, die primär für (durchaus verschiedene) Erholungszwecke genutzt werden, die öffentlich zugänglich, mit dem öffentlichen Personennahverkehr (ÖPNV) erreichbar bzw. an das öffentliche städtische Verkehrsnetz angeschlossen sind.

Im Rahmen der Europäischen Gemeinschaftsinitiativen wurden beispielsweise die Projekte **URGE** (Förderung von Grünflächen zur Verbesserung der Lebensqualität in Städten und urbanen Räumen) **und Green Keys** (Urban Green as a Key for Sustainable Cities) mit dem Ziel gefördert, einerseits Erkenntnisse bezüglich der Bedeutung von Grünflächen zu erhalten und andererseits Erfahrungen in der Förderung und Umsetzung entsprechender Projekte zu sammeln. Die heutigen städtischen Naherholungsgebiete blicken oft auf eine lange Entwicklungsgeschichte zurück. Hierzu zählen die Beispiele der Umwandlung ausgedehnter Privatgärten in öffentliche Anlagen, der gezielten Einrichtung von Themenparks (Hunziker et al. 2000) und die Begrünung von Städten im Zuge der Grüngürtel-Konzepte (Behrens 1985, Stadt Frankfurt am Main 2003). Entsprechend heterogen waren die Motivationen zur Einrichtung der städtischen Naherholungsgebiete, die Konzepte ihrer Gestaltung und die Art und Weise ihrer

Nutzung. Im Folgenden werden nunmehr unterschiedliche urbane Landnutzungen in ihrem historischen Kontext und ihrer aktuellen Ausgestaltung beschrieben.

3.3.1 Der Französische Barockgarten

Merksatz
Barockgärten sind als Teil einer absolutistischen Residenz symmetrisch konzipiert. Sie stellen bis ins Detail modellierte und streng abgegrenzte Gartenkunstwerke dar.

Vor allem die im 19. Jahrhundert entstandenen Stadtparks bestimmen noch heute wesentlich die Lebensqualität in den mitteleuropäischen Innenstädten. Häufig gehen sie auf Barockgärten des 17. Jahrhunderts zurück. Der Barockgarten ist ein Teil des architektonischen Gesamtkonzeptes eines Schlosses der absolutistischen Epoche. Planung und Erstellung des Gartens erfolgten in enger Zusammenarbeit zwischen den Architekten des Schlosses und des Parks. Die strenge formale Gestaltung dieser Gärten, die sich bis zur Schnittform der Pflanzen hinzieht, sollte die absolutistische Macht des Herrschers sogar über die Natur demonstrieren.

Bedeutendster Architekt der französischen Gartenbaukunst war **André Le Nôtre** (1613–1700). Seine nach einem **geometrischen System** gestalteten Gartenflächen haben die Gartenarchitektur bis weit ins 18. Jahrhundert hinein geprägt. Erstmals gestaltete er im Schloss Vaux-le-Vicomte (Frankreich) einen derartigen, dreigeteilten Garten. Der im Auftrag Ludwigs XIV. zwischen 1661 und 1691 angelegte, riesige Park von Versailles stellt das Meisterwerk dieses Gartenarchitekten dar. Die Schloss- und Gartenanlage von Versailles beeinflusste die europäische Gartenarchitektur in erheblichem Maße (Abb. 3.5).

Der Barocke Garten lässt sich in drei Bereiche einteilen: Direkt am Schloss befindet sich die niedrig gehaltene **Broderieparterre**. Dieser Bereich bildet mit seiner kleinteiligen, geometrischen Konzeption von Blumenbeeten und niedrigen Buchsbaumhecken eine Erweiterung des Schlosses hinaus ins Freie. An das Parterre schließt sich in weiterer Entfernung vom Schloss der **Boskett-Bereich** an, ein von höheren Hecken gestaltetes „Lustwäldchen" mit grünen Gängen, Alleen, Labyrinthen und Plätzen. In seinem äußeren Bereich geht es dann in die freie Landschaft bzw. einen Forst über. Immer steht das Schloss im Zentrum der Gartengestaltung; **Sichtachsen** führen darauf zu, sodass das Machtzentrum und mit ihm der Herrscher schon von Weitem sichtbar ist. Ins Extreme gesteigert zeigt sich dies etwa in der Fächerstadt Karlsruhe, in der nicht nur die Wege des Parks, sondern darüber hinaus auch die Straßen der Stadt auf das Schloss zulaufen. Neben den Hauptachsen gibt es weitere Nebenachsen, die streng symmetrisch angeordnet sind. Die Anlage von Wegen und Sichtachsen erfolgte häufig **sternförmig**, in der Mitte befindet sich eine Skulptur, ein Brunnen oder ein kleiner Tempel.

Abb. 3.5
Der Französische Barockgarten am Beispiel des Schlossparks von Versailles

Die Wege in Barocken Gärten sind beidseitig von Hecken oder einzelnen Bäumen begrenzt. Diese sind rechteckig beschnitten, Buchsbäume häufig in Kugelform zurechtgestutzt; Hecken und Bäume bilden Arkaden. Pflanzen werden zu Gestaltungselementen des

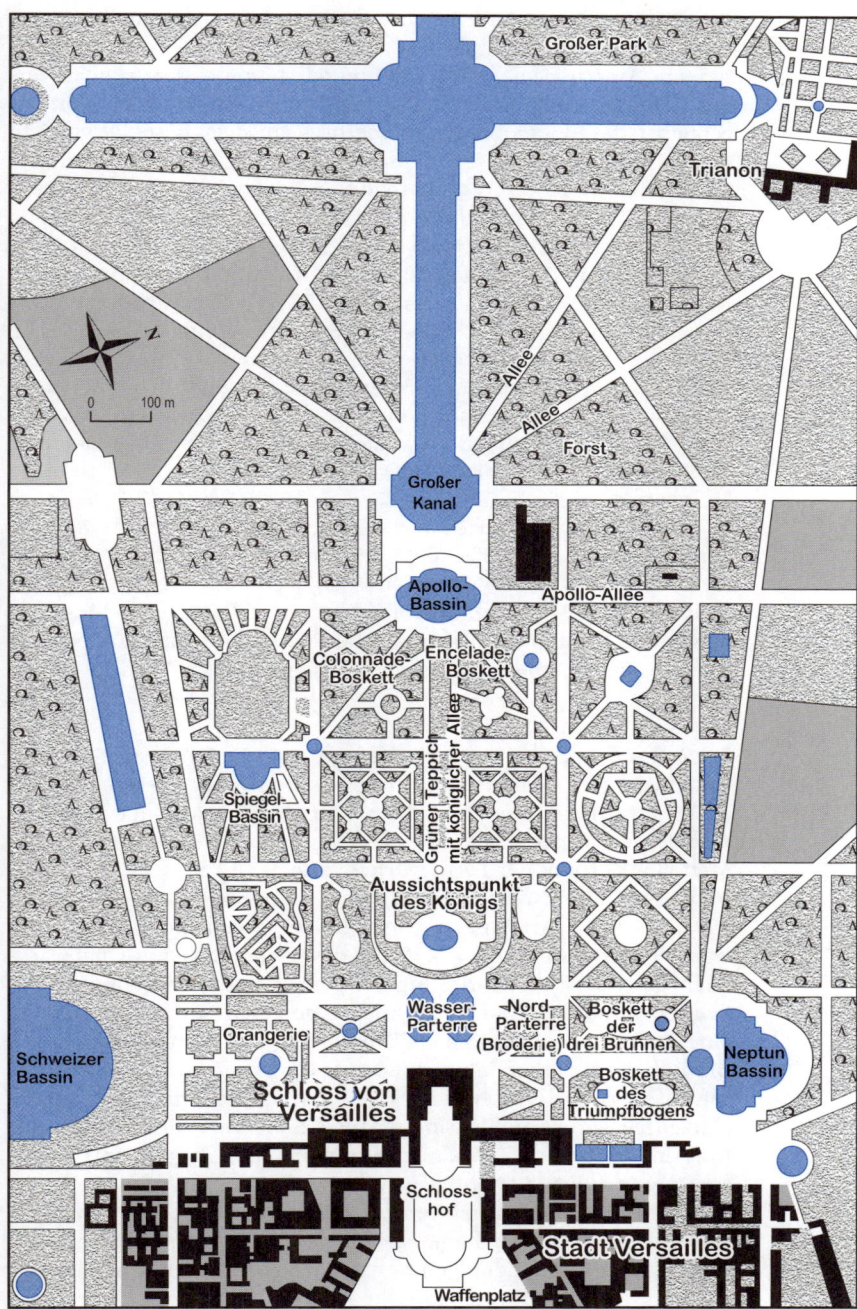

Gartenarchitekten, der eine vollständig durch Menschenhand geformte Natur modelliert. Dies gilt auch für die Blumenbeete, in denen typische Merkmale der barocken Innenarchitektur angewendet werden: Blumen- und Rasenflächen sind in geschwungenen Formen gepflanzt, das Blumenbeet ist geometrisch angelegt. Besonders beliebt sind Gestaltungselemente in Muschelform, die Rocaille, die besonders im Rokoko weite Verbreitung fand. Ein weiteres wichtiges Element bildet das **Wasser**, das im Barockgarten in vielfältiger Form zu finden ist. Geometrisch ausgerichtete Bassins, Fontänen und Wasserspiele sind wichtige Teilkomponenten der Gesamtkonzeption. Kleine Rundtempel sind ebenfalls in jedem größeren Barockgarten zu finden. Hinter Bäumen und Büschen versteckt, schmücken zahlreiche Skulpturen aus der römischen und griechischen Mythologie das Gesamtkunstwerk. Zu so einem Schlossgarten gehört auch eine Orangerie, die die Überwinterung von exotischen, nicht winterfesten Ziergewächsen (z. B. Zitronen-, Mandarinen- und Bitterorangenbäume) ermöglichte. In Deutschland gibt es noch insgesamt über vier Dutzend Orangerien.

Einst für den Zeitvertreib des Adels konzipiert, stellen die Barockgärten der Städte heute beliebte, zentrumsnahe Erholungs- und Flanierorte dar. Beispiele solcher Gartenanlagen findet man in Deutschland in Berlin (Charlottenburger Schlosspark), Potsdam (Schlosspark Sanssouci), Würzburg (Kurfürstliche Residenz), München (Schloss Nymphenburg), aber auch in vielen kleinen ehemaligen Residenzstädten.

3.3.2 Der Englische Landschaftspark

Merksatz
Die Englischen Landschaftsparks sind durch eine naturnahe ästhetische Gestaltung mit fließenden Grenzsäumen und geschickt platzierten Akzenten charakterisiert.

Im bewussten Gegensatz zum französischen Barockgarten entstand im 18. Jahrhundert in England eine Gartenarchitektur, die die Grenze zwischen Gartenanlage und freier Landschaft verwischte. Das theoretische Konzept der **Ferme Ornée**, also die ästhetische Ausgestaltung der landwirtschaftlichen Nutzung, stammt von William Shenstone (1714–1763). Hauptvertreter dieser Art von Landschaftsgärten war **William Kent** (1664–1748). Ziel des Englischen Landschaftsparks oder -gartens ist die **Auflösung der geometrischen Strenge**, es gibt keine exakt angelegten Beete und keine geschnittenen Hecken. In einem klassischen Englischen Landschaftsgarten finden sich kaum Blühpflanzen. Stehende und fließende Gewässer, Waldinseln, im 18. Jahrhundert noch Hutewälder, sowie inszenierte Orte und Picknickplätze (pleasure grounds) sind wichtige Elemente. Die Gartengestaltung hat sich nach der Natur zu richten. Ein „**begehbares Landschaftsgemälde**" soll den Besucher unterhalten. Zur Akzentuierung des Gartens werden antike Tempel, chinesische Pagoden, künstliche Ruinen, Grotten und Eremitagen in die Landschaft eingebaut. Im Gegensatz zu den gradlinigen Kanälen, runden Bassins und geometrischen Kaskaden des französischen Barockgartens gibt es in Englischen Gärten sich durch die Landschaft schlängelnde Bäche und Flüsse. Teiche und kleine Seen werden zwischen Baumreihen oder -gruppen bzw. kleinere Wäldchen platziert. Blumen sind wie in der freien Natur um Bäume, Büsche, Wiesen und Gewässer gruppiert. Englische Landschaftsgärten sind durch unsichtbare Gräben und versenkte Mauern von der umgebenden Landschaft abgegrenzt. Auf diese Weise wird der eigentliche Garten ohne sichtbaren Übergang von der Umgebung getrennt.

Wichtige Vertreter dieser Art von Gartenarchitektur in Deutschland sind **Peter Joseph Lenné** (1789–1866), **Friedrich Ludwig von Sckell** (1750–1823) und **Fürst Hermann von Pückler-Muskau** (1785–1871). Der von Sckell gestaltete Englische Garten in München, mit 4,17 km² eine der größten Parkanlagen der Welt, zählte zu den

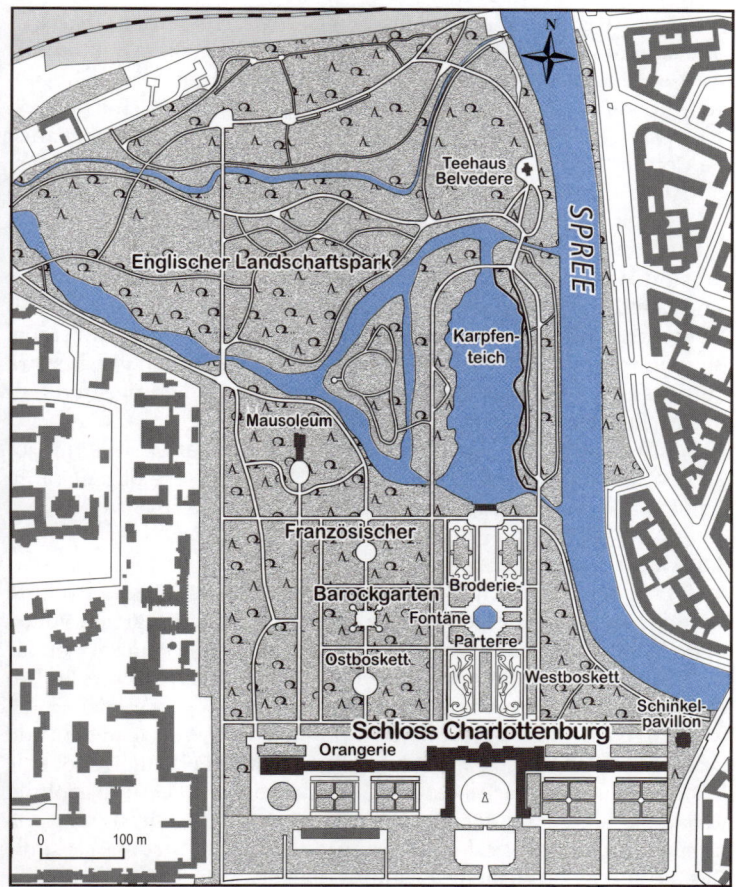

Abb. 3.6

Der Park von Schloss Charlottenburg in Berlin mit dem Französischen Barockgarten im Süden und dem Englischen Landschaftspark im Norden

ersten Anlagen, die im Gegensatz zu den dem Adel vorbehaltenen Barockgärten von jedermann betreten werden durfte. Die natürlich anmutenden Gewässersysteme sind künstlich angelegt und werden vom Grundwasser oder von nahe liegenden Flüssen gespeist. Auch Peter Joseph Lenné gestaltete große Parkanlagen nach dem Vorbild Englischer Landschaftsgärten insbesondere in Berlin und Umgebung. Charakteristische Merkmale seiner Gartengestaltung sind die Sicht-achsen und die Blumengärten mit exotischen Pflanzen- und Wasser-spielen. Häufig ließ er Schneisen in einen alten Baumbestand hinein-schlagen. Seine bekanntesten Planungen in Berlin sind der zwischen 1833 bis 1840 entstandene Tiergarten, der Zoologische Garten, die Gartenanlage von Schloss Friedrichsfelde, dem heutigen Tierpark, sowie die Pfaueninsel in Berlin. Er ist der bedeutendste Gestalter der Berlin-Potsdamer Kulturlandschaft, die 1990 als UNESCO-Weltkul-turerbe anerkannt wurde.

Weitere Beispiele dieser englischen Gartenarchitektur in Deutsch-land sind das Dessau-Wörlitzer Gartenreich (ebenfalls Weltkulturer-be), der Hinübersche Garten in Hannover, der Bergpark Wilhelmshö-he in Kassel, die umgestalteten Barocken Gärten der Schlösser von Schwetzingen und Nymphenburg, der Fürst-Pückler-Park in Branitz bei Cottbus und der 750 Hektar große Fürst-Pückler-Park Bad Mus-kau, der zum größeren Teil jenseits der Neiße im polnischen Leknica liegt. Fürst Pückler-Muskau vertrat die Idee, dass ein Park nur den „Charakter der freien Natur und Landschaft haben darf". Auf diese Art und Weise wird die Natur idealisiert und man sucht begehbare landschaftliche Bilder auf einem begrenzten Raum. Die Eingriffe des Menschen dürfen nur an den Wegen und Gebäuden sichtbar werden. Blumenbeete sind im Park ausgeschlossen. Größter Landschaftspark Europas ist mit 200 km² die **Kulturlandschaft von Lednice und Val-tice in Südmähren** (Tschechische Republik).

Sehr häufig findet man allerdings eine Kombination von Franzö-sischen und Englischen Gärten um die Schlösser, wie dies etwa im Schlosspark Charlottenburg in Berlin der Fall ist (Abb. 3.6)

3.3.3 Volks- und Stadtparks

Merksatz
Öffentliche Erho-lungsgebiete im ur-banen Raum ent-standen im Zeitalter der Industrialisie-rung mit zunehmen-der Bevölkerungsan-zahl. Sie gingen oft aus herrschaftlichen Anlagen hervor.

Ab Mitte des 18. Jahrhunderts wurden im innerstädtischen Raum zunehmend Erholungsgebiete, die sogenannten **Volksgärten, Volks-parks, Stadtparks oder Stadtwälder** errichtet. Diese Parkanlagen für die Erholung und Bildung der städtischen Bevölkerung wurden so-wohl von kommunaler als auch von adeliger Seite geschaffen. Es wurden Wald- und Wiesenflächen mit Teichen, Wasserspielen und Denkmälern angelegt. Häufig handelt es sich um ehemalige feudale Schloss- oder Stadtparks, die für die städtische Bevölkerung geöffnet und umgestaltet wurden. Dort ist die Freiraumgestaltung eng mit urbanen Strukturen verknüpft. Aufgabe derartiger Stadtparks ist die Gestaltung als **öffentliche Erholungsfläche**, wobei die natürlichen

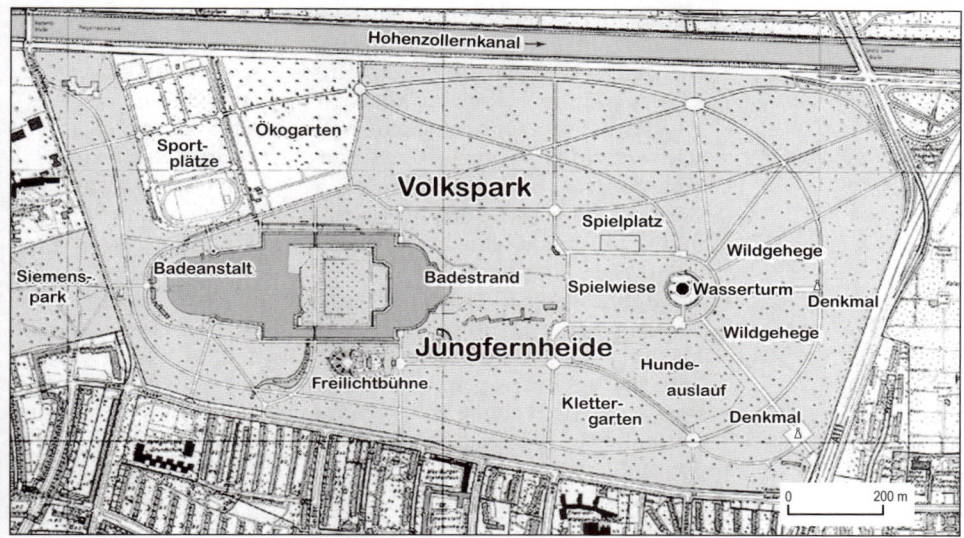

Lebensgrundlagen, aber auch die sozialen und kulturellen Bedürfnisse der Menschen Berücksichtigung finden sollen. Schließlich soll auch das ortstypische Landschaftsbild erhalten bzw. gestaltet werden. In den Stadt- oder Volksparks sind große, betretbare Spiel- und Sportplätze und andere Bewegungsräume wesentliche Bestandteile. Solche Volksparks wurden beispielsweise in Berlin, Hamburg und im Ruhrgebiet, Volksgärten in Düsseldorf, Leipzig oder München angelegt. Abb. 3.7 zeigt den in Berlin zwischen 1920 und 1926 angelegten und von Erwin Barth konzipierten Volkspark Jungfernheide. Er ist 146 Hektar groß, geometrisch gestaltet und bietet in seinem Kernbereich inmitten von einem alten Baumbestand Spiel- und Liegewiesen, ein Freibad, ein Gartentheater und ein Wildgehege. Dieses vielfältige Angebot schließt auch ein gewisses Naturerlebnis mit ein.

Abb. 3.7
Öffentliche Grün- und Erholungsanlage des Volksparks Jungfernheide in Berlin mit verschiedenen Nutzungsmöglichkeiten

3.3.4 Klein- und Schrebergärten

In Deutschland gibt es nach einer Studie es BMVBS (2008) ca. 1,24 Mio. Kleingärten, die jeweils von durchschnittlich 4,5 Personen genutzt werden. Damit spielen sie in den Kommunen eine große Rolle. Sie erfüllen dabei gleich mehrere **ökologische und soziale Funktionen** (Breuste 1996; vgl. auch international www.jardins-familiaux.org, 8.2.2012):

- Das Lokalklima wird verbessert, indem die Sommerhitze gemildert, Schattenwurf erzeugt und die Evapotranspiration gefördert wird.
- Der Wasserhaushalt wird durch die Steigerung der Infiltration und Verminderung des Oberflächenabflusses reguliert.

Merksatz
Klein- und Schrebergärten erfüllen eine wichtige ökologische und soziale Funktion, sie stehen aber auch in Konflikt mit konkurrierenden Nutzungsformen.

- Die Stadtböden spielen in Kleingärten durch den geringen Versiegelungsgrad eine zentrale Rolle.
- Die Anlagen tragen erheblich zur Artenvielfalt bei, indem sie Rückzugsräume für seltene Pflanzen und Tiere bieten.
- Das Bewusstsein für ökologische Belange ist bei den Kleingärtnern stark entwickelt: 97 % nutzen Regenwasser zum Bewässern, 96 % kompostieren. Insbesondere Neu-Kleingärtner halten naturnahes Gärtnern für wichtig, betreiben den biologischen Anbau von Obst und Gemüse und lehnen eine chemische Schädlingsbekämpfung ab (BMVBS 2008).
- Der Bundesverband Deutscher Gartenfreunde (www.kleingartenbund.de, 8.2.2012) unterstützt diese Haltung durch ökologische Musterkleingärten. So haben die Kleingärten auch eine wichtige Funktion auf dem Gebiet der Umweltbildung.
- Die Kleingartenvereine helfen eine vielerorts verloren gegangene Gartenkultur zu bewahren und Gartenwissen weiterzugeben.
- Sie sind Orte des gesellschaftlichen Miteinanders und Treffpunkt sozial relevanter Akteure, die sich oft über die Grenzen der eigenen Kleingärten hinaus engagieren, auch wenn Konflikte dabei nicht ausbleiben.
- Für Kinder bieten Kleingärten Spiel- und Kommunikationsräume; Wahrnehmung und Erleben von Natur werden gefördert.
- Kleingärten sind auch mehr und mehr Orte der Interkulturalität. Nach der BMVBS-Studie (BMVBS 2008) liegt der Anteil der Kleingärtner mit Migrationshintergrund bei 7 % mit steigender Tendenz (insgesamt ca. 300 000 Menschen).
- Im Mittel sind 17 %, in Ostdeutschland 26 % der Mitglieder arbeitslos. Allerdings bieten gerade für diese Gruppen Kleingärten ein Sinn stiftendes Betätigungsfeld und tragen zur Ernährungssicherung von Arbeitslosen bei (Tafelgärten).

Den gesetzlichen Rahmen für die Kleingärten, auch **Grabeland** genannt, bildet das Bundeskleingartengesetz aus dem Jahre 1983. Danach sollen Kleingärten nicht größer als 400 m² sein und die Belange des Umwelt- und Naturschutzes sowie der Landschaftspflege berücksichtigen (Abb. 3.8). Eine **Laube** darf eine Grundfläche von 24 m² inklusive eines überdachten Freisitzes nicht überschreiten und sie darf sich nicht zum dauerhaften Wohnen eignen. Die Nutzung wird außerdem durch ein Pachtverhältnis geregelt.

Geschichtlich sind die Kleingärten zu Beginn des 19. Jahrhunderts aus den Armengärten in Norddeutschland entstanden (sogenannte Carlsgärten um 1806 an der Schlei, angelegt auf Anregung des Landgrafen Carl von Hessen). Weitere Entwicklungslinien aus dem 19. Jahrhundert sind die Gärten der Fabriken (Arbeitergärten), der Bahn (Eisenbahnergärten), die Laubenkolonien des Roten Kreuzes insbesondere in Berlin (Rotkreuzgärten) und die Gärten der Schreberbewegung (www.kleingarten-museum.de, 8. 2. 2012). In Leipzig wurde

Abb. 3.8
*Kleingartenanlage Trep-
tows Ruh in Berlin in
charakteristischer Lage
an einer Bahnlinie
(Foto: Endlicher 2011)*

1865 der erste Schrebergarten gegründet, anfangs nur eine Spielwie-
se für Fabrikarbeiterkinder, an deren Rand später Kinder- und Fami-
lienbeete angelegt wurden, die nach dem 1861 verstorbenen Arzt und
Mitinitiator Schreber benannt wurden.

Kleingärten stehen insbesondere in den Innenstädten in **Konkurrenz mit anderen Nutzungen**. So wurden in den vergangenen zehn
Jahren in jeder dritten Kommune Kleingartenanlagen in Bauland
umgewandelt oder Verkehrsflächen geopfert; nur bei der Hälfte der
verlorenen Gärten wurde Ersatz geschaffen. Ein Drittel der Kleingartenanlagen ist Umweltbelastungen ausgesetzt, insbesondere durch
Verkehrslärm. 40 % der 69 befragten Kommunen haben mindestens
eine Kleingartenanlage mit Altlasten wie Deponien und Industriebrachen (BMVBS 2008). Problematisch ist auch die Altersstruktur; das
Durchschnittsalter liegt bei knapp 60 Jahren. Durch diese Überalte-
rung kommt es in manchen Kommunen zu einem Leerstand, da die
Nachfrage nach Kleingärten nicht überall gleich hoch ist. Tessin
(2003) kritisiert auch, dass sich nicht alle modernen Bedürfnisse und
Interessen mit den gesetzlichen Regelungen in Einklang bringen lassen. Es sollten auch neue Konzepte mit unterschiedlichen Möglichkeiten einer **grünen Zwischennutzung** entwickelt und das Kleingar-
tengesetz überarbeitet werden. Aktuell sind moderne Trends zu beobachten, die „zurück in die Stadt" führen; die urbane, insbesondere
metropolitane Lebensqualität (z. B. Einkaufsmöglichkeiten, kulturelle Angebote, Schul- und Bildungseinrichtungen, Gesundheitswesen),
wird wiederentdeckt. Da können Kleingärten einen privaten Frei-
und Betätigungsraum an der frischen Luft darstellen, der eine ideale,
leicht zu erreichende Ergänzung zum städtischen Wohnraum bildet.

Merksatz
Gemeinschaftsgärten basieren auf ehrenamtlichem Engagement, ermöglichen eine selbst organisierte Form des Zusammenlebens und leisten einen sinnvollen Beitrag zur Zwischennutzung von Brachflächen.

3.3.5 Gemeinschafts- oder Bürgergärten

Eine besondere Form des (Klein-)Gartens bilden die **Gemeinschaftsgärten**, die in der nordamerikanischen Tradition der community gardens stehen. Dabei handelt es sich um frei zugängliche, private oder öffentliche Grundstücke, auf denen durch bürgerliches, ehrenamtliches Engagement bzw. durch informelle Gemeinschaftsarbeit Nutz- und teilweise auch Ziergärten mit Spielmöglichkeiten angelegt wurden. Diese **selbst organisierte Freiraumnutzung** hat nicht nur die Eigenproduktion von gesunden Lebensmitteln zum Ziel, sondern sie dient auch der Pflege des Gemeinschaftslebens und stellt eine Freizeitbeschäftigung von Eltern mit ihren Kindern dar. Krasny und Tidball (2009) beschreiben die positiven Auswirkungen des amerikanischen Garden Mosaic Programms (http://communitygardennews.org/gardenmosaics, 8.2.2012) sowohl für einzelne Individuen als auch für die Zivilgesellschaft insgesamt im Sinne einer **Erhöhung des Sozialkapitals**, der biologischen und kulturellen Vielfalt sowie der Ökosystemdienstleistungen (z. B. Nahrungsmittelproduktion, Bestäubung und Naturkontakt). **Widerstandsfähigkeit** (resilience) und **Nachhaltigkeit** (sustainability) des urbanen sozial-ökologischen Systems werden erhöht (zu den Begriffen siehe Kap. 3.1.1). Häufig haben sich die Gemeinschaftsgärten auch die Pflege des interkulturellen Zusammenlebens zur Aufgabe gemacht, insbesondere auch in nordamerikanischen Städten wie Seattle und Toronto (Rosol und Weiß 2005). In Toronto gibt es zurzeit ca. 100 community gardens, 30 davon in öffentlichen Parks; in Seattle werden ca. 20 gezählt, die vorwiegend von Migranten aus Südostasien bewirtschaftet werden. Der Anteil der gemeinschaftlichen Bewirtschaftung ist dabei recht unterschiedlich. In New York sind die community gardens in den 1970er-

Abb. 3.9
Gemeinschaftsgärten in Berlin
a) Kids Garden in Neukölln,
b) Nachbarschaftsgarten in Friedrichshain,
c) Wuhlegarten (interkultureller Garten) in Köpenick
(Quelle: Rosol 2005)

Jahren auf städtischen Brachflächen, für die es keine Nutzung gab, angelegt worden. Das Gleiche gilt auch für viele Gemeinschaftsgärten in Dresden (Rößler et al. 2010) oder Berlin (Rosol 2005).

Obwohl Berlin als eine grüne Großstadt gilt, besteht aus Finanzmangel der öffentlichen Hand in den dicht verbauten Gründerzeitquartieren des Wilhelminischen Rings eine Unterversorgung an qualitativ hochwertigem Freiraum. Engagierte Bürger haben deshalb das Potenzial ungenutzter Stadtbrachen, oft in Baulücken, für gemeinschaftliche, gärtnerische Aktivitäten genutzt. Dies kann auch als ein gelungener Beitrag zur **Zwischennutzung einer Stadtbrache** angesehen werden, da häufig keine langjährigen, rechtsverbindlichen Pachtverträge abgeschlossen werden. Darin besteht ein wesentlicher Unterschied zu den traditionellen Kleingärten. Aspekte der partizipativen Gestaltung spielen ebenfalls eine wichtige Rolle (Rosol 2008). Diese **informelle Ökonomie** der gemeinschaftlichen, selbst bestimmten Obst- und Gemüseproduktion schafft ganz konkret öffentlich zugängliche Freiräume, wodurch die Lebens- und Wohnqualität des Quartiers verbessert wird (Abb. 3.9). Ökologische Anbaumethoden besitzen in allen Gemeinschaftsgärten eine hohe Bedeutung, sei es aus gesundheitlichen oder geschmacklichen Gründen. In manchen Gärten werden die erzeugten Produkte auch verkauft, wodurch eine direkte Einkommensverbesserung erzielt wird, oder gespendet. In Nordamerika sind diese Gärten vielfach aus der Not heraus entstanden und ermöglichen auf kleinen Parzellen eine Selbstversorgung. Neben der gärtnerischen Arbeit geht es aber immer auch um Fragen der Gestaltung des eigenen Lebensumfeldes zusammen mit Gleichgesinnten. Insofern sind Gemeinschaftsgärten anders zu bewerten als die öffentlichen Grünanlagen bzw. die privaten Haus- und Kleingärten. Müller (2010) spricht sogar von einer „Rückkehr des Gartens in die Stadt".

3.3.6 Städtische Urwälder

Merksatz
Städtische Urwälder entstehen auf Brachflächen aus Pionier- und Spontanvegetation, die sich unter geringem Pflegeaufwand sukzessive zu Stadtwäldern entwickeln.

Durch permanenten menschlichen Einfluss ist es für spontane Vegetation schwierig, sich bis zum Waldstadium zu entwickeln. Trotzdem finden sich in städtischen Siedlungen **junge Wälder**, die sukzessiv entstanden sind. Sie sind auf Industriebrachen, aufgelassenen Bahnanlagen, an Flüssen und auf Flächen, die zu feucht oder zu abschüssig für eine intensivere Landnutzung sind, anzutreffen. In solchen Pioniergehölzen findet man in Mitteleuropa häufig die Sand-Birke (*Betula pendula*), die Sal-Weide (*Salix caprea*) und den Schwarzen Holunder (*Sambucus nigra*). Mit Zunahme der Kontinentalität steigt der Anteil an Robinien (*Robinia pseudoacacia*), Waldkiefern (*Pinus sylvestris*) und Götterbäumen (*Ailanthus altissima*).

Die Entwicklung eines Waldes ist ein **sukzessiver Prozess**, der vermutlich keine eigene Stabilität in einer Stadt erreichen würde, wenn er nicht geschützt wird. In Berlin wurde in einem zehnjährigen Versuch der Aufwuchs von spontaner Vegetation auf einer ehemaligen Bauschuttdeponie untersucht. Der mittlere Deckungsgrad der Strauch- und Baumschicht in den ersten zehn Jahren erreichte 40 %. Dies war trotz einer Mahd im Zwei- bis Fünfjahreszyklus und dem Verschwinden der Strauchschicht nach fünf Jahren der Fall. Die maximale Höhe der Bäume betrug nach zehn Jahren sechs Meter. Von Anfang an waren Weiden- und Pappelarten daran beteiligt. Am Anfang des Entwicklungsstadiums wuchsen zwischen 18 und 20 Arten auf dem Gelände. Auf Gebieten mit zweijähriger Mahd entwickelte sich der größte Artenreichtum mit über 30 verschiedenen Gewächsen. Auf jenen Flächen, auf denen sich ein Wald entwickelte, nahm jedoch die Artenvielfalt nach fünf Jahren kontinuierlich ab. Je stärker der Baumbestand ist und je höher die Bäume werden, umso weniger Arten sind vorhanden. Weiterhin ist nicht ungewöhnlich, dass bereits nach fünf Jahren 80 % der Fläche bewachsen waren. Bewahrung und Förderung der Biodiversität ist in solchen Stadtwäldern eine große Herausforderung (Alvey 2006).

Durch die gesellschaftlich geprägte Vorstellung von einer geordneten Natur, die dem Menschen in der Stadt angepasst ist, ist es schwierig, das Bild einer eigenständigen Entwicklung von Vegetation als „schön" darzustellen. Die Formlosigkeit von gut gedeihenden Pflanzen unterschiedlichster Art findet in Städten durch das ungepflegte Erscheinungsbild nur schwer Akzeptanz in der Bevölkerung. In der Wachstumsphase von April bis Oktober sind die meisten Flächen lebendig, farbenprächtig und schön anzusehen. Sobald diese aber vorbei ist, sind die Flächen grau und mit abgestorbenem Pflanzenmaterial bedeckt. Das größte **Problem der Ablehnung** beruht darauf, dass ein geringer Pflegeaufwand als Vernachlässigung empfunden wird und somit als Bedrohung wirkt. Von grundsätzlicher Bedeutung ist es dabei, die Flächen von Müll freizuhalten. Die Pflege von Ruderalflächen bedarf deshalb anderer Maßnahmen als der üblichen gärtnerischen Arbeiten in Parkanlagen (Gilbert 1989). Trotzdem sind solche Brachflächen ein **substanzieller Beitrag für die urbane Innenentwicklung** (Rebele 2003). Rink und Arndt (2011) haben in einer umfangreichen empirisch-sozialwissenschaftlichen Studie in Leipzig die Frage nach der Akzeptanz und der möglichen Form der Nutzung von urbanen Wäldern durch unterschiedliche soziale Gruppen bearbeitet. Sie kommen zu dem Befund, dass ein urbaner Wald prinzipiell akzeptiert wird, dass die Befragten aber eher einen parkähnlichen Wald wollen. Auf alle Fälle sollte eine gute Betretbarkeit gesichert werden, die eine elementare Nutzung des urbanen Waldes zulässt.

Ein besonders interessantes Beispiel stellt das Schöneberger Südgelände in Berlin dar, ein alter Rangierbahnhof, der nach dem Krieg nicht mehr gebraucht wurde und auf dem sich während eines halben Jahrhunderts eine eigenständige Vegetation entwickeln konnte (Kowarik 2005, Fery 2005). Ziel war es, eine Wildnis zu schaffen und möglichst auf Eingriffe zu verzichten, um den Menschen einen eigenen Naturerfahrungsraum zu bieten (Abb. 3.10). Zwar wünschen sich die Besucher Naturschutz und Umweltbildung, zu Konfliktpotenzial kommt es jedoch bei der Zugänglichkeit und Begehbarkeit. Einerseits soll zwar der Mensch nicht aus dem Gebiet ausgeschlossen werden, andererseits sollen die Wege jedoch nicht mehr gepflegt werden. Um allerdings Besuchern den Zugang zu gewähren, müssen Wege instand gehalten werden. Damit kann das Ziel der unberührten Naturentwicklung nicht mehr eingehalten werden. Zwischenzeitlich wurde das Schöneberger Südgelände in einen Park umgewandelt. Dies bedeutet, dass Eingriffe in die sukzessiven Natur- und Waldflächen erfolgen, sodass nicht mehr von einem echten Urwald gesprochen werden kann.

Trotzdem weisen diese städtischen, immer noch naturnahen Wälder **große Vorteile** auf. Für Kinder bieten diese Gebiete ein hohes Abenteuerpotenzial und den Effekt des **Erfahrens von Natur in der Stadt**. Die Bevölkerung nimmt diese Gebiete jedoch nur an, wenn sie zugänglich und interessant für den Laien sind. Um die **Zugänglichkeit** zu erreichen, ist man gezwungen, Eingriffe in die sich entwickelnde Natur vorzunehmen. Das heißt, dass die Unberührtheit verloren geht und aus dem **Urwald** ein naturnaher Wald wird. Durch derartige Eingriffe kann aber die Artenvielfalt erhalten werden, denn mit der Entstehung eines Waldes geht die Artenvielfalt durch Ver-

Abb. 3.10
*Entwicklungsstadien von Stadtbrachen:
a) Ausgangssituation mit verfallenden Wohnhäusern am Beispiel von Detroit im Rust Belt des nordamerikanischen Mittelwestens,
b) Zwischenstadium der Verbuschung mit Kiefern, Birken und Robinien nach einer Auflassung von etwa zwei Jahrzehnten am Beispiel des Berliner Rangierbahnhofs Schöneweide,
c) Robinien-Birken-Vorwald im Schöneberger Südgelände ist nach etwa sechs Jahrzehnten auf dem Weg zu einem städtischen Urwald und hat bereits eine alte Dampflok zugewuchert.
(Fotos: Endlicher 2011)*

drängung stark zurück. Um die Bevölkerung für Artenvielfalt zu interessieren, müssen entsprechende Informationen und Werbung vorhanden sein. Auch wenn der Begriff Urwald als Marketingname seine Berechtigung hat, so wird es sich bei den städtischen Wäldern eben nur um **naturnahe Wälder** handeln können, also eine vom Menschen modifizierte Naturlandschaft, auf dem sich in bestimmten Bereichen Natur eigenständig entwickeln kann (Kowarik und Körner 2005).

3.4 Naturerfahrung und -wahrnehmung

Merksatz
Zugangsdimensionen, psychologische Beziehungen zur urbanen Lebensumwelt und deren psychologische Relevanz werden unter dem Aspekt der Naturerfahrung zusammengefasst.

Ein „natürlicher" Zustand von Natur ohne menschlichen Einfluss ist nirgendwo mehr gegeben, schon gar nicht in Städten. Aber gerade die sichtbare **Kombination einer kulturellen mit einer natürlichen Schicht**, wie dies auf stillgelegten Industrieflächen oder einem Bahnhofsgelände der Fall ist, macht für viele den Reiz von Stadtnatur aus und erhöht ihre Attraktivität. Das Erleben von Natur in Städten ist insbesondere unter entwicklungspsychologischen Aspekten für Kinder, aber auch für das Wohlbefinden von Erwachsenen von großer Bedeutung.

Die **psychologische Relevanz von Natur** in der Stadt ist vor allem im Hinblick auf städtebauliche Maßnahmen zu bedenken, die das Wohlbefinden der Menschen beeinflussen. Der Begriff Natur erfüllt eine Vielfalt an emotionalen Bedürfnissen und kann als ein Symbol gelten, auf das Menschen ihre Wünsche und Phantasien, paradiesische und utopische Zustände projizieren können (Gebhard 1998; Jessel 2006). Laut einer Studie von Pohl (2003) wird Natur auf der Skala abgefragter Lebenswerte an erster Stelle noch vor Gesundheit, Freunden und Familie angegeben und steht damit an der Spitze der Freizeitfaktoren.

Unter **Naturerfahrung** wird ein Aneignungsprozess relativ naturnaher Lebensumwelt verstanden. Sie ist ein Schlüsselfaktor zum besseren Verständnis der möglichen positiven Auswirkungen von Landschaft und Natur auf die in ihr lebenden Menschen (Münkemüller und Homburg 2005). Sie basiert auf dem unmittelbaren subjektiven Empfinden, Wahrnehmen und Erleben, d. h. der sinnlich-ästhetischen Erschließung von natürlichen Gebilden, Erscheinungen und Prozessen. Es ist zu beachten, dass Naturerfahrung in soziokulturellen Kontexten erfolgt und somit auch immer als Kulturerfahrung verstanden werden muss. Die Naturerfahrung kann über fünf Dimensionen beschrieben werden, die von unterschiedlichen Naturzugängen ausgehen:

- **Ästhetik**: Diese Dimension umfasst die unterschiedlichen Wahrnehmungsmöglichkeiten der Vielfalt und Schönheit der Natur. Tätigkeiten sind zum Beispiel Ausblicke zu genießen oder Tiere und Pflanzen abzubilden.

- **Erkunden**: Hierzu gehört der fragende Zugang zur Natur. Dies umfasst Tätigkeiten wie Pflanzen und Tiere bestimmen oder sammeln sowie nach Tierspuren suchen.
- **Ökologie**: Dazu zählen naturschützerische Aktivitäten und die Untersuchung von Ökosystemen. Zu dieser Dimension gehören das Informieren über Pflanzen und Tiere sowie Beobachtungen und Messungen.
- **Nutzen**: Diese Dimension beschreibt Aktivitäten in der Natur, durch die sich der Mensch versorgt, zum Beispiel Jagen, der Anbau von Pflanzen oder das Sammeln von Beeren und Pilzen.
- **Gesundheit**: Damit sind Hobbys gemeint, denen in der Natur nachgegangen wird (z. B. Rad fahren, Wandern und Sport treiben) und die gleichzeitig auch die Gesundheit fördern (Kap. 3.5).

Diese verschiedenen Zugänge beeinflussen die subjektive Bewertung der Natur. Die Dimension der Ästhetik fördert direkt die Stressverarbeitung und ist in naturschutzfachlich wertvollen Landschaften besonders ausgeprägt. Damit zeigt sich, vor allem auch im Hinblick auf Städte, wie wichtig die Möglichkeit von Naturnutzungen für das Wohlbefinden ihrer Bewohner ist (Münkemüller und Homburg 2005).

In den meisten psychologischen Schulen wird die Persönlichkeit des Menschen als Ergebnis der Beziehung zu sich selbst und der Beziehung zu anderen Menschen verstanden. Diese Sichtweise wird als zweidimensionales Persönlichkeitsmodell bezeichnet, da in ihr die nicht gegenständliche Umwelt, also Gegenstände und Natur, keine Rolle spielen. Dieser Nichtbeachtung des Einflusses der Umwelt tritt seit den 1960er-Jahren die **Ökologische Psychologie bzw. Umweltpsychologie** (Environmental Psychology) entgegen. Sie erweitert das traditionelle zweidimensionale Persönlichkeitsmodell um die dritte Dimension, indem sie die Wechselwirkungen des Menschen mit der nicht menschlichen Umwelt untersucht. Dabei beschäftigt sich die Ökologische Psychologie allerdings mit den verschiedensten, als Umwelt bezeichneten Umgebungen, wie Stadt, Nachbarschaft, Wohnung, Familie, Beruf oder Schule, wobei nur vereinzelte Untersuchungen zur Natur vorliegen (Kaplan und Kaplan 1989, Gebhard 1994, van der Meer et al. 2011). Das menschliche Verhältnis zur Umwelt und zur lebendigen Natur wird auch als unbewusst eingestuft, sodass die Beeinflussung des Wohlbefindens durch Natureindrücke nicht mit naturwissenschaftlichen Methoden zu erfassen, sondern intuitiv zu formulieren ist. Von vielen Forschern wird eine Beziehung zur Natur als wünschenswert angesehen, in der das technisch-instrumentelle Naturverhältnis überwunden wird und ein **emotionaler Naturzugang** stattfindet. Vermutlich wird die Wahrnehmung von wilder Natur und deren Bewertung durch häufige Erfahrungen mit Landschaften und ihre Nutzung als Spielgebiet im Kindesalter geprägt. Kinder sind sehr offen und sensibel gegenüber den

Prozessen in der Natur, was in späteren Entwicklungsphasen abnimmt. Die positive Bewertung von Natur zeigt sich beispielsweise in einem, auf den jeweiligen Wohnort bezogenen, ausgeprägten Stadt-Land-Gefälle. So konnte Pohl (2003) feststellen, dass die Bevorzugung von Aktivitäten draußen unter Landkindern am häufigsten verbreitet ist. Weiter konnte neben der Entwicklung zu einer positiven Einstellung zur Natur auch festgestellt werden, dass sich Landkinder in ihrer Umgebung später besser zurechtfinden und weniger Angst vor einem unbekannten Terrain als Stadtkinder haben. Ein weiterer Befund ist, dass Natur von Stadtkindern eher in idealisierter und klischeehafter Form dargestellt wurde. Kinder mit mehr Naturerfahrungen, zum Beispiel aus Waldkindergärten, hatten ein weniger idealistisches, dafür realistischeres und detaillierteres Bild von Natur (Pohl 2003).

Auch zu den Effekten von **Naturerleben bei Erwachsenen** gibt es einige Studien. Patienten wurden Bilder mit Stadtszenen (Hochhäuser) oder Naturszenen (Pflanzen und Gewässer) vorgelegt. Bei den Naturszenen ermüdeten die Betrachter wesentlich langsamer und fühlten sich entspannter als bei den Stadtbildern. Auch bei Heilungsprozessen scheint Natur förderlich zu sein: Vergleichbare Patientengruppen in einem Krankenhaus mit Bäumen vor dem Fenster wurden schneller gesund und konnten früher entlassen werden (Gebhard 1994, 1998). Nur unter der Voraussetzung, dass in der Kindheit konkrete Naturerfahrung gemacht wurde, ist es überhaupt möglich, eine Beziehung zur Natur herzustellen.

Bei der Naturentfremdung sind zwei Tendenzen feststellbar: Einerseits die mangelnde Kenntnis von Natursachverhalten, andererseits eine zunehmende Idealisierung von Natur. Bei dieser Tendenz wird Natur einseitig unter dem Schutzaspekt betrachtet, während Nutzungsaspekte im Sinne von Nachhaltigkeit in den Hintergrund treten. Im Jugendreport Natur '03 kommt Brämer (2003) bei einem Vergleich von Studien aus den Jahren 1997 und 2003 zu dem erschreckenden Befund, dass sich bei Jugendlichen das Interesse an Natur seither halbiert hat. Es muss deshalb ein wesentliches Ziel des urbanen Naturschutzes sein, wenigstens die Stadtnatur den Stadtbewohnern näher zu bringen.

Es stellt sich nun die Frage, wie Naturschutz und die Bedürfnisse von Stadtbewohnern nach Naturerleben miteinander vereinbart werden können, da Menschen innerhalb ökologisch wertvoller Flächen oft als Störfaktoren wirken und diese deshalb nicht frei zugänglich sind. Vor allem im Hinblick auf Stadtkinder ist ein wichtiger Aspekt, dass die Naturflächen aktiv genutzt werden können, da diese sonst nicht stark wahrgenommen werden.

In einer Studie des Bundesamtes für Naturschutz wird festgestellt, dass „eine Naturschutzpolitik, die überwiegend restriktive Schutzkonzeptionen vertritt, mit massiven Akzeptanzproblemen zu kämpfen hat" und dass „Konzepte zur Integration der Natur des Menschen" in diesem Naturschutz benötigt werden (Schemel 2001: 1). Diese neue Flächenkategorie bezeichnet Schemel als Naturerfahrungsräume, die ein nachhaltiges Landschaftserleben von naturnahen Gebieten ermöglichen (www.naturerfahrungsraum.de, 8.2.2012). Das Konzept der **städtischen Naturerfahrungsräume** beruht auf folgenden Merkmalen, die das oben beschriebene Naturerleben von Kindern und deren Naturverständnis stärken sollen:

- Naturnähe: Kindern soll die Erfahrung von Wildnis ermöglicht werden, in der sich Pflanzen und Tiere ohne menschliche Eingriffe entwickeln. In Naturerfahrungsräumen soll sich auf mindestens der Hälfte der Fläche eine freie Sukzession entwickeln, der Rest wird durch extensive Pflege offengehalten.
- **freie Erlebbarkeit und Gestaltbarkeit**: In Naturerfahrungsräumen sollen möglichst wenig Regeln und Verbote das kreative Spielen von Kindern beeinträchtigen. Außerdem soll auf Ausstattungselemente, wie z. B. Geräte auf Spielplätzen, verzichtet werden.
- **eigenständige Naturbegegnung**: Kindern sollen eigene Erfahrungen im Umgang mit den natürlichen Elementen ohne Anleitung oder Belehrung von Erwachsenen ermöglicht werden. Es soll höchstens eine kurzfristige pädagogische Bekanntmachung mit dem Raum stattfinden.

Das Konzept sieht vor, dass die Naturerfahrungsräume vom Wohnumfeld in maximal 300 Metern auch von Kindern gut selbständig zu erreichen sind. Im Sinne einer nachhaltigen Nutzung sind alle spielerischen und sportlichen Aktivitäten außer Motorsport erlaubt. Die Flächengröße sollte mindestens zwei Hektar betragen, damit sich Pflanzen und Tiere frei entfalten können. Sollten sich auf dem Gebiet seltene Tier- oder Pflanzenarten ansiedeln, darf die Fläche nicht nachträglich unter Naturschutz gestellt werden, da ansonsten das Ziel von Naturkontakt und Naturerfahrung nicht mehr möglich ist (Schemel 2001). Der wichtigste Aspekt im Hinblick auf das Naturverständnis besteht darin, dass Kinder, die in der Natur spielen, eine stärkere emotionale Bindung an ihren Spielort entwickeln, den sie mit intensivem Naturerleben verbinden. Damit trägt das Konzept der Naturerfahrungsräume dazu bei, der Naturentfremdung entgegenzuwirken und eine positive Beziehung zur Natur aufzubauen, die später zu einer aufgeschlossenen Einstellung gegenüber dem Naturschutz führen kann.

Freilich entsprechen von einer breiten Mehrheit der Stadtbewohner als positiv wahrgenommene Varianten von Stadtnatur keineswegs immer den Vorstellungen von Grünplanern und Landschaftsarchitekten (Bjerke et al. 2005, Tessin 2009, van der Meer et al. 2011). Gerade städtische Urwälder werden als unübersichtlich, unwirtlich und unsicher eingestuft, während hingegen die geometrische Blumenarchitektur von Schlossparks eine höhere Akzeptanz findet.

3.5 Gesundheit und Wohlbefinden

Merksatz
Bei einer fortschreitenden Verstädterung nehmen die Umwelteinflüsse auf Gesundheit und Wohlbefinden zu. Den durch sie ausgelösten gesundheitlichen Problemen kann mit vielfältigen Gestaltungsmöglichkeiten in urbanen Landschaften begegnet werden.

Nach der Verfassung der Weltgesundheitsorganisation (WHO) aus dem Jahre 1946 ist die Gesundheit des Menschen „ein Zustand des vollständigen körperlichen, geistigen und sozialen Wohlergehens und nicht nur das Fehlen von Krankheit oder Gebrechen." Gemäß der von der WHO im Jahre 1986 verabschiedeten Ottawa-Charta muss jede Strategie zur Gesundheitsförderung auch den Schutz der natürlichen und der sozialen Umwelt sowie die Erhaltung der vorhandenen natürlichen Ressourcen zu ihrem Thema machen. Der Begriff Wohlbefinden beschreibt einen komplexen subjektiven Bewusstseinszustand mit verschiedenen Komponenten (Trojan und Legewie 2001, Eid und Larsen 2008). Dazu zählen positive psychische, physische und soziale Qualitäten, Freude, Zufriedenheit und Glück. Mit der weiter zunehmenden Verstädterung wächst auch die Bedeutung von Gesundheit und Wohlbefinden der Stadtbevölkerung; damit verbunden sind die Fragen nach den **urbanen Umwelteinflüssen auf die Gesundheit**. Im Allgemeinen geht man von überwiegend negativen gesundheitlichen Auswirkungen der Städte aus, die etwa mit Verschmutzungen von Luft, Wasser und Boden zusammenhängen (Freudenberg et al. 2005). Allerdings können Städte auch positive Auswirkungen auf die Gesundheit haben. Beispielsweise sind soziale und medizinische Dienste in den Städten besser präsent als dies auf dem Land der Fall ist, wo etwa in Deutschland die Ärztedichte wesentlich geringer ist.

Nach Galea et al. (2005) kann man sich der Frage, auf welche Weise und warum Städte die menschliche Gesundheit beeinflussen, auf drei verschiedene Arten nähern:

- Es können Vergleiche des Gesundheitszustandes von städtischer und ländlicher Bevölkerung vorgenommen werden.
- Man kann die Gesundheitsdaten aus Städten verschiedener Länder und Regionen miteinander vergleichen.
- Schließlich kann man auch den intraurbanen Unterschieden des Gesundheitszustandes nachgehen.

Besonders bekannt sind folgende gesundheitliche Probleme, die mit der städtischen Umwelt in Verbindung gebracht werden:

- Für **Herz-Kreislauf-Erkrankungen** werden sommerliche Hitze und Feinstaub verantwortlich gemacht (Koppe et al. 2004, Kovats et al. 2004, Koppe 2005, Kovats und Jendritzky 2006, Burkart et al. 2011).
- **Atemwegserkrankungen und Hautallergien** stehen im Zusammenhang mit Luftbelastungen wie Ozon, Stickoxiden und Feinstaub (Crimi et al. 1999, Grima et al. 2002, Jedrychowski et al. 1997, Shima et al. 2002).
- **Lärm** stellt insbesondere in der Nacht ein Problem an belebten Straßen, Plätzen und Flughäfen dar (Passchier-Vermeer und Passchier 2000).

Nach Robine el al. (2007) sollen im Hitzesommer 2003 in Europa etwa 70 000 Menschen durch Hitze zusätzlich zu Tode gekommen sein. Kalkstein (1993) sowie McMichael und Haines (1997) wiesen bereits vor Jahren auf die Zusammenhänge mit dem globalen Klimawandel hin. McMichael (2000) machte außerdem auf die Einflüsse der Globalisierung, insbesondere das Wachstum der Megastädte, aufmerksam. Silva et al. (2010) belegten die Zusammenhänge zwischen Hitzeerkrankungen und einer Reduzierung des städtischen Wärmeinseleinflusses in Phoenix, Arizona. Der Deutsche Wetterdienst hat zwischenzeitlich ein breites, medizin-meteorologisches Informationsangebot für den Gesundheitssektor und die Öffentlichkeit entwickelt (Becker et al. 2007).

Auch die Tatsache, dass ärmere Stadtbewohner in kleineren Wohnungen dichter zusammen, in stärker umweltbelasteten Stadtquartieren wohnen, spielt eine Rolle und ist dem Themenkreis der **Umweltgerechtigkeit** zuzuordnen. Insofern handelt es sich um komplexe Zusammenhänge, für die nicht nur die physische Umgebung (z. B. Stadtstruktur, Einwohnerdichte und Luftqualität) eine Rolle spielen, sondern auch Demographie (z. B. Alter), sozioökonomischer Status (Oberschicht- oder Armenviertel), Ethnizität und Lebensstile, soziales Netzwerk (z. B. Familie, Verwandtschaft) sowie formale und informelle Netzwerke (z. B. staatliche Gesundheitsfürsorge, Haus- und Wohngemeinschaften) von Bedeutung sind. Vlahov und Galea (2002), Galea und Vlahov (2005), Vlahov et al. (2004) und Galea et al. (2005) weisen auf die Bedeutung von Suburbanisierung, ökonomischen, politischen und sozialen Trends, Government und Governance hin. Vlahov und Galea (2003) identifizieren **Urban Health** geradezu als eine neue Wissenschaftsdisziplin.

Im Zusammenhang mit **stadtökologischen Perspektiven** sind insbesondere die Stadtstruktur, die Luft- und Trinkwasserqualität, der Straßen- und Wohnungslärm, das inner- und außerstädtische Grün sowie schließlich das Stadtklima von Bedeutung. Der Straßenverkehr trägt als Quelle von Lärm, Feinstaub, Stickoxiden, Ozon und polyzyklischen aromatischen Kohlenwasserstoffen in einem ganz besonderen Maße zur Beeinträchtigung der menschlichen Gesundheit bei. Burkart und Endlicher (2009) haben diese komplexen Zusammenhänge am Beispiel der Megastadt Dhaka, der Hauptstadt von Bangladesch, in einem Konzeptmodell zusammengestellt (Abb. 3.11). Zwar sind in deutschen Städten seit den 1980er-Jahren erhebliche Fortschritte bei der Verbesserung der Luft- und Wasserqualität erzielt worden, auch wenn die aktuellen Erfolge auf diesen Gebieten eher langsam sind (siehe auch Kapitel 2.1); in den Megastädten von Drittweltländern können jedoch die Sanierungsmaßnahmen zumeist nicht mit dem rapiden Bevölkerungswachstum Schritt halten (Moore et al. 2003, Grübner et al. 2011 a, b). In diesem Problemfeld gibt es keine einfachen und kurzfristig erfolgreichen Lösungen. Auch bei

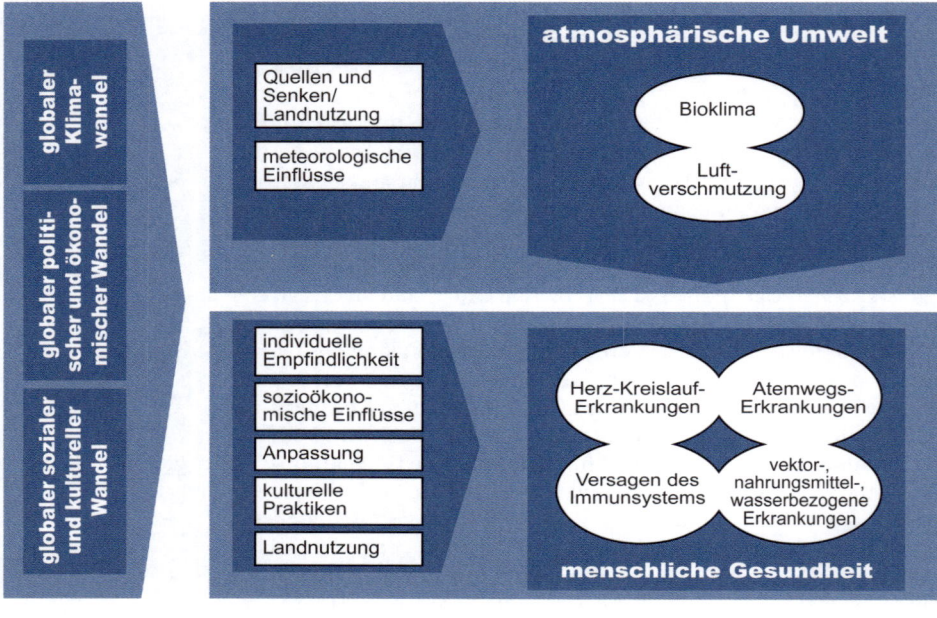

Abb. 3.11
*Konzeptmodell der Be-
deutung der atmosphä-
rischen Umwelt für die
Gesundheit der Stadtbe-
wohner unter den Ein-
flüssen globaler Wand-
lungsprozesse, entwickelt
von Burkart am Beispiel
der Megastadt Dhaka
(Bangladesch) (Quelle:
Burkart und Endlicher
2009)*

der Lokalen Agenda 21 ist das Themenfeld Umwelt und Gesundheit von besonderer Bedeutung, worauf etwa ein Aktionsprogramm des Umweltbundesamtes hinweist (Böhme et al. 2005/6).

Aber auch die **positiven Effekte der Umwelt auf Gesundheit und Wohlbefinden** finden aus der medizinischen Perspektive zunehmend Beachtung (z. B. Gasser und Kaufmann-Hayoz 2005). So erfolgten etwa im Rahmen der COST Aktion E39 „Forests, Trees, and Human Health und Wellbeing" (www.forestry.gov.uk/fr/INFD-66LJNL, 8. 2. 2012) umfassende Forschungen zur Bedeutung von Bäumen und Wäldern für menschliches Wohlbefinden und Gesundheit. Auch Ta-kano et al. (2002) heben bei ihren Untersuchungen in Japan die Bedeutung von „walkable green spaces" hervor. Eine wesentliche Kritik an der traditionellen medizinischen Forschung besteht dabei darin, den Menschen bei Diagnose und Behandlung zu fragmenta-risch zu betrachten. Für eine wirkungsvolle Prävention und Behand-lung wird ein gesamtheitlicher Ansatz als unbedingt erforderlich er-achtet (Tretter 2004). So wird für Gesundheit und menschliches Wohlbefinden auch die Berücksichtigung umweltbedingter psycho-sozialer Faktoren, insbesondere Stress, als besonders wichtig angese-hen (Lazarus und Folkmann 1984).

Die steigende Zahl der Studien, die den Zusammenhang zwischen städtischen Naherholungsgebieten und menschlichem Wohlbefinden untersuchen (z. B. Sanesi et al. 2006, Bernath 2006, Hansmann et al.

2007), weist darauf hin, dass die Bedeutung städtischer Naherholungsgebiete für die Verbesserung physischen und psychischen Wohlbefindens zunehmend als relevant erachtet wird, und zwar sowohl seitens der individuellen Nutzer jener Gebiete als auch seitens der Institutionen und Organisationen, die sich im Bereich präventiver Maßnahmen engagieren (z. B. Gesundheitsdienste oder Sportvereine). Das Landscape and Human Health Laboratory an der University of Illinois at Urbana-Champaign widmet sich in einem multidisziplinären Ansatz den Beziehungen zwischen städtischem Grün und menschlicher Gesundheit (http://lhhl.illinois.edu/, 8.2.2012; Kuo 2003). Zu den bekanntesten Konzepten für das psychische und physische Wohlbefinden zählen die **Healing Gardens** (Ulrich et al. 1991, Ulrich 1999, Cooper Marcus 2001), die in den 1990er-Jahren in den USA entstanden sind. Das Konzept basiert auf Untersuchungen, welche die Stress mindernde, heilende und insgesamt als wohltuend empfundene Wirkung von naturorientierten Plätzen unterschiedlicher Art (z. B. Stadtparks, Botanische Gärten, Themenparks, Privatgärten oder Skulpturengärten) aufzeigten und die positiven Effekte für das menschliche Wohlbefinden belegten (Grahn und Stigsdotter 2003). Das Konzept konzentriert sich auf die sozialpsychologischen Prozesse, die an jenen Orten stattfinden, und führt Faktoren auf, die zu einer **Verbesserung des Gesundheitszustandes** führen.

Die Aktion „Paysage à votre santé" der Stiftung Landschaftsschutz Schweiz hat folgende Thesen zur Wirkung von Landschaft auf das psychische, physische und soziale Wohlbefinden entwickelt (Abraham et al. 2007):

Psychisches Wohlbefinden

Landschaftsräume fördern die Stressreduktion und Stressprävention, wenn sie

- als angenehm empfunden werden und natürlich sind, d. h., wenn sie sich durch eine moderate Fülle und Komplexität an natürlichen Elementen (z. B. Wälder) auszeichnen, die als visuelle Stimuli dienen und
- keine Elemente enthalten, die verängstigen.

Physisches Wohlbefinden

Landschaftsräume fördern physische Aktivität in Städten, wenn sie

- bewegungsfreundlich gestaltet sind, also wenn sie beispielsweise mit Fußgängerzonen und Verkehrsregelungen ausgestattet sind,
- Geh- und Fahrradwege mit angenehmen Bodenbelägen besitzen,
- in Bezug auf Verkehr und Kriminalität sicher sind,
- ästhetisch ansprechend sind,
- vegetationsreich sind,
- benutzerfreundlich gelegene Grünanlagen aufweisen und
- sozialen Kontakt ermöglichen.

Soziales Wohlbefinden

Landschaftsräume fördern die soziale Entwicklung von Kindern und Jugendlichen, wenn sie:

- sicher sind (das Spielen ohne Gefahr durch Verkehr ist möglich),
- sowohl das Spielen alleine und ohne die ständige Aufsicht von Erwachsenen (Privatheit) als auch den Kontakt mit anderen Kindern ermöglichen (soziale Begegnung); dafür können Landschaftsräume so gestaltet werden, dass sie sowohl Räume für Gruppenaktivitäten (Open Spaces) als auch Rückzugsmöglichkeiten beinhalten,
- vegetationsreich sind,
- kreatives Spiel (z. B. Rollenspiel) ermöglichen.

Die Autoren nennen die folgenden **Faktoren zur Beförderung des Wohlbefindens** speziell in urbanen Landschaften:

- Vorhandensein von Vegetation und Gewässern
- verbundene Straßen
- verkehrsfreie Areale
- Komplexität der Strukturen
- ästhetisch attraktive Orte
- Gemeinschaftsgärten
- ansprechende Weggestaltung
- Aussicht auf Natur
- einfache Erreichbarkeit von attraktiven, öffentlichen Orten
- gute und aktive Nachbarschaft
- Sicherheit
- öffentliche Plätze und Parks
- Nutzungsvermischung
- soziale Aspekte des Bauens und Gestaltens
- architektonische Qualität
- Verhältnisse für Bewegung und Outdooraktivitäten
- Areale für kreatives Spielen und Privatheit.

Diese Zusammenstellung hebt die große Dienstleistung der Stadtnatur für die menschliche Gesundheit noch einmal besonders hervor (siehe Kap. 4.4 Ökosystemdienstleistungen).

3.6 Literatur

Monographien

Abraham, A., Sommerhalder, K., Bolliger-Salzmann, H. und Abel, T. (2007): Landschaft und Gesundheit: Das Potential einer Verbindung zweier Konzepte. 1. Aufl., Universität Bern.

Albers, G. und Wekel, J. (2008): Stadtplanung. 1. Aufl., Primus, Darmstadt.

Alisch, M. (1998): Stadtteilmanagement. Voraussetzungen und Chancen für die soziale Stadt. 1. Aufl., Leske + Budrich, Opladen.

Amt für Statistik und Einwohnerwesen Stadt Freiburg im Breisgau/Höfflin, P. (Hrsg.) (2004): Werkstattbericht „Nachhaltigkeitsindikatoren für die Stadt Freiburg". Freiburg im Breisgau.

Behrens, T. (1985): Die Frankfurter Grüngürtel oder die Auswirkungen einer wachstumsorientierten Stadtpolitik auf zusammenhängende Grünräume, 1. Aufl., Hampp, Kassel.

Bernath, K. (2006): Die Wälder der Stadt Zürich als Erholungsraum. Besuchsverhalten der Stadtbevölkerung und Bewertung der Walderholung, 1. Aufl., WSL Verlag, Birmensdorf.

Betker, F. (1992): Ökologische Stadterneuerung. Ein neues Leitbild der Stadtentwicklung? Mit einer Fallstudie zur kommunalen Planung in Saarbrücken. Werkberichte des Lehrstuhls für Planungstheorie der RWTH Aachen.

Bezirksamt Steglitz-Zehlendorf von Berlin/Ruck, A. (2008): Steglitz-Zehlendorf 2100 – Nachhaltigkeitsziele für den Bezirk, www.steglitz-zehlendorf.de/2100.

Bischoff, A., Selle, K. und Sinning, H. (1996, 2005): Informieren, Beteiligen, Kooperieren. Kommunikation in Planungsprozessen. Eine Übersicht zu Formen, Verfahren, Methoden und Techniken. Kommunikation im Planungsprozess, H. 1, 2. Aufl., Dortmunder Vertrieb für Bau- und Planungsliteratur, Dortmund.

Böhme, C., Fehr, R., Girmann-Russ, W., Pierk, M., Reimann, B., Schuleri-Hartje, U.-K. und Süß, W. (2005/6): Lokale Agenda 21 – Umwelt und Gesundheit. Teil1 Expertise: Kommunale Praxis. Teil 2 Gute-Praxis-Beispiele in Kommunen – Mitmachen lohnt! Deutsches Institut für Urbanistik im Auftrag des Umweltbundesamtes. Forschungsbericht UBA-FB 000876, Dessau.

Borgström, S. (2011): Urban shades of green: Current patterns and future prospects of nature conservation in urban landscapes. Doctoral thesis, Stockholm University, Faculty of Science, Department of Systems Ecology, Stockholm.

Brämer, R. (2003): Jugendreport Natur '03. Nachhaltige Entfremdung. Schutzgemeinschaft Deutscher Wald und Philipps-Universität Marburg (Hrsg.).

Breuste, I., Breuste, J., Diaby, K., Frühauf, M., Sauerwein, M. und Zierdt, M. (Hrsg.) (1996): Hallesche Kleingärten: Nutzung und Schadstoffbelastung als Funktion der sozioökonomischen Stadtstruktur und physisch-geographischer Besonderheiten. Umweltforschungszentrum Leipzig-Halle, UFZ-Bericht Nr. 8/1996 (= Stadtökologische Forschungen Nr. 3), Leipzig.

Bundesamt für Bauwesen und Raumordnung (2003): Städte der Zukunft. Gesamtliste der Nachhaltigkeitsindikatoren. 1. Aufl., Selbstverlag des Bundesamt für Bauwesen und Raumordnung, Bonn.

Bundesministerium für Umwelt, Naturschutz und Reaktorsicherheit (Hrsg.) (1992): Konferenz der Vereinten Nationen für Umwelt und Entwicklung im Juli 1992 in Rio de Janeiro – Dokumente – Agenda 21. Bonn.

Bundesministerium für Umwelt, Naturschutz und Reaktorsicherheit (Hrsg.) (1998): Handbuch Lokale Agenda 21. Wege zur nachhaltigen Entwicklung in Kommunen, Bonn.

Bundesministerium für Umwelt, Naturschutz und Reaktorsicherheit (Hrsg.) (2002): Lokale Agenda 21 und nachhaltige Entwicklung in Kommunen. 10 Jahre nach Rio. Bilanz und Perspektiven, Berlin.

Bundesministerium für Verkehr, Bau und Stadtentwicklung (BMVBS) und Bundesamt für Bauwesen und Raumordnung (BBR, 2008): Städtebauliche, ökologische und soziale Bedeutung des Kleingartenwesens. Forschungen H. 133, Bonn.

BUND/Misereor (Hrsg.) (1996): Zukunftsfähiges Deutschland: Ein Beitrag zu einer global nachhaltigen Entwicklung. 1. Aufl., Birkhäuser, Basel/Berlin/Bonn.

Charta der Europäischen Städte auf dem Weg zur Zukunftsbeständigkeit (1994): Die Kampagne europäischer zukunftsbeständiger Städte und Gemeinden. 1. Aufl., Erich Schmidt, Brüssel.

Deutsches Institut für Urbanistik (Hrsg.) (2003): Strategien für die Soziale Stadt. Erfahrungen und Perspektiven – Umsetzung des Bund-Länder-Programms „Stadtteile mit besonderem Entwicklungsbedarf – die soziale Stadt" im Auftrag des Bundesministeriums für Verkehr, Bau- und Wohnungswesen. Berlin.

Eid, M. und Larsen, R. (Hrsg.) (2008): The science of subjective well-being. 1st ed., The Guilford Press, New York.

Enquete-Kommission (1994): Schutz des Menschen und der Umwelt. 1. Aufl., Economica-Verlag, Bonn.

Enquete-Kommission (1998): Schutz des Menschen und der Umwelt, Ziele und Rahmenbedingungen einer nachhaltig zukunftsverträglichen Entwicklung. Abschlußbericht, Deutscher Bundestag, Referat Öffentlichkeitsarbeit, Bonn.

Ermer, K., Hoff, R. und Mohrmann, R. (1996): Landschaftsplanung in der Stadt. 1. Aufl., Oldenbourg, Stuttgart.

Fery, T. (2005): Von der Restfläche zur neuen Landschaft – Das Schöneberger Südgelände in Berlin. Landschaftsentwicklung und Umweltforschung Band 125, Fakultät VI Planen, Bauen, Umwelt (Hrsg.), TU Berlin.

Freudenberg, N., Galea, S. und Vlahov, D. (Hrsg.) (2005): Urban health: Cities and the health of the public. 1st ed., Springer, Nashville.

Fritsche, M. (2011): Mikropolitik im Stadtquartier. Bewohnerbeteiligung im Stadtumbauprozess. 1. Aufl., VS Verlag für Sozialwissenschaften, Wiesbaden.

Gasser, K. und Kaufmann-Hayoz, R. (2005): Wald und Volksgesundheit. Literatur und Projekte aus der Schweiz. Umwelt-Materialien Nr. 195, Bern.

Gauzin-Müller, D. (2002): Nachhaltigkeit in Architektur und Städtebau. 1. Aufl., Birkhäuser, Basel/Berlin/Boston.

Gebhard, U. (1994): Kind und Natur. Die Bedeutung der Natur für die psychologische Entwicklung. 1. Aufl., Verlag für Sozialwissenschaften, Opladen.

Gilbert, O. (1989): The Ecology of Urban Habitats. 1st ed. Cambridge University Press, London.

Gupta, J., Termeer, K., Klostermann, J., Meijerink, S., van den Brink, M., Jong, P. et al. (2008): Institutions for Climate Change. A Method to assess the Inherent Characteristics of Institutions to enable the Adaptive Capacity of Society. Institute for Environmental Studies, Vrije Universiteit Amsterdam.

Hauff, V. (Hrsg.) (1987): Unsere gemeinsame Zukunft. Der Brundtland-Bericht der Weltkommission für Umwelt und Entwicklung. 1. Aufl., Eggenkamp, Greven.

Jonas, H. (1979): Das Prinzip Verantwortung: Versuch einer Ethik für die technologische Zivilisation. 1. Aufl., Suhrkamp, Frankfurt/M.

Kaplan, R. und Kaplan, S. (1989): The experience of nature: A psychological perspective. 1st ed., Cambridge University Press, Cambridge.

Kappis, C., Gorbachevskaya, O., Schreiter, H. und Endlicher, W. (Hrsg.) (2010): Das Grüne Gleis. Vegetationstechnische, ökologische und ökonomische Aspekte der Gleisbettbegrünung. Berliner Geographische Arbeiten 116., Humboldt-Universität zu Berlin.

Koppe, C., Kovats, S., Jendritzky, G. und Menne, B. (2004): Heatwaves: risks and responses. World Health Organization. Health and Global Environmental Change, Series, No. 2, Copenhagen 1st ed., Technical Press, Denmark.

Koppe, C. (2005): Gesundheitsrelevante Bewertung von thermischer Belastung unter Berücksichtigung der kurzfristigen Anpassung der Bevölkerung an die lokalen Witterungsverhältnisse. Berichte des Deutschen Wetterdienstes 226, Offenbach a. M.

Kowarik, I. und Körner, S. (Hrsg.) (2005): Wild Urban Woodlands. New Perspectives for Urban Forestry. 1st ed., Springer, Berlin.

Langhagen-Rohrbach, C. (2010): Raumordnung und Raumplanung. 2. Aufl., Wissenschaftliche Buchgesellschaft, Darmstadt.

Lazarus, R. S. und Folkman, S. (1984): Stress, appraisal and coping. 1st ed., Springer, New York.

Lüttringhaus, M. (2000): Stadtentwicklung und Partizipation. Fallstudien aus Essen-Katernberg und der Dresdner Äußeren Neustadt. 1. Aufl., Stiftung Mitarbeit, Bonn.

Meadows, D. H., Meadows, D. L., Randers, J. und Behrens III, W. W. (1972): The Limits of Growth. 1st ed., Universe books, New York.

Müller, C. (Hrsg.) (2011): Urban Gardening. Über die Rückkehr der Gärten in die Stadt. 1. Aufl., oekom Verlag, München.

Pohl, D. (2006): Naturerfahrungen und Naturzugänge von Kindern. Diss. Päd. Hochschule Ludwigsburg.

Rebele, F. und Dettmar, J. (1996): Industriebrachen – Ökologie und Management. 1. Aufl., Eugen Ulmer, Stuttgart.

Rink, D. und Arndt, T. (2001): Urbane Wälder: Ökologische Stadterneuerung durch Anlage urbaner Waldflächen auf innerstädtischen Flächen im Nutzungswandel. Helmholtz-Zentrum für Umweltforschung, UFZ-Bericht 03/2011, Leipzig.

Rößler, S., Mathey, J., Lupp,G. und Leibenath, M. (2010): Bürgergärten: Chance zur Förderung der biologischen Vielfalt in der Stadt Dresden. Leibniz-Institut für ökologische Raumentwicklung, IÖR Texte 161, Dresden.

Satterthwaite, D. (Hrsg.) (2001): Sustainable Cities. 1st ed., Earthscan Publications, London.

Schubert, H. und Spieckermann, H. (2004): Standards des Quartiermanagements, Handlungsgrundlagen für die Steuerung einer integrierten Stadtteilentwicklung. Fachhochschule Köln.

Stadt Frankfurt am Main (Hrsg.) (2003): GrünGürtel Frankfurt. Schriftenreihe Lebendige Stadt, Band 2. Umweltamt, Frankfurt am Main.

Sukopp, H. und Wittig, R. (1993): Stadtökologie. 1. Aufl., Gustav Fischer, Stuttgart/Jena/New York.

Trojan, A. und Legewie, H. (2001): Nachhaltige Gesundheit und Entwicklung. Leitbilder, Politik und Praxis der Gestaltung gesundheitsförderlicher Umwelt- und Lebensbedingungen. 1. Aufl., VAS, Frankfurt a. M.

Umweltbundesamt (Hrsg.) (2006): Lokale Agenda 21 – Umwelt und Gesundheit. Teil 1 Expertise: Kommunale Praxis. Teil 2 Gute-Praxis-Beispiele in Kommunen – Mitmachen lohnt sich. Forschungsbericht 204 61 218/01 UBA-FB 000867. Dessau.

Wegener, M. (1999): Die Stadt der kurzen Wege: Müssen wir unsere Städte umbauen? Berichte aus dem Institut für Raumplanung 43. Universität Dortmund.

World Commission on Environment and Development (WCED)/Hauff, V. (Hrsg.) (1987): Unsere gemeinsame Zukunft. Der Brundtland-Bericht der Weltkommission für Umwelt und Entwicklung, Greven.

Zhu Miaomiao (2008): Kontinuität und Wandel städtebaulicher Leitbilder. Von der Moderne zur Nachhaltigkeit. Aufgezeigt am Beispiel Freiburg und Shanghai. Diss. FB Gesellschafts- und Geschichtswissenschaften. TU Darmstadt.

Aufsätze

Albers, G. (1997): Nachhaltige Stadtentwicklung – Lippenbekenntnis oder Handlungskonzept? Die Alte Stadt 24, 283–293.

Alvey, A. A. (2006): Promoting and preserving biodiversity in the urban forest. Urban Forestry and Urban Greening 5, 195–201.

Arlt, G., Kowarik, I., Mathey, J. und Rebele, F. (Hrsg.): Urbane Innenentwicklung in Ökologie und Planung. IÖR-Schriften Band 39. Dresden, 63–74.

Arlt, G., Kowarik, I., Mathey, J. und Rebele, F. (Hrsg.) (2003): Urbane Innenentwicklung in Ökologie und Planung. IÖR-Schriften Band 39. Dresden, 63–74.

Arnstein, S. R. (1969): A Ladder of Citizen Participation. AIP Journal, July 1969, 216–224.

Becker, P., Bucher, K., Grätz, G., Koppe, C. und Laschewski, G. (2007): Das Medizin-Meteorologische Informationsangebot für den Gesundheitssektor und die Öffentlichkeit. Promet 33 (3/4), 140–147.

Bjerke, T., Ostdahl, T., Thrane, Ch. und Strumse, E. (2006): Vegetation density of urban parks and perceived appropriateness for recreation. Urban Forestry and Urban Greening 5, 35–44.

Blatter, J. H. (2005): Metropolitan Governance in Deutschland: Normative, utilitaristische, kommunikative und dramaturgische Steuerungsansätze. Swiss Political Science Review 11 (1), 119–155.

Blatter, J. und Knieling, J. H. (2009): Metropolitan Governance – Institutionelle Strategien. Dilemmas und Variationsmöglichkeiten für die Steuerung von Metropolregionen. In: Knieling, J. H. (Hrsg.): Metropolregionen. Innovation, Wettbewerb, Handlungsfähigkeit (Vol. Teil 3). Akademie für Raumforschung und Landesplanung, Band 231. Hannover, 224–269.

Brand, U. (2004): Governance. In: Bröckling, U., Krasmann, S. und Lemke, T. (Hrsg.): Glossar der Gegenwart. Frankfurt a.M., 111–117.

Breuste, J. (1996): Zur Entwicklungsgeschichte der Kleingärten. In: Breuste, I., Breuste, J., Diaby, K., Frühauf, M., Sauerwein, M. und Zierdt, M. (Hrsg.): Hallesche Kleingärten: Nutzung und Schadstoffbelastung als Funktion der sozioökonomischen Stadtstruktur und physisch-geographischer Besonderheiten. UFZ-Bericht Nr. 8/1996 (= Stadtökologische Forschungen Nr. 3). Leipzig, 3–6.

Burkart, K. und Endlicher, W. (2009): Assessing the Atmospheric Impact on Public Health in the Megacity of Dhaka, Bangladesh. Die Erde 140, 93–109.

Burkart, K., Schneider, A., Breitner, S., Khan, M.H., Krämer, A. und Endlicher, W. (2011): The effect of atmospheric thermal conditions and urban thermal pollution on all-cause and cardiovascular mortality in Bangladesh. Environmental Pollution 159, 2035–2043.

Chiesura, A. (2004): The role of urban parks for the sustainable city. Landscape planning 68 (1), 129–138.

Cooper Marcus, C. (2001): Gardens and health. In: Dilani, A. (Hrsg.): The therapeutic benefits of design. AB Svensk Byggtjänst, 61–71.

Crimi, P., Boidi, M., Minale, P., Tazzer, C., Zanrdi, S., und Ciprandi, G. (1999): Differences in prevalence of allergic sensitization in urban and rural school children. Annals of Allergy, Asthma and Immunology, 83 (3), 252–256.

Finke, L. (1993): Stadtentwicklung unter ökologisch veränderten Rahmenbedingungen. In: Wüstenrot-Stiftung Deutscher Eigenheim-Vereine (Hrsg.): Zukunft Stadt 2000: Stand und Perspektiven der Stadtentwicklung. Ludwigsburg/Stuttgart, 317–381.

Frey, R. L. (2003): Regional Governance zur Selbststeuerung territorialer Subsysteme. Informationen zur Raumentwicklung 8–9/2003, 451–462.

Fritsche, M., Klamt, M., Rosol, M. und Schulz. M. (2011): Social Dimensions of Urban Restructuring: Urban Gardening, Residents' Participation, Gardening Exhibitions. In: Endlicher, W., Hostert, P., Kowarik, I., Kulke, E., Lossau, J., Marzluff, J., van der Meer, E., Mieg, H., Nützmann, G., Schulz, M. und Wessolek, G. (Hrsg.): Perspectives in Urban Ecology. Studies of ecosystems and interactions between humans and nature in the metropolis of Berlin. Berlin/Heidelberg, 261–296.

Galea, S., Freudenberg, N. und Vlahov, D. (2005): Cities and population health. Social Science & Medicine 60 (5), 1017–1033.

Galea, S. und Vlahov, D. (2005): Urban Health: Evidence, Challenges, and Directions. Annu. Rev. Public Health 26, 341–365.

Gebhard, U. (1998): Stadtnatur und psychische Entwicklung. In: Sukopp, H. und Wittig, R. (Hrsg.): Stadtökologie. 2. Aufl., Stuttgart, 105–124.

Gleich, A. v., Gößling-Reisemann, S., Stührmann, S., Woizeschke, P. und Lutz-Kunisch, B. (2010): Resilienz als Leitkonzept – Vulnerabilität als analytische Kategorie. In: Fichter, K., Gleich, A. v., Pfriem, R. und Siebenhüner, B. (Hrsg.) (2010): Theoretische Grundlagen für erfolgreiche

Klimaanpassungsstrategien. Nordwest 2050 Berichte, H. 1, Bremen/Oldenburg, 13–49, www.nordwest2050.de.

Grahn, P. und Stigsdotter, U. A. (2003): Landscape planning and stress. Urban Forestry and Urban Greening 2, 1–18.

Grecksch, K. und Siebenhüner, B. (2010): Governance: Gesellschaftliche Steuerungsmöglichkeiten. In: Fichter, K., Gleich, A. v., Pfriem, R. und Siebenhüner, B. (Hrsg.): Theoretische Grundlagen für erfolgreiche Klimaanpassungsstrategien. nordwest2050 Berichte, Heft 1. Bremen, Oldenburg, 106–124, www.nordwest2050.de.

Grima, R., Micallef, A. und Colls, J. J. (2002): External contribution to urban air pollution. Environmental Monitoring and Assessment, 73 (3), 291–314.

Gruebner, O., Staffeld, R., Khan, M., Burkart, K., Krämer, A. und Hostert, P. (2011 a): Urban health in megacities: extending the framework for developing countries. IHDP update 2011 (1), 40–49.

Gruebner, O., Khan, M. M. H. und Hostert, P. (2011 b, accepted): Spatial epidemiologic applications in public health research. Examples from the megacity Dhaka. In: Krämer, A., Khan, M. M. H. und Kraas, F. (Hrsg.): Health in megacities and urban areas. Berlin, 243–261.

Haber, W. (1992): Leitbilder für die Stadtentwicklung aus ökologischer Sicht. In: Kommission für Ökologie, Bayerische Akademie der Wissenschaften (Hrsg.): Rundgespräche 4, 89–96.

Haber, W. (1994): Nachhaltige Entwicklung – aus ökologischer Sicht. Zeitschrift für angewandte Umweltforschung 7, 9–13.

Häußermann, H. (2001): Die „soziale Stadt" in der Krise. Berichte zur deutschen Landeskunde Bd 75, H. 2/3, 147–159.

Hansmann, R., Hug, S.-M. und Seeland, K. (2007): Restoration and stress relief through physical activities in forests and parks. Urban Forestry and Urban Greening 6 (4), 213–225.

Hesse, M. (1996): Nachhaltige Raumentwicklung. Überlegungen zur Bewertung der räumlichen Entwicklung und Planung in Deutschland im Zeichen der Agenda 21. Raumforschung und Raumordnung 2/3.1996, 103–117.

Hesse, M. (1997): Alter Wein in neuen Schläuchen? Stadtentwicklung im Lichte der Agenda 21. Politische Ökologie 52, 38–41.

Hesse, M. und Schmitz, S. (1998): Stadtentwicklung im Zeichen von „Auflösung" und Nachhaltigkeit. Informationen zur Raumentwicklung H. 7/8, 435–453.

Holling, C. S. (1973): Resilience and stability of ecological systems. Annual Review of Ecology and Systematics 4, 1–23.

Holling, C. S., Gunderson, L. H. und Ludwig, D. (2002): Chapter 1. In Quest of a Theory of Adaptive Change. In: Gunderson, L. H. und Holling, C. S. (Hrsg.): Panarchy: understanding transformations in human and natural systems. Washington, Island Press, 3–25.

Hunziker, W., Voss, J. und Meier, H. (2000): Grün 80 – nach 20 Jahren. Anthos 39 (1), 14–19.

Jedrychowski, W., Maugeri, U. und Bianchi, I. (1997): Environmental pollution in central and eastern European countries: A basis for cancer epidemiology. Reviews on Environmental Health, 12 (1), 1–23.

Jessel, B. (2006): Die Hintertür seelischer Bedürfnisse: Vertrautheit und Sehnsucht als Motive des Naturschutzes. In: Haber, W. (Hrsg.): Die Zukunft der Natur. Politische Ökologie 99. München, 30–32.

Kalkstein, L. (1993): Health and climate change: direct impacts in cities. Lancet 342, 1397–1399.

Kappis, C. (2010): Stadtökologische Effekte von Gleisbettbegrünungen. In: Kappis, C., Gorbachevskaya, O., Schreiter, H. und Endlicher, W. (Hrsg.): Das Grüne Gleis. Vegetationstechnische, ökologische und ökonomische Aspekte der Gleisbettbegrünung. Berliner Geographische Arbeiten 116. Berlin, 9–40.

Knieling, J. und Preising, T. (2009): Strategische Ansatzpunkte für Nachhaltigkeit in Stadtregionen. Ökologisches Wirtschaften 3, 27–29.

Kovats, S. und Jendritzky, G. (2006): Heat-waves and Human Health. In: Menne, B. und Ebi, K. L. (Hrsg.): Climate change and adaptation strategies for human health. Darmstadt, 63–97.

Kovats, S., Wolf, T. und Menne, B. (2004): Heatwave of August 2003 in Europe: provisional estimates of the impact on mortality. Eurosurveillance Weekly 11 March 2004, 8 (11).

Kowarik, I. (2005): Natur-Park Südgelände: Linking Conservation and Recreation in an Abandoned Railyard in Berlin. In: Kowarik, I. und Körner, S. (Hrsg.): Wild Urban Woodlands. New Perspectives for Urban Forestry. Berlin, 287–299.

Krasny, M. und Tidball, K. (2009): Community gardens as context for science, stewardship and advocacy learning. Cities and the Environment 2 (1), article 8, 18 pp.

Kulke, E., Brammer, M., Otto, B., Baer, D., Weiß, J. und Zakirova, B. (2011): Urban Economy. In: Endlicher, W., Hostert, P., Kowarik, I., Kulke, E., Lossau, J., Marzluff, J., van der Meer, E., Mieg, H., Nützmann, G., Schulz, M. und Wessolek, G. (Hrsg.): Perspectives in Urban Ecology. Studies of ecosystems and interactions between humans and nature in the metropolis of Berlin. Berlin/Heidelberg, 197–230.

Kuo, F. E. (2003): The role of arboriculture in a healthy social ecology. Invited review article for a Special Section. J. Arboriculture 29 (3), 148–155.

Loorbach, D. und Rotmans, J. (2006): Managing Transition for Sustainable Development. In: Olsthoorn, X. und Wieczorek, A. J. (Hrsg.): Understanding Industrial Transformation: views from different disciplines. Dordrecht, 1–19.

Maas, J., Verheij, R. A., Groenewegen, P. P., de Vries, S. und Spreeuwenberg, P. (2006): Green space, urbanity, and health: how strong is the relation? Journal of Epidemiol Community Health 60, 587–592.

McMichael A. J. und Haines A. (1997): Global climate change: the potential effects on health. British Medical Journal 315, 805–809.

McMichael, A. J. (2000): The urban environment and health in a world of increasing globalization: issues for developing countries. Bulletin of the World Health Organization 78 (9), 1117–1126.

Mieg, H. (2011): From L. Wirth to E. Wirth: Integrating Effects of the Organizational Division of Labour into the Study of Urban Life. In: Endlicher, W., Hostert, P., Kowarik, I., Kulke, E., Lossau, J., Marzluff, J., van der Meer, E., Mieg, H., Nützmann, G., Schulz, M. und Wessolek, G. (Hrsg.):

Perspectives in Urban Ecology. Studies of ecosystems and interactions between humans and nature in the metropolis of Berlin. Berlin/Heidelberg, 297–304.

Moore, M., Gould, P. und Keary, B. S. (2003): Global urbanization and impact on health. International Journal of Hygiene and Environmental Health 206 (4–5), 269–278.

Münkemüller, T. und Homburg, A. (2005): Naturerfahrung: Dimension und Beeinflussung durch naturschutzfachliche Wertigkeit. Umweltpsychologie 9 (2), 50–67.

Passchier-Vermeer, W. und Passchier, W. F. (2000): Noise exposure and public health. Environmental Health Perspectives 108 (Suppl. 1), 123–131.

Pickett, S. T. A., Cadenasso, M. L. und Grove J. M. (2004): Resilient cities: Meaning, models, and metaphor for integrating the ecological, socio-economic, and planning realms. Landscape and Urban Planning 69, 369–384.

Rebele, F. (2003): Was können Brachflächen zur Innenentwicklung beitragen? In: Arlt, G., Kowarik, I., Mathey, J. und Rebele, F. (Hrsg.): Urbane Innenentwicklung in Ökologie und Planung. IÖR-Schriften Band 39. Dresden, 63–74.

Robine, J. M., Cheung, S. L., Le Roy, S., Van Oyen, H. und Herrmann, F. R. (2007): Report on excess mortality in Europe during the summer 2003. EU Community Action Programme for Public Health, Grant Agreement 2005114.

Rogers, R. (1995): Städte für einen kleinen Planeten. Die Reith Lectures. Arch+, Zeitschrift für Architektur und Städtebau 127, 24–64.

Rosol, M. (2005): Community Gardens – A Potential for Stagnating and Shrinking Cities? Examples from Berlin. Die Erde 136, 165–178.

Rosol, M. und Weiß, J. (2005): Community Gardens in Toronto und Seattle – interkulturell, ökologisch und ernährungssichernd. In: Stiftung Interkultur (Hrsg.): Skripte zu Migration und Nachhaltigkeit Nr.1, München, 13 S.

Rosol, M. (2008): Partizipative Nach- und Zwischennutzungen innerstädtischer Brachflächen – Praxisbeispiele aus Berlin. Berichte zur Deutschen Landeskunde 82 (3), 251–266.

Sanesi, G., Lafortezza, R., Bonnes, M. und Carrus, G. (2006): Comparison of two different approaches for assessing the psychological and social dimensions of green spaces. Urban Greening 5 (3), 121–129.

Schemel, H.-J. (2001): Erleben von Natur in der Stadt – Die neue Flächenkategorie „Naturerfahrungsräume". Zeitschr. für Erlebnispädagogik, H. 12, Lüneburg. Forestry and Urban Greening 5, 21–129.

Shima, M., Nitta, Y., Ando, M. und Adachi, M. (2002): Effects of air pollution on the prevalence and incidence of asthma in children. Achieves of Environmental Health 57 (6), 529–535.

Siebel, W. (2010): Die Zukunft der Städte. In: Stadtentwicklung. Aus Politik und Zeitgeschehen 17/2010, 26. April 2010, Beilage zur Wochenzeitung „Das Parlament", 3–9, www.bpd.de

Silva, H. R., Phelan, P. E. und Golden, J. S. (2010): Modeling effects of urban heat island mitigation strategies on heat-related morbidity: a case study for Phoenix, Arizona, USA. Int. J. Biometeorol. 54, 13–22.

Strohbach, M., Haase, D. und Kabisch, N. (2009): Birds and the city – urban biodiversity, land-use and socioeconomics. Ecology and Society 14 (2), 31.

Takano, T., Nakamura, K. und Watanabe, M. (2002): Urban residential environments and senior citizens' longevity in megacity areas: The importance of walkable green spaces. Journal of Epidemiology and Community Health 56, 913–918.

Tessin, W. (2003): Nachhaltige Entwicklung in urbanen Räumen unter besonderer Berücksichtigung des Kleingartenwesens. Naturraum Kleingarten – Kleingartenanlagen und Kleingärten als Beitrag für eine ökologische Stadtentwicklung. Schriftenreihe des Landesverbandes Niedersächsischer Gartenfreunde e.V., H. 11, Hannover/Lüneburg, 14–19.

Tessin, W. (2009): Landschaftsarchitektur und Laiengeschmack – Über die Ablehnung moderner Landschaftsarchitektur durch die Nutzer. Garten und Landschaft 119 (2), 8–9.

Tretter, F. (2004): Umwelt, Krankheit und Gesundheit – die humanökologische Perspektive in der Medizin gestern, heute, morgen. In: Serbser, W. (Hrsg.): Humanökologie. Ursprünge – Trends – Zukünfte. Edition Humanökologie, Bd. 1. München, 229–269.

Ulrich, R. S. (1999): Effect of gardens on health outcomes. Theory and research. In: Cooper Marcus, C. und Barnes, M. (Hrsg.): Healing gardens. Therapeutic Benefits and Design Recommendations, New York, 27–86.

Ulrich, R. S., Simons, R. F., Losito, B. D., Fiorito, E., Miles, M. A. und Zelson, M. (1991): Stress recovery during exposure to natural and urban environments. Journal of Environmental Psychology 11 (3), 201–230.

van der Meer, E., Brucks, M., Husemann, A., Hofmann, M. Honold, J. und Beyer, R. (2011): Human Perception of Urban Environment and Consequences for its Design. In: Endlicher, W., Hostert, P., Kowarik, I., Kulke, E., Lossau, J., Marzluff, J., van der Meer, E., Mieg, H., Nützmann, G., Schulz, M. und Wessolek, G. (Hrsg.): Perspectives in Urban Ecology. Studies of ecosystems and interactions between humans and nature in the metropolis of Berlin. Berlin, Heidelberg, 305–332.

Vlahov, D. und Galea, S. (2002): Urbanization, urbanicity, and health. J. Urban Health 79 (4, suppl. 1), 1–12.

Vlahov, D. und Galea, S. (2003): Urban health: a new discipline. The Lancet 362 (9390), 1091–1092.

Vlahov, D., Gibble, E., Freudenberg, N. und Galea, S. (2004): Cities and Health: History, Approaches, and Key Questions. Academic Medicine 79 (12), 1133–1138.

West, G. B. (2010): Integrated sustainability and the underlying threat of urbanization. In: Schellnhuber, H. J., Molina, M., Stern, N., Huber, V. und Kadner, S. (Hrsg.) (2010): Global sustainability – A Nobel cause. Cambridge University Press, Cambridge, 9–18.

Wittig, R., Breuste, J., Finke, L., Kleyer, M., Rebele, F., Riedl, K., Schulte, W. und Werner, P. (1995): Wie soll die aus ökologischer Sicht ideale Stadt aussehen? – Forderungen der Ökologie an die Stadt der Zukunft. Z. Ökologie u. Naturschutz 4, 157–161.

Wittig, R., Sukopp, H. und Breuste, J. (1998): Ökologische Stadtplanung. In: Sukopp, H. und Wittig, R. (Hrsg.): Stadtökologie. 2. Aufl., Stuttgart, 401–432.

4 Aktuelle Aufgaben und künftige Herausforderungen für die Stadtökologie

Die im Einführungskapitel erwähnte weltweite Dynamik der Urbanisation bringt neue Herausforderungen für die Forschung über urbane Mensch-Umwelt-Systeme mit sich. Hierzu zählt etwa das Phänomen der Megastädte, die insbesondere in Asien heranwachsen. Altindustrieräume verzeichnen dagegen weltweit einen Bevölkerungsschwund, der mit dem Begriff der Stadtschrumpfung bezeichnet wird. Auch der nachhaltige Stadtumbau und die Anpassung an die bereits nicht mehr vermeidbaren Folgen des Klimawandels sind zu nennen. Schließlich ist auch auf die Dienste zu verweisen, die städtische Ökosysteme leisten und die aktuelles Thema zahlreicher Forschungsbemühungen sind.

4.1 Schrumpfende Städte mit ihren Verfügungsflächen und Brachen

Merksatz
Vom Strukturwandel betroffene Städte bieten Spielräume für alternative Nutzungsformen und Standorte für besonders angepasste Spontanvegetation. Sie stellen aus stadtökologischer Sicht eine Bereicherung dar und erheben spezielle Ansprüche an Flächenmanagementsysteme.

Ziel stadtökologischer Forschung ist es, Optimierungsstrategien für die urbane Natur und ihre Funktionen hinsichtlich der Lebensumwelt des Menschen zu erarbeiten und interdisziplinär zu bewerten. Großstädte und Metropolen sind heutzutage vielerorts durch Nutzungsänderungen bzw. Funktionsverluste von ehemals intensiv genutzten Industrie-, Gewerbe- und Verkehrsflächen betroffen (Eisenbahngelände, Altindustrieflächen, Flugplätze usw.). Durch den **urbanen Strukturwandel** entsteht also ein erhöhtes Angebot an Verfügungsflächen unterschiedlicher Qualität und Art:

*   Flächen, die aufgrund des Strukturwandels keiner Nutzung mehr unterliegen (Brachflächen)
*   Flächen mit einer, bezogen auf die Lage, zu geringen Nutzungsintensität; dabei kann sowohl eine quantitativ zu geringe Nutzung bestehen (z. B. Wohnblöcke mit hohen Anteilen von Leerständen) als auch eine qualitative Mindernutzung (z. B. teure zentrumsnahe Flächen mit geringwertiger Nutzung) vorliegen (Mindernutzungsflächen)

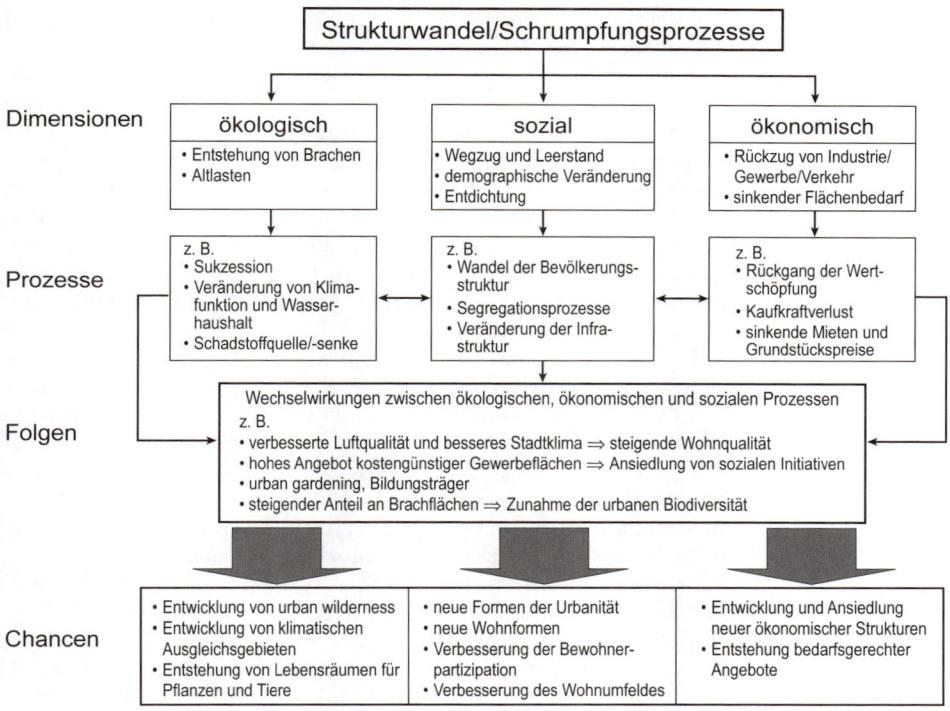

Strukturwandel/Schrumpfungsprozesse		

Dimensionen

ökologisch	sozial	ökonomisch
• Entstehung von Brachen • Altlasten	• Wegzug und Leerstand • demographische Veränderung • Entdichtung	• Rückzug von Industrie/ Gewerbe/Verkehr • sinkender Flächenbedarf

Prozesse

| z. B.
• Sukzession
• Veränderung von Klima-
funktion und Wasser-
haushalt
• Schadstoffquelle/-senke | z. B.
• Wandel der Bevölkerungs-
struktur
• Segregationsprozesse
• Veränderung der Infra-
struktur | z. B.
• Rückgang der Wert-
schöpfung
• Kaufkraftverlust
• sinkende Mieten und
Grundstückspreise |

Folgen

Wechselwirkungen zwischen ökologischen, ökonomischen und sozialen Prozessen
z. B.
• verbesserte Luftqualität und besseres Stadtklima ⇒ steigende Wohnqualität
• hohes Angebot kostengünstiger Gewerbeflächen ⇒ Ansiedlung von sozialen Initiativen
• urban gardening, Bildungsträger
• steigender Anteil an Brachflächen ⇒ Zunahme der urbanen Biodiversität

Chancen

| • Entwicklung von urban wilderness
• Entwicklung von klimatischen
Ausgleichsgebieten
• Entstehung von Lebensräumen für
Pflanzen und Tiere | • neue Formen der Urbanität
• neue Wohnformen
• Verbesserung der Bewohner-
partizipation
• Verbesserung des Wohnumfeldes | • Entwicklung und Ansiedlung
neuer ökonomischer Strukturen
• Entstehung bedarfsgerechter
Angebote |

• Flächen, die in absehbarer Zeit einer anderen Nutzung zugeführt werden können (Umwidmungsflächen)

Gemeinsames Merkmal dieser Flächen ist, dass sie als **Dispositionsspielraum für eine weitere Entwicklung** zur Verfügung stehen, wobei ökologische, ökonomische und soziale Potenziale zu nutzen sind. Das Entwicklungspotenzial solcher Flächen ist also als Grundlage für verschiedene Nutzungsoptionen zu eruieren. Dies kann auf verschiedenen inhaltlichen und räumlichen Ebenen bearbeitet werden (siehe Kap. 1). Es sind dabei Erkenntnisgewinne hinsichtlich natürlicher und gesellschaftlicher Mechanismen, Folgen und Wechselwirkungen im Rahmen des urbanen Strukturwandels zu erwarten. Haase (2008) und Hesse (2009) haben den Strukturwandel durch Schrumpfungsprozesse unter dem Aspekt der Nachhaltigkeit analysiert (Abb. 4.1).

Aus stadtökologischer Sicht sind insbesondere die **Stadtbrachen** (engl.: urban brownfields) interessant. Der Begriff Brache stammt aus der Dreifelder-Wirtschaft und beschreibt einen nicht bebauten Acker. Im städtischen Kontext bezeichnet die Brache eine aufgegebene, von der ursprünglichen Nutzung teilweise oder vollständig verlassene Wohn-, Industrie- oder Gewerbefläche und deren Gebäude. Nun ste-

Abb. 4.1
Ökologische, ökonomische und soziale Dimensionen, Prozesse, Folgen und Chancen des Strukturwandels schrumpfender Städte

hen aber weder der öffentlichen Hand noch Privatpersonen, Firmen oder Institutionen ausreichend Finanzmittel zur Verfügung, um eine aktive Umnutzung, Bebauung oder Rekultivierung dieser Stadtbrachen zu ermöglichen. Dabei handelt es sich um weltweit verbreitete Phänomene und Prozesse, die international unter dem Begriff der **schrumpfenden Städte** zusammengefasst werden. Von dieser Entwicklung sind viele Städte in Altindustrieräumen, wie z. B. in Teilen Ostdeutschlands, im Ruhrgebiet, in Mittelengland oder im Rust Belt des mittleren Westen der USA, betroffen. Der Begriff der schrumpfenden Städte bezeichnet demnach nicht nur das Phänomen sinkender Einwohnerzahlen in Städten. Die mit einer schrumpfenden Bevölkerung einhergehenden Prozesse kennzeichnen vielmehr einen tief greifenden Strukturwandel (Glock 2002, Lang und Tenz 2003). Dieser muss aus stadtökologischer Sicht unter der Maßgabe der Nachhaltigkeit untersucht werden, d. h., **stadtökologische Forschung** muss die mit dem Schrumpfungsprozess verbundenen ökologischen, ökonomischen und sozialen Chancen und Risiken erkennen und bewerten (Haase 2008). Dabei ist auch zu überprüfen, ob das Schrumpfungsphänomen als neues Universalparadigma in der Stadtentwicklungsdebatte langfristig wirksam ist oder ob es sich bei den derzeitig ablaufenden Prozessen eher um einen zyklisch verlaufenden Wechsel von Kompression und Dehnung von Raumnutzungen handelt (Hesse 2003, 2009). Oswalt (2004, 2005) hat dieses weltweite Phänomen ausführlich dokumentiert; Langner und Endlicher (2007) haben sich aus stadtökologischer Sicht damit auseinandergesetzt. Wenn Städte im Sinne zurückgehender Siedlungsentwicklung schrumpfen, entstehen damit auch ungeahnte Chancen für **stadtökologische Perspektiven**. Sie schließen die Chance einer verstärkten urbanen Naturentwicklung und damit verbundene Optimierungsmöglichkeiten der Lebensumwelt der Stadtbewohner mit ein.

Michael Bräuer (Architekturgemeinschaft Baumbach, Baumbach und Bräuer, Rostock) stellt in „Stadtumbau als Chance – Anforderungen an Stadtplanung und Architektur" fest: „Die Bewältigung des Prozesses fordert Kreativität in allen Belangen heraus." Dies reicht von der Wiedergewinnung von Naturräumen über den Angebotszuwachs an öffentlichen Grün- und Freiflächen bis zur Verbesserung der Lebensverhältnisse in den Siedlungen durch Aufwertung im Wohnumfeld (vgl. BMVBW 2003). Ökologische Kriterien sind auch bei der Nachhaltigkeitsprüfung von Gebäuden und Liegenschaften einzubeziehen. Hierunter fallen beispielsweise die Eingliederung in das städtische Umfeld, Nutzung und Schutz des Grundwassers, der Erhalt ökologischer Strukturen sowie die Verbesserung der Biodiversität (vgl. BMVBW 2001).

Auf den innerstädtischen Brachflächen herrschen aufgrund ihrer Entstehungsgeschichte und der anthropogenen Einflüsse **besondere Standortbedingungen** vor. Die offenen, meist mit Gräsern und Kräutern bewachsenen Flächen sind besonders reich an Tier- und Pflanzenarten. Insbesondere die gefährdeten, an xerotherme Standorte gebundenen Arten finden hier einen Zufluchtsort. Kowarik hat diese Art von „Natur der vierten Art" als spezifisch **urban-industrielle Natur** bezeichnet: Nicht geplant, nicht von Gärtnerhand gestaltet, sondern in perfekter Anpassung an die städtischen Bedingungen des Standorts und seiner Nutzungen entstanden. Sie schließt die karge Mauervegetation und die Trittvegetation der Bürgersteige ebenso ein wie den spontanen Wald, der in einer Baulücke entstanden ist. Die Besiedelung der Stadtbrachen folgt weitgehend der natürlichen Sukzession. Auf die erste Welle der einjährigen Pflanzen folgen zweijährige, danach mehrjährige krautige Pflanzen und schließlich Bestände von Pioniergehölzen. Meist wurde dieser natürliche Ablauf jedoch durch Eingriffe auf den jeweiligen Flächen gestört, sodass nur auf wenigen Brachen größere Gehölzbestände vorzufinden sind (Mathey et al. 2003, Rebele 2003).

Die besondere Konstellation verschiedener Standorte in Berlin hat hier zu einer Vielzahl unterschiedlicher Vegetationstypen und einem ungewöhnlichen Artenreichtum geführt. Aufgrund der spezifischen Standortbedingungen können sich hier Arten ansiedeln, die in wärmeren und trockeneren Gegenden heimisch sind und die zusammen mit angepassten heimischen Arten **neue urbane Lebensgemeinschaften** bilden. Diese Spontanvegetation ist optimal an den Standort angepasst. Städtische Brachpflanzen zeichnen sich auch durch eine reiche Säugetierfauna, einen großen Vogelbestand – insbesondere von solchen Vögeln, die auf gestörten Standorten brüten – und eine Vielzahl einheimischer Insekten sowie solcher aus kontinentaleren und mediterranen Gebieten aus. Es zeigt sich, dass nicht nur Pflanzen, sondern auch verschiedene wild lebende Tiere mit den Bedingungen in Städten und industriell geprägten Räumen gut zurechtkommen, und dass einige Freiflächen eine reiche und ungewöhnliche Flora besitzen. Die Palette der Möglichkeiten reicht dabei im Prinzip von intensiv genutzten und gepflegten Grünflächen bis hin zu weitgehend sich selbst überlassener **urbaner Wildnis**. Viele Brachflächen werden aufgrund fehlenden Bedarfs und anderer Gründe mittel- und langfristig nicht baulich genutzt, sodass sich zumindest eine temporäre Umgestaltung in Grün- und Freiflächen anbietet. Die „Unfertigkeit" von Berlin mit seinen Nischen, Brachen und Freiräumen gilt geradezu als ortstypisch – und das gilt eben auch für die Biosphäre.

Es gibt verschiedene Strategien im Umgang mit städtischen Brachen. Im städtischen Kontext wird **Wildnis** zumeist als Synonym für Flächen benutzt, auf denen die einsetzende Vegetationsentwicklung weitgehend sich selbst überlassen wird. Bisherige Wildnisprojekte sind vielfach kulturell an Areale alter Industriestandorte gekoppelt, dazu zählt beispielsweise der Landschaftspark Duisburg Nord im Ruhrgebiet. Wildnis-Konzepte in Wohnquartieren werden dagegen oftmals sehr unterschiedlich wahrgenommen und sinken sogar in ihrer Attraktivität. Frisch geräumte oder mit Rasen und Stauden bewachsene Flächen werden als Orte der Vernachlässigung wahrgenommen, insbesondere wenn sie vermüllt sind. Es kann festgestellt werden, dass der ästhetische Reiz urbaner Wildnis umso größer angesehen wird, je älter der Bestand auf den Flächen bereits ist. Die Akzeptanz urbaner Wildnis hängt stark von der Lage und dem Charakter der Fläche ab und ob es gelungen ist, diese neue Art von Stadtnatur zu vermitteln. Ein aktuelles Beispiel zum Umgang mit städtischen Brachflächen unter dem Aspekt einer naturverträglichen Nutzung für den Erhalt konkreter Sukzessionsstadien mit der jeweiligen Flora und Fauna vermittelt Abb. 4.2.

Unter dem Aspekt der weiteren Zunahme innerstädtischer Brachflächen wird auch die **urbane Land- und Forstwirtschaft** als mögliche Nutzungsalternative immer interessanter. Die so genutzten Freiflächen sind, anders als der städtische Urwald, nicht zweckfrei, sondern stellen experimentelle Zwischennutzungen und Wildniskonzepte dar. Die Formen reichen vom sogenannten **urban gardening** bis hin zur Reagrarisierung ehemaliger Siedlungsflächen in den Randgebieten der Stadt (siehe Kap. 3.3 und 3.4). Mögliche Stadtumbaukonzepte sind beweidete Wiesenflächen, Energiewälder oder der Umbau der Freiflächen in Erholungswälder. Als Zwischennutzung bezeichnet man dabei diese neuen Formen der Gestaltung und Nutzung brachgefallener Flächen, die ohne Wechsel des Eigentümers und Änderung des Planungsrechts Optionen für eine künftige Bebauung offen lassen und bis dahin für mehr oder weniger lange Zeiträume einen städtebaulichen Missstand dämpfen bzw. neue Qualitäten bewirken. Die temporäre Nutzung von Brachflächen stellt eine Alternative zur Dauernutzung dar. Für den Grundstückseigentümer bringt das **Konzept der Zwischennutzung** eine Reihe von Vorteilen mit sich. So wird eine Verwahrlosung des brachgefallenen Grundstücks verhindert, durch die gestalterische Aufwertung erlangt das Gelände ein positiveres Image und es stehen zum Teil öffentliche Fördermittel zur Verfügung. Zeitlich sortiert wird nach kurzfristigen Zwischennutzungen, die nur saisonal oder über wenige Monate Bestand haben, oder nach langfristigen Projekten, die sich über viele Jahre halten, ohne als Dauernutzung anerkannt zu werden. Renaturierung gilt im Allgemeinen als wichtige Komponente einer nachhaltigen Stadtentwicklung (Becker et al. 2009).

Das Spektrum von Zwischennutzungen reicht von der durch Anwohner gärtnerisch genutzten Baulücke im Mietshausquartier über Kunstinstallationen bis hin zum Sonnenblumenfeld auf einer Abrissfläche in der Großwohnsiedlung. Eine weitere Möglichkeit der Nutzung ist die **urbane Landwirtschaft** (Giseke 2009, Nordahl 2009) bis hin zur Zukunftstechnologie des **vertical farming** an Hochhäusern (Despommier 2010). Darunter versteht man die Produktion von Ag-

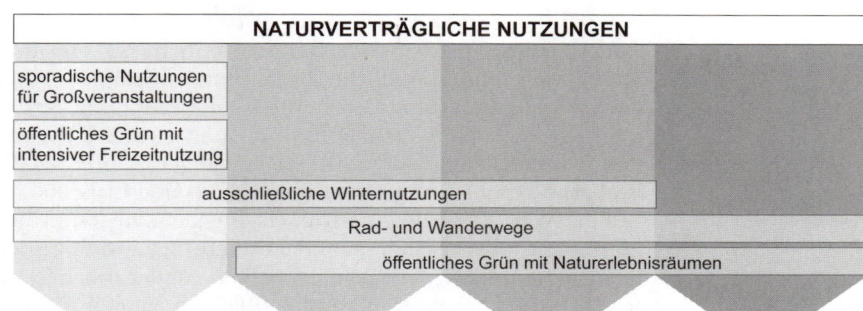

NATURVERTRÄGLICHE NUTZUNGEN			

sporadische Nutzungen für Großveranstaltungen

öffentliches Grün mit intensiver Freizeitnutzung

ausschließliche Winternutzungen

Rad- und Wanderwege

öffentliches Grün mit Naturerlebnisräumen

SUKZESSIONSSTADIEN MIT AUSGEWÄHLTEN ZIELARTEN			
Pionierflur	**ausdauernde Ruderalflur**	**ruderale Hochstaudenflur**	**Vorwälder, junge Wälder**
Beispiele	Beispiele	Beispiele	Beispiele
Flora			
Kanad. Berufkraut Klebriger Gänsefuß	Gem. Natternkopf Königskerze-Arten	Goldrute-Arten Rainfarn	Hängebirke Salweide
Fauna			
Blaufl. Sandschrecke Zauneidechse Haubenlerche Feldspitzmaus	Blaufl. Ödlandschrecke Wechselkröte Dorngrasmücke Mauswiesel	Getr. Zartschrecke Erdkröte Braunkehlchen Feldhase	Waldgrille Waldeidechse Fitislaubsänger Waldspitzmaus

rargütern innerhalb der Stadtgrenze. Die landwirtschaftliche Produktion erfolgt hier unmittelbar in der Nähe der Verbraucher ohne Zwischenlagerung. Die Entstehung von Transportkosten und Lagerverlusten wird so weit wie möglich reduziert. Diese Form eines urban farming entstand vor einem halben Dutzend Jahren in den USA, ist inzwischen aber auch in Ländern wie China, Indien oder Thailand anzutreffen (www.urbanfarming.org, 8.2. 2012). Die Food and Agriculture Organization der Vereinten Nationen (FAO) hat diese Aspekte noch durch die Erwähnung der intensiven Landnutzung, der Wiederverwertung der urbanen Reststoffe sowie den Schutz der Artenvielfalt ergänzt.

Neben der Agrarproduktion wird **Beweidung** auf extensiv zu pflegenden naturschutzrelevanten Flächen vielfach erfolgreich eingesetzt. Neben naturschutzfachlichen Zielen wird dabei oft auch eine Kombination von Landwirtschaft mit Erholungsnutzungen angestrebt. In diesem Zusammenhang spielt auch die Fortführung traditioneller Weideformen, unter anderem mit Einsatz alter, robuster Nutztierrassen, eine große Rolle. Auch steht bei der Umsetzung von naturschutzfachlichen Belangen der Stadt nicht allein der Schutz bedrohter Pflanzen- und Tierarten im Vordergrund, sondern vielmehr

Abb. 4.2
Übersicht über naturverträgliche Nutzungen zum Erhalt konkreter Sukzessionsstadien mit jeweiliger Flora und Fauna (Quelle: Mathey et al. 2003)

das Ziel, Lebewesen und Lebensgemeinschaften für die Bewohner sinnvoll und dauerhaft erlebbar zu machen (Sukopp und Wittig 1998). Vegetationskundliche Begleituntersuchungen von Beweidungsprojekten zeigen, dass meistens eine Erhöhung der Heterogenität der Vegetationsstrukturen und damit auch die Herausbildung von verschiedenen Altersstadien sowie ganzjährig wechselnden Blühaspekten zu verzeichnen sind (Felinks und Brux 2005, 55).

Eine von Stadtbewohnern auch auf kleinem Raum betriebene Form der Landwirtschaft kann die **Imkerei** sein. Mithilfe des kleinsten Nutztieres entsteht eine dezentrale Form der urbanen Landwirtschaft. Die Stadt bietet generell gute Bedingungen für Bienen; so sind das milde Klima sowie die große und recht konstante Blütenauswahl vorteilhaft für die Entwicklung der Bienen. In Berlin gibt es ca. 500 Imker mit mehr als 3 000 Bienenvölkern, die jeweils bis zu 60 000 Tiere in ihrem Staat beherbergen. In Berlin wird urbane Landwirtschaft hauptsächlich durch privat initiierte Projekte betrieben, wie etwa die Initiative „Tempelhof für alle!" Es fehlt an rechtlichen Grundlagen und Absicherungen sowie an organisiertem Flächenmanagement (siehe unten), was bei vielen Projekten die Ernsthaftigkeit in Frage stellt; denn es gibt in der Flächennutzungsplanung keine Kategorie, die urbane Landwirtschaft fördert und möglich macht.

Eine der aktuellen Herausforderungen von Städten mit abnehmender Bevölkerungszahl ist es, die besonderen Standorteigenschaften der Brachflächen mit den Anforderungen der verschiedenen möglichen Nachnutzungen in Einklang zu bringen. Instrumente, die gezielt Brachflächen in die zukünftige Flächenentwicklung einbinden sollen und mit denen die Stadtentwicklung zukünftig nachhaltig sowie dem Leitbild der kompakten Stadt entsprechend gestaltet werden soll, sind Flächenmanagementsysteme. Beim **Flächenmanagement** handelt es sich um ein Instrument zur Verwaltung der Flächenreserven. In erster Linie sollten jedoch die Chancen zur Verbesserung des wohnungsnahen Grüns und der Naherholung entsprechend den Bedürfnissen der Bewohner genutzt werden. Außerdem verbessern sich hierdurch auch diverse ökologische Funktionen, etwa der Wasserhaushalt oder das Mikro- und Lokalklima, was durch entsprechende Gestaltungsmaßnahmen gestärkt werden kann. Flächen, die hierfür nicht in Betracht kommen, können schließlich stärker Naturschutzzwecken gewidmet werden; hier muss der Mensch allerdings nicht zwangsläufig ausgeschlossen werden, vielmehr sind auf diesen Flächen durchaus Nutzungen, wie Abenteuerspielplätze oder Naturerlebnispfade, möglich. Eine entscheidende Betrachtungsebene ist die der Nutzbarkeit und der sozialen Funktion. Eine Stadt gewinnt auch durch diese Grünfunktion öffentlicher Räume an Qualität. Gerade diese Funktionen werden gegenwärtig immer stärker nachgefragt, von den Bürgern bewertet und durch die Stadtverwaltungen zur stadtteilbezogenen Aufwertung genutzt.

4.2 Die Stadt im Klimawandel: Klimatisch nachhaltiger Stadtumbau

Nachdem auf der 2. Weltklimakonferenz von den Vereinten Nationen 1981 das Intergovernmental Panel on Climate Change (IPCC) etabliert wurde und dieses 1991 seinen ersten Bericht vorlegte, besteht kein Zweifel mehr am anthropogen induzierten Klimawandel. Er ist ein globales Phänomen, hat jedoch sehr unterschiedliche regionale Auswirkungen.

4.2.1 Der globale Klimawandel und seine regionalen Auswirkungen

Nachdem in den 1960er-Jahren die ersten Ergebnisse der 1957 begonnenen Spurengasmessungen auf dem Hawaii-Vulkan Mauna Loa vorlagen und diese eine beständige Zunahme des CO_2-Gehaltes in der Erdatmosphäre ergaben, bestand an der Beeinflussung des Klimas durch die in den fossilen Brennstoffen gebundenen Kohlenstoffe in Form von Kohlendioxid kein Zweifel mehr. Theoretische Überlegungen zu diesem **anthropogenen Zusatztreibhauseffekt** machte Arrhenius bereits zu Ende des 19. Jahrhunderts. Die Absorption der langwelligen Erdausstrahlung durch das vermehrte CO_2 führt unweigerlich zu einer Temperaturerhöhung in der Atmosphäre (Abb. 4.3). Wie und wo sich diese allerdings auswirkt, welche Rückkoppelung zur Freisetzung anderer Treibhausgase, wie dem im Permafrost gebundenen Methan, bestehen und wie dieser physikalische Effekt des globalen Strahlungshaushaltes sich auf die Dynamik der Atmosphäre bzw. die atmosphärische Zirkulation auswirkt, ist Gegenstand umfangreicher wissenschaftlicher Forschung. Auch die **regionalen Folgen und die jahreszeitliche Differenzierung** sind von wesentlicher Bedeutung. Noch schwieriger sind freilich Aussagen für das künftige Klima. Die Vereinten Nationen haben deshalb 1981 den zwischenstaatlichen Wissenschaftsausschuss für den Klimawandel eingesetzt (Intergovernmental Panel on Climate Change = Weltklimarat), der die relevanten Veröffentlichungen sichtet und in regelmäßigen Abständen, letztmalig 2007 (IPCC 2007 a, b, c, d) und das nächste Mal 2014, Bericht erstattet. Diese Berichte enthalten verschiedene **Szenarien zur Entwicklung von Temperatur und Niederschlag** in den nächsten Jahrzehnten, je nachdem, wie sich die Menschheit weiter verhalten wird. Solche Entwicklungen sind von der Bevölkerungszahl, dem Wirtschaftswachstum, aber auch den ökologischen Fortschritten und dem politischen Willen der Weltgemeinschaft, die Probleme des vom Menschen gemachten Klimawandels zu lösen, abhängig. Der Deutsche Bundestag hat bereits 1987 mit der Einsetzung der Enquete-Kommission „Vorsorge zum Schutz der Erdatmosphäre" (1990) reagiert. Entsprechende Konsequenzen zur Verbesserung der Energieeffizienz, der Energieeinsparung und des Umstiegs von fossilen auf erneuerbare Energien sind seitdem bekannt (siehe unten).

Merksatz
Angesichts des anthropogen induzierten Klimawandels ist die Zunahme von Extremwetterereignissen sowie die Intensivierung stadtklimatologischer Effekte zu erwarten. Diesen kann durch geschickte Bebauungs- und Bepflanzungskonzepte entgegengewirkt werden.

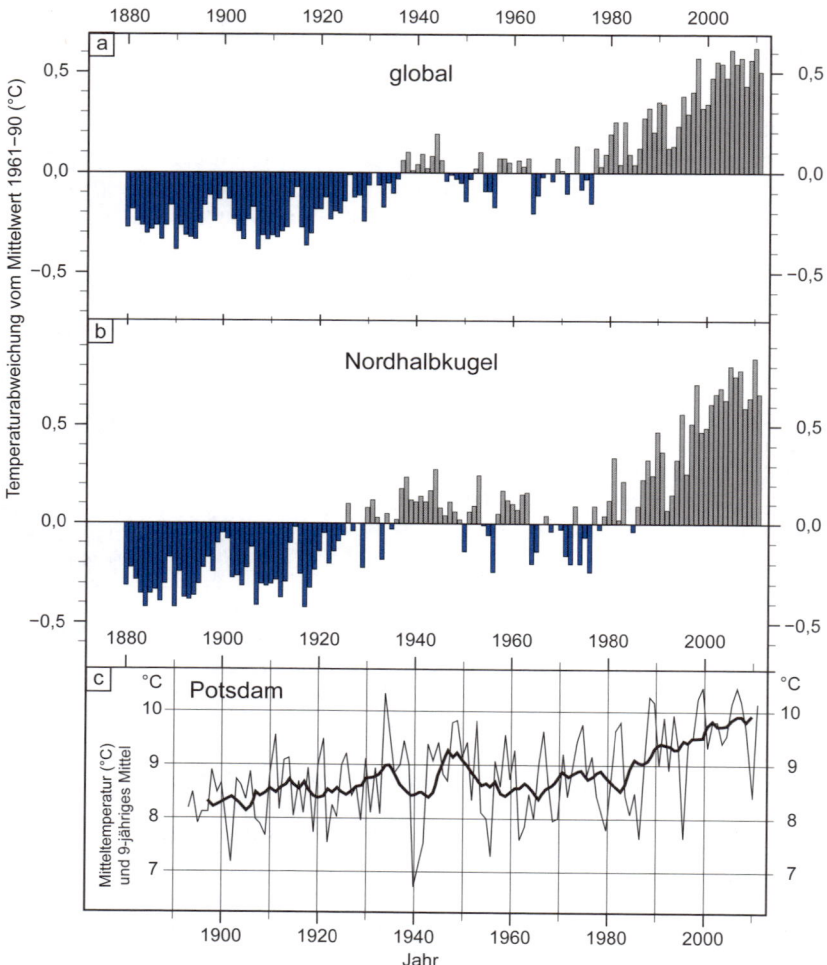

Abb. 4.3

Temperaturabweichung im Zeitraum 1880–2011 vom Mittelwert 1961–1990; a) global, b) Nordhalbkugel, c) Entwicklung der Jahresmitteltemperatur von Potsdam im Zeitraum 1892–2011 (Daten: Potsdam-Institut für Klimafolgenforschung)

Neben einer **schleichenden globalen Erwärmung** von 1,8 bis 4,0°C im Vergleich 1980/1999 zu 2090/2099 geht das IPCC von einer sehr wahrscheinlichen **Zunahme von Extremwetter und -witterung,** insbesondere von Hitzewellen, Starkregenereignissen und Spitzenböen aus (Schär et al. 2004, Beniston 2004, Gerstengarbe und Werner 2007). Auf der Basis des Berichts der IPCC-Arbeitsgruppe II (IPCC 2007 b) sind in Tab. 4.1 mögliche Auswirkungen des gobalen Klimawandels für große Städte zusammengestellt (Alcoforado und Andrade 2008). Dazu zählen auch die Folgen für die Ökosysteme und die menschliche Gesundheit (Jendritzky et al. 2004, Menne und Ebi

2006, Jendritzky 2007, Becker et al. 2007; siehe Kapitel 2.1.2 und 3.5). Bei einer Temperaturerhöhung bis zur Jahrhundertwende um ca. 2 °C ist es sehr wahrscheinlich, dass bis zu 30 % aller Pflanzen- und Tierarten vom Aussterben bedroht sein werden und dass eine zunehmende Verlagerung von Verbreitungsgebieten stattfinden wird. Bezüglich der menschlichen Gesundheit muss durch das vermehrte Auftreten von Hitzewellen mit einer Zunahme von Sterbefällen gerechnet werden. Beide Aussagen gelten verstärkt für Großstädte, da in ihnen auch noch die Effekte der lokalen Wärmeinseln mit berücksichtigt werden müssen (Gabriel und Endlicher 2011). Mit einer Erhöhung der Temperatur, sei sie durch lokale oder globale Prozesse hervorgerufen, gibt es **positive Rückkoppelungen mit der Luftbelastung**, denn bei höheren Temperaturen verstärkt sich in den strahlungsreichen Sommermonaten die Bildung des Fotosmogs, die höheren Sommertemperaturen bedingen eine Verstärkung der Raumkühlung, was wiederum eine Erhöhung des Energiebedarfs bedeutet. Wenn man von einer mittleren Wärmeinsel je nach Größe der Stadt und Klimazone zwischen 1 und 6 °C ausgeht, so ist mit einer zusätzlichen Temperaturerhöhung durch den globalen Klimawandel von 2 bis 4 °C, also einer Intensivierung der städtischen Wärmeinsel, zu rechnen.

Große Städte können durchaus auch **als Laboratorien für künftige Klimabedingungen** angesehen werden, denn eine mittlere städtische Wärmeinsel von 2 bis 4 °C wird schon heute von den Städten erreicht. So beträgt der Temperaturgradient zwischen Berlin-Mitte und dem Umland, repräsentiert durch Klimastationen am Alexanderplatz und auf dem Flughafen Schönefeld, im Jahresmittel ca. 4 °C. Städte weisen aber auch einen höheren CO_2-Gehalt auf, da die in ihnen vorhandene geringere Vegetationsdichte nicht den globalen Durchschnittswert der CO_2-Absorption liefern kann. So geben Ziska et al. (2003) für Baltimore einen um 16 % erhöhten CO_2-Gehalt an. **Höhere CO_2-Gehalte** stimulieren das Wachstum von Unkräutern und erhöhen die Pollenproduktion. Mit dem Klimawandel sind aber auch eine Reihe anderer Probleme verbunden. Bei **höheren Temperaturen** ist mit neuen Infektionskrankheiten für den Menschen zu rechnen, die beispielsweise durch Zecken oder Stechmücken verbreitet werden. Weiterhin sind auch neue Pflanzen- und Tiererkrankungen zu erwarten. Es kann von einer horizontalen und vertikalen Verschiebung der Vegetationszonen ausgegangen werden, sodass neue Arten einwandern werden. Veränderung von Temperatur und Niederschlag werden vermutlich mit mehr Extremereignissen wie Starkregen, Hitzewellen und Dürreperioden im Sommer sowie Sturmzyklonen im Winter einhergehen.

Deswegen muss beim Pflanzen von Bäumen möglichst auf Arten zurückgegriffen werden, die derartigen künftigen klimatischen Rahmenbedingungen gewachsen sind. Stadtbäume haben eine mehrfach

Tab. 4.1 Mögliche Auswirkungen des globalen Klimawandels in Städten (nach Wilbanks et al. 2007 aus Pauleit 2011)

Klimawandel	Auswirkung auf Städte
Änderung der mittleren klimatischen Verhältnisse	
Temperaturerhöhung und Verstärkung des Wärmeinseleffekts	erhöhter Energiebedarf für Klimatisierung
	schlechtere Luftqualität
Niederschlag (Zu- oder Abnahme)	erhöhtes Überschwemmungsrisiko
	größere Gefahr von Hangrutschungen
	verstärkte Zuwanderung aus ländlichen Gebieten
	Gefährdung der Nahrungsmittelversorgung von Städten
Meeresspiegelanstieg	Überschwemmung küstennaher Bereiche
	geringere Einnahmen aus Landwirtschaft und Tourismus
Zunahme der Extremereignisse	
extreme Niederschlagsereignisse/tropische Wirbelstürme	stärkere Überschwemmungen
	höheres Risiko von Hangrutschungen
	Beeinträchtigung des Lebensunterhalts der Bevölkerung und der ökonomischen Prozesse in der Stadt
	Beschädigung von Häusern, Infrastrukturen und Wirtschaftsunternehmen
Dürre	Wassermangel
	höhere Lebensmittelpreise
	Beeinträchtigung der Stromerzeugung durch Wasserkraft
	verstärkte Zuwanderung aus besonders betroffenen ländlichen Gebieten
Hitzewellen/Kältewellen	Energiespitzen für Klimaanlagen bzw. Raumheizungen
	Gesundheitsbelastungen der Bevölkerung
sprunghafter Klimawandel	mögliche gravierende Auswirkungen eines plötzlichen starken Anstiegs des Meeresspiegels
	mögliche gravierende Auswirkungen eines plötzlichen starken Anstiegs der Lufttemperaturen
Veränderung der Exposition	
Bevölkerungsbewegungen	von betroffenen ländlichen Gebieten
biologische Veränderungen	Ausbreitung von Krankheitserregern

positive Funktion: Sie entziehen der städtischen Atmosphäre große Anteile von CO_2 und speichern sie in Stämmen und Ästen. Damit dies über viele Jahrzehnte wirksam bleibt, müssen große, lang lebende Baumarten bevorzugt werden. Durch ihre Transpiration tragen sie zur Senkung der Lufttemperatur bei, da sie eine Veränderung des Verhältnisses zwischen latentem und fühlbarem Wärmestrom hervorrufen. Für **das thermische Wohlbefinden des Menschen** ist an strahlungsreichen Sommertagen insbesondere der Schattenwurf von herausragender Bedeutung. Menschen können aus überhitzten Wohnungen in beschattete Parks und Gärten ausweichen, wo durch eine erhöhte Windgeschwindigkeit die Schweißverdunstung und damit die Kühlung des Körpers erleichtert werden. Durch geschickte Beschattung von Gebäuden über Laubbäume kann der Bedarf an Kühlungsenergie reduziert werden. Dachbegrünung trägt dagegen kaum zur Verbesserung des Stadtklimas bei (Parlow et al. 2011). Entsprechendes, **nachhaltig klimatologisches Design von Gebäuden** ist eine zunehmend wichtige Aufgabe der Architekten und Stadtplaner. Stadtbäume können während strahlungsreicher Tagesstunden durch ihren Schattenwurf ein günstiges Mikroklima hervorrufen. Darüber hinaus kann dieses Mikroklima von denjenigen Personen aktiv aufgesucht werden, für die es besonders angenehm erscheint. Weiterhin besitzen Bäume durch ihre Blatt- und Zweigstruktur die Fähigkeit, bis zu einem gewissen Grad Feinstaub aus der Luft zu filtern. Wenn dieser abgewaschen wird, kann eine unter den Bäumen befindliche Gras- oder Strauchschicht den Staub im Boden binden. Entsprechende Quantifizierungen von Langner (2006) ergaben ein maximales Staubbindungspotenzial bei Laubbäumen im Sommerhalbjahr von bis zu 10 % der Feinstaubkonzentration.

Die wissenschaftlichen Erkenntnisse der letzten drei Jahrzehnte lassen keinen Zweifel mehr, dass sich das **globale Klima** ändert. Allerdings ist schon seit dem 19. Jahrhundert bekannt, dass durch die menschliche Bautätigkeit in den Städten in einer lokalen Dimension ebenfalls eine Veränderung des regionalen Klimas verursacht wird. Dieses besondere Lokalklima ist als **Stadtklima** seit Längerem Gegenstand wissenschaftlicher Untersuchungen (siehe Kapitel 2.1.1). Die **Überlagerung beider Klimaeffekte** hat erhebliche ökologische, ökonomische und soziale Auswirkungen (Hallegatte et al. 2007, OECD 2010). Diese werden am besten durch einen umfassenden stadtökologischen Ansatz bzw. durch das **urbane Mensch-Umwelt-System** zugänglich gemacht. Man muss beim stadtökologischen Ansatz auch den Menschen selbst und nicht nur seine planerisch-gestaltende Bedeutung als Akteur berücksichtigen. Er ist selbst Betroffener der von ihm ausgelösten Prozesse. Der anthropogen induzierte Klimawandel setzte bereits im 19. Jahrhundert ein und seine Folgen sind jetzt spürbar. Deswegen fordert der Weltklimarat von der Staatengemeinschaft Maßnahmen, die eine Beherrschung des Klimawandels ermöglichen.

Die globale Mitteltemperatur dürfte dafür nicht mehr als 2 °C über den vorindustriellen Wert steigen; denn ansonsten würden die Folgen für das Weltklima unkalkulierbar. „Das Unbeherrschbare vermeiden und das Unvermeidbare beherrschen" postulierte etwa H.-J. Schellnhuber in einem Interview im Jahr 2008.

4.2.2 Systemtheoretische Einbettung des Klimawandels: Naturgefahr, Risiko, Vulnerabilität

Merksatz
Verschiedene Begriffe beschreiben die Empfindlichkeit von Systemen auf Störimpulse und setzen sich mit Anpassungsmaßnahmen auseinander.

Das IPCC hat sich in seinen Berichten auch mit der begrifflichen Schärfe und der systemtheoretischen Fundierung des Klimawandels als Naturgefahr beschäftigt. Danach müssen sich Städte nicht nur mit **Stärke und Häufigkeit** dieser Naturgefahr, sei es als Hochwasser, Hitzewelle oder steigender Meeresspiegel, auseinandersetzen; sie sind vielmehr auch gezwungen, die spezielle, lagebedingte Ausgesetztheit gegenüber dieser Naturgefahr, die **Exposition**, ins Auge zu fassen. Die Exposition, die vom Charakter, der Größenordnung und der Geschwindigkeit einer Änderung abhängt, gibt an, inwieweit ein System oder ein Raum bestimmten Änderungen ausgesetzt ist. Es geht darum, die äußeren Störimpulse auf das System zu identifizieren und Veränderungen in dessen Rahmenbedingungen auszumachen. Die **Sensitivität** hingegen gibt die Empfindlichkeit des Mensch-Umwelt-Systems wieder. Die **Anpassungskapazität** beschreibt schließlich die Fähigkeit eines Systems oder Raumes, sich durch Planung und Umsetzung von Anpassungsmaßnahmen an die veränderten Bedingungen anzupassen. Es geht darum, die Kapazitäten zu analysieren, die das System besitzt, um diese Störungen zu verarbeiten. Die Anpassungskapazität (Vermeidung von Risiken/Nutzung von Chancen) besteht also aus sozioökonomischer und institutioneller Kapazität, aber auch aus der Anpassungsbereitschaft der Menschen.

Davon zu unterscheiden ist die Anfälligkeit, durch eine Naturgefahr Schaden zu erleiden, die **Vulnerabilität** (Verwundbarkeit bzw.

Abb. 4.4
Risikodreieck nach Crichton (2001): Das Risiko der Städte, die vom Klimawandel betroffen sind, ist eine Funktion der Naturgefahren (Stärke und Häufigkeit), der städtischen Exposition und der Vulnerabilität (Verwundbarkeit oder Anfälligkeit) der Stadt gegenüber diesen Naturgefahren. Die Vulnerabilität wird von physischen, soziodemographischen und ökonomischen Merkmalen beeinflusst. (Quelle: Pauleit 2011)

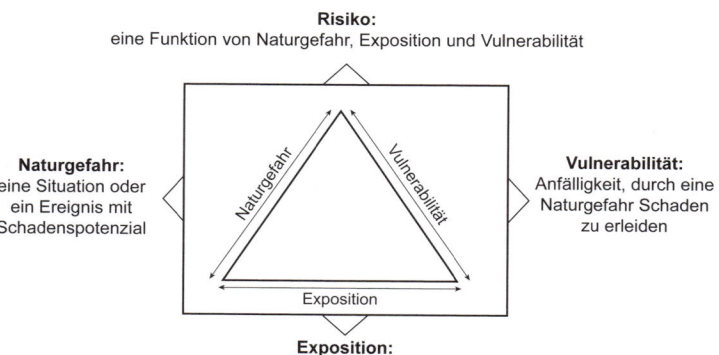

Risiko:
eine Funktion von Naturgefahr, Exposition und Vulnerabilität

Naturgefahr:
eine Situation oder ein Ereignis mit Schadenspotenzial

Naturgefahr

Vulnerabilität

Vulnerabilität:
Anfälligkeit, durch eine Naturgefahr Schaden zu erleiden

Exposition

Exposition:
lagebedingte Ausgesetztheit gegenüber der Naturgefahr

Verletzbarkeit). Sie gibt an, inwieweit ein System oder ein Raum Stressfaktoren ausgesetzt und damit für nachteilige Auswirkungen anfällig ist. Der Begriff geht auf Chambers (1989) zurück, wird aber zwischenzeitlich interdisziplinär verwendet (Schluchter 2002). Nach dem IPCC ist die Vulnerabilität eines Systems, wie zum Beispiel des Klimasystems, eine Funktion von Exposition (Belastung, Einwirkungen), Sensitivität (Empfindlichkeit) und Anpassungskapazität.

Nach Crichton (2001) wäre **Risiko** eine Funktion von Naturgefahr, Exposition und Vulnerabilität (Abb. 4.4). So bewegt sich der Vulnerabilitätsbegriff eher auf der analytisch-operationalen Ebene, während **Resilienz** (siehe Kapitel 3.1.1) mehr als übergeordnetes Leitkonzept zu verstehen ist (Turner et al. 2003, Gleich et al. 2010). Smit und Wandel (2006) haben ein etwas anderes, hierarchisches Vulnerabilitätskonzept entwickelt. Eine ausführliche Diskussion der Ansätze von Resilienz und Vulnerabilität und ihrer Herkunft aus unterschiedlichen Wissenschaftsdiskursen findet sich bei Miller et al. (2010).

4.2.3 Maßnahmen zum Klimaschutz und zur Anpassung an den Klimawandel

Der Weltklimarat unterscheidet beim Umgang mit dem globalen Klimawandel zwei grundlegende Aspekte: Zum einen geht es darum, die Freisetzung von Treibhausgasen so rasch und umfassend wie möglich zu verringern, um den anthropogenen Zusatztreibhauseffekt abzuschwächen (engl.: mitigation). Das heißt, dass das mit der Industrialisierung vor knapp 200 Jahren begonnene „fossile Zeitalter" schnellstmöglich beendet werden muss. Heizung, Kühlung, Mobilität und Elektrizität solle ohne fossile Energieträger auskommen. In unserer Gesellschaft stehen dabei der Wärmebedarf von Gebäuden und der Kfz-Verkehr im Mittelpunkt des **energetischen Umbaus**. Energieeffizienz einerseits und der Einsatz von erneuerbaren Energien andererseits sind zur **„Dekarbonisierung" unserer Gesellschaft** notwendig (Endlicher 2007; Abb. 4.5). Die Städte spielen dabei eine zentrale Rolle: „Wir müssen unsere Städte neu erfinden" (Schellnhuber in Endlicher und Kress 2008: 437, Endlicher und Gerstengarbe 2007, Behrens und Grätz 2009). So möchte die Stadt München bald ein Drittel ihres Strombedarfs aus erneuerbaren Energien decken. Bis zum Jahr 2025 soll dieser Anteil auf 100 % steigen. Die Energie für München wird dann sowohl vor Ort produziert, aber auch von Offshorewindanlagen in Großbritannien und Solarparks in Andalusien stammen. Nationale und supranationale Klimaschutz-Programme sind auf die Stärkung der erneuerbaren Energien ausgerichtet und Thema der politischen Diskussion. Die öffentliche Hand könnte ein Beispiel geben, indem sie entsprechende Gesetze zum Klimaschutz erlässt und alle öffentlichen Gebäude, wie Kindergärten, Schulen und Universitäten, energetisch saniert. Eine völlig neue Dimension des öffentlichen Personennahverkehrs (ÖPNV) ist zu entwickeln. Zur

Merksatz
Aufgrund der negativen Folgen des Klimawandels ist zur Verringerung der Treibhausgasemissionen sowohl eine Umstellung von fossilen auf erneuerbare Energieträger als auch eine hohe Energieeffizienz notwendig.

Abb. 4.5
Fotovoltaik auf einem begrünten Dach: Synergieeffekte von Mitigation und Adaptation (Foto: Endlicher 2009)

Abb. 4.6
Temporäre Beschattung der südexponierten Hauswand des Instituts für Physik der Humboldt-Universität zu Berlin durch sommergrüne-winterkahle Kletterpflanzen (Foto: Endlicher 2011)

Unterstützung einer klimaverträglichen Mobilität sollte auch die Entwicklung neuer Antriebskonzepte und Mobilitätsmuster (z. B. Carsharing) gehören. Auch die Speicherung von Kohlenstoff in urbanen Baumbeständen ist ein, wenn auch nur kleiner, Beitrag (Strohbach und Haase 2011; siehe Kapitel 4.2.4 Synergien von Klimaschutz und Anpassung: die perforierte Stadt).

Neben der Mitigation müssen aber auch Maßnahmen zur Anpassung an die bereits nicht mehr vermeidbaren Folgen des Klimawandels ergriffen werden (engl.: adaptation). Die Anpassungsmaßnahmen richten sich nach dem vorherrschenden Klima (tropisch oder außertropisch) und der jeweiligen Lage einer Stadt (Küste oder Bergland). Dabei reicht es nicht aus, Klimatrends, wie die Zunahme der Mitteltemperaturen, zu identifizieren. Es müssen auch Extremereignisse in den Fokus genommen werden. Während Städte an der Küste mit den Folgen des steigenden Meeresspiegels zu kämpfen haben, müssen sich mitteleuropäische Städte im Binnenland auf häufigere, längere und intensivere Hitzewellen sowie Dürreperioden im Sommer, Starkwinde bei Sturmzyklonen im Winter aber auch auf Starkregenereignisse und Hochwasser mit möglicher Überschwemmungsgefahr zu allen Jahreszeiten einstellen.

Klimaanpassungsstrategien in der Stadtentwicklung müssen dabei die gesamte Breite der Problematik abdecken, d.h., eine integrative Betrachtung ohne sektorale Fragmentierung ist notwendig. Gupta et al. (2008) und Fichter et al. (2010) haben die theoretischen Grundlagen für erfolgreiche **Klimaanpassungsstrategien** herausgearbeitet. Zentrale Punkte sind dabei das Humanbioklima, das Siedlungsklima

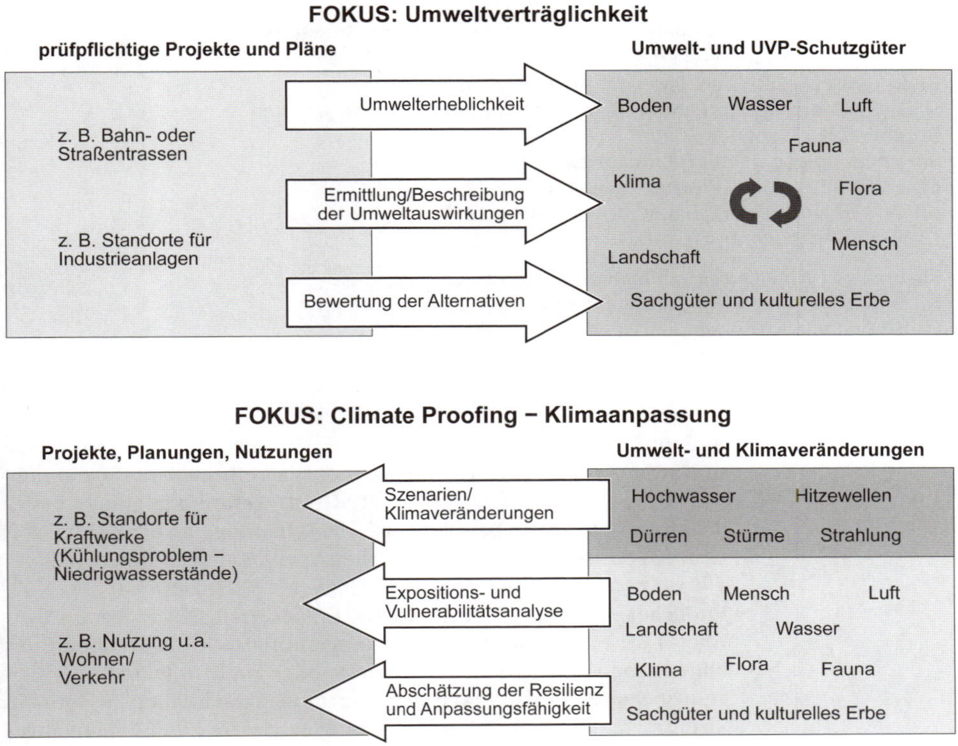

Merksatz
Anpassungsmaßnahmen an bestätigte Klimatrends sind in Stadtentwicklungspläne einzubeziehen, um resiliente Stadtstrukturen zu etablieren.

Abb. 4.7
Perspektivenwechsel von der Umweltverträglichkeitsprüfung (UVP) hin zum Climate Proofing (Quelle: Birkmann und Fleischhauer 2009)

FOKUS: Umweltverträglichkeit

prüfpflichtige Projekte und Pläne — Umwelt- und UVP-Schutzgüter

z. B. Bahn- oder Straßentrassen

z. B. Standorte für Industrieanlagen

Umwelterheblichkeit

Ermittlung/Beschreibung der Umweltauswirkungen

Bewertung der Alternativen

Boden   Wasser   Luft
Fauna
Klima   Flora
Landschaft   Mensch
Sachgüter und kulturelles Erbe

FOKUS: Climate Proofing – Klimaanpassung

Projekte, Planungen, Nutzungen — Umwelt- und Klimaveränderungen

z. B. Standorte für Kraftwerke (Kühlungsproblem – Niedrigwasserstände)

z. B. Nutzung u.a. Wohnen/ Verkehr

Szenarien/ Klimaveränderungen

Expositions- und Vulnerabilitätsanalyse

Abschätzung der Resilienz und Anpassungsfähigkeit

Hochwasser   Hitzewellen
Dürren   Stürme   Strahlung
Boden   Mensch   Luft
Landschaft   Wasser
Klima   Flora   Fauna
Sachgüter und kulturelles Erbe

Tab. 4.2 Geeignete Anpassungslösungen für die sommerliche Hitzebelastung, Starkniederschläge und Trockenperioden; zusammengestellt unter Verwendung des Handbuchs Stadtklima des Bundeslandes Nordrhein-Westfalen (Steinrücke und Snowdon 2010)

a) Anpassungslösungen für Hitzebelastung – stadtklimatologische und humanbiometeorologische Aspekte

Belastungen	Sensitivitäten	Fehlfunktionen des Systems	Schadenspotenziale
Hitzewellen	Versiegelungsrate Vegetationsanteil Bevölkerungsdichte Anteil älterer Menschen	Aufheizung von Bebauungsstrukturen mangelnde nächtliche Abkühlung schlechte Durchlüftung	herabgesetzte Aufenthaltsqualität herabgesetzte Produktivität Beeinträchtigung des Wohlempfindens und der Gesundheit bis zum Hitzetod

Mittel- und langfristige Lösungen des Stadtumbaus:
Festlegen von Bebauungsgrenzen
Freiflächen erhalten, schaffen und umgestalten
Parkanlagen erhalten, schaffen und umgestalten („Grüne Strukturen")
Erhalt und Schaffung von Frischluftflächen und Luftleitbahnen
Begrünung von Straßenzügen mit Alleebäumen
Hauswandverschattung und mobile Verschattungselemente schaffen
Erhöhung der Gebäudealbedo
Verwendung geeigneter Baumaterialien
passive Kühlung in Häusern verwenden
offene Wasserflächen („Blaue Strukturen") schaffen
Dach- und Fassadenbegrünung

Kurzfristige Lösungen des Informationswesens:
Hitze- und Gesundheitswarnsystem einrichten und optimieren
Informationsmanagement in der Öffentlichkeit verbessern
Gesundheitswesen auf Extremwitterung vorbereiten

und die Hochwasservorsorge (Tab. 4.2). Der bereits zu beobachtende und weiter zunehmende Temperaturanstieg erfordert vor allem eine Sicherung und Verbesserung der **Frischluftversorgung** in dicht besiedelten Gebieten, zum Beispiel durch die Schaffung und den Schutz von Grünzügen mit im Sommer Schatten spendenden Bäumen (Givoni 1991, Shimoda 2003, Stone 2005, Gill et al. 2007, Fleischhauer 2007, Endlicher et al. 2008, Matzarakis und Endler 2010, Oliveira et al. 2011; Abb. 4.6). Im Bereich der Siedlungsplanung müssen Szenarien des klimatischen und demographischen Wandels zueinander in Beziehung gesetzt werden. Auf diesen Ereignissen aufbauend müssen Ziele für die Siedlungs- und Freiflächenentwicklung gesetzt und konsequent abge-

b) Anpassungslösungen für Hitzebelastungen – siedlungswasserwirtschaftliche Aspekte

Belastungen	Sensitivitäten	Fehlfunktionen des Systems	Schadenspotenziale
erhöhte Verdunstung Austrocknung nicht versiegelter Flächen Aufheizen von Böden	urbane Vegetation mit hohem Wasserbedarf bewachsene und unbewachsene Flächen und Böden hoher Anteil (teil-) versiegelter Flächen Wärme leitende/speichernde Materialien und Oberböden oberflächennahe Trinkwasserverteilsysteme	erhöhter Nutzwasserverbrauch zur Bewässerung im öffentlichen und privaten Raum geringe Grundwasserneubildung aufgrund verminderter Durchlässigkeit trockener Böden Überflutungsrisiko durch erhöhten oberflächigen Niederschlagswasserabfluss Erwärmung des Trinkwassers in Leitungen	Schäden an Infrastruktur und Privateigentum durch oberflächigen Niederschlagswasserabfluss

Lösungen:
vermehrte Bewässerung urbaner Vegetation
Bepflanzung urbaner Räume mit geeigneten Pflanzenarten
vermehrter Einsatz bodenbedeckender Vegetation
Beschattung relevanter Flächen
Neubau von Verkehrsflächen mit geringerer Wärmeleit- und Wärmespeicherfähigkeit
Verfüllung der Leitungsgräben durch geeignete Materialien mit geringerer Wärmeleit- und Wärmespeicherfähigkeit
Einbautiefe der Verteilsysteme erhöhen
Nutzung von Überschussmengen aus der örtlichen Grundwasserbewirtschaftung
Schaffung von Zwischenspeichern für Niederschlagswasser
Aufruf der Bevölkerung zu Wasser sparendem Verhalten in Trockenperioden

sichert werden. Dazu erweisen sich **Stadtentwicklungspläne für das Siedlungsklima** auf lokaler bis subregionaler Ebene als Hilfsmittel. Die Schrumpfung von Städten kann in diesem Zusammenhang als Chance für einen siedlungsklimagerechten Stadtumbau aufgefasst werden. Kommunikation und Prioritätensetzung auf allen Ebenen der Stadtentwicklung sowie zwischen Forschung und Praxis sind wichtig; dies gilt sowohl bei der Prävention als auch bei akuten Ereignissen. Die mit jeder Projektion verbundenen Unsicherheiten müssen thematisiert werden. Sie sind auch in anderen Bereichen des menschlichen Lebens vorhanden und dürfen nicht als Ausrede für fehlendes Handeln herangezogen werden. Siedlung, Verkehr und **„blau-grüne Infrastruktu-**

c) Anpassungslösungen für Starkniederschläge

Belastungen	Sensitivitäten	Fehlfunktionen des Systems	Schadenspotenziale
schneller, großer Oberflächenabfluss	Versiegelungsgrad Flächennutzung Bodenverhältnisse Topographie des Einzugsgebiets Vorhandensein von kleineren Gewässern Schwachstellen im Entwässerungssystem Überflutung von Straßen, Unterführungen und Kellern Bodenerosion	Überlastung des Entwässerungssystems Überflutung von Straßen, Unterführungen und Kellern Überlauf des Entwässerungssystems in den Vorfluter	Schäden an Infrastruktur und Privateigentum Verschmutzung des Vorfluters gesundheitliche Risiken

Lösungen:
Rückbau versiegelter Flächen
Flächennutzung an Hängen, abfluss- und erosionsmildernde Maßnahmen
Verbesserung bzw. Ermöglichung der Versickerung
Dachbegrünung
Schaffung von Zwischenspeichern für Niederschlagswasser und Notwasserwegen
Verhinderung von Engstellen und Abflusshindernissen
Maßnahmen des Objektschutzes
organisierte Schutzmaßnahmen beim Eintreten eines Extremereignisses

ren", also Wasser- und Grünflächen in der Stadt, müssen eng verzahnt werden. Alle Aspekte, von der Siedlungs- über die Infrastruktur bis hin zu Wirtschaft und Gesundheit, sind einem sogenannten **Climate Proofing** zu unterwerfen (Abb. 4.7). Der bisherige Blick der Umweltverträglichkeitsprüfung greift diesen Aspekt nicht hinreichend auf (Scherer et al. 1999, Birkmann et al. 2010). Ein ÖPNV mit einem an die Erfordernisse des extremer werdenden Jahreszeitenklimas angepassten Wagen- und Busparks ist notwendig; er muss sowohl mit Hitzewellen als auch Kälteschocks zurechtkommen, die Fahrzeuge dürfen weder ausfallen noch über ein unerträgliches Raumklima verfügen.

4.2.4 Synergien von Klimaschutz und Anpassung: die perforierte Stadt

Die notwendigen Anpassungen an den Klimawandel bringen für unsere Städte große Herausforderungen mit sich. Neue Lösungsansätze sind zu suchen, bei denen auch andere Probleme, wie der demographische Wandel, die Globalisierung und die Notwendigkeit einer nachhaltigen Entwicklung, berücksichtigt werden müssen. Im Hin-

d) Anpassungslösungen für Trockenperioden

Belastungen	Sensitivitäten	Fehlfunktionen des Systems	Schadenspotenziale
geringe bzw. keine Niederschläge	geringe Sensibilisierung für zukünftige Niederschlagsveränderungen	erhöhter Nutzwasserverbrauch zur Bewässerung im öffentlichen Raum und auf Privatgrundstücken keine Grundwasserneubildung reduzierter Mischwasserabfluss im Kanalnetz	geringere Rohwasserverfügbarkeit für die Trink- und Brauchwassergewinnung Geruchsbelästigung und Ungezieferbefall durch Ablagerungen im Kanalnetz Minderung der hydraulischen Leistungsfähigkeit durch Ablagerungen im Kanalnetz

Lösungen:
Schaffung von Zwischenspeichern für Niederschlagswasser
Verbesserung bzw. Ermöglichung der Versickerung
Nutzung von Überschwemmungen aus der örtlichen Grundwasserbewirtschaftung
Aufruf der Bevölkerung zu Wasser sparendem Verhalten
künstliche Anreicherung durch Versickerung überschüssigen Grundwassers
häufigeres Spülen des gesamten Netzes zur Beseitigung von Ablagerungen
Wahl hydraulisch effizienterer Rohrprofile

blick auf den Klimaschutz, d. h. die Anstrengungen zur Minderung der Treibhausgasemissionen, ist insbesondere die **Schaffung kompakter und verkehrsvermeidender Siedlungsstrukturen** als wichtige Maßnahme zu nennen. Damit ist die Steuerung der Siedlungsflächenentwicklung bezogen auf Lage, Dichte und Menge gemeint. Eine große Bedeutung kommt auch der verstärkten Nutzung regenerativer Energien, der Kraft-Wärme-Kopplung, den Nah- und Fernwärmenetzen und der Förderung einer umweltfreundlichen Verkehrsabwicklung (z. B. durch einen Ausbau des öffentlichen Personennahverkehrs) zu. Bei der Anpassung an die bereits nicht mehr zu vermeidenden Folgen des Klimawandels geht es auf übergeordneter Ebene um die **Schaffung resilienter Raum- und Siedlungsstrukturen**. Wichtige Maßnahmen sind in diesem Zusammenhang der Küsten- und Hochwasserschutz sowie die Sicherung von Kalt- bzw. Frischluftschneisen. Auf der Basis von Hochwassergefahrenkarten können zum Beispiel überschwemmungsgefährdete Bereiche in Agglomerationen ermittelt werden, die dann über Ziele der Raumordnung von Bebauung freigehalten werden müssen.

Merksatz
Klimaschutzstrategien sollen synchrone Veränderungen auf anderen Ebenen einbeziehen, um sinnvolle Synergien zu erzielen.

Überschwemmungsrisiko

Hitzewellen (Stadtklima)

Energieverbrauch

Verkehrsemissionen (ÖPNV)

| Hochwasser-schutz | Wasser-Management | Grünflächen und Luftqualität | Kontrolle der Sonnen-einstrahlung | Kompaktheit | Energieeffizienz und erneuerbare Energien | räumliche Dezentra-lisation | nachhaltige Mobilität |

Anpassung
(Adaptation)

Schadensbegrenzung
(Mitigation)

Abb. 4.8
Sektorale Module für den Stadtumbau unter Berücksichtigung von Mitigation und Adaptation (Quelle: Eckert 2010)

Synergien zwischen Klimaanpassungsstrategien und Klimaschutz-konzepten sind fundamental. Zum Beispiel könnte eine energetische Sanierung von öffentlichen Gebäuden mit der Installation von Solarpa-neelen auf einem begrünten Dach Hand in Hand gehen. Stadtbrachen können in Form einer Zwischennutzung als Stadtwald genutzt werden; dieser dient sowohl der Kohlenstoffspeicherung als auch der Mikrokli-maverbesserung in Form von Schattenwurf und Verdunstungskühlung und bildet auch einen urbanen Biotopbaustein (Nowak 1993). Proble-matische Stadtbrachen können so auf der Basis einer mehrfachen Win-win-Strategie eine Nutzungsänderung erfahren. Dem öffentlichen Grün in Form von Stadtbäumen in Parks und Alleen kommt im Rah-men des Klimawandels eine neue, zentrale Bedeutung zu.

Allerdings sollte nicht nur der öffentliche Sektor mit seiner Vor-bildfunktion vorangehen, sondern auch Unternehmen, Nichtregie-rungsorganisationen und Privathaushalte sind mit einzubeziehen. Hochwasser und Hitze machen nicht an privaten und kommunalen Grenzen halt, eine überörtliche Betrachtung ist im Rahmen der **Re-gionalplanung bzw.** des **Regionalmanagement**s notwendig. Klima-wandel darf auch nicht nur als „Klimakatastrophe" missverstanden werden. So beinhaltet der Klimawandel auch Vorteile, wenn es bei-spielsweise in milder werdenden Wintern zu einer Verringerung der Heizkosten und damit zu einer geringeren CO_2-Emission kommt. Vie-le der notwendigen Maßnahmen werden bereits seit Jahrzehnten im Rahmen der **Stadtklimaverbesserung** gefordert (No-Regret-Strate-gie). Allerdings ist auch hier die Stadtentwicklung keineswegs kon-fliktfrei. Einerseits ist aus Klimaschutzgründen die „kompakte Stadt" zu fordern; wichtige Anpassungsmaßnahmen erfordern andererseits aber die gute Durchgrünung in einer mit Bäumen „aufgelockerten

Stadt". Klimaschutz und Anpassung müssen deshalb Kompromisse in Form einer mit Schatten spendenden Grünanlagen „**perforierte**n **Stadt**" finden (Abb. 4.8).

4.3 Megastädte im globalen Wandel

1975 lebten etwa 38 Prozent der Weltbevölkerung in Städten. Die Entwicklung von Megastädten ist dabei ein relativ junges Phänomen. Diese „Zeitbombe" bzw. „Stadtexplosion" (Mertins 1992) steht in engem Zusammenhang mit den Prozessen der Globalisierung, die sich seit den 1980er-Jahren beschleunigt haben. Je nach Definition werden Großstädte und Agglomerationen mit einer Bevölkerungszahl von über 10 Millionen als **Megastädte** bezeichnet (Mertins 1992); andere Schwellenwerte, etwa die der UN, liegen bei 5 oder 8 Millionen Einwohner. Noch 1950 war Berlin weltweit die zwölftgrößte Stadt und nach den Kriterien der UN (2009) zählte auch das Ruhrgebiet 1975 noch zu den weltweit größten Agglomerationen. Gab es in den 1950er-Jahren gerade einmal vier Städte mit einer Bevölkerung von über 5 Millionen, so waren es 1985 bereits 28 und im Jahre 2000 sogar 39. Weltweit zählte man zu Beginn des Jahrhunderts 16 Städte und Agglomerationen mit einer Bevölkerung von über 10 Millionen (Abb. 4.9; Kraas 2003). Im Jahr 2015 erwartet man bereits 26 Megastädte (Tab. 4.3) sowie eine immer größere Zahl weiterer Millionenstädte, die sich auf dem Weg zur Megastadt befinden (nach einem Forschungsprojekt „die Megastädte von morgen" benannt) (BMBF 2003, 2010; Ehlers 2009). 2025 sollen 9 Megastädte die 20 Millionen-Grenze überschritten haben.

Merksatz

Die schwierige Lenkbarkeit von Stadtentwicklungsprozessen in Megastädten lässt Probleme in der Erfüllung der Grunddaseinsfunktionen erwarten und erfordert besondere Konzepte zur Steuerung und Ressourceneffizienz, um ein menschengerechtes Zusammenleben zu ermöglichen.

Abb. 4.9
Die 30 größten Städte der Welt
(Quelle: UN 2009)

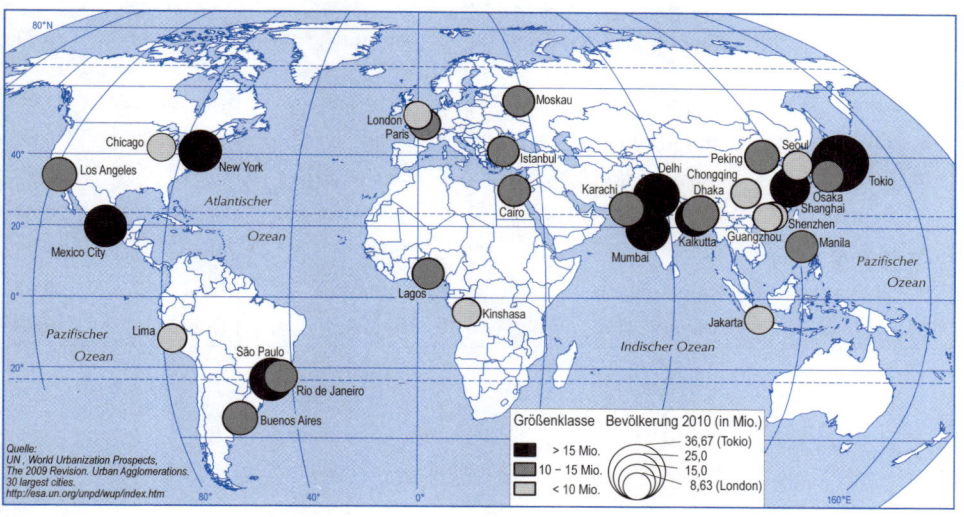

Tab. 4.3 Die 10 größten Agglomerationen 1955 – 1995 – 2015 – 2025
(UN, Dept. of Economic and Social Affairs, Population Division, 1995 und 2009; http://esa.un.org/unpd/wup/index.htm)

	Agglomeration	Land	1955 Mio.		Agglomeration	Land	1995 Mio.
1	New York	USA	13,2	1	Tokio	Japan	26,8
2	London	Großbritannien	8,9	2	São Paulo	Brasilien	16,4
3	Tokio	Japan	8,8	3	New York	USA	16,3
4	Shanghai	China	6,9	4	Mexico City	Mexiko	15,6
5	Paris	Frankreich	6,3	5	Bombay (Mumbai)	Indien	15,1
6	Buenos Aires	Argentinien	5,8	6	Shanghai	China	15,1
7	Ruhrgebiet	Deutschland	5,8	7	Los Angeles	USA	12,4
8	Moskau	Russland	5,7	8	Peking	China	12,4
9	Chicago	USA	5,4	9	Kalkutta	Indien	11,7
10	Los Angeles	USA	5,2	10	Seoul	Korea, Rep.	11,6

	Agglomeration	Land	2015 Mio.		Agglomeration	Land	2025 Mio.
1	Tokio	Japan	28,7	1	Tokio	Japan	37,09
2	Mumbai (Bombay)	Indien	27,4	2	Delhi	Indien	28,57
3	Lagos	Nigeria	24,4	3	Mumbai (Bombay)	Indien	25,81
4	Shanghai	China	23,4	4	São Paulo	Brasilien	21,65
5	Jakarta	Indonesien	21,2	5	Dhaka	Bangladesch	20,94
6	São Paulo	Brasilien	20,8	6	Mexico City	Mexiko	20,71
7	Karachi	Pakistan	20,6	7	New York	USA	20,64
8	Peking	China	19,4	8	Kalkutta	Indien	20,11
9	Dhaka	Bangladesch	19,0	9	Shanghai	China	20,02
10	Mexico City	Mexiko	18,8	10	Karachi	Pakistan	18,73

Tab. 4.4 Megastädte als Zentren des globalen Wandels (Kraas 2007 a unter Verwendung der Kategorien aus Johnston/Taylor/Watts 2002, Anm. 9)

Megastädte als Zentren globalen Wandels
geoökologischer Wandel: z. B. durch globalen Klimawandel mit Extremwitterung und Meeresspiegelanstieg, urbane Wärmeinseln, Luft-, Wasser- und Bodenverschmutzung, biologische Fernvernetzung, Biodiversitätsveränderung und -verarmung
geoökonomischer Wandel: z. B. durch ökonomische Globalisierung, globalen Wettbewerb in der Agroindustrie, transnationale Unternehmen, neue Arbeitsteilung, Transformationsprozesse
geosozialer Wandel: z. B. durch internationale Migration, Stärkung der Frauenrechte, urbane Ethnizität, neue urbane Krankheiten und Epidemien, globale Lebensstile
geokultureller Wandel: z. B. durch Organisation globaler Räume, globale Medien, soziale Bewegungen, neues Verständnis kultureller Diversität
geopolitischer Wandel: z. B. durch Konflikte, Krisen, Machtungleichheiten, global agierende NGO-Netzwerke, internationale Menschenrechtsbewegungen, (wieder-)erwachender Nationalismus, globale Regulation und Wohlfahrt, globale Sicherheit und Stabilität

Megastädte nehmen aufgrund ihrer wachsenden Zahl, Größe und Dynamik eine zunehmend wichtige Position ein (World Commission Urban 21 2000, Bronger 2004, Kraas und Nitschke 2006, Kraas 2007 a, Grimm et al. 2008, Kraas und Sterly 2009). Megastädte unterliegen ganz neuen Dimensionen des ökologischen, ökonomischen, sozialen und politischen Wandels (Tab. 4.4). Sie sind durch einen bisher unbekannten Verlust an Steuerbarkeit (Government und Governance; Kapitel 3.2) gekennzeichnet.

Neben diesen rein quantitativen Merkmalen zeichnen sich Megastädte auch durch qualitative Charakteristika aus. Kraas (2007 b) zählt dazu:

- intensive Expansions-, Suburbanisierungs- und Verdichtungsprozesse
- funktionale Primatstadtdominanz
- infrastrukturelle, soziale, wirtschaftliche und ökologische Überlasterscheinungen
- Diversifizierung innerurbaner Zentrenstrukturen
- Entstehung polarisierter und fragmentierter Gesellschaften
- zunehmender Verlust von Steuer- und Regierbarkeit bei gleichzeitig
- wachsender Informalität

Tab. 4.5 Nachhaltigkeitsrelevante Merkmale von Groß- und Megastädten, ihre Nachhaltigkeitsprobleme und Nachhaltigkeitchancen (Kraas 2003, Kraas und Mertins 2008)

Nachhaltigkeitsrelevante Merkmale von Groß- und Megastädten

Dimensionen der Nachhaltigkeit

1. Strukturmerkmale folgende Eigenschaften zeichnen Groß- und Megastädte im Unterschied zu anderen Siedlungsformen aus:	2. Nachhaltigkeitsprobleme folgende Entwicklungen und Trends in Groß- und Megastädten widersprechen dem Prinzip der Nachhaltigkeit	3. Nachhaltigkeitchancen folgende Entwicklungen und Trends in Groß- und Megastädten befördern die nachhaltige Entwicklung

soziale Dimension

Kommunikationsdichte Diversität, Heterogenität, kulturelle Vielfalt; Konfrontation, Vergleichbarkeit, Wählbarkeit von Kulturen und Subkulturen Segmentierung der Gemeinschaft in heterogene Kulturen, Subkulturen, Lebensstile, Identitäten sinkende soziale Kontrolle Schwächung traditionaler Normen, Akzeptanz von Wandel Innovationschancen, Experimentieren, „Inkubator" Multiplikatoren (Medien, Werbung, Kunst, Bildung) Komprimierung von Raum und Zeit durch Nähe und Technik	stark ungleich verteilte Einkommen stark segregierte und polarisierte Lebensverhältnisse (Wohnen, Einkommen, Lebensqualität, Lebenserwartung, „First World within Third World") überfüllte, baufällige, unhygienische Haushalte und Wohnviertel Slums, Squattersiedlungen, Gettos rechtsfreie Räume hohe Verbrechensrate beschleunigtes Bevölkerungswachstum politische, wirtschaftliche, soziale Steuerungsverluste, „Unregierbarkeit" Arbeits- und Überlebensstress	bessere Gesundheitsversorgung steigende Lebenserwartung Ausbildung/Stärkung von zivilgesellschaftlichen Institutionen, Sozialkapital, Bürgersinn Ausbildung einer „Mittelklasse" sinkende Durchschnittsarbeitszeit, Freizeit breitere demokratische Partizipation sinkende Geburtenraten und Abnehmen des endogenen Bevölkerungsdrucks steigendes Bildungsniveau, breites Reservoir an Humankapital kultureller Fortschritt durch Diversität erhöhte Planungssicherheit und Strategiefähigkeit Frauenemanzipation

ökonomische Dimension

Kapitalakkumulation, Investitionspotenziale spezialisierte Finanzinstitutionen, Kreditwesen geringere Kommunikations- und Transaktionskosten für wirtschaftliche Leistungen Ausweitung und Komprimierung von wirtschaftlichen Wertschöpfungsketten Ausdifferenzierung der Wirtschaft in verarbeitendes Gewerbe, Dienstleistungswirtschaft, Verwaltung Berufsdifferenzierung in „Blues und White Collar" Konkurrenzdruck durch erhöhtes Arbeitskräfteangebot Anspruchsinflation, erhöhtes Konsumniveau Trendverstärkung, Feedbackschleifen	Massenarbeitslosigkeit stark ausgeprägter informeller Sektor niedriges Lohnniveau, Ausbeutung von Arbeitskraft rudimentäre, überforderte Infrastruktur Verfall von Bausubstanz und Produktionsmitteln lange Anfahrtswege, Zeitverlust durch Pendelverkehr (commuting)	wachsender Wohlstand (im Durchschnitt) tendenziell Nivellierung von Einkommensunterschieden, Wohlfahrtstransfer Absatzmarkt und Nachfragesog Produktivitätssteigerung wirtschaftliche Agglomerationseffekte, Ausbildung von wirtschaftlichen Clustern erhöhtes Steueraufkommen und Investitionsvolumen für den Staat Ausbau von Infrastruktureinrichtungen, wissenschaftliche und technische Innovationen Übergang zur Dienstleistungs- und Wissensgesellschaft

ökologische Dimension

Pufferung des städtischen „Metabolismus", gegen unmittelbare Umweltstörungen (Resilienz) Abhängigkeit von Versorgungskorridoren (Energie-, Ressourcen-, Stoffflüsse) Radialität und Marginalität (Zentrum/ Peripherie, City/ Hinterland)	Luftverschmutzung, Smog massive Hygienedefizite, Seuchengefahren urban sprawl, Landschaftsverbrauch Verkehrsinfarkt und Lärm Stadtklima, Hitzeinseln Wasserverschmutzung, ungeklärte Abwässer Belastung von Küstenzonen Abfallaufkommen, Müllkippen, toxischer Abfall umwelt- u. wohnungsbedingte Krankheiten (z. B. Atemwegserkrankungen) Katastrophenpotenzial (bei Überschwemmungen, Erdbeben, Meeresspiegelanstieg etc.)	sinkender/effizienterer Ressourcenverbrauch (pro Person, pro Zeit-, Flächeneinheit) geringerer Flächenverbrauch per capita Umweltgesetzgebung, Regulierung, Flächennutzungsplanung Schließung von Stoff- und Energiekreisläufen, Recycling („Ressourcen statt Abfall", urbane Suffizienz) Umweltvorteile durch Tertiärisierung und Informatisierung der Wirtschaft Umwandlung von Industriebrachen in Freizeitflächen

Betrachtet man Megastädte hinsichtlich des globalen Wandels in differenzierter Weise (Wandel nicht nur aus Klima- und Umweltsicht, sondern auch aus sozioökonomischer und politischer Perspektive (Johnston et al. 2002)), so stellen sie sich als **Risikogebiete** dar (UNEP 2007). Kraas (2003) und Kraas und Mertins (2008) unterscheiden dabei hinsichtlich der Nachhaltigkeitsdimension mehrere Problemfelder (Tab. 4.5).

In der **ökologischen Dimension** leiden die Städte unter einer extremen Luftverschmutzung mit Winter- und Sommersmog, einem hohen Lärmpegel und einer exzessiven städtischen Wärmeinsel. Die Trinkwasserversorgung ist erschwert, eine Abwasserentsorgung existiert nicht, was zu hygienischen Defiziten führt. Bei der bestehenden unzureichenden Gesundheitsvor- und -fürsorge bringt dies eine erhöhte Gefährdung von Gesundheit und Wohlbefinden mit sich. Der Boden ist vielerorts gravierend durch Gewerbe- und Industrieproduktion verseucht, was ebenfalls hygienische Probleme mit sich bringt. Der Straßenverkehr ist durch zahlreiche Staus gekennzeichnet, illegale Mülldeponien sind weitverbreitet. Ein hoher Versiegelungsgrad und ausgedehnte Suburbanisierungsprozesse erschweren die Möglichkeit, die Artenvielfalt zu erhalten. Zu den daraus resultierenden **Nachhaltigkeitsoptionen** gehören zum Beispiel ein schonenderer und effektiverer Ressourcenverbrauch, eine verbesserte und kontrollierte Umweltgesetzgebung, eine effiziente Landnutzungsplanung, Mülltrennung, ein funktionierender öffentlicher Personennahverkehr verbunden mit einer Verringerung des Kfz-Verkehrs sowie einer stärkeren Nutzung des Fahrrads als Verkehrsmittel. Erneuerbare Energien und Energieeffizienz müssten deutlich gesteigert werden. Mobilität und Transport sowie Energieversorgung und -verbrauch sind ebenso unzureichend wie Stadtplanung und Governance. Ein Umweltmanagement fehlt weitgehend. Gesundheit und Lebensqualität sind eingeschränkt, die Ernährung ist unausgewogen und eine intensive Bautätigkeit und Wohnnutzung führen zu extremen Disparitäten zwischen Oberschichtvierteln und informellen bzw. marginalen Quartieren.

Im **ökonomischen Problemfeld** der Megastädte zeigt sich, dass sie einerseits eine internationale Arbeitsteilung sowie megaurbane Märkte aufweisen, zudem sind sie oftmals Sitz supranationaler Unternehmen. Demgegenüber besteht eine hohe Massenarbeitslosigkeit, eine unzureichende und abgenutzte Infrastruktur, eine Vernachlässigung von Gebäudeausrüstung und anderen Gütern. Nachhaltige Lösungen müssten darauf abzielen, die Produktivität zu erhöhen, die Infrastruktur zu verbessern sowie technologische Innovationen voranzutreiben bzw. einzuführen. Auf diese Weise könnte der Wohlstand gesteigert werden. Im Hinblick auf eine stabile Entwicklung wäre es außerdem wichtig, das Steuersystem gerechter sowie die lokale Verwaltung bzw. politische Steuerung bürgernäher zu gestalten und dezentrale Strukturen zu schaffen.

Abb. 4.10
Slum im Überschwem-
mungsbereich der Me-
gastadt Dhaka (Bangla-
desch); im Vordergrund
eine offene Mülldeponie
(Foto: Endlicher 2009)

Im **sozialen Problemfeld** ist festzuhalten, dass die Megastädte Ziel-
gebiete ländlicher und internationaler **Migration** darstellen. Sie sind
aber auch Zentren sozialer **Modernisierung** und Knotenpunkte globaler Medien, weiterhin können sie als Konzentrationspunkte eines
ethnisch diversifizierten Zusammenlebens gesehen werden. Auf politischer Ebene gelten sie als Zentren politischer Aushandlungspro-
zesse und soziale Brennpunkte zwischen Stabilität und Instabilität.
Heterogenität, kulturelle Vielfalt, Abschwächung traditioneller Nor-
men, fragmentierte und polarisierte Lebensbedingungen in Slums
und Gettos sind eine Folge des dichten Zusammenlebens. Der öffentliche Personennahverkehr ist defizitär, der Stress des Arbeitslebens
und der täglichen Versorgung ist hoch, die Kriminalität in der räumlichen Enge und der Überbelegung der Wohnviertel erhöht. Nachhaltige Lösungen müssten zur Entstehung einer Mittelklasse führen, auf
verbesserte Gesundheitsversorgung und Bildung setzen und zu kul-
turellem Fortschritt beitragen. Emanzipation der Frauen, Verringerung der Arbeitszeit und Erhöhung der Freizeit sowie demokratische
Partizipation sind notwendige Lösungsschritte. Die extremen sozialen
Disparitäten äußern sich besonders in jenen Siedlungsformen, die
sich durch eine direkte Nachbarschaft von Oberschichtvierteln (evtl.
als gated communities abgegrenzt) und marginalen oder informellen Siedlungen auszeichnen. Letztere weisen teilweise menschenun-
würdige Behausungen, einen limitierten Zugang zu sauberem Trinkwasser, ein mangelhaftes bis komplett fehlendes Stromnetz sowie
geringe Standards der Bildungs- und Gesundheitsversorgung auf
(Abb. 4.10).

Je nach ökonomischem Wohlstand können in den Entwicklungs- und Transformationsländern relativ „reiche" von „armen" Megastädten unterschieden werden. Zur ersten Kategorie gehören etwa Shanghai und Guangzhou (China), Mexiko City (Mexiko), Bangalore (Indien) oder Bangkok (Thailand); zur zweiten Kategorie zählen Dhaka (Bangladesch), Lagos (Nigeria), Karachi (Pakistan) oder Johannesburg (Südafrika). Insbesondere diese ärmeren Megastädte sind durch vielfältige informelle Prozesse und Strukturen jenseits staatlicher Regulierung gekennzeichnet. Zur **Informalität** zählen nicht nur alle Tätigkeiten einer informellen Wirtschaft wie beispielsweise Haushaltshilfen, Straßenhändler, Garküchenbetreiber, Beschäftigte im Transportwesen, Müllsammler, Straßenmusikanten oder Bettler. Hierzu zählen auch informelle Bautätigkeiten, ungeregelte, semi- bis illegale Aktivitäten (z. B. Schmuggel, Drogenhandel), organisierte Landbesetzungen oder gar mafiöse Strukturen (z. B. Land- und Slumlord). Die Unterschiede zwischen Formalität und Informalität sind unscharf und fließend (Kraas 2007 b), viele Probleme sind nur unzureichend bekannt oder aufgrund ihrer Dimension und Dynamik bei der weitgehend fehlenden Steuerbarkeit kaum rasch und befriedigend zu lösen. Insofern wird es noch großer Anstrengungen bedürfen, in Megastädten nachhaltigere Strukturen zu schaffen.

4.4 Urbane Ökosystemdienstleistungen

Merksatz
Ökosystemdienstleistungen leisten einen wichtigen Beitrag zur Lebensqualität, Gesundheit und Regulierung des Ökologischen Fußabdrucks einer Stadt und ihrer Bewohner.

Die Dienstleistungen eines Ökosystems sind ein wichtiger Begriff in der Debatte einer nachhaltigen Entwicklung. Costanza et al. (1997) haben erstmals auf den Wert der Dienste, welche die Ökosysteme unseres Planeten tatsächlich leisten, hingewiesen. Der Begriff der Ökosystemdienstleistungen wurde von Bolund und Hunhammar (1999) auch auf **urbane Ökosystemdienstleistungen** übertragen. Boyd und Banzhaf (2007) definieren sie wie folgt. „Ecosystem services are components of nature, directly enjoyed, consumed, or used to yield human wellbeing". Die so definierten Dienstleistungen werden direkt konsumiert oder gebraucht, sie sind Komponenten oder Charakteristika von Ökosystemen. Man kann also eine Beziehung zwischen einer quantitativen Beschreibung einer Ökosystemdienstleistung und einem ökonomischen Wert herstellen (von Gleich et al. 2010).

Nach dem Millenium Ecosystem Assessment (MEA 2005) lassen sich urbane Ökosystemdienstleistungen in vier Kategorien einteilen:

- bereitstellende Dienstleistungen (Nahrung, Wasser, Holz, Fasern, genetische Ressourcen)
- regulierende Dienstleistungen (Regulierung von Klima, Überflutungen, Krankheiten, Wasserqualität, Abfallbeseitigung)
- kulturelle Dienstleistungen (Erholung, ästhetisches Vergnügen, spirituelle Erfüllung)
- unterstützende Dienstleistungen (Bodenbildung, Nährstoffkreislauf)

Tab. 4.6 Urbane Ökosystemdienstleistungen und Indikatoren für Lebensqualität in den Dimensionen der Nachhaltigkeit
(Zusammenstellung in Anlehnung an das Millennium Ecosystem Assessment 2005, Santos und Martins 2007 und Haase 2011)

Nachhaltigkeits-dimension	urbane Ökosystemdienst-leistung	Indikator für urbane Lebensqualität
Ökologie	Luftfilterung Klimaregulation Lärmreduzierung Regenwasserdrainage Wasserangebot Abwasserreinigung Lebensmittelproduktion	Gesundheit (saubere Luft, Schutz gegenüber Atemwegserkrankungen, Hitze- und Kältetod) Wohlbefinden Sicherheit (z. B. gegen Hochwasser) Trinkwasser Nahrung
Soziales	Landschaft Erholung kulturelle Werte	Schönheit der Umgebung Erholung, Stressabbau intellektuelle Bereicherung, Kommunikation Wohnstandort
Ökonomie	Bereitstellung von Flächen für ökonomische Aktivitäten und Transport	Erreichbarkeit Einkommen Arbeitsplatz

Danach steht bei dieser Sicht der Ökosystemdienstleistungen der Nutzen für den Menschen im Vordergrund, was auch zu Kritik an diesem Ansatz geführt hat. Urbane Ökosystemdienstleistungen stehen sowohl in einem engen Zusammenhang mit der urbanen Lebensqualität (Santos und Martins 2007) als auch mit den drei Dimensionen der Nachhaltigkeit (Bastian et al. 2011; Tab. 4.6).

Beispielsweise offerieren städtische Grünflächen die unterschiedlichsten Ökosystemdienstleistungen (Tyrväinen et al. 2005, Wolf 2004). Schatten spendende Bäume mildern den sommerlichen Hitzestress, senken durch ihre Transpiration (Erhöhung des latenten Wärmeflusses) die Lufttemperatur (Erniedrigung des sensiblen Wärmeflusses) und reduzieren sogar ein wenig die Feinstaubbelastung (Endlicher et al. 2010, Escobedo et al. 2011). Damit tragen sie wesentlich zu Gesundheit und Wohlbefinden der Stadtbewohner bei (Wolf 2010). Unverbaute Auen bieten Flüssen bei Hochwasser Überflutungsraum und mindern damit die Hochwassergefahren (Haase 2003). Neu angelegte Straßengräben und nur teilweise versiegelte Verkehrsflächen erhöhen das Versickerungspotenzial des Bodens, reichern das Grundwasser an und mindern die Gefahr des Überlaufens der Mischwasserkanalisation bei Starkregenereignissen. Unumstritten ist auch die Kohlenstoffspeicherung (Sequestrierung) in Stadtbäumen. Nowak und Crane (2002) haben berechnet, dass in den USA ca. 1–2 % der Kohlenstoffemission von Städten durch die Stadtbäume aufgenommen werden. Auf diese Weise wird der Ökologische Fußabdruck einer Stadt etwas gemindert. Wolf (2009) hat aber auch darauf hingewiesen, dass Stadtbäume in der Innenstadt zur Steigerung des geschäftlichen Umsatzes beitragen können: „Trees mean business". Aufgrund dieser Sachverhalte bzw. der geleisteten Dienste plädieren Kowarik et al. (2011) nachdrücklich für einen umfassenden Ausbau der urbanen Vegetation.

Unter dem **Ökologischen Fußabdruck** versteht man ein von Rees und Wackernagel (1996) entwickeltes Konzept, das den menschlichen Konsum von Gütern und Energie in einer Region auf eine Landfläche umrechnet (Wackernagel und Rees 1998). Diese Fläche ist notwendig, um den Lebensstil und -standard eines Menschen der betreffenden Region dauerhaft aufrechtzuerhalten. Bei einer Bevölkerung von 6 Milliarden Menschen und einer nutzbaren Landfläche von etwa 7,3 Milliarden Hektar auf unserem Planeten entspricht dies einer Fläche pro Erdenbürger von 1,2 Hektar. Ein Europäer benötigt allerdings zur Befriedigung seiner aktuellen Bedürfnisse eine Fläche von ca. 4,7 Hektar, wobei Europa allerdings nur 2,3 Hektar pro Einwohner zur Verfügung stellen kann. Noch größer sind die Ungleichgewichte zwischen Stadt und Land. Der Fußabdruck eines Freiburgers beträgt ca. 4 Hektar, was dem 54-Fachen der Stadtfläche entspricht!

Zweifelsohne leisten Städte auf lokaler, regionaler und selbst globaler Ebene derzeit ganz erhebliche ökosystemare Dienste (Costanza et al. 1997, Daily 1997, De Groot, Wilson, Boumans 2002, Bastian et al. 2011, Breuste, Haase, Elmqvist 2010). Die Suche nach nachhaltigen urbanen Landnutzungen, die es erlauben, solche ökosystemaren Dienstleistungen im Zeichen des globalen Wandels auch aufrechtzuerhalten, ist eine der zentralen Fragestellungen. Die folgenden Überlegungen sind daher von herausragender Relevanz für die Zukunft:

- Wie können Stadtstrukturen so geändert werden, dass der städtische Fußabdruck, der Verbrauch von Fläche, Energie und Material reduziert werden kann?
- Wie kann die Vulnerabilität von Städten gegenüber dem Klimawandel verringert werden?
- Wie kann zudem die Resilienz der Städte gegenüber den aufkommenden Problemen des globalen Wandels gestärkt werden?
- Welches der Stadtstrukturmodelle offeriert dafür die beste Lösung?
- Wie können einerseits die vielfältigen Emissionen der Stadt vermindert und andererseits innovative Vermeidungs- und Anpassungsstrategien (Mitigation und Adaptation) entwickelt werden, um die notwendigen Ökosystemdienstleistungen der Städte zu erhalten?

4.5 Fazit: Stadtökologie im Wandel – vom Ringmodell zur „atmenden Stadt"

Stadtökologie ist eine noch junge Wissenschaftsdisziplin. Erst in der Mitte des vergangenen Jahrhunderts wurde damit begonnen, sich näher mit Umwelt und Natur in Städten zu beschäftigen. Hierzu wurden auf der Basis von empirischen Studien theoretische Modelle entworfen und erste Studien zu einzelnen Teilaspekten, wie z. B. zum Boden oder zur Tier- und Pflanzenwelt von Städten, durchgeführt. Die Bedeutung von stadtökologischen Studien wird aber weiter steigen, denn das 21. Jahrhundert wird zweifelsohne auch das Jahrhundert der Städte werden. Schon jetzt leben weltweit mehr Menschen in der Stadt als auf dem Land. Die Aufgaben sind höchst komplex, weil sowohl in den schrumpfenden als auch in den wachsenden Städten schwierige Probleme zu lösen sind, die in den neuen Megastädten überdies potenziert auftreten. Vielleicht gehören in größeren Zeiträumen Wachstum und Schrumpfung sogar zusammen und man sollte im Sinne von Hesse (2008) am besten von „atmenden Städten" sprechen. Stadtökologische Forschung ist aber nicht nur deshalb schwierig, weil die einzelnen Teilsysteme der unbelebten Natur (Geosphäre) eng mit denjenigen der belebten Natur (Biosphäre) gekoppelt sind, sondern auch, weil in allen Raum- und Zeitdimensionen der **Mensch** eine dominante Rolle spielt (Liu et al. 2007). Einerseits greift er als Akteur in die Regelfunktionen der Teilsysteme ein, andererseits ist er Betroffener der Folgen seines eigenen Handelns, wie etwa am Klimasystem deutlich wird. Menschliches Verhalten und Planen ist aber nicht naturgesetzlich zu fassen. Es geht nicht nur um den Erkenntnisgewinn über das Funktionieren von Teilsystemen unter den spezifischen städtischen Rahmenbedingungen, es geht auch um die Abmilderung negativer Auswirkungen des menschlichen Handelns auf alle Teilsphären und um die Bewahrung der Naturfunktionen und nicht zuletzt der Naturschönheit. Allerdings müssen auch Anpassungsstrategien an die mit dem städtischen Leben verbundenen und nicht zu vermeidenden Belastungen erarbeitet werden. Unter den Rahmenbedingungen des globalen Klimawandels und der weiter zunehmenden Weltbevölkerung beinhaltet dies eine enorme Aufgabe. Sie wird nur unter der Berücksichtigung folgender Ansätze zu bewältigen sein:

- **innovative Forschung** in großer disziplinärer Tiefe
- **interdisziplinäre Zusammenarbeit** von natur-, gesellschafts- und wirtschaftswissenschaftlichen Fachgebieten in großer Breite
- **integrative Netzwerkarbeit** zum transdisziplinären Wissenstransfer unter Partizipation der Zivilgesellschaft
- **internationale Kooperation** zum Wissensaustausch

Die Herausforderung ist groß und spannend, sie betrifft alle Menschen in den Städten und sie ist alternativlos.

4.6 Literatur

Monographien

Becker, C., Christiansen, D., Giseke, U., Gerischer, A., Martin Han, S., und Fuhrich, M. (2009): Renaturierung als Strategie nachhaltiger Stadtentwicklung – Ergebnisse des Forschungsprojekts (ExWoSt). Werkstatt: Praxis Heft 62, BMVBS-BBSR-BBR (Hrsg.), Bonn.

Bronger, D. (2004): Metropolen, Megastädte, Global Cities: Die Verstädterung der Erde. 1. Aufl., Wiss. Buchgesellschaft, Darmstadt.

Bundesministerium für Bildung und Forschung (Hrsg.) (2003): Die urbane Wende: Forschung für die nachhaltige Entwicklung von Megastädten. Referat 622 „Globaler Wandel". Bonn (www.future-megacities.org).

Bundesministerium für Bildung und Forschung (Hrsg.) (2010): Megastädte – die Welt von morgen nachhaltig gestalten. 1. Aufl., Bonn/Berlin (www.future-megacities.org).

Bundesministerium für Verkehr, Bau- und Wohnungswesen; Bundesanstalt für Bauwesen und Raumordnung (Hrsg.) (2001): Leitfaden Nachhaltiges Bauen.

Bundesministerium für Verkehr, Bau- und Wohnungswesen; Bundesanstalt für Bauwesen und Raumordnung (Hrsg.) (2004): Dokumentation zum Kongress „Zwei Jahre Stadtumbau Ost" am 27. November 2003 in Berlin. Berlin.

Crichton, D. (2001): The Implications of Climate Change for the Insurance Industry – an Update and Outlook to 2020. Building Research Establishment. 1st ed., Garston, Watford.

Daily, G. C. (Hrsg.) (1997): Nature's Services: Societal dependence on natural ecosystems. gift ed., Island Press, Washington D.C.

Despommier, D. (2010): The vertical farm. Feeding the world in the 21st century. 1st ed., Thomas Dunne Books, New York.

Endlicher, W. und Gerstengarbe, F.-W. (Hrsg.) (2007): Klima im Wandel – Rückblicke, Einblicke und Ausblicke. 1. Aufl., Potsdam-Institut für Klimafolgenforschung und Humboldt-Universität zu Berlin, Potsdam.

Endlicher, W., Langner, M., Dannenmeier, S., Fiedler, A., Herrmann, I., Ohmer, T. und Dalter, D. (2011): Einfluss innerörtlicher Grünflächen und Wasserflächen auf die PM10-Belastung. Berichte der Bundesanstalt für Straßenwesen, Verkehrstechnik Heft V 202, Bremerhaven.

Fery, T. (2005): Von der Restfläche zur neuen Landschaft – Das Schöneberger Südgelände in Berlin. Landschaftsentwicklung und Umweltforschung, Band 125. TU Berlin.

Fichter, K., Gleich, A. v., Pfriem, R. und Siebenhüner, B. (Hrsg.) (2010): Theoretische Grundlagen für erfolgreiche Klimaanpassungsstrategien. Nordwest 2050 Berichte, H. 1, Bremen, Oldenburg (www.nordwest2050.de).

Gupta, J., Termeer, K., Klostermann, J., Meijerink, S., van den Brink, M. und Jong, P. (2008): Institutions for Climate Change. A method to assess the Inherent Characteristics of Institutions to enable the Adaptive Capacity of Society. Amsterdam: Institute for Environmental Studies, Vrije Universiteit.

Intergovernmental Panel on Climate Change (2007 a): Climate Change 2007: The Physical Science Basis. Summary for Policymakers. Contribution of Working Group I to the Fourth Assessment Report of the Intergovernmental Panel on Climate Change. 1st ed., Geneva.

Intergovernmental Panel on Climate Change (2007 b): Climate Change 2007: Impacts, Adaptation and Vulnerability. Working Group II Contribution to the IPCC Fourth Assessment Report. Summary for Policymakers. 1st ed., Paris.

Intergovernmental Panel on Climate Change (2007 c): Climate Change 2007: Mitigation of Climate Change. Working Group III Contribution to the IPCC Fourth Assessment Report. Summary for Policymakers. 1st ed., Paris.

Intergovernmental Panel on Climate Change (2007 d): Climate Change 2007: Synthesis Report. Contributions of Working Groups I, II and III to the Fourth Assessment Report of the Intergovernmental Panel on Climate Change. 1st ed., Paris.

Johnston, R. J., Taylor, P. J. und Watts, M. J. (Hrsg.) (2002): Geographies of Global Change. 2nd ed., Blackwell, Oxford.

Lang, T. und Tenz, E. (2003): Von der schrumpfenden Stadt zur Lean City. Prozesse und Auswirkungen der Stadtschrumpfung in Ostdeutschland und deren Bewältigung. 1. Aufl., Vertrieb für Bau- und Planungsliteratur, Dortmund.

Langner, M. (2006): Exponierter innerstädtischer Spitzahorn (Acer platanoides) – eine effiziente Senke für PM10? Karlsruher Schriften zur Geographie und Geoökologie, Band 21, Karlsruhe.

Langner, M. und Endlicher, W. (Hrsg.) (2007): Shrinking cities: effects on urban ecology and challenges for urban development. 1st ed., Peter Lang, Frankfurt a. M.

Menne, B. und Ebi, K. L. (Hrsg.) (2006): Climate change and adaptation strategies for human health. 1st ed., Steinkopff, Darmstadt.

Millennium Ecosystem Assessment (MEA) (2005): Ecosystems and Human Well-Being: Current State and Trends. Findings of the Condition and Trends Working Group. 1st ed. Island Press, Washington D.C.

Nischwitz, G. (2007): Relevanz der Klimapolitik in Stadt- und Regionalentwicklungsprozessen in Deutschland. Institut für Arbeit und Wirtschaft der Universität Bremen.

Nordahl, D. (2009): Public Produce: The New Urban Agriculture. 1st ed., Island Press, Washington D.C.

OECD (2010): Cities and Climate Change. 1st ed., OECD Publishing.

Oswalt, P.(Hrsg.) (2004, 2005): Schrumpfende Städte. Band 1 Internationale Untersuchung, Band 2 Handlungskonzepte. 1. Aufl., Hatje Cantz, Ostfildern-Ruit.

Roaf, S., Crichton, D. und Nicol, F. (2009): Adapting Buildings and Cities for Climate Change. A 21st Century Survival Guide. 2nd ed., Nicol, Amsterdam.

Schellnhuber, H. J., Molina, M., Stern, N., Huber, V. und Kadner, S. (Hrsg.) (2010): Global sustainability – A Nobel cause. 1st ed., Cambridge University Press, Cambridge.

Schuchardt, B., Wittig, S., Mahrenholz, P., Kartschall, K., Mäder, C., Hasse, C. und Daschkeit, A. (2008): Deutschland im Klimawandel – Anpassung ist notwendig. Umweltbundesamt (Hrsg.) Dessau-Roßlau.

Steinrücke, M. und Snowdon, A. (2010): Handbuch Stadtklima. Maßnahmen und Handlungskonzepte für Städte und Ballungsräume zur Anpassung an den Klimawandel. Regionalverband Ruhr, Essen.

United Nations Environment Programme (UNEP) (2007): Global Environment Outlook: Environment for Development (GEO-4). 1st ed., Progress Press Ltd., Malta.

United Nations Environment Programme (2007): Buildings and Climate Change: Status, Challenges and Opportunities. United Nations, Dept. of Economic and Social Affairs. 1st ed., New York.

Wackernagel, M. und Rees, W. E. (1998): Our ecological footprint: reducing human impact on the earth. The new catalyst bioregional series, 9. Gabriola Island, BC. Canada.

World Commission Urban 21 (2000): World Report on the Urban Future 21. Berlin.

Zebisch, M., Grothmann, T., Schröter, D., Hasse, C., Fritsch, U. und Cramer, W. (2005): Klimawandel in Deutschland – Vulnerabilität und Anpassungsstrategien klimasensitiver Systeme. UBA-FB 000844, Umweltbundesamt (Hrsg.), Redaktion Petra Mahrenholz. Dessau.

Aufsätze

Alcoforado, M. J. und Andrade, H. (2008): Global warming and the urban heat island: In: Marzluff, J., Shulenberger, E., Endlicher, W., Alberti, M., Bradley, G., Ryan, C., Simon, U. und ZumBrunnen, C. (Hrsg.) (2008): Urban Ecology: An International Perspective on the Interaction Between Humans and Nature. New York, 249–262.

Bastian, O., Haase, D. und Grunewald, K. (2011): Ecosystem properties, potentials and services – the EPPS conceptual framework and an urban application example. Ecological Indicators 11. 10f.

Becker, P., Bucher, K., Jendritzky, G., Kaminski, U., Koppe, C. und Laschewski, G. (2007): Gesundheitsrisiken durch Klimawandel. Promet 33 (3/4), 148–156.

Becker, P. und Pfafferott, J. (2007): Die Relevanz der Innenraumverhältnisse für Hitzewarnsysteme. Proceedings zur 6. Fachtagung Biomet des Fachausschusses Biometeorologie der DMG. Berichte Meteorol. Inst. Univ. Freiburg, Nr. 16, 43–47.

Behrens, U. und Grätz, A. (2009): Stadtplanung und Klimawandel – Eine Kooperation mit der Stadtentwicklungsverwaltung von Berlin. Deutscher Wetterdienst, Klimastatusbericht 2008. Offenbach a. M., 4–32.

Beniston, M. (2004): The 2003 heat wave in Europe: A shape of things to come? An analysis based on Swiss climatological data and model simulations. Geophys. Res. Letters 31, L02202, 1–4.

Birkmann, J. und Fleischhauer, M. (2009): Anpassungsstrategien der Raumentwicklung an den Klimawandel: „Climate Proofing" – Konturen eines neuen Instruments. Raumforschung und Raumordnung 2/2009, 114–127.

Birkmann, J., Garschage, M., Kraas, F. und Quang, N. (2010): Adaptive urban governance: new challenges for the second generation of urban adaptation strategies to climate change. Sustainability Science, 185–206.

Böhm, H. R. (2007): Klimaschutz und Anpassung an den Klimawandel – zwei untrennbare Handlungserfordernisse. In: Böhm, H. R. (Hrsg.): Klimawandel-Anpassungsstrategien in Deutschland und Europa. Tagungsband zum 80. Darmstädter Seminar „Umwelt und Raumplanung". Darmstadt, 1–4.

Bolund, P. und Hunhammar, S. (1999): Ecosystem services in urban areas. Ecological Economics 29 (2), 293–301.

Boyd, J. und Banzhaf, S. (2007): What are ecosystem services? The need for standardized environmental accounting units. Ecological Economics 63 (2–3), 616–626.

Breuste, J., Haase, D. und Elmqvist, T. (2011): Urban Landscapes and Ecosystem Services. In: Sandhu, H., Wratten, S., Cullen, R. und Costanza, R. (Hrsg.): ES2: Ecosystem Services in Engineered Systems. Oxford.

Chambers, R. (1989): Vulnerability, coping and policy. Institute of Development Studies (IDS) Bulletin 20 (2), 1–7.

Costanza, R., d'Arge, R., de Groot, R., Farber, S., Grasso, M., Hannon, B., Limburg, K., Naeem, S., O'Neill, R., Paruelo, J., Raskin, R. G., Sutton, P. und van den Belt, M. (1997): The value of the world's ecosystem services and natural capital. Nature 387, 253–260.

De Groot, R. S., Wilson, M. A. und Boumans, R. M. J. (2002): A typology for the classification, description and valuation of ecosystem functions, goods and services. Ecological Economics 41, 393–408.

Deutsches Institut für Wirtschaftsforschung (Hrsg.) (2005): Klimaschutz und Anpassung: Merkmale unterschiedlicher Politikstrategien. Vierteljahreshefte zur Wirtschaftsforschung 74 (2), 259–269.

Eckert, R. (2010): Guidelines and Rating Systems as Tools to Steer Climate Change Adapted Urban Design: The Case of Ho Chi Minh City. In: DAAD (Hrsg.): Konferenzband ‚Future Megacities in Balance' Young Researchers' Symposium in Essen, 9.–10. Oktober 2010. Dokumentationen und Materialien Band 66, Bonn, 277–283.

Ehlers, E. (2009): Megacities: Challenge for International and Transdisciplinary Research. A Plea for Communication and Exchange. Die Erde 140 (4), 403–416.

Endlicher, W. (2007): Das Unbeherrschbare vermeiden und das Unvermeidbare beherrschen – Strategien gegen die gefährlichen Auswirkungen des Klimawandels. In: Endlicher, W. und Gerstengarbe, F.-W. (Hrsg): Klima im Wandel – Rückblicke, Einblicke und Ausblicke. Potsdam, 119–131.

Endlicher, W. und Kress, A. (2008): Wir müssen unsere Städte neu erfinden – Anpassungsstrategien für Stadtregionen. Informationen zur Raumentwicklung 6–7/2008, 437–445.

Endlicher, W., Müller, M. und Gabriel, K. (2008): Climate Change and the Function of Urban Green for Human Health. In: Schweppe-Kraft, B. (Hrsg.): Ecosystem Services of Natural and Semi-Natural Ecosystems and Ecologically Sound Landuse. Bundesamt für Naturschutz, BfN-Skripten 237, Bonn, 119–127.

Escobedo, F. J., Kroeger, T. und Wagner, J. E. (2011): Urban forests and pollution mitigation: Analysing ecosystem services and disservices. Environmental Pollution 159 (8–9), 2078–2087.

Felinks, B. und Brux, H. (2005): Pflege von städtischen Grünflächen durch Beweidung? Stadt + Grün 11, 54–58.

Fleischhauer, M. und Bornefeld, B. (2006): Klimawandel und Raumplanung – Ansatzpunkte der Raumordnung und Bauleitplanung für den Klimaschutz und die Anpassung an den Klimawandel. Raumforschung und Raumordnung 3/2006, 161–171.

Fleischhauer, M. (2007): Ansatzpunkte der Raumplanung an den Klimawandel. In: Böhm, H. R. (Hrsg.): Klimawandel-Anpassungsstrategien in Deutschland und Europa. Tagungsband zum 80. Darmstädter Seminar „Umwelt und Raumplanung". Darmstadt, 83–90.

Gabriel, K. und Endlicher, W. (2011): Urban and rural mortality rates during heat waves in Berlin and Brandenburg, Germany. Environmental Pollution 159 (8–9), 2044–2050.

Gerstengarbe, F.-W. und Werner, P.C. (2007): Der rezente Klimawandel. In: Endlicher, W. und Gerstengarbe, F.-W. (Hrsg.): Der Klimawandel – Einblicke, Rückblicke und Ausblicke. Potsdam, 34–43.

Gill, S. E., Handley, J. F., Ennos, A. R. und Pauleit, S. (2007): Adapting Cities for Climate Change: The Role of the Green Infrastructure. Built Environment 33 (1), 115–133.

Giseke, U. (2009): Agriculture as a strategy of urban development. In: Galmstrup, A. M. (Hrsg.): Imagination Architects Cross Cultures. Aalborg, 32–34.

Givoni, B. (1991): Impact of planted areas on urban environmental quality: a review. Atmospheric Environment 25 B (3), 289–299.

Gleich, A. v., Gößling-Reisemann, S., Stührmann, S., Woizeschke, P. und Lutz-Kunisch, B. (2010): Resilienz als Leitkonzept – Vulnerabilität als analytische Kategorie. In: Fichter, K., Gleich, A. v., Pfriem, R. und Siebenhüner, B. (Hrsg.): Theoretische Grundlagen für erfolgreiche Klimaanpassungsstrategien. nordwest2050 Berichte, Heft 1. Bremen, Oldenburg, 13–49.

Glock, B. (2002): Schrumpfende Städte. Berliner Debatte Initial 13, 3–10.

Grimm, N. B., Faeth, S. H., Golubiewski, N. E., Redman, C .L., Wu, J. G., Bai, X. M. und Briggs, J. M. (2008): Global change and the ecology of cities. Science 319, 756–760.

Grimmond, S. (2007): Urbanization and global environmental change: local effects of urban warming. Geographical Journal 173 (1), 83–88.

Haase, D. (2003): Holocene floodplains and their distribution in urban areas – functionality indicators for their retention potentials. Landscape & Urban Planning 66, 5–18.

Haase, D. (2008): Urban Ecology of Shrinking Cities: An Unrecognised Opportunity? Nature and Culture 3 (1), 1–8.

Haase, D. (2009): Effects of urbanisation on the water balance – a long-term trajectory. Environment Impact Assessment Review 29, 211–219.

Haase, D. (2011): Urbane Ökosysteme, IV–1.1.4. Handbuch der Umweltwissenschaften – 21. Erg. Lfg. 8/11, 30 S.

Hallegatte, S., Hourcade, J.-C. und Ambrosi, P. (2007): Using Climate Analogues for Assessing Climate Change Economic Impacts in Urban Areas. Climate Change 82 (1–2), 47–60.

Hesse, M. (2003): Schrumpfung – im Kopf? In: IRS-aktuell 40, 8–10.

Hesse, M. (2008): Schrumpfende oder atmende Stadt? Überlegungen zur Einordnung von Schrumpfungsprozessen in den Kontext der Urbanisierung. In: Lampen, A. und Owzar, A. (Hrsg.): Schrumpfende Städte in historischer Perspektive. Städteforschung A 76. Köln, Weimar, Wien, Böhlau-Verlag, 325–341.

Hesse, M. (2009): Suburbane Räume im Wandel. Umgang mit Stagnation oder Schrumpfung. PlanerIn 1_09, 22–23.

Jendritzky, G., Koppe, C. und Laschewski, G. (2004): Klimawandel – Auswirkungen auf die Gesundheit. Internist. Prax. 44, 219–232.

Jendritzky, G. (2007): Folgen des Klimawandels für die Gesundheit. In: Endlicher, W. und Gerstengarbe, F.-W. (Hrsg.): Der Klimawandel – Einblicke, Rückblicke und Ausblicke. Potsdam, 108–118.

Kowarik, I. (1992): Das Besondere der städtischen Flora und Vegetation. Schriftenreihe des Deutschen Rates für Landespflege 61, „Natur in der Stadt – ein Beitrag der Landespflege zur Stadtentwicklung", 33–47.

Kowarik, I., Fischer, L. K., Säumel, I., von der Lippe, M., Weber, F. und Westermann, J. (2011): Plants in the Urban Settings: From Patterns to Mechanisms and Ecosystem Services. In: Endlicher, W., Hostert, P., Kowarik, I., Kulke, E., Lossau, J., Marzluff, J., van der Meer, E., Mieg, H., Nützmann, G., Schulz, M. und Wessolek, G. (Hrsg.): Perspectives in Urban Ecology. Studies of ecosystems and interactions between humans and nature in the metropolis of Berlin. Berlin, Heidelberg, 135–166.

Kraas, F. (2003): Megacities as Global Risk Areas. Petermanns Geographische Mitteilungen 147 (4), 6–15.

Kraas, F. und Nitschke, U. (2006): Megastädte als Motoren globalen Wandels. Neue Herausforderungen weltweiter Urbanisierung. Internationale Politik 61 (11), 18–28.

Kraas, F. (2007 a): Megacities and global change: key priorities. Geographical Journal 173 (1), 79–82.

Kraas, F. (2007 b): Megastädte. In: Gebhardt, H., Glaser, R., Radtke, U. und Reuber, P. (Hrsg.): Geographie. Physische Geographie und Humangeographie. München, 876–880.

Kraas, F. und Mertins, G. (2008): Megastädte in Entwicklungsländern: Vulnerabilität, Informalität, Regier- und Steuerbarkeit. Geographische Rundschau 60 (11), 4–10.

Kraas, F. und Sterly, H. (2009): Megastädte von morgen – Laboratorien der Zukunft? Politische Ökologie 114, 50–52.

Kress, A. (2007): Climate change mitigation and adaptation to the impacts of heat waves – an integrated urban planning approach. Local land & soil news no. 22/23 (II/07), 23–24.

Liu, J., Dietz, T., Carpenter, S., Alberti, M., Folke, C., Moran, E., Pell, A. N., Deadman, P., Kratz, T., Lubchenco, J., Ostrom, E., Zhiyun Ouyang, Provencher, W., Redman, C., Schneider, S. und Taylor, W. (2007): Complexity of Coupled Human and Natural Systems. Science 317, 1513–1516.

Mathey, J., Kochan, B. und Stutzriemer, S. (2003): Städtische Brachflächen – ökologische Aspekte in der Planungspraxis. In: Arlt, G., Kowarik, I., Mathey, J. und Rebele, F. (Hrsg.): Urbane Innenentwicklung in Ökologie und Planung. IÖR-Schriften, Band 39, 75–84.

Matzarakis, A. und Endler, C. (2010): Climate change and thermal bioclimate in cities: impacts and options for adaptation in Freiburg, Germany. Int. J. Biometeorol 54, 479–483.

Mertins, G. (1992): Urbanisierung, Metropolisierung und Megastädte. Ursachen der Stadt„explosion" in der Dritten Welt – Sozioökonomische und ökologische Problematik. In: Deutsche Gesellschaft für die Vereinten Nationen (Hrsg.): Mega-Städte – Zeitbombe mit globalen Folgen? Dokumentationen, Informationen, Meinungen 44. Bonn, 7–21.

Miller, F., Osbahr, H., Boyd, E., Thomalla, F., Bharwani, S., Ziervogel, G., Walker, B., Birkmann, J., Leeuw, S. v. d., Rockström, J., Hinkel, J., Downing, T., Folke, C. und Nelson, D. (2010): Resilience and Vulnerability: Complementary or Conflicting Concepts? Ecology and Society 15 (3), 11.

Nowak, D. J. (1993): Atmospheric carbon-reduction by urban trees. J. Environmental Management 37 (3), 207–217.

Nowak, D. J. und Crane, D. E. (2002): Carbon storage and sequestration by urban trees in the USA. Environmental Pollution 116, 381–389.

Oliveira, S., Andrade, H. und Vaz, T. (2011): The cooling effect of green spaces as a contribution to the mitigation of urban heat: A case study in Lisbon. Building and Environment 46, 2186–2194.

Parlow, E., Kleiber, T. und Vogt, R. (2011): Verbesserung des Stadtklimas durch Dachbegrünung? Regio Basiliensis 52, 17–28.

Pauleit, S. (2011): Stadtplanung im Zeichen des Klimawandels: nachhaltig, grün und anpassungsfähig. Conturec 4, 5–26.

Rebele, F. (2003): Was können Brachflächen zur Innenentwicklung beitragen? In: Arlt, G., Kowarik, I., Mathey, J. und Rebele, F. (Hrsg.): Urbane Innenentwicklung in Ökologie und Planung. IÖR-Schriften, Band 39, 63–74.

Rees, W. und Wackernagel, M. (1996): Urban ecological footprints: Why cities cannot be sustainable and why they are a key to sustainability. Environmental Impact Assessment Review 16, 223–248.

Santos, L. D. und Martins, I. (2007): Monitoring urban quality of life – The Porto Experience. Social Indicators Research 80, 411–425.

Schär, C., Vidale, P. L., Lüthi, D., Frei, C., Häberli, C., Liniger, M. A. und Appenzeller, C. (2004): The role of increasing temperature variability in European summer heat waves. Nature 427, 332–336.

Scherer, D., Fehrenbach, U., Beha, H.-D. und Parlow, E. (1999): Improved concepts and methods in analysis and evaluation of the urban climate for optimizing urban planning processes. Atmospheric Environment 33, 4185–4193.

Schluchter, W. (2002): Vulnerabilität – interdisziplinär. In: Tetzlaff, G., Trautmann, T. und Radtke, K. S. (Hrsg.): Zweites Forum Katastrophenvorsorge, 24.–26. September 2001. Bonn, Leipzig, 159–162.

Shimoda, Y. (2003): Adaptation measures for climate change and the urban heat island in Japan's built environment. Building Research & Information 31 (3–4), 222–230.

Smit, B. und Wandel, J. (2006): Adaptation, adaptive capacity and vulnerabilily. Global Environmental Change 14, 282–292.

Stone Jr., B. (2005): Urban Heat and Air Pollution. An Emerging Role for Planners in the Climate Change Debate. J. American Planning Assoc. 71 (1), 13–25.

Strohbach, M. W. und Haase, D. (2012): Above-ground carbon storage in urban trees in Leipzig, Germany: Analysis of patterns in a European city. Landscape and Urban Planning 104, 95–104

Turner, B. L. II, Kasperson, R. E., Matson, P. A., McCarthy, J. J., Corell, R. W., Christensen, L., Eckley, N., Kasperson, J.X., Luers, A., Martello, M. L., Polsky, C., Pulsipher, A. und Schiller, A. (2003): A Framework for Vulnerability Analysis in Sustainability Science. Proceedings of the National Academy of Sciences of the United States of America 100 (14), 8074–8079.

Tyrväinen, L., Pauleit, S., Seeland, K. und Vries, S. (2005): Benefits and uses of urban forests and trees. In: Konijnendijk, C. C., Nilsson, K., Randrup, T. B. und Schipperijn, J. (Hrsg.): Urban Forests and Trees. Berlin, 81–114.

Wilbanks, T., Romero Lankao, P., Bao, M., Berkhout, F., Cairncross, S., Ceron, J.-P., Kapshe, M., Muir-Wood, R. und Zapata-Marti, R. (2007): Industry, Settlement and Society. In: Parry, M., Canziani, O., Palutikof, J., van der Linden, P. und Hanson, C. (Hrsg.): Climate Change 2007: Impacts, Adaptation and Vulnerability. Contribution of Working Group II to the Fourth Assessment Report of the Intergovernmental Panel on Climate Change. Cambridge.

Wittig, R., Sukopp, H., Klausnitzer, B. und Brande, A. (1998): Die ökologische Gliederung der Stadt. In: Sukopp, H. und Wittig, R. (Hrsg.): Stadtökologie. 2. Aufl., Stuttgart, 316–372.

Wolf, K. L. (2004): The Value of Nature: Economics of Trees and Parks. Washington Park Arboretum Bulletin 65 (4), 7–11.

Wolf, K. L. (2009): Trees Mean Business: City Trees and Retail. Arborist News 18 (2), 22–27.

Wolf, K. L. (2010): Human health & well-being: Evidence for an expanded framework of ecosystem services in cities. Cities and the Environment 3 (1) Conference Poster.

Ziska, L. H., Gebhard, D.E., Frenz, D.A., Faulkner, S., Singer, B. D. und Straka, J. G. (2003): Cities as harbingers of climate change: Common ragweed, urbanization, and public health. Journal of Allergy and Clinical Immunology 111 (2), 290–295.

5 Serviceteil

Zitierte Internetquellen

Amercican Community Gardening Association:
www.communitygarden.org

Arbeitskreis Städtische Naturerfahrungsräume:
www.naturerfahrungsraum.de

Bundesministerium für Umwelt, Naturschutz
und Reaktorsicherheit, Nationale Strategie
zur biologischen Vielfalt (2007):
www.bmu.de/naturschutz_biologische_viel-
falt/downloads/doc/40333.php

Bundesministerium für Verkehr, Bau und
Stadtentwicklung:
www.bmvbs.de

Bundesverband Deutscher Gartenfreunde e.V.:
www.kleingarten-bund.de

COST Aktion E39 „Forests, Trees, and Human
Health & Wellbeing":
www.forestry.gov.uk

Digitales Wörterbuch der deutschen Sprache:
www.dwds.de

Dreidimensionales urbanes Mikroklimamodell
mit Downloadbereich:
www.envi-met.com

Fledermauskunde, Erforschung und Schutz in
Thüringen:
www.nachtaktiv-biologen.de

Fledermausschutz in Thüringen:
www.fmthuer.de

Informationen zum Universal Thermal Climate
Index (UTCI) mit Berechnungsanleitung:
www.utci.org

Intergovernmental Panel of Climate Change;
Weltklimarat:
www.ipcc.ch

Internetauftritt des Deutschen Kleingärtner-
museums:
www.kleingarten-museum.de

Jahresberichte über die Luftqualität der
Senatsverwaltung für Umwelt, Gesundheit
und Verbraucherschutz:
www.berlin.de/sen/umwelt/luftqualitaet/de/
messnetz/monat.shtml

Lexikon der Nachhaltigkeit.
www.nachhaltigkeit.info

Office International du Coin de Terre et des
Jardins Familiaux:
www.jardins-familiaux.org

Perspektiven für klimaangepasste Innovations-
prozesse in der Metropolregion Bremen-
Oldenburg:
www.nordwest2050.de

Plattform für Arbeiten über die synanthrope
Vegetation an der TU Braunschweig:
www.ruderal-vegetation.de

Senatsverwaltung für Stadtentwicklung in
Berlin: Aktuelle Planungsprojekte und
Wirtschaftsfragen:
www.stadtentwicklung.berlin.de

Senatsverwaltung für Stadtentwicklung in
Berlin: Digitaler Umweltatlas:
www.stadtentwicklung.berlin.de/umwelt/
umweltatlas/i412.htm

United Nations Human Settlements Programme
mit Unterprogrammen z.B. zu Slums (2003),
Sustainable Cities Programme (2009) und
Cities and Climate Change Initiative (2011):
www.unhabitat.org

United Nations, Department of Economic and Social Affairs, Population Division;World Urbanisation Prospects: The 2009 Revision: http://esa.un.org/unpd/wup/index.htm
Urbane Landwirtschaft in den USA: www.urbanfarming.org

Weitere, stadtökologisch relevante Internetadressen

Berliner Wasserbetriebe: www.bwb.de
Biodiversitätsregion Frankfurt/Rhein-Main: www.biofrankfurt.de
Dark Sky – Initiative gegen Lichtverschmutzung: www.lichtverschmutzung.de
Deeter, T. (2003): International compendium of urban ecology organizations: http://www.douglas.bc.ca/_shared/assets/Compendium33050.pdf
Deutsche Webseite zu den schrumpfenden Städten im globalen Kontext: www.shrinkingcities.com
Deutsches Institut für Urbanistik: www.difu.de
Europäisches Städtenetzwerk zu städtischem Grün und nachhaltiger Entwicklung: www.greenkeys-project.net
European Urban Landscape Partnership – A sustainable network of European cities, universities, government organizations and NGOs: www.urban-landscape.net/
Förderschwerpunkt des BMBF: Forschung für die nachhaltige Entwicklung der Megastädte von morgen: www.future-megacities.org
Stiftung für mehr Lebensqualität durch Grün in der Stadt: www.die-gruene-stadt.de
Garden Science, Intergenerational Learning and Multicultural Education: http://communitygardennews.org/gardenmosaics/
Gesellschaft für Ökologie – Arbeitskreis für Stadtökologie: www.gfoe.org/gfoe-arbeitskreise/stadtoekologie.html

Global Cities Research Institute – Climate Change Adaptation: www.global-cities.info/climatechange
Hinweise für die Bauleitplanung aus der Stadtverwaltung von Stuttgart: www.staedtebauliche-klimafibel.de
Homepage der Sektion „Stadt- und Regionalsoziologie" der Deutschen Gesellschaft für Soziologie: www.sektion-stadtsoziologie.de
Informationen rund um das Thema Stadtklima weltweit: www.stadtklima.de
Institut für Wohnen und Umwelt (IWU): www.iwu.de
Interdisziplinäre Aktion der American Society of Landscape Architecs u.a. mit dem Fokus auf Human Health and Well-being: www.sustainablesites.org
International Association for Landscape Ecology (IALE): www.landscape-ecology.org
International Association for Urban Climate (IAUC): www.urban-climate.org
International Institute for Environment and Development (IIED) – Urban environmental issues: http://www.iied.org/
Internationales Forschungsnetzwerk zu den schrumpfenden Städten: www.shrinkingcities.org
Klima-Bündnis der europäischen Städte mit indigenen Völkern: http://.klimabuendnis.org
Klimawandel und Raumplanung in den Niederlanden: http://climatechangesspatialplanning.climateresearchnetherlands.nl/
KLIMZUG-Projekt des BMBF: Klimawandel in Regionen zukunftsfähig gestalten: www.klimzug.de
Knowledge about sustainable urban planning and best practical cases from cities all over the world: www.sustainablecities.dk
KomPass: Kompetenzzentrum Klimafolgen und Anpassung des Umweltbundesamtes: www.anpassung.net

Langer Tag der Stadtnatur in Berlin:
www.langertagderstadtnatur.de
Leibniz-Institut für ökologische Raumentwicklung:
www.ioer.de
NABU-Projekt „StadtKlimaWandel" für mehr
Lebensqualität in Städten:
www.nabu.de/aktionenundprojekte/
stadtklimawandel/
Nachhaltiger Stadtführer der Grünen Liga für
Berlin:
www.berlingoesgreen.de
Netzwerk Ökologischer Bewegungen in Berlin:
www.grueneliga-berlin.de
Open Air Laboratories (OPAL) – trans-
disziplinäres Naturnetzwerk in Groß-
britannien:
www.opalexplorenature.org
Peri-urban Land Use Relationships –
Forschungsnetzwerk zu
Stadt-Umland-Beziehungen:
www.plurel.net
Planning, ecology, and public participation in
San Francisco Bay Area:
www.urbanecology.org
Schrumpfende Städte und Stadtbrachen in
Michigan, USA:
www.geneseeinstitute.org
Senatsverwaltung für Stadtentwicklung in
Berlin: Digitaler Umweltatlas:
www.stadtentwicklung.berlin.de/umwelt/
umweltatlas/index.shtml
Society for Urban Ecology (SURE):
www.urban-landscape-ecology.com
Stadtökologischer Lehrpfad der Stadt Leer:
www.leerpfad.wordpress.com
Umweltbundesamt (UBA) – Klimaschutz:
www.umweltbundesamt.de/klimaschutz/
index.htm
Umweltbundesamt (UBA) – Stadtböden – Boden
des Jahres 2010:
www.umweltbundesamt.de/boden-und-alt-
lasten/boden/stadtboden.htm

United Nations Environment Programme
(UNEP) – Innovative international partner-
ship and cooperation programmes:
www.unep.org/urban_environment/key_pro-
grammes/index.asp
United Nations Environment Programme
(UNEP) – Key urban issues:
www.unep.org/tools/default.asp?ct=urban
United States Environmental Protection Agency
– Urban Water Issues:
www.epa.gov/urbanwaters/
Urban Biodiversity & Design (URBIO) –
International Network for Education &
Applied Research:
www.fh-erfurt.de/urbio
Urban Ecology Institute (UEI) – Research,
Education, and Community Action for
Healthy Urban Ecosystems:
www.urbaneco.org
Verband Deutscher Ingenieure – Kommission
für Reinhaltung der Luft (KRdL):
www.vdi.de
Webseite der International Society of Bio-
meteorology (ISB):
www.biometeorology.org
Werkstatt-Stadt – Innovative Projekte im
Städtebau:
www.werkstatt-stadt.de

Bildquellen

Die Grafiken dieses Bandes wurden von Gerd
Schilling nach Vorlagen der Autoren und aus der
zitierten Literatur erstellt. Die Quellen für die
Fotos sind am jeweiligen Standort vermerkt.

Sachregister